国家级一流本科专业建设点配套教材·环境设计专业系列

高等院校艺术与设计类专业"互联网+"创新规划教材

装饰工程施工组织与施工工艺详解

林春水　编著

内 容 简 介

本书介绍了装饰工程的各项施工工艺，并提供了详细的施工工艺过程；同时，从装饰施工组织分部、分项工程角度进行阐述，不仅满足二维图纸的表达深度，而且对工艺方法进行了三维设计节点图解。本书内容包括建筑装饰工程施工组织与管理、天棚装饰工程施工、地面装饰工程施工、墙柱面结构工程施工、隔断工程施工、墙面装饰工程施工、玻璃工程施工、涂料与裱糊饰面工程施工。本书将教学内容定位在施工工艺过程的讲解上，具有够用、实用的特点，既符合高等设计教育的教学规律，又兼顾设计实践学科的教学特点，还满足了室内设计、环境设计等专业学生岗位能力培养的需求。本书可作为高等院校建筑学、室内设计、环境设计等专业的教材，也可供建筑装饰工程施工、设计从业人员阅读，还可供室内装饰工程施工从业者参考。

图书在版编目（CIP）数据

装饰工程施工组织与施工工艺详解 / 林春水编著. -- 北京：北京大学出版社，2024.8. --（高等院校艺术与设计类专业"互联网 +"创新规划教材）. --ISBN 978-7-301-35369-1

Ⅰ．TU767

中国国家版本馆 CIP 数据核字第 2024E5R535 号

书　　　名	装饰工程施工组织与施工工艺详解
	ZHUANGSHI GONGCHENG SHIGONG ZUZHI YU SHIGONG GONGYI XIANGJIE
著作责任者	林春水　编著
策 划 编 辑	孙　明　蔡华兵
责 任 编 辑	孙　明　王　诗
数 字 编 辑	金常伟
标 准 书 号	ISBN 978-7-301-35369-1
出 版 发 行	北京大学出版社
地　　　址	北京市海淀区成府路 205 号　100871
网　　　址	http：//www.pup.cn　　新浪微博：@ 北京大学出版社
电 子 邮 箱	编辑部 pup6@pup.cn　　总编室 zpup@pup.cn
电　　　话	邮购部 010-62752015　　发行部 010-62750672　　编辑部 010-62750667
印 刷 者	河北博文科技印务有限公司
经 销 者	新华书店
	889 毫米 ×1194 毫米　16 开本　18.75 印张　600 千字
	2024 年 8 月第 1 版　2024 年 8 月第 1 次印刷
定　　　价	59.00 元

未经许可，不得以任何方式复制或抄袭本书之部分或全部内容。
版权所有，侵权必究
举报电话：010-62752024　电子邮箱：fd@pup.cn
图书如有印装质量问题，请与出版部联系，电话：010-62756370

前　言

本书根据国家新颁布的《建筑装饰工程施工及验收规范》，并参考和借鉴了大量建筑装饰施工技术资料编写而成。本书内容涉及建筑装饰工程施工的各个工种，详细解读了装饰工程施工的各个施工组织、施工工序、施工工艺，全面解析每项工程的施工要点与难点。为使图例更具通用性，本书在编写过程中对施工工艺、施工材料、施工工序等内容进行了大量的归纳、梳理、补充、完善和统一。另外，同一种装饰装修材料、同一种工艺运用不同的原始资料时会有不同的名称，本书在编写过程中采用了业内普遍认同的名称。

本书取材新颖、内容丰富、实用性强，内容共分 8 章：第 1 章主要介绍建筑装饰工程施工组织与管理；第 2 章至第 8 章详细介绍了建筑装饰工程中常用的隐蔽工程、饰面工程及目前国内外较先进的建筑装饰工程构造和施工工艺，如玻璃幕墙、铝板幕墙、石材干挂、施工节点等，并重点介绍建筑装饰工程新材料、新设备、新技术和新工艺。编者还整理了拓展阅读资料，对门窗工程、配套工程、空调工程、消防工程的施工，以及目前建筑装饰工程中常用的小型施工机具及其具体操作进行了简要介绍，以便于读者扩展知识面。

本书通过三维图例展示，可以让读者更直观、准确地理解装饰施工工艺课程中的教学难点及要点，并搭建结合三维可视化数据库、虚拟现实技术及可视化平台的全新的教学模式探索实验，可以使读者更加清晰地学习相关内容，快速积累行业经验，大幅度提升制图水平，提高工作学习效率。

正如党的二十大报告提出："必须坚持系统观念。万事万物是相互联系、相互依存的。只有用普遍联系的、全面系统的、发展变化的观点观察事物，才能把握事物发展规律。"本书在编写本书过程中，得到鲁迅美术学院建筑艺术设计学院曹欣芝、邹德涵、满润德、王子涵、王秀虞等研究生的帮助，在此向他们表示衷心的感谢！

鉴于建筑装饰工程施工工艺复杂、授课内容涉及面广泛，再加上编著者水平有限，书中难免存在不妥之处，恳求广大读者批评指正。

编著者
2024 年 2 月

【资源索引】

目 录

第1章　建筑装饰工程施工组织与管理 / 001
1.1　建筑装饰工程概述 / 002
　　1.1.1　建筑装饰工程的内容 / 002
　　1.1.2　建筑装饰工程施工的特点 / 003
　　1.1.3　建筑装饰工程施工组织设计的任务、概念、内容和作用 / 004
1.2　施工组织设计与项目管理规划 / 006
　　1.2.1　施工组织设计的分类 / 006
　　1.2.2　项目管理规划大纲 / 007
1.3　建筑装饰工程施工组织总设计 / 008
　　1.3.1　编制的作用、依据和程序 / 008
　　1.3.2　施工部署 / 010
　　1.3.3　施工总进度计划 / 011
　　1.3.4　资源需求量计划 / 013
　　1.3.5　施工准备工作计划 / 015
　　1.3.6　施工总平面图 / 015
1.4　单位工程施工组织设计 / 019
　　1.4.1　单位工程施工组织设计的编制程序 / 019
　　1.4.2　单位工程施工组织设计的编制原则 / 020
　　1.4.3　单位工程施工组织设计的编制依据 / 021
　　1.4.4　单位工程施工组织设计的编制内容 / 021
　　1.4.5　单位工程施工组织设计主要内容的编制方法 / 025
1.5　施工进度计划的表现形式 / 033
　　1.5.1　横道图 / 033
　　1.5.2　斜道图 / 034
　　1.5.3　图像 / 035
　　1.5.4　网络图 / 035
　　思考题 / 039

第2章　天棚装饰工程施工 / 041
2.1　天棚装饰工程的种类 / 042
　　2.1.1　无吊顶天棚装饰工程 / 042
　　2.1.2　有吊顶天棚装饰工程 / 042
2.2　无吊顶天棚装饰工程施工 / 043
　　2.2.1　喷浆天棚装饰工程施工 / 043
　　2.2.2　抹灰天棚装饰工程施工 / 044
　　2.2.3　粘贴式天棚装饰工程施工 / 045
2.3　吊顶龙骨安装施工 / 045
　　2.3.1　木吊顶龙骨安装施工 / 045
　　2.3.2　轻钢吊顶龙骨安装施工 / 050
　　2.3.3　铝合金吊顶龙骨安装施工 / 053
2.4　木质吊顶装饰工程施工 / 055

  2.4.1　平面木质吊顶施工 / 055
  2.4.2　单体和多体构成木质吊顶的施工 / 058
  2.4.3　木格栅吊顶 / 059
  2.4.4　成品保护 / 060
  2.4.5　应注意的质量问题 / 060
2.5　装配式吊顶装饰工程施工 / 060
  2.5.1　装配式吊顶材料及构造处理 / 060
  2.5.2　装配式吊顶的施工程序 / 061
  2.5.3　施工注意事项 / 062
  2.5.4　质量标准 / 062
  2.5.5　应注意的质量问题 / 063
2.6　隐蔽式装配吊顶施工 / 063
  2.6.1　隐蔽式装配吊顶材料及构造处理 / 063
  2.6.2　隐蔽式吊顶施工 / 064
2.7　金属装饰板吊顶施工 / 069
  2.7.1　金属微穿孔吸声板吊顶施工 / 069
  2.7.2　铝合金板吊顶施工 / 070
  2.7.3　质量标准 / 074
  2.7.4　成品保护 / 074
  2.7.5　应注意的问题 / 074
  思考题 / 074

第3章　地面装饰工程施工 / 075

3.1　楼地面装饰工程 / 076
  3.1.1　楼地面装饰工程的分类 / 076
  3.1.2　楼地面装饰工程的构成与选择 / 077
3.2　水泥地面施工 / 077
  3.2.1　水泥砂浆地面施工 / 077
  3.2.2　混凝土地面施工 / 079
  3.2.3　水磨石地面施工 / 080
  3.2.4　楼梯防滑条施工 / 086
3.3　板块地面施工 / 087
  3.3.1　材料与施工准备 / 087
  3.3.2　施工方法 / 088
3.4　木地面施工 / 095
  3.4.1　木地板的构造 / 095
  3.4.2　施工准备 / 096
  3.4.3　木基层施工 / 097
  3.4.4　木地板面层施工 / 098
  3.4.5　复合地板施工 / 100
  3.4.6　木踢脚施工 / 102
  3.4.7　不锈钢踢脚施工 / 102

3.5 塑料地面施工 / 103
　　3.5.1 块状塑料地板施工 / 103
　　3.5.2 氯化聚乙烯卷材地面施工 / 105
　　3.5.3 软质聚氯乙烯地板铺贴施工 / 107
3.6 地毯铺设 / 109
　　3.6.1 料具准备 / 109
　　3.6.2 化纤地毯铺设 / 110
　　3.6.3 块毯铺设 / 113
　　3.6.4 楼梯地毯铺设 / 114
　　思考题 / 115

第4章　墙柱面结构工程施工 / 117
4.1 墙柱面装饰概述 / 118
4.2 墙面装饰结构施工 / 118
　　4.2.1 木龙骨夹板墙身施工 / 118
　　4.2.2 轻钢龙骨石膏板隔断施工 / 124
　　4.2.3 铝合金隔墙施工 / 124
4.3 柱体装饰结构施工 / 127
　　4.3.1 弹线工艺 / 127
　　4.3.2 制作骨架的工艺 / 127
　　4.3.3 钢木混合结构柱体施工工艺 / 129
　　4.3.4 饰面板的安装工艺 / 131
　　思考题 / 135

第5章　隔断工程施工 / 137
5.1 概述 / 138
5.2 隔断龙骨 / 139
　　5.2.1 木龙骨 / 139
　　5.2.2 轻钢龙骨 / 139
5.3 石膏板隔断 / 144
　　5.3.1 纸面石膏板隔断墙安装施工 / 144
　　5.3.2 纤维石膏板隔断墙安装施工 / 149
　　5.3.3 石膏空心条板安装施工 / 149
　　5.3.4 石膏板复合墙板隔断施工 / 150
5.4 木质隔断 / 151
　　5.4.1 木拼板隔断安装施工 / 151
　　5.4.2 胶合板隔断安装施工 / 152
　　5.4.3 纤维板隔断安装施工 / 153
5.5 玻璃隔断 / 154
　　5.5.1 玻璃隔断安装施工 / 154

5.5.2　防烟隔断安装施工 / 155
　　　5.5.3　铝合金玻璃隔断安装施工 / 156
　　　5.5.4　玻璃隔墙安装施工 / 156
　　　5.5.5　玻璃砖隔断安装施工 / 156
　　　5.5.6　全玻璃隔断 / 157
　5.6　其他隔断 / 158
　　　5.6.1　TK板现装隔断墙 / 158
　　　5.6.2　水泥刨花板隔断墙 / 158
　　　5.6.3　铝合金压型条板隔断墙 / 158
　　　5.6.4　吸声隔墙 / 159
　　　5.6.5　墙面软包 / 160
　　　思考题 / 162

第6章　墙面装饰工程施工 / 163

　6.1　概述 / 164
　　　6.1.1　墙面装饰工程及其作用 / 164
　　　6.1.2　墙面装饰工程的材料 / 164
　　　6.1.3　墙面装饰工程的种类 / 164
　6.2　一般抹灰工程施工 / 165
　　　6.2.1　施工准备 / 165
　　　6.2.2　施工方法 / 166
　6.3　装饰抹灰工程施工 / 171
　　　6.3.1　砂浆装饰抹灰施工 / 171
　　　6.3.2　石碴装饰抹灰施工 / 177
　6.4　石材饰面施工 / 183
　　　6.4.1　墙面挂贴板块施工 / 183
　　　6.4.2　青石板饰面板安装 / 191
　　　6.4.3　预制水磨石饰面板安装 / 192
　　　6.4.4　合成石饰面板安装 / 192
　　　6.4.5　小规格饰面板镶贴 / 193
　6.5　陶瓷饰面施工 / 195
　　　6.5.1　陶瓷饰面材料及施工机具 / 195
　　　6.5.2　作业条件 / 196
　　　6.5.3　陶瓷贴面施工准备 / 196
　　　6.5.4　釉面砖镶贴 / 199
　　　6.5.5　外墙面砖镶贴 / 201
　　　6.5.6　陶瓷锦砖镶贴 / 203
　　　6.5.7　玻璃锦砖镶贴 / 205
　6.6　塑料饰面施工 / 206
　　　6.6.1　聚氯乙烯塑料板安装施工 / 206
　　　6.6.2　三聚氰胺塑料板安装施工 / 207
　　　6.6.3　塑料贴面装饰板安装施工 / 208

6.7 木质饰面施工 / 210
    6.7.1 装饰防火板安装施工 / 210
    6.7.2 印涂木纹人造板安装施工 / 211
    6.7.3 微薄木贴面板安装施工 / 211
    6.7.4 免漆板安装施工 / 212
6.8 金属饰面施工 / 213
    6.8.1 铝合金板墙面 / 213
    6.8.2 彩色涂层钢板安装施工 / 220
    6.8.3 铝塑板墙面 / 221
    6.8.4 铝板幕墙施工工艺 / 222
6.9 玻璃饰面板施工 / 224
    6.9.1 镜面玻璃墙面的构造 / 224
    6.9.2 镜面玻璃墙面施工工艺 / 225
    6.9.3 注意事项 / 225
    思考题 / 225

第7章 玻璃工程施工 / 227

7.1 玻璃裁割与加工 / 228
    7.1.1 施工准备 / 228
    7.1.2 裁割玻璃操作方法 / 228
    7.1.3 玻璃加工方法 / 229
    7.1.4 注意事项 / 230
7.2 门窗玻璃安装 / 230
    7.2.1 金属门窗玻璃安装 / 230
    7.2.2 塑料门窗玻璃安装 / 232
    7.2.3 木门窗玻璃安装 / 232
    7.2.4 玻璃安装施工注意事项 / 232
7.3 玻璃栏河安装 / 233
    7.3.1 栏河材料选择 / 233
    7.3.2 玻璃栏河施工 / 234
7.4 玻璃幕墙施工 / 235
    7.4.1 玻璃幕墙的组成材料 / 236
    7.4.2 玻璃幕墙的结构构造类型 / 236
    7.4.3 玻璃幕墙安装施工 / 240
7.5 玻璃镜安装 / 246
    7.5.1 施工准备 / 246
    7.5.2 施工工艺 / 246
    7.5.3 施工注意事项 / 250
7.6 玻璃砖墙施工 / 250
    7.6.1 实心玻璃砖 / 250
    7.6.2 空心玻璃砖 / 252
    思考题 / 252

第8章 涂料与裱糊饰面工程施工 / 253

- 8.1 概述 / 254
  - 8.1.1 涂料工程 / 254
  - 8.1.2 裱糊工程 / 256
- 8.2 油漆施工 / 257
  - 8.2.1 木质表面涂饰施工 / 257
  - 8.2.2 金属表面涂饰施工 / 261
  - 8.2.3 混凝土和抹灰表面涂饰施工 / 263
- 8.3 涂料施工 / 267
  - 8.3.1 内墙、顶棚涂料施工 / 267
  - 8.3.2 外墙涂料施工 / 269
  - 8.3.3 地面涂料施工 / 273
- 8.4 裱糊饰面工程施工 / 277
  - 8.4.1 施工准备工作 / 277
  - 8.4.2 作业条件 / 278
  - 8.4.3 基层处理 / 278
  - 8.4.4 主要操作工序 / 279
  - 8.4.5 各种壁纸的裱糊方法 / 280
  - 8.4.6 金属壁纸与锦缎的裱糊 / 282
  - 8.4.7 金箔镶贴工艺 / 284
  - 思考题 / 285

引用标准名录 / 286

参考文献 / 287

第 1 章
建筑装饰工程施工组织与管理

【学习目标】

知识要点	具体内容
建筑装饰工程概述	建筑装饰工程的内容；建筑装饰工程施工的特点；建筑装饰工程施工的任务、概念、内容和作用
施工组织设计与项目管理规划	施工组织设计的分类；项目管理规划大纲
建筑装饰工程施工组织总设计	编制的作用、依据和程序；施工部署；施工总进度计划；资源需求量计划；施工准备工作计划，施工总平面图
单位工程施工组织设计	编制程序；编制原则；编制依据；编制内容；编制方法
施工进度计划的表现形式	横道图；斜道图；图像；网络图

现代建筑装饰业是从土木建筑行业中分离出来的，经过不断地充实完善，已形成专业化的行业体系。

与土木建筑工程相比，建筑装饰工程的特点是工程投资较大，工期短，人员和机具较为集中，各工种施工讲究节奏与配合。通常所说的工程管理是承建过程中各项管理的总称，它主要体现在建设过程中各种规章制度的制定方面。建筑装饰是建筑工程的一个部分，工程管理大部分的内容同其他分部工程是一致的，如技术管理、计划管理、材料管理、资金管理、工艺质量督促和安全防范等。但是，由于建筑装饰工程本身具有技术和艺术的双重属性，因此会产生一些其他方面的管理。本章主要阐述建筑装饰工程施工组织与管理。

1.1　建筑装饰工程概述

1.1.1　建筑装饰工程的内容

建筑装饰工程的内容按国家标准《建筑装饰装修工程质量验收规范》（GB 50210—2018）中的规定，包括如下工程内容：抹灰工程、门窗工程、吊顶工程、轻质隔墙工程、饰面板（砖）工程、幕墙工程、涂饰工程、裱糊与软包工程、细部工程。

但是，现在建筑装饰工程的内容涉及范围更广。除建筑的主体工程和部分设备的安装外，剩余的一切建筑工程项目都包含在建筑装饰工程的范围内。下面对其作简要介绍。

1. 建筑装饰工程的建筑类型

建筑，通常分为民用建筑（包括居住建筑和公共建筑）、工业建筑、农业建筑、军事建筑及构筑物等几大类。目前，建筑装饰工程主要涉及民用建筑和工业建筑领域，且以民用建筑中的公共建筑为主要对象。正如党的二十大报告提出："高质量发展是全面建设社会主义现代化国家的首要任务。发展是党执政兴国的第一要务。没有坚实的物质技术基础，就不可能全面建成社会主义现代化强国。"近年来所完成的建筑装饰工程，有50%以上是商业性建筑及大型公共建筑，若以工程耗资数额考虑，则所占比重更大。但是，近年来由于生活消费水平的提高，办公类建筑及居住类建筑的装饰工程兴起，对此，我们应有充分的思想准备。

2. 建筑装饰工程的部位范围

建筑装饰所涉及的主要是可接触到或可见到的部位。建筑中一切与人的视觉和触觉有关的，能引起人们视觉愉悦的部位都有装饰的必要。就室外而言，建筑的外墙面、台阶、门窗（含橱窗）、檐口、雨篷、屋顶及各种建筑小品、地面等都需要进行装饰。就室内而言，顶棚、内墙面、隔墙和各种隔断、梁、柱、门窗、地面、楼梯，以及与这些部位有关的灯具和其他小型设备都在装饰施工的范围之内。装饰工程还常常涉及家具、绿化及水体等的设置问题。

3. 建筑装饰工程的项目范围

如前所述，如今建筑装饰工程所涉及的范围是很广泛的。《建筑装饰装修工程质量验收标准》（GB 50210—2018）中所示的内容，在今天通常被笼统地称为饰面工程，而不是狭义地指采用饰面板或饰面砖的饰面工程。按目前的情况，建筑装饰工程通常包括抹灰工程、外墙防水工程、门窗工程、吊顶工程、轻质隔墙工程、涂饰工程、裱糊与软包工程、饰面板工程、饰面砖工程、幕墙工程、细部工程等。视具体情况，还包括隔断工程（此项也常并入铝合金工程）、家具工程、铝合金工程（指其他铝合金装饰制作项目）、水卫工程、空调工程等。

1.1.2 建筑装饰工程施工的特点

建筑装饰工程，广义上讲包括两部分：其一为普通装饰工程，即建筑工程中的装饰工程部分；其二为高级装饰工程。狭义上讲，建筑装饰工程就是高级装饰工程。高级装饰工程集建筑、建材、轻工、化工、纺织、电子、机械、工艺美术等行业为一体，使艺术与技术有机地结合在一起。因此，高级装饰工程施工已经不是一般建筑施工企业可以承担的，而必须由专门的装饰队伍来完成。

建筑装饰施工的过程，是有计划、有目的地达到某种特定效果的工艺过程。因此，对建筑装饰工艺的研究，对于在设计施工中选用正确的施工工艺及取得理想的装饰效果，都有着十分重要的意义。当然，由于装饰标准、所用装饰材料及装饰部位的不同，即使是同一种装饰工程，其具体的施工工艺也可能不同。但是，建筑装饰工艺仍然存在一些共性的问题。对这些问题加以研究，从而抓住影响装饰效果的关键环节，掌握装饰施工工艺的特点，并了解一些指导性技巧，对于保证工程的顺利进行及获得理想的装饰效果，无疑是十分有益的。

1. 建筑装饰施工的主要任务

建筑装饰施工的主要任务，是完成装饰设计（含室内设计图纸）中的各项内容，即将设计师在图纸上反映出来的意图加以实现。因此就产生了两方面的要求：其一，设计人员应对建筑装饰的工艺、构造及实际可选用的材料有充分的了解；其二，施工人员应对装饰设计的一般知识有所了解，并对设计中所要求的材料的性质、来源、施工配方、施工方法等有清晰的了解。只有这样，才有可能使设计师的意图得到完善的反映。显然，为了做到这一点，在可能的前提下，让施工队伍与设计师在工程实践中进行长期的配合，是十分重要的。

2. 建筑装饰施工的过程

建筑装饰施工的过程是一个再创作的过程。一般来说，建筑装饰施工的过程是对设计质量的检验、完善过程。设计师所做的装饰设计产生于装饰施工之前，因此设计师对最终的装饰效果缺乏实感，而装饰施工的过程是实现设计意图的过程，它的每一个步骤都检验着设计的合理性，因此它有更充分的依据证明装饰施工的效果，更有理由、也更有义务对原设计提出改进的意见。也就是说，对于建筑装饰施工，不应满足于照图施工，而应使其成为完善设计的过程。每一个成功的建筑装饰作品，不仅显示了设计师的才华，同时也凝聚了装饰施工人员的劳动智慧。例如，装饰设计中的大理石墙面，图纸上往往标注得比较简单。然而，在施工时却要针对进场的板材情况，边施工边进行艺术加工，也可以理解为对大理石墙面进行详细设计。

这种详细设计不可能事先做好，因为未见到板材的实际情况，有些问题是无法预测的，只能从原则上提出一些要求。无规律的自然纹理和有差异的色彩，是天然大理石板材的两个显著特点，对这两个特点的运用是工艺水平差距的集中体现。有的工程中，在经过选板、拼板之后，镶贴完毕的墙面上的大理石的自然纹理和色彩处理得自然、和谐，充分体现大理石的装饰特性；而有的工程中，大理石板材的纹理则是杂乱无章的，毫无效果可言。

3. 城市环境的要求

在城市环境质量逐步改善的今天，大量对建筑的改造与整修，给建筑装饰施工提供了新的天地，也提出了一些新的要求。党的二十大报告提出："……加强理想信念教育，传承中华文明，促进物的全面丰富和人的全面发展。"旧建筑的改建与整修是在基本功能要求已满足的前提下进行的，即根据变化了的使用要求对内外空间环境进行装饰美化处理。这种基本骨架不动的施工特点，使建筑装饰施工不必依附于建筑公司，而成为一个相对独立的施工技术门类。

4. 样板间

实物样板是装饰施工中保证装饰效果的重要手段。实物样板，是指在大面积施工前所完成的实物样品，或称样板间、标准间，实物样板在高档装饰工程中被普遍采用。实物样板有多方面作用，首先可以检验设计的效果，从中发现问题，进而对原设计进行修改和完善；其次可以根据材料、机具等的具体情况，通过试做来确定各部位的节点大样和具体构造。这样，一方面将设计中一些未能明确的构造问题加以确认，解决装饰设计图纸表达深度不一的问题；另一方面可起到统一操作流程、明确施工要点、指导下一阶段的大面积施工的作用。因此，在《建筑装饰装修工程质量验收标准》(GB 50210—2018)中明确规定："高级装饰工程施工前，应预先做出样板（一个样品或标准间），经有关单位鉴定后，方可进行。"

5. 装饰工艺的特点

装饰工艺的特点，表现在其施工过程的装配化、机械化程度比较高。这是因为目前所使用的装饰材料，已有相当部分是通过工业化生产提供成品或半成品，就必然导致装饰施工中出现装配或半装配式的安装施工方法。至于机械化程度高，更是一个突出的特点，各种电动或气动装饰机具的使用在现代装饰施工中，不仅是控制和保证工程质量的必要条件，而且往往成为能否进行某种装饰施工的先决条件。需要指出的是，由于装配化和机械化程度较高，装饰工程表现出另一个突出的特点，即干法作业的工程量在逐年增加。而这一点，则给我们提供了立体交叉施工、逐层施工、逐层交付使用的可能性。应该说，这是一种必然的发展趋势。

1.1.3 建筑装饰工程施工组织设计的任务、概念、内容和作用

从建筑装饰工程及其施工的特点可看出，建筑装饰工程除具有一般建筑工程的特点之外，还具有工序多、施工工艺复杂、交叉作业频繁、生产周期短、质量要求高、涉及面广等特点，故为确保施工质量、安全、成本和工期，除了要采取必要的施工技术措施外，还必须加强施工组织管理。这就要求工程管理人员具备丰富的专业知识和实践经验，熟悉各工序的施工环节，并具备洞察问题、灵活协调工地事务的本领。

1. 建筑装饰工程施工组织设计的任务

建筑装饰工程施工组织最基本的任务就是根据装饰工程施工图和设计要求，从装饰工程的人力、物力、空间3个方面着手，正如党的二十大报告提出："必须完整、准确、全面

贯彻新发展理念。"在劳动力组织、材料供应、专业协调、空间布置与时间排列方面进行科学、合理的部署，从而在时间上实现速度快、工期短，在质量上实现精度高、效果好，在经济上达到消耗少、成本低、利润高的目的。

2. 建筑装饰工程施工组织设计的概念

建筑装饰工程施工组织设计是用来指导装饰工程施工全过程各项活动的技术、经济、组织的综合性文件。

3. 建筑装饰工程施工组织设计的内容

建筑装饰工程的特点决定了不同装饰工程有不同的施工组织设计，建筑装饰工程施工组织设计应根据工程、地区、施工环境及条件来进行编制。建筑装饰工程施工组织设计的主要内容如下。

（1）工程概况及施工特点分析。

① 装饰工程的目的、意义和指导原则。

② 装饰工程内容概述。

③ 主要实物工程量。

④ 装饰工程工期。

⑤ 装饰工程的特点及要求。

⑥ 装饰工程的施工条件，包括原建筑或新建结构工程的情况，材料、构件、加工品的供应来源，施工单位的装饰工程施工机械情况，施工技术、施工现场的临时设施情况等。

（2）施工方案的选择。

施工方案的选择一般包括对原建筑或新建结构工程的检验和处理办法、主要施工方法和施工机具的选择、施工起点流向及施工程序和顺序的确定。

对于二次改造工程一定要进行基层检查，原有基层一定要铲除。同时，需要对拆除部位、拆除数量、拆除物的处理办法作出明确规定。建筑装饰工程的工艺较复杂，施工难度较大，因此在施工前必须明确主要项目，如天棚、墙、柱的装饰施工方法，现场的垂直运输和水平运输方案，同时确定所需的施工机具。此外，还要绘制各种排料图、定位图、安装图等。

（3）施工方法的选择。

首先要肯定的是每项施工方法都必须建立在保证质量和安全的基础上，再根据分部分项工程的特点确定施工方法，主要是确定墙柱面、天棚、楼地面工程的施工方法。

外墙装饰工程应在结构工程完成后自上而下地进行，室内装饰包括墙、天棚、楼地面工程。通常是做出样板间进行实样交底，并按照装饰工程的工艺流程安排综合进度计划。

（4）施工进度计划。

建筑装饰工程施工进度计划应根据施工总进度计划控制工期，结合确定的施工方案和施工方法，对可能投入的劳动力、施工机械、材料、加工品的供应情况，以及协作单位配合施工的能力等因素综合考虑安排，再根据以下步骤编制施工进度计划表。

① 确定施工顺序。按照建筑装饰工程的特点和施工条件等，确定分部、分项工程的施工顺序。

② 划分施工项目。根据工艺流程、施工方法和劳动组织划分，一般要求按施工的工作过程划分，主要工序如工程量大、工期长、用工多的工序不能漏项，次要工序可并入主要工序，影响下一道工序施工和穿插配合施工的较复杂的项目要细分、不漏项，所分项目最好与装饰工程预算项目对口，便于核算。

③ 划分流水段。使各作业组按照一定顺序在各流水段上依次并连续地完成各自的工序，使施工有节奏地进行，以达到均衡施工和缩短工期的目的。

④ 计算工程量。按流水段划分，列出各层、各段的工程量，以便安排进度计划。

⑤ 计算机械台班量和劳动量。

⑥ 确定各分部、分项工程（或工序）的作业时间。

⑦ 检查和调整施工进度计划。

（5）施工准备工作计划。

① 技术准备：包括熟悉和会审图纸、编审施工组织设计、编审施工图预算及准备其他相关资料等。

② 现场准备：包括结构状况、基底状况的检查和处理，相关生产、生活临时设施和供水、供电设施的搭设等。

③ 劳动力和施工机具材料的准备。

（6）施工平面图。

施工平面图表明单位工程所需材料、构件、施工机械的堆放场地和临时生产、生活设施及供水、供电设施等的布置情况。对于改建项目或局部装饰项目，现场能够利用的场地很小，各种设施都无法布置在现场，这时就要安排好材料运输计划、道路走向等。

4. 建筑装饰施工组织设计的作用

每一个建筑装饰工程的施工，都应设计出施工程序计划作为工程施工指导方案，通过它编排制定出管理施工所需的各种报表资料，以便合理安排工作，达到高质量完成工程的目的。

1.2 施工组织设计与项目管理规划

通过施工组织设计，可以把工程的设计和施工、技术和经济、前方和后方有机地结合起来，使整个施工单位的施工安排和具体工程的施工组织更优化，使建筑装饰工程施工中的各单位、各部门、各阶段、各项目之间的关系更明确且更协调。正如党的二十大报告提出："我们不断厚植现代化的物质基础，不断夯实人民幸福生活的物质条件，同时大力发展社会主义先进文化……"

总之，施工组织设计把装饰工程施工生产合理地组织起来了，规定了有关装饰工程施工活动的基本内容，保证了具体装饰工程的施工得以顺利进行和完成。因此，施工组织设计的编制，是工程施工准备阶段的核心工作，在施工组织与管理工作中占有十分重要的地位。

如果施工组织设计编制得好，能反映客观实际，符合国家相关要求，并且得到贯彻落实，施工就可以有条不紊地进行，使施工组织与管理工作处于主动地位，取得好、快、省、安全的效果。若没有施工组织设计，或者施工组织设计脱离实际，或者虽有质量优良的施工组织设计而未得到贯彻执行，就很难正确地组织具体装饰工程的施工，使工作经常处于被动状态，造成不良的后果。

1.2.1 施工组织设计的分类

根据建筑装饰工程的规模、结构特点、技术繁简程度及施工条件的差异，建筑装饰工程施工组织设计在编制的深度和广度上有所不同。因此，存在着不同种类的施工组织设计，目前在实际工作中主要有以下几种。

1. 建筑装饰工程施工组织规划设计

建筑装饰工程施工组织规划设计是在初

步设计阶段编制的，主要目的是根据建筑装饰工程施工的具体建设条件、资源条件、技术条件和经济条件，进行基本的施工规划，借以肯定拟建工程在指定地点和规定期限内进行建设的经济合理性和技术可能性，为国家审批设计文件提供参考和依据，并使建设单位能据此进行初步的准备工作，同时它也是建筑装饰工程施工组织总设计的编制依据。

2. 建筑装饰工程施工组织总设计

建筑装饰工程施工组织总设计是以装饰工程项目为编制对象，用以指导装饰施工全过程各项活动的技术、经济的综合性文件。它是整个工程项目施工的战略部署文件，涉及范围较广，内容概括性强。它是在初步设计或扩大初步设计被批准后，由总承包单位牵头，会同建设、设计和其他分包单位共同编制的。它是建筑装饰施工组织规划设计的具体化设计文件，也是单位装饰工程施工组织设计的编制依据。

3. 单位装饰工程施工组织设计

单位装饰工程施工组织设计是以单位装饰工程为编制对象，用以指导其施工全过程各项活动的技术、经济的综合性文件。它是建筑装饰工程施工组织总设计的具体化设计文件，内容更详细。它是在装饰施工图完成后，由工程项目部负责组织编制的，是装饰施工单位编制季度、月份，以及分部、分项工程作业设计的依据。

4. 分部、分项装饰工程施工组织设计

分部、分项装饰工程施工组织设计是以施工难度较大或技术较复杂的分部、分项工程为编制对象，用来指导其施工活动的技术、经济的文件。它结合施工单位的月、旬作业计划，使单位装饰工程施工组织设计进一步具体化，是专业工程的具体施工文件。

分部、分项装饰工程施工组织设计一般在单位装饰工程施工组织设计确定了施工方案后，由项目部技术负责人编制。

1.2.2 项目管理规划大纲

装饰工程施工项目管理的第一步是编制项目管理规划，然后才是编制投标书。考虑到装饰施工组织设计是我国目前仍在广泛应用的一项管理制度，《建筑装饰装修工程质量验收标准》（GB 50210—2018）规定承包人可以编制装饰工程施工组织设计代替项目管理规划，但施工组织设计内容应满足项目管理规划的要求。

与投标施工组织设计和实施性施工组织设计相对应的是项目管理规划大纲和项目管理实施规划。

1. 项目管理规划大纲

《建筑装饰装修工程质量验收标准》（GB 50210—2018）明确规定项目管理规划大纲应包括下列内容。

（1）项目概况。
（2）项目实施条件分析。
（3）项目投标活动及签订施工合同的策略。
（4）项目管理目标。
（5）项目组织结构。
（6）质量目标和施工方案。
（7）工期目标和施工总进度计划。
（8）成本目标。
（9）项目风险预测和安全目标。
（10）项目现场管理和施工平面图。
（11）投标和签订施工合同。
（12）文明施工及环境保护。

2. 项目管理实施规划

《建筑装饰装修工程质量验收标准》（GB 50210—2018）明确规定项目管理实施规划应包括下列内容。

（1）工程概况。
（2）施工部署。
（3）施工方案。
（4）施工进度计划。

(5）资源供应计划。
(6）施工准备工作计划。
(7）施工平面图。
(8）技术组织措施计划。
(9）项目风险管理。
(10）信息管理。
(11）技术经济指标分析。

3．项目管理规划的特点

(1）以项目为中心开展工作。

项目管理规划最明显的特点就是注重项目的整体性。编制项目管理规划也是从这一点出发，注重项目的整体组织、管理、目标、风险等，这是项目管理规划与施工组织设计一个很大的区别。

(2）强调目标控制。

项目管理更强调目标控制，包括质量、安全、工期、成本等目标。通过控制各种目标来优质、高效地完成整个工程项目。

(3）强调成本与经济指标核算。

随着市场经济的发展，建设工程项目也由过去的计划分配制度过渡到现在的招投标制度。在项目管理中，成本控制和经济指标核算是重要内容。通过成本控制和经济指标核算，可提高企业的经济效益，也为国家节约更多的资源。

(4）加强风险意识。

从事经济活动是存在风险的，建设工程项目也不例外。因此，项目管理规划特别强调了项目的风险预测及相应的安全目标。相关从业人员应以项目管理规划的要求为标准编制施工组织设计，为逐步用项目管理规划取代施工组织设计打好基础。

1.3 建筑装饰工程施工组织总设计

1.3.1 编制的作用、依据和程序

1．装饰工程施工组织总设计的作用

施工组织总设计是以整个工程项目或若干单项工程为编制对象，是对整个工程项目施工的总规划，也是指导全项目的施工准备和组织施工的综合性技术文件。它一般由装饰工程施工总承包公司或大型工程项目经理部的总工程师主持编制。其主要作用如下。

(1）为工程项目的前期施工做好准备工作，为整个装饰工程的施工建立必要的施工条件。

(2）为整个装饰工程的施工作出全面的战略部署。

(3）为建设单位或业主编制工程项目建设计划提供依据。

(4）为编制单位装饰工程的施工组织设计提供依据。

(5）为项目组织施工力量和技术力量，为物资的供应提供依据。

2. 装饰工程施工组织总设计的编制依据

在编制装饰工程施工组织总设计时，应从实际出发，以如下资料为依据。

（1）招标文件、计划文件及合同文件。

如国家批准的基本建设计划、可行性研究报告、工程项目一览表、分期分批投产交付使用的期限和投资计划，工程所需设备、材料的订货指标，建设地点所在地区主管部门的批件、施工单位上级主管部门下达的施工任务计划、招投标文件及工程承包合同或协议、引进材料和设备供货合同等。

（2）建设文件。

如已批准的设计任务书、设计说明书、工程项目区域的测量平面图、工程项目总平面图、总概算或修正概算等。

（3）工程勘察和技术经济资料。

例如，地形、地貌、工程地质及水文地质、气象等自然条件；项目区域的建筑安装企业、预制构件、制品供应情况；工程材料、设备的供应情况；交通运输情况；水、电供应情况；当地的文化教育、商品服务设施情况；等等。

（4）类似工程的相关资料，现行规范、规程，以及相关技术规定，如类似建设项目的施工组织总设计和有关总结资料；国家现行的施工及验收规范、规程、定额、技术规定和技术经济指标。

（5）企业 ISO 9002 质量体系标准文件。

（6）企业的技术力量、施工能力、施工经验、机械设备状况及自有的技术资料等。

3. 装饰工程施工组织总设计的编制程序

施工组织总设计的编制程序如图1.1所示。

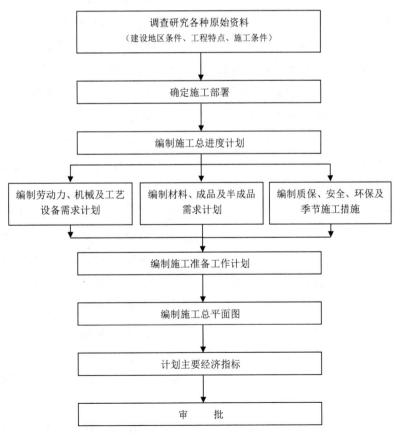

图 1.1　施工组织总设计的编制程序

4. 装饰工程施工组织总设计的内容

(1) 工程概况及施工特点分析。

工程概况及施工特点分析是对整个建设项目总的说明和分析。一般包括以下内容。

① 建设项目概况。

主要包括：建设地点、工程性质、建设总规模、总工期、占地总面积、总建筑面积、总投资额；主要工程的工程量、管线和道路长度、设备安装数量；建筑安装工作量、工厂区和生活区的工作量；施工流程和工艺特点；建筑结构类型特征及新技术、新材料的复杂程度和应用情况；等等。

② 建设地区的自然条件、技术经济条件。

主要包括：气象、地形、地质和水文情况；地区的施工能力、劳动力和生活设施情况；地方建筑构件、制品的生产及材料供应情况；交通运输、水电和其他动力条件。

③ 其他方面。

包括主要设备、特殊物资的供应，参加施工的各单位的生产能力和技术水平，建设单位或上级主管部门对施工的要求；有关建设项目的决议和协议；土地征用范围和居民搬迁情况；等等。

(2) 建设项目内容。

① 施工管理项目组织结构。

② 施工部署。

③ 主要项目施工方案。

④ 施工总进度计划。

⑤ 总的施工准备工作计划、各项资源需要量计划。

⑥ 施工总平面图。

⑦ 施工质量、冬雨期施工保障措施、环境保护措施。

⑧ 主要技术经济指标。

1.3.2　施工部署

施工部署是对建设项目的施工全局作出的统筹规划和全面安排。一般包括以下几项内容。

1. 确定工程开展程序

建设项目中各项工程的开展程序是否合理，是关系到整个建设项目能否迅速投产的重大问题。对于大中型工程项目，一般需要根据建设项目总目标的要求，分期、分批建设。至于分几期施工，各期工程包含哪些项目，则要根据生产工艺要求、建设单位或业主要求、工程规模、施工难易程度、资金、技术资源等情况，由建设单位或业主与施工单位共同研究确定。例如，一个大型冶金联合企业，按其工艺过程大致包含如下工程项目：矿山开采工程、选矿厂建设、原料运输及存放工程、烧结厂建设、焦化厂建设、炼钢厂建设、轧钢厂及辅助性车间建设等。如果一次建成投产，建设周期长达10年，显然投资回收期太长而不能及早发挥投资效益。因此，对于这样的大型建设项目，可分期建设，以便早日见效。

对于大中民用建筑群（如住宅小区），一般也应分期、分批建成。除建设小区的住宅楼房外，还应建设幼儿园、学校、商店和其他公共设施，以便交付后能及早发挥经济效益和社会效益。

对小型企业或大型企业的某一系统，由于工期较短或生产工艺要求，也不必分期，可先建生产厂房，然后边生产边施工。分期、分批的建设，对于实现均衡施工、减少暂设工程量和降低工程投资具有重要意义。

2. 施工任务划分与组织安排

在明确施工项目管理体制、机构的前提下，划分各参与施工单位的任务，明确总包与分包的关系，建立施工现场统一的组织领导机构及职能部门，确定综合的、专业化的施工组织，明确各单位之间的协作关系，划分施工阶段，确定各单位分期、分批的主攻项目和穿插项目。

3. 主要建筑物施工方案及机械化施工总方案的拟定

施工组织总设计应拟定主要建筑物的施工方案和一些特殊的分项工程的施工方案，以及机械化施工总方案。其目的是进行技术和资源的准备，统筹安排施工现场，以保证整个工程的顺利进行。

目前，任何一个大型工程都需要进行机械化施工，机械化施工总方案应满足以下几点要求。

（1）所选主导施工机械的类型和数量应既能满足工程的施工需要，又能充分发挥其效能，并能在各工程上实现综合流水作业。

（2）所选辅助配套或运输机械，其性能和产量应与主导施工机械相适应，以充分发挥其综合施工能力和效率。

（3）所选机械化施工总方案应是技术上先进和经济上合理的。

4. 施工准备工作规划

施工准备工作是顺利完成建筑施工任务的保证和前提。应从思想、组织、技术、物资、现场等方面全面规划准备。施工的准备工作有：安排好场内外运输及施工用道、水电来源及其引入方案；安排好场地的平整方案和全场性的排水、防洪方案；安排好生产、生活基地；规划和修建附属生产企业；做好现场测量控制网；对新结构、新材料、新技术组织试制和试验；编制施工组织设计并研究确定可靠的施工技术措施；等等。

1.3.3 施工总进度计划

施工总进度计划是根据施工部署，对整个工地上的各项工程作出时间上的安排，其编制方法如下。

1. 列出工程项目一览表并计算工程量

据批准的总承建工程项目一览表，分别计算各工程项目的工程量。由于施工总进度计划主要起控制性作用，因此项目划分不宜过细，可按确定的工程项目的开展程序排列，应突出主要项目，一些附属辅助工程、小型工程及临时建筑物可以合并。

计算各工程项目工程量是为了正确选择施工方案和主要的施工、运输、安装机械，并初步规划各主要工程的施工流水，计算各项资源的需要量。因此，工程量计算只需粗略计算，可按初步（或扩大初步）设计图纸并根据各种定额手册进行计算。常用的定额、资料包括以下几种。

（1）概算指标定额和扩大结构定额。这两种定额分别按建筑物的结构类型、跨度、层数、高度等分类，决定每$100m^3$建筑体积和每$100m^2$建筑面积的劳动力和主要材料消耗指标。

（2）万元、十万元的投资工程量、劳动力及材料消耗扩大指标。这种定额规定了某一种建筑结构类型每万元或十万元投资中劳动力、主要材料等的消耗量。根据设计图纸中的结构类型，可求得拟建工程各分项需要的劳动力和主要材料的消耗量。

（3）标准设计或已建的同类型建筑物、构筑物的资料。在缺乏上述几种定额手册的情况下，可根据标准设计或已建成的类似工程实际所消耗的劳动力及材料，类比分析，按比例估算。但是，由于不存在和在建工程完全相同的已建工程，因此在借鉴已建工程资料时，一般都要进行换算调整。这种消耗指标都是各单位多年积累的经验数字，实际工作中常会用到。

除房屋外，还必须计算其他全工地性工程的工程量，铁路、道路、各种管线的长度等，都可根据建筑总平面图来计算。

计算所得的各项工程量应填入工程量汇总表（表1-1）中。

表 1-1　工程量汇总表

工程项目分类	工程名称	结构类型	建筑面积	栋数	实物工程量						
					土木工程	基础工程	混凝土	砌体工程	钢筋工程	…	装饰工程

2. 确定各建筑物或构筑物的施工期限

建筑物或构筑物的施工期限，应根据合同工期，施工单位的施工技术力量、管理水平，施工项目的建筑结构特征、建筑面积或体积大小，现场施工条件，资金与材料的供应等情况综合确定。确定时，还应参考工期定额。工期定额是根据我国各部门多年来的施工经验，在调查统计的基础上，经分析对比制定的。

3. 确定各建筑物或构筑物的开、竣工时间和搭接关系

在施工部署中如已确定总的施工期限、展开程序，再对各建筑物或构筑物施工期限（即工期）进行分析确定，就可以进一步安排各建筑物或构筑物的开、竣工时间和搭接关系。在安排各项工程开、竣工时间和搭接施工时间时，应考虑下列因素。

（1）同一时间进行的项目不宜过多，避免人力、物力分散。

（2）要按照辅—主—辅的顺序安排：应先行施工一部分辅助工程（动力系统、给排水系统、运输系统及居住建筑群、汽车车库等），这样既可以在主要生产车间投产时使用，又可以为施工服务，节约临时设施费用。

（3）安排施工进度时，应尽量使各工种施工人员、施工机械在全工地内连续施工，尽量组织流水施工，从而实现人力、材料和施工机械的综合平衡。

（4）要考虑季节影响，以减少施工措施费。一般大规模土方和深基础施工应避开雨季；大批量的现浇混凝土工程应避开冬季；寒冷地区入冬前应做好围护结构，以便冬季进行作业。

（5）确定一些附属工程或零星项目作为后备项目（如宿舍、商店、附属或辅助车间、临时设施等），将其作为调节项目，穿插在主要项目的流水施工中，以使施工连续均衡。

（6）应考虑施工现场空间布置的影响。

4. 安排施工进度

施工总进度计划可以用横道图表达，也可以用网络图表达。由于施工总进度计划只是起规划作用，因此不必编制得过细。由于实际施工情况复杂多变，若把计划编制得过细，则不便于作相应调整。当用横道图表达总进度计划时，项目的排列可按施工总体方案所确定的工程开展程序排列。横道图上应表达各施工项目的开、竣工时间及持续时间（表1-2）。

5. 施工总进度计划的检查与调整优化

编制完施工总进度计划横道图后，应从以下几个方面对其进行检查。

（1）项目总进度计划或施工总承包合同对总工期及起止时间的要求是否被满足。

表 1-2　施工总进度计划横道图

序号	工程项目名称	结构类型	建筑面积/m³	工作量/万元	工期	××××年				××××年			
						一	二	三	四	一	二	三	四

（2）各施工项目之间的搭接是否合理。

（3）整个建设项目资源需求量动态曲线是否均衡。

（4）主体工程与辅助工程、配套工程之间是否协调。

上述问题，应通过调整优化来解决。施工总进度计划的调整优化，就是通过改变若干工程项目的工期，提前或推迟某些工程项目的开、竣工日期，即通过工期优化、工期费用优化和资源优化来实现的。

1.3.4　资源需求量计划

施工总进度计划编制好以后，就可以依此编制各种主要资源需求量计划和施工准备工作计划。

1. 劳动力需求计划

劳动力需求计划是确定暂设工程规模和组织劳动力进场的依据。编制时参照工种工程量汇总表中列出的各个建筑物专业工种的工程量，根据预算定额或有关资料，可求得各个建筑物主要工种的劳动量，再根据总进度计划表中各单位工程工种的持续时间，可得到某单位工程在某段时间里的平均工人数。同样方法可计算出各个建筑物的各主要工种在各个时期的平均工人数。将总进度计划表纵坐标方向上各单位工程同工种的人数叠加在一起，并连成一条曲线，可得到本工种的劳动力动态曲线图，以及劳动力需求计划（表 1-3）。

2. 材料、构件及半成品需求计划

根据各工种工程量汇总表所列各建筑物和构筑物的工程量，查万元定额或概算指标便可得出各建筑物或构筑物所需的建筑材料、构件及半成品的需求量。然后，根据总进度计划表，大致估计出某些建筑材料在某季度的需求量，从而编制出建筑材料、构件和成品的需求量计划。它是材料和构件等落实组织货源、签订供应合同、确定运输方式、编制运输计划、组织进场、确定暂设工程规模的依据。注意应以表格的形式确定计划，安排各种材料、构件及半成品的进场顺序、时间和堆放场地（表 1-4、表 1-5）。

3. 施工机具、设备需求计划

施工机具、设备需求计划包括主要施工机械，如挖土机、起重机等的需求量，可根据施工进度计划、主要建筑物施工方案和工程量，套用机械产量定额求得；辅助机械可以根据建筑工程每十万元扩大概算指标求得；运输机械的需求量可根据运输量计算。最后，编制施工机具、设备需求计划。

施工机具需求计划除组织机械供应外，还可作为确定施工用电量、选择变压器容量、计算和确定停放场地面积的依据。施工机具、设备需求计划如表 1-6 所示。

表 1-3 劳动力需求计划

序号	工程名称	工种名称	高峰人数	××××年				××××年				备注

表 1-4 主要材料需求计划

序号	工程项目	水泥/t	木材/m³	钢筋/t	型钢/t	砖/块	…	…	…

表 1-5 材料、构件及半成品需求计划

序号	材料名称	规格	单位	需求量	材料进场计划							
					××××年				××××年			

表 1-6 施工机具、设备需求计划

序号	机具名称	规格	单位	需求量	来源	进场时间	备注

1.3.5 施工准备工作计划

上述计划能否按期实现,很大程度上取决于相应的准备工作能否及时开始、按时完成。因此,必须将准备工作逐一落实,并用文件形式布置下去,以便于在实施中检查和督促。施工准备工作计划一般包括以下内容。

(1)确定施工临时用房。
(2)测量施工场地控制网。
(3)清理临时道路、施工场地。
(4)确定施工用水、用电的来源和状况。
(5)图纸会审。
(6)编制施工组织设计。
(7)编制大型机械设备进场计划。
(8)确定原材料、成品、半成品的来源、质量并编制进场计划。
(9)先期完成施工试验段。
(10)其他。

1.3.6 施工总平面图

施工总平面图用于展示整个施工场地的规划和布置。它是按照施工部署、施工方案和施工总进度的要求,对施工现场的道路交通、材料仓库或堆场、附属企业或加工厂、临时房屋、临时水电和动力管线等进行合理布置,以图纸形式表现出来,从而正确处理全工地施工期间所需各项设施和永久建筑、拟建工程之间的空间关系,以指导现场进行有组织、有计划的文明施工。

建筑施工过程是一个变化的过程,工地上的实际情况是随着工程进展而改变的。为此,对于大型工程项目、施工期限较长的工程项目或场地狭窄的工程项目,施工总平面图还应按照施工阶段分别进行设计。

1. 施工总平面图设计的依据
(1)招标文件、投标文件及合同文件。
(2)各种勘察设计资料,包括建筑总平面图、地形地貌图、区域规划图、建筑项目范围内有关的一切已建和拟建的设施位置。
(3)建设项目的建筑概况、施工部署和拟建主要工程施工方案、施工总进度计划,以便了解各施工阶段情况,合理规划施工场地。
(4)各种建筑材料、构件、加工品、施工机械和运输工具需求量一览表,以便规划工地内部的储放场地和运输线路。
(5)各构件加工厂规模、仓库及其他临时设施的数量。
(6)建设地区的自然条件和技术经济条件。

2. 施工总平面图设计的原则
(1)尽量减少施工用地,使平面布置紧凑合理。
(2)充分利用各种永久性建筑物、构筑物和原有设施为施工服务,降低临时设施的费用。
(3)合理布置各种仓库、机械、加工厂的位置,减少工地内部运输,降低运输费用。
(4)工地上各种生产生活设施,应有利于生产,方便生活。
(5)应满足劳动保护、保安及防火功能要求。
(6)满足环境保护的要求。

3. 施工总平面图设计的内容与步骤
(1)基本平面图的绘制。
按比例绘制整个建设场地范围内的设施及其他设施。
(2)进场交通的布置。
设计施工总平面图时,首先应研究大批材料、成品、半成品及机械设备等进入现场的问题。其进入现场的方式不外乎铁路运输、水路运输和公路运输。当大批材料由铁路运入工地时,应提前修建建筑总平面图中的永久性铁路专用线,为工程施工服务,引入时应注意铁路的转弯半径和竖向设计的要求。

当大批材料由水路运入时,应充分利用原有码头的吞吐能力。当需要增设码头时,卸货码头不应少于两个,其宽度应大于2.5m。可考虑在码头附近布置生产企业或转运仓库。

当大批材料由公路运入现场时,由于公路布置灵活,应先将仓库及生产企业布置在最合理、最经济的地方,再来布置通向场外的公路线。对公路运输的规划,应统筹考虑,先布置干线,后布置支线。

(3) 仓库与材料堆场的布置。

① 仓库(或堆场)的分类及布置。

建筑工程所用仓库按其用途分为:转运仓库——一般设在火车站、码头附近作转运之用;中心仓库——用以储存整个企业、大型施工现场的材料;现场仓库(或堆场)——为某一工程服务的仓库。

在布置仓库时,应尽量利用永久性仓库;仓库和材料堆场应接近使用地点;仓库应位于平坦、宽敞、交通方便之处,且应遵守安全技术和防火规定。例如,砂石、水泥、石灰、木材等仓库或堆场宜布置在搅拌站、预制场和木材加工场附近;砖、瓦和预制构件等直接使用的材料应该布置在施工对象附近,以免二次搬运。

② 各种仓库面积的确定。

确定某一种建筑材料的仓库面积,与该建筑材料需储备的天数、材料的需求量及仓库每平方米能贮存的定额等有关。一般可按公式(1.1)计算某种材料的储备量。

$$P = T_c \cdot QK/T \quad (1.1)$$

式中,

P——该材料的储备量(t或m^3等);

T_c——该种材料储备天数(d),根据材料的供应情况及运输情况确定;

Q——该种材料、半成品的总需求量(t或m^3等);

K——该种材料使用不均衡系数,一般取1.2~1.5;

T——有关项目的施工总工作日(d)。

在求得某种材料的储备量后,便可根据此种材料每平方米的储备定额按公式(1.2)算出其需要的仓库面积。

$$S = P/q \cdot K' \quad (1.2)$$

式中,

S——该种材料所需仓库总面积(m^2);

q——每平方米仓库面积能存放该材料或半成品的数量(t/m^2);

K'——仓库面积有效利用系数(主要考虑人行道和车道所占的面积),一般取0.5~0.8。

计算仓库面积,也可采取另一种简便的方法,即按公式(1.3)计算。

$$S = a \cdot m \quad (1.3)$$

式中,

a——系数(表1-7);

m——计算基础数(表1-7)。

表1-7 按系数计算仓库面积

序号	名称	计算基础数 m	单位	系数 a
1	仓库(综合)	全员(工地)	m^2/人	0.7~0.8
2	水泥库	按年水泥用量的40%~50%	m^2/t	0.7
3	五金工具库	按年建筑工作量	m^2/万元	0.2~0.3
		按在建建筑面积	m^2/100m^2	0.5~1
4	土建工具库	按高峰年(季)平均人数	m^2/人	0.1~0.2
5	水暖器材库	按年在建建筑面积	m^2/100m^2	0.2~0.4

续表

序号	名称	计算基础数 m	单位	系数 a
6	电器器材库	按年在建建筑面积	m²/100m²	0.3～0.5
7	化工油漆危险品库	按年建筑工作量	m²/万元	0.1～0.15
8	三大工具库（脚手、跳板、模板）	按在建建筑面积	m²/100m²	1～2
8	三大工具库（脚手、跳板、模板）	按年建筑工作量	m²/万元	0.5～1
9	其他仓库	按当年工作量	m²/万元	2～3

在设计仓库时还应正确决定仓库的长度和宽度。仓库的长度应满足货物装卸的要求，须有一定的装卸前线长度；装卸前线长度可按公式（1.4）计算。

$$L = n \cdot l + d(n+1) \quad (1.4)$$

式中，

L——装卸前线长度（m）；

n——同时卸货的运输工具数目；

l——运输工具长度（m）；

d——相邻两个运输工具的间距（火车运输时，取 $d=1$m；汽车运输时，端卸取 $d=1.5$m，边卸取 $d=2.5$m）。

（4）加工厂的布置。

① 工地加工厂的类型及布置要求。

工地加工厂的类型主要有钢筋混凝土预制构件加工厂、木材加工厂、钢筋加工厂、金属结构件加工厂、机械修理厂等。各种加工厂布置，应以方便使用、安全防火、运输费用最少、不影响建筑安装工程施工的正常进行为原则。一般应将加工厂集中布置在工地边缘的同一个地区。各种加工厂应与相应的仓库或材料堆场布置在同一地区。

② 工地加工厂面积的确定。

加工厂建筑面积的确定，主要取决于设备尺寸、工艺过程及设计、加工量、安全防火要求等，通常可参考相关案例的经验指标确定。钢筋混凝土构件预制厂、锯木车间、模板加工车间、细木加工车间、钢筋加工车间（棚）等的建筑面积可根据公式（1.5）计算。

$$S = K \cdot Q / T \cdot D \cdot a \quad (1.5)$$

式中，

S——所需确定的建筑面积（m²）；

K——不均衡系数，取 1.3～1.5；

Q——加工总量（t 或 m³ 等），依材料、预制加工品需求量计划定；

T——加工总工期（月）；

D——按每平方米场地月平均产量定额（表1-8）算得；

a——场地或建筑面积利用系数，取 0.6～0.7。

表1-8 临时加工厂所需面积参考指标

序号	加工厂名称	年产量 单位	年产量 数量	单位产量所需建筑面积	占地总面积/m²	备注
1	混凝土搅拌站	m³	3200	0.022（m²/m³）	按砂石堆场考虑	400L 搅拌机 2 台
1	混凝土搅拌站	m³	4800	0.021（m²/m³）	按砂石堆场考虑	400L 搅拌机 3 台
1	混凝土搅拌站	m³	6400	0.020（m²/m³）	按砂石堆场考虑	400L 搅拌机 4 台
2	临时性混凝土预制厂	m³	1000	0.25（m²/m³）	2000	生产屋面板或小型梁、柱、板，配有蒸汽养护设施
2	临时性混凝土预制厂	m³	2000	0.20（m²/m³）	3000	生产屋面板或小型梁、柱、板，配有蒸汽养护设施
2	临时性混凝土预制厂	m³	3000	0.15（m²/m³）	4000	生产屋面板或小型梁、柱、板，配有蒸汽养护设施
2	临时性混凝土预制厂	m³	5000	0.125（m²/m³）	<6000	生产屋面板或小型梁、柱、板，配有蒸汽养护设施

续表

序号	加工厂名称	年产量 单位	年产量 数量	单位产量所需建筑面积	占地总面积 /m²	备注
3	半永久性混凝土预制厂	m³	3000	0.6（m²/m³）	9000~12000	
		m³	5000	0.4（m²/m³）	12000~15000	
		m³	10000	0.3（m²/m³）	15000~20000	
4	木材加工厂	m³	15000	0.0244（m²/m³）	1800~3600	原木、方木加工
		m³	24000	0.0199（m²/m³）	2200~4800	
		m³	30000	0.0181（m²/m³）	3000~5500	
5	综合木工加工厂	m³	200	0.3（m²/m³）	100	加工门窗、模板、地板、屋架等
		m³	500	0.25（m²/m³）	200	
		m³	1000	0.2（m²/m³）	300	
		m³	2000	0.15（m²/m³）	420	
6	粗木加工厂	m³	5000	0.12（m²/m³）	1350	加工模板、屋架等
		m³	10000	0.1（m²/m³）	2500	
		m³	15000	0.09（m²/m³）	3750	
		m³	20000	0.08（m²/m³）	4800	
7	细木加工厂	m³	50000	0.014（m²/m³）	7000	加工门窗、地板等
		m³	100000	0.0119（m²/m³）	10000	
		m³	150000	0.0106（m²/m³）	14000	
8	钢筋加工厂	t	200	0.35（m²/t）	280~560	加工、成型、焊接
		t	500	0.25（m²/t）	350~750	
		t	1000	0.2（m²/t）	400~800	
		t	2000	0.15（m²/t）	450~900	
9	钢筋拉直场				（70~80）m×（3~4）m	包括材料和成品堆放
	卷扬机棚				15~20m²	
	冷拉场				（40~60）m×（3~4）m	
	时效场				（30~40）m×（6~8）m	
10	钢筋对焊场				（30~40）m×（4~5）m	包括材料和成品堆放
	钢筋对焊棚				15~24m²	
11	钢筋冷加工				40~50（m²/台）	按一批加工量计算
	冷拔剪断机、冷轧机				30~40（m²/台）	
	弯曲机φ12以下				50~60（m²/台）	
	弯曲机φ40以下				60~70（m²/台）	
12	金属结构加工	t	500	10（m²/t）		按一批加工量计算
		t	1000	8（m²/t）		
		t	2000	6（m²/t）		
		t	3000	5（m²/t）		

(5) 工地内部临时道路的布置。

应根据各加工厂、仓库及各施工对象的位置布置道路，并研究货物周转运行图，以明确各段道路的运输负担，区别主要道路和次要道路。规划这些道路时要特别注意满足运输车辆的安全行驶条件，保证在任何情况下，不会导致交通阻塞或中断。在规划临时道路时，还应考虑充分利用拟建的永久性道路系统，提前修建或先修建路基及简单路面，将其作为施工所需的临时道路。道路应有足够的宽度和转弯半径，现场内道路干线应采用环形布置，主要道路宜采用双车道，其宽度不得小于6m，次要道路可采用单车道，其宽度不得小于3.5m。临时道路的路面结构，应根据运输情况、运输工具和使用条件来确定。

(6) 行政与生活福利临时建筑的布置。

临时建筑可分为：行政管理和辅助生产用房，包括办公室、警卫室、消防站、汽车库及修理车间等；居住用房，包括职工宿舍、招待所等；生活福利用房，包括浴室、理发室、开水房、商店、食堂、医务室等。

对于各种生活与行政管理用房，应尽量利用建设单位生活基地附近的永久性建筑，不足部分可另行修建。临时建筑物的设计，应遵循经济、适用、装拆方便的原则。此外，应根据当地的气候条件、工期长短确定临时建筑的结构形式。

全工地性行政管理用房宜设在全工地入口处，以便对外联系，也可设在工地中部，便于全工地管理；工人用的福利设施应设置在工人较集中的地方或工人必经之路；生活基地应设在场外，距工地500~1000m为宜，避免设在低洼潮湿或有烟尘的地方；食堂宜布置在生活区，也可设在工地与生活区之间。

行政与生活临时房屋建筑面积根据公式(1.6)计算。

$$S = N \cdot P \tag{1.6}$$

式中，

S——所需确定的建筑面积（m^2）；

N——使用人数（人）；

P——建筑面积参考指标（m^2/人），对办公室取3~4，对宿舍取2.5~4，对家属宿舍取8~15，对食堂取0.5~0.8，对厕所取0.02~0.07，其他房屋参照进行计算。

1.4 单位工程施工组织设计

1.4.1 单位工程施工组织设计的编制程序

（1）熟悉施工图，会审施工图，到现场进行实地调查并搜集有关施工资料。

（2）计算工程量，注意必须分部、分项、分层、分段进行计算。

（3）拟订该项目的组织机构及分包方式。

（4）拟订施工方案，进行技术经济比较并选择最优施工方案。

(5) 分析拟采用的新技术、新材料、新工艺的措施和方法。

(6) 编制施工进度计划，同样要进行方案比较，选择最优进度。

(7) 根据施工进度计划和实际条件编制下列计划：原材料、预制构件、门窗等的需求量计划；施工机械及机具设备需求量计划；总劳动力及各专业劳动力的需求量计划。

(8) 计算为施工及生活用的临时建筑的数量和面积，如材料仓库及堆场面积、工地办公室及临时工棚面积。

(9) 计算和设计施工临时用水量、供电量、供气量，以及加压泵等的规格和型号。

(10) 拟定材料运输方案并制订供应计划。

(11) 布置施工平面图，并且要进行方案比较，选择最优施工方案。

(12) 拟定保证工程质量、降低工程成本、确保冬期及雨期施工安全的措施。

(13) 拟定施工期间的环境保护措施和降低噪声的措施。

1.4.2 单位工程施工组织设计的编制原则

(1) 做好现场工程技术资料的调查工作。

工程技术资料是编制单位工程施工组织设计的主要依据。原始资料必须真实，数据要可靠。每个工程都有不同的难点，组织设计时应注重施工难点的资料收集。有了完整、确切的资料，就可根据实际条件制定方案并从中优选。

(2) 合理安排施工程序。

按照建筑施工的客观规律安排施工程序，可将整个工程划分成施工准备、基础工程、主体结构工程、屋面工程、装饰工程等几个阶段。各个施工阶段之间应互有搭接、衔接紧凑，力求缩短工期。

(3) 采用先进的施工技术和施工组织。

采用先进的施工技术是提高劳动生产率、保证工程质量、加快施工速度和降低工程成本的有效途径，应尽可能采用流水作业组织施工。必须指出，采用先进的施工技术和施工组织，只有在加强企业管理的前提下才能有效地发挥作用。

(4) 土建施工与设备安装应密切配合。

在某些工业建筑施工中，设备安装工程量较大。为了使整个厂房按期投产，土建施工应为设备安装创造条件，提出设备安装进场时间。设备安装时间应尽可能与土建施工搭接，特别是对于电站、化工厂及冶金工厂等，设备安装与土建施工的搭接关系更为密切。在土建施工与设备安装搭接时，考虑到施工安全和环保要求，最好分区、分段进行。水电、卫生设备的安装，也应与土建施工交叉配合。

(5) 确保工程质量和施工安全。

在单位工程施工组织设计中，尤其是新技术和本施工单位较生疏的工艺，必须提出确保工程质量的技术措施和施工安全措施。

(6) 特殊时期的施工方案。

在施工组织设计中，雨期施工和冬期施工的特殊性应予以体现，应有具体的应对措施。

(7) 节约费用和降低工程成本。

合理布置施工平面图，能减少临时性设施、避免材料二次搬运、节约施工用地；安排进度时应尽量发挥建筑机械的工效，尽可能利用当地资源，以减少运输费用；正确选择运输工具，以降低运输成本。

(8) 环境保护的原则。

环境保护是可持续发展的前提，因此在施工组织设计中应体现保护环境的具体措施。

1.4.3 单位工程施工组织设计的编制依据

(1) 招标文件或合同文件。

(2) 设计图纸、各类勘察资料、设计说明等资料。

(3) 预算文件提供的工程量和预算成本数据。

(4) 国家相关技术规范、标准、技术规程，建筑法规及规章制度，行业规程及企业的技术资料。

(5) 施工所在地的地方规定及政府文件。

(6) 图纸会审资料。

(7) 建设单位对该工程项目的相关要求。

(8) 施工现场水、电、道路、原材料渠道等的调查资料。

(9) 上级领导指示及相关文件。

(10) 企业的技术力量和机械设备情况。

1.4.4 单位工程施工组织设计的编制内容

单位工程施工组织设计，是以单个建筑物、构筑物、公共建筑、民用房屋等为对象编制的，用以指导组织现场施工的技术文件。如果单位工程是建筑群中的一个单体，则单位工程施工组织设计也是施工组织总设计的具体化。

单位工程的规模和技术复杂程度不同，其施工组织设计也不同，其完整的编制内容应包括下列方面。

1. 封面

此处的封面指的是投标用的施工组织设计的封面。应按照国家和地方规定进行封面设计，否则有可能被废标。若没有特殊要求，一般来说封面应包含单位工程名称、单位工程施工组织设计、编制单位、日期、编制人、审批人、审批意见。在封面上，可以有企业标志。如果审批人、审批意见较多，可以将其放到扉页上。

2. 目录

目录可以让阅读者直观地看到施工组织设计的主要内容，并迅速找到所需要的内容。目录可繁可简，视具体情况而定。

3. 编制依据

编制依据需列举工程合同，施工图，主要图集，主要规范、规程、标准，主要法规及其他相关资料。最好将其表格化，列清类别、名称、编号、日期等。

4. 工程概况

应根据调查所得到的工程项目原始资料、施工图及施工组织设计文件等，简要阐述工程概况，可采用表格化的形式说明工程的主要情况。其内容通常应包括：

(1) 工程名称、工程地址、建设单位、设计单位、监理单位、质量监督单位。

(2) 合同范围、合同性质、投资性质、合同工期。

(3) 建筑设计概况、结构设计概况、专业设计概况、工程的难点与特点等。其中包括平面组成、层数、建筑面积、抗震设防程度、混凝土等级、砌体要求、主要工程实物量和内外装饰情况等。

(4) 建设地点的特征。其中包括工程所在位置、地形，工程与水文地质条件，不同深度的土质、冻结时间与冻层厚度，地下水位、水质，气温，冬期和雨期的起止时间，主导风向、风力等。

(5) 施工条件。水、电、道路、场地等情况；建筑场地四周环境、材料、构件、加工品的供应来源和加工能力；施工单位的建筑机械和运输工具可供本工程项目使用的程度、施工技术和管理水平等。

通过上述分析，应指出单位工程的施工

特点及施工中的关键问题和主要矛盾，并提出解决方案。可以附上以下几种图作进一步说明。

（1）周围环境条件图。其主要说明周围建筑物与拟建建筑的尺寸关系、标高，周围道路情况，电源、水源，雨污水管道及走向，围墙位置等。对于城市市政管网系统工程，这点尤为重要。

（2）工程平面图。从中可以看到建筑物的尺寸、功用及围护结构等，这也是合理布置施工总平面图的一个要素。

（3）工程结构剖面图。从中可了解工程的结构高度、楼层标高、基础高度及底板厚度等，这些都是施工的依据。

5. 施工部署

（1）项目组织机构。

对一个工程项目来说，首先应给予其组织保障。应以项目经理为核心，配备齐全各种专业人员。同时，随着施工企业专业化程度的提高，一项工程参与的分包商越来越多，应明确总包与分包的合同关系、承包范围，完善项目管理网络，合理配置各职能部门及岗位，建立健全岗位责任制。项目组织机构可以系统图的形式体现，可以表格的形式注明职能配置、人员分工、人名、职称情况及每个人的职责范围。

（2）施工部署原则。

通过对单位工程的特点及难点的分析，制定针对单位工程的指导方针，并以指导方针为准则，从时间、空间、工艺、资源等方面围绕单位工程作具体的计划安排。概要说明本工程基础、主体、装饰、安装、附属工程等施工阶段的不同特点及相应的施工部署、工期控制，相关专业在各施工阶段协作配合，处理好大型机械进出场与工程进度的时间关系。

（3）施工总进度计划安排。

根据合同及施工的季节、节假日情况，综合人、机械、材料、环境等编制科学、合理的总进度计划。如装饰工程的抹灰等湿作业不宜安排在冬期，基础施工不宜安排在雨期。要建立总进度计划的管理制度，严格控制总进度计划的实施，以月进度保证总进度，以周进度保证月进度，以日进度保证周进度，并制定具体的保障进度计划的措施及相应的奖惩条例。

（4）施工组织协调。

制定有效的施工现场管理制度，做好和各参建单位的协调工作。概要说明本项目部将通过何种方法组织实现本工程的工期、质量、安全、成本目标，协调、管理好参加工程管理和施工的各方。

（5）主要经济技术指标。

① 合同工期。例如，合同工期为：×年×月×日至×年×月×日，共计×个日历天。

② 工程质量目标。例如，结构创××市"××杯"。

③ 安全目标。例如，确保无重大工伤事故，坚决杜绝死亡事故，严格控制轻伤频率在0.6%以内。

④ 场容目标。例如，创××市"建筑工程安全文明样板工地"。

⑤ 消防目标。例如，消除现场消防隐患。

⑥ 环保目标。例如，达到ISO 14001环境管理体系认证的要求。

⑦ 施工回访和质量保修计划。例如，根据我公司对业主和社会服务的承诺，保修期内每年夏季对用户进行回访，质量保修按合同约定执行。

⑧ 成本目标。例如，确保完成公司核定的收益指标。

6. 施工准备

（1）技术准备。

制订专项施工方案编制计划，试验工作计划，新技术、新工艺、新材料应用计划，样板间施工计划等。

（2）生产准备。

① 现场临电、临水设计。

② 施工平面布置图：包括现场施工条件、各阶段施工时的现场平面布置图。应说明施工现场"七通一平"的要求，也应表明现场临时建筑物、围墙、机械、搅拌站、工棚及仓库等的布置，以及施工临时用电、临时用水的布置方案。

③ 有关证件的办理、施工扰民问题的解决措施。

④ 原材料订货计划，成品及半成品的进场计划。

⑤ 机械、设备进场计划：概要说明工程使用的大型设备及业主、分供方提供的设备的进场时间、运输方法与三大分部工程形象部位的关系。

⑥ 主要项目工程量和主要劳动力计划。

7. 主要施工方案和施工方法

（1）各阶段施工流水段的划分。

（2）大型机械的选择：结合工期、各施工阶段的施工任务、现场场地条件等选择主要施工机械。

（3）主要结构施工方法：在施工组织设计中明确的施工方法，主要指经过决策选择并采纳的施工方法，比如降水采用轻型井点降水还是井点降水，护坡采用护坡桩、桩锚组合护坡还是喷锚护坡，墙柱模板采用木模板还是钢模板，预留洞模板采用何种形式，钢筋连接采用何种形式，钢筋加工方式、钢筋保护层厚度要求及控制措施，混凝土浇筑方式，商品混凝土是否试配，拆模强度控制要求、养护方法、试块的制作管理方法；等等。这些施工方法应该与工程实际紧密结合，能够指导施工。

（4）主要装修施工方法。

（5）主要机电施工方法。

8. 主要施工管理措施

（1）技术管理措施。

技术管理措施指为完成工程的施工而采取的具有较大技术投入的措施及技术措施的实施、管理等。

① 按程序文件要求建立责任制和管理工作流程。

② 明确分工和各业务部的职责，生产必须在技术保证的前提下进行。

③ 编制分部、分项施工方案。

④ 制订材料试验计划。

⑤ 编制技术交底。

⑥ 加强材料的管理使用，采用计量管理。

⑦ 加强材料的试验工作、技术资料的督促报验及收集整理工作。

⑧ 加强新技术、新材料的应用与管理工作。

（2）质量保证措施。

质量保证措施指在常规的质量保证体系基础上为将工程建设成优质工程而采取的管理制度和技术措施。

① 制定工程质保体系及质量标准。

② 落实责任制。

③ 落实并加强三检制，做好验收工作。

④ 对在施工过程及成品中发现的质量问题应及时检查、及时纠正，质检员、工长技术员、项目工程师、项目经理应能及时发现质量问题，并逐级上报。

⑤ 认真解决问题，对反复出现的质量问题应采取有效对策。

⑥ 严把材料进场、加工订货关，坚决退掉不合格产品。

⑦ 坚持质量否决制度及质量分析例会，并认真对待实施的结果。

(3) 冬期、雨期施工措施。

在冬期、雨期施工中应该遵循的原则：冬期施工尽可能减少湿作业量，幕墙施工结构打胶、管道打压、电缆敷设、防水防油漆等工作均应安排在常温条件下进行，对必须施工的项目，应提前做好蓄热保温工作，避免返工。雨期应做到设备防潮，管线防锈、防腐蚀，土建装修防浸泡、防冲刷，施工中防触电、防雷击，并制定相应的排水防汛措施，确保施工顺利、安全进行。

(4) 工期保证措施。

影响工期的因素很多，应该多从外部环境和内部环境分析，制定有效的措施。在外部环境中，交通运输、设计深化、加工订货等都是影响工期的主要因素，例如土方开挖过程中，对于车辆行走路线的设计，卸土场地的调查都是影响土方开挖的关键，应该周密考虑。内部环境中包括物资进出场，塔吊、外用电梯等机械使用，方案、流水段划分等，应该通过交底会、工程例会做好准备工作，减少不必要环节的影响。

① 按工程量、施工人员数量合理安排进度计划，按进度计划的时间严格控制施工部位，去除不利因素，合理穿插配合。

② 加强施工班组的质量意识及劳动定额意识教育，即定时、定量、定质，做到交底清晰准确、针对性强，并加强过程管理，以期做到不返工、一次成优。

③ 加强例会制度，解决矛盾，协调关系，保证按计划实施。

④ 对民工较多的工程，还必须考虑农忙季节的工期保障措施。

(5) 安全文明施工、现场CI的保证措施。

主要明确安全管理方法和主要安全措施，进行CI形象设计，确定标志的尺寸、书写和悬挂的位置。例如，采用何种安全网，安全通道、安全防护如何设置，安全检查制度、安全责任制等如何落实。

对于安全施工，可采取以下措施。

① 贯彻国家、省市的相关法规，建立项目部的安全责任制及相关管理办法。

② 与分包方签订安全责任协议书。

③ 执行公司有关安全标准。

④ 建立定期联检。

⑤ 建立分阶段交底制。

⑥ 确定架子搭设、使用验收要求。

⑦ 确定临边防护要求。

⑧ 确定特殊部位的要求。

⑨ 确定临电的要求、操作方法及防护措施。

(6) 消防保卫措施。

消防管理上，建立消防保证体系和消防管理责任制，成立义务消防队，编制消防方案，明确消火栓系统、灭火器的布置。保卫工作可根据工程的重要性，对门卫、现场巡视采取相应的措施。

① 贯彻国家的相关法规，建立消防保卫责任制，建立现场消防管理及安全保卫制度。

② 编制消防方案。

③ 建立义务消防队。

④ 执行用火申请审批制度。

⑤ 签订总、分包消防责任协议书。

⑥ 确定现场消火栓、消防通道的使用要求。

⑦ 对现场的吸烟问题、易燃易爆材料的使用制定有针对性的措施。

⑧ 设置消防器具并明确其使用方法。

⑨ 明确暂设用房的使用要求。

(7) 环境保护措施。

环境保护措施指项目经理部建立的环保方面的管理制度。

① 贯彻国家、省市的相关法规，建立环保责任制。

② 开工前进行排污申报登记。

③ 制定现场防尘措施，垃圾及厕所的管理措施。

④ 排污措施。

⑤ 噪声防治。

⑥ 现场场容管理。

(8) 成品保护措施。

首先，明确哪些部位需要成品保护，如楼梯、门窗、墙面、电梯等；其次，制定相应措施；最后，加强管理，使成品保护与奖罚挂钩。例如，对成品电梯的保护，主要是对层门和内饰的保护，可临时封闭木板和塑料膜，而管理上则应建立管理制度，由专人负责，将各使用单位按层划分责任区。

(9) 降低成本措施。

降低成本主要应从以下几方面制定措施。

① 技术引进：新技术是降低成本的主要措施。例如，在混凝土中采用粉煤灰等替代部分水泥，可节约大量成本。

② 科学管理：随着社会对管理认识的加深，通过科学管理创造的经济效益日益增多，如通过合理划分流水段，可实现资源的优化配置，降低成本；通过应用计算机、网络等信息化技术，可实现信息及时沟通、科学决策。

③ 程序制度：在日常工作中，通过对工作建立合理的程序，辅以配套的管理制度，可有效保证工作质量，降低质量成本，避免返工。

从上述内容可知，编制单位工程施工组织设计的重点在施工方案、施工进度计划、资源需求计划和施工平面图4个方面，下面详细介绍其编制办法。

1.4.5 单位工程施工组织设计主要内容的编制方法

1. 施工方案

单位工程施工方案设计是施工组织设计的核心问题。它是在对工程概况和施工特点分析的基础上，确定施工程序、施工起点流向、施工顺序，选择施工方法和施工机械，并进行施工方案的技术经济比较。

(1) 确定施工程序。

① 先地下后地上。先完成管道、管线等地下设施，以及土方工程的基础工程，然后开始地上工程施工。

② 先主体后围护。

③ 先结构后装饰。

④ 先土建后设备。

⑤ 交工验收。

单位工程施工完成以后，施工单位应内部预先验收，严格检查工程质量，整理各项技术经济资料。然后经建设单位、监理单位、施工单位和质检站交工验收，经检查合格后，双方办理交工验收手续及其他相关事宜。

(2) 确定施工起点流向。

确定施工起点流向就是确定单位工程在平面和竖向上施工开始的部位和开展的方向。对单层建筑物应分区、分段确定平面上的施工流向；对多层建筑物除确定每一平面上的流向外，还须确定竖向的流向。施工流向涉及一系列施工活动的展开和进程，是组织施工的重要环节。

确定单位工程施工起点流向时，应考虑以下因素。

① 用户使用上的需要。

② 生产性房屋应注意生产工艺流程。

③ 单位工程中技术复杂且对工期有影响的关键部位。

④ 施工技术和施工组织的要求。

当基础埋深不一致时，应按先深后浅的顺序施工；当有高低层或高低跨并列时，应先从并列处开始施工；对装配式房屋，结构安装与构件运输不能相互抵触。

每一建筑的施工可以有多种施工流向，

就多层或高层建筑的装饰来讲,其加工起点就有多种流向:

① 室外装饰工程自上而下及自中而下再自上而中的流水施工方案。

② 室内装饰工程自上而下和自下而上,以及自中而下和自上而中的流水施工方案。就自上而下或自下而上等方案又可分为水平和竖直两种情况。各种施工流水方案有不同的特点,要根据工程的具体特点、工期的要求及招标文件的具体要求来确定。

(3) 确定施工顺序。

施工顺序是指分部、分项工程施工的先后次序。确定施工顺序是为了按照客观规律组织施工,解决工程之间的搭接问题。以期在保证质量和安全的前提下,实现充分利用空间争取时间、缩短工期的目的。确定施工顺序时,一般应考虑以下几个方面:

① 遵循施工程序。

② 符合施工技术、施工工艺的要求。

③ 满足施工组织的要求,使施工顺序与选择的施工方法和施工机械相互协调。

④ 必须满足工程质量和安全施工的要求。

⑤ 必须适应工程建设地点气候变化规律。

不同结构形式的建筑工程的施工顺序也不尽相同。确定施工顺序时,必须充分考虑工程的结构特点。此处不作详细介绍。

(4) 选择施工方案和施工机械。

正确拟定施工方案和选择施工机械是施工组织设计的关键,它直接影响施工进度、施工质量和安全,以及工程成本。

一个工程的施工过程、施工方法和建筑机械均可采用多种形式。施工组织设计的任务是在若干个可行方案中选取符合客观实际的较先进合理又经济的施工方案。

施工方案的选择,应着重考虑影响整个单位工程的分部、分项工程,如工程量大、施工技术复杂的分部、分项工程,或采用新技术、新工艺并对工程质量起关键作用的分部、分项工程。对常规做法和工人熟悉的项目,则不必详细拟定,只需要提具体要求。

选择施工方案必然涉及施工机械的选择。机械化施工是当前建筑工业生产的主流。因此施工机械的选择是施工方案选择的中心环节,在选择时应注意以下几点。

① 选择主导工程的施工机械,如地下工程的土方机械,主体结构工程的垂直、水平运输机械,结构吊装工程的起重机械等。

② 各种辅助机械或运输工具应与主导机械的生产能力协调配套,以充分发挥主导机械效率。如土方工程在采用汽车运土时,汽车的载重量应为挖土机斗容量的整数倍,汽车的数量应保证挖土机连续工作。

③ 在同一工地上,应力求建筑机械的种类和型号少一些,以方便机械管理和降低成本;尽量使机械少、配件多,做到一机多能,提高机械使用效率。

④ 机械选用应考虑充分发挥施工单位现有机械的能力,当本单位的机械能力不能满足工程需要时,则应购置或租赁所需新型机械或多用机械。

(5) 进行施工方案的技术经济比较。

同一个工程的施工方案不同,会产生不同的经济效果。因此,需同时设计多种施工方案,择优选择,选择的方法是进行技术经济比较。技术经济比较包括定性比较和定量比较两种方式。定性比较是结合施工实际经验,对若干个施工方案的优缺点进行比较,如技术上是否可行、施工复杂程度和安全可靠性如何、劳动力和机械设备能否满足需求、是否能充分发挥现有机械的作用、保证质量的措施是否完善可靠、季节施工情况如何等。定量比较一般是计算不同施工方案所消耗的人力、物力、财力和工期等指标,进行数量比较,其主要指标如下。

① 工期指标。在确保工程质量和施工安全的前提下，以国家相关规定及建设地区类似建筑物的平均工期为参考，以合同工期为目标来满足工期指标或尽量缩短工期。当合同规定工程必须在短期内投入生产或使用时，选择方案就要在确保工程质量和安全施工的条件下，把缩短工期问题放在首位考虑。

② 单位建筑面积造价。它是人工、材料、机械和管理费的综合货币指标：

$$单位建筑面积造价 = 施工实际费用 / 建筑总面积$$

③ 主要材料消耗指标，反映若干施工方案的主要材料节约情况。

④ 降低成本指标。它可综合反映单位工程或分部、分项工程在采用不同施工方案时的经济效果。可按下式计算：

$$降低成本率 = 预算成本 - 计划成本 / 预算成本 \times 100\%$$

式中，预算成本是以施工图为依据按预算价格计算的成本；计划成本是按采用的施工方案确定的施工成本。

⑤ 投资额。当选定的施工方案需要增加新的投资时（如购买新的施工机械或设备），则对增加的投资额，也要加以比较。

必须指出，在一般情况下，应该综合各种技术经济指标进行方案比较，选出最佳方案。但在特定条件下，某项指标可能成为选择方案的重要依据，这时其余指标虽然不理想，也能作为参考性指标。因此在进行方案比较时，应当根据具体的施工要求、施工条件和施工对象，进行分析。

2. 施工进度计划

编制施工进度计划是根据选定的施工方案，确定单位工程的施工顺序、施工持续时间、衔接关系。它编制得是否合理，反映了投标和施工单位的施工技术水平和施工管理水平。因此，它的作用首先表现在投标阶段，在若干个投标竞争对手报价基本接近时，能否中标就看谁编制的施工进度计划合理，这时它就是决定能否拿到此工程的主要影响因素；其次，它的作用表现在中标后的施工阶段。控制单位工程进度，能保证在规定工期内完成符合质量要求的工程任务。如果缩短工期，还能降低成本，取得较高的经济效益。

编制的依据如下：

① 业主提供的总平面图，单位工程施工图、地质地形图、工艺设计图等图纸及技术资料。

② 施工工期要求及工程开、竣工日期。

③ 施工条件、劳动力、材料、构件及机械的供应条件、分包单位的情况。

④ 确定的重要分部、分项工程的施工方案包括施工顺序、施工段划分、施工起点流向方法及质量安全措施。

⑤ 劳动定额及机械台班定额。

⑥ 招标文件中的其他要求。

（1）施工进度计划的形式。

施工进度计划一般采用横道图、斜道图、图像和网络图 4 种形式，它们各有特点。通常是综合使用两种或两种以上的形式来描述进度计划。4 种进度计划表现形式的绘制方法详见本章 1.5 节的内容。在此介绍进度计划一般步骤和相关参数的计算。

（2）编制施工进度计划的一般步骤。

① 划分施工过程。

编制施工进度计划时，首先应按照施工图的施工顺序将单位工程的各个施工过程列出，包括项目从准备工作到支付使用的所有土建、设备安装工程，需要将其逐项填入表中的工程名称栏内。

划分施工过程的粗细程度，要根据进度计划的需要进行。对控制性进度计划，其划分可较粗，列出分部工程即可；对实施性进度计划，其划分可较细，特别是对主导工程和主要分部工程，要详细具体。除此之外，施工过程的划分还要结合施工条件、施工方法和劳动组织等因素。在同一时期由同一施工队完成的若干施工过程可合并，否则应单列。对次要零星工程，可将其合并为其他工程。水暖、电、卫和设备安装工程通常由专业队负责施工，在施工进度计划中可只反映这些工程与土建工程的配合关系，即只列出项目名称并标明起止时间。

② 计算工程量、查出相应定额。

计算工程量应根据施工图和工程量计算规定进行计算，应注意以下问题：计算工程量的单位与定额手册所规定单位应相一致；结合选定的施工方法和安全技术要求计算工程量；结合施工组织要求，分区、分段、分层计算工程量。

根据所计算工程量的项目，在定额手册中查出相应的定额。

① 确定劳动量和机械台班数量。

根据计算出的各分部、分项的工程量 q 和查出的产量定额或时间定额，计算各施工过程的劳动量或机械台班数 P。若 s、h 分别为该分项工程的产量定额和时间定额，则有公式 (1.7)。

$$P = q/s$$
或 \hspace{5em} (1.7)
$$P = q \cdot h$$

② 计算各分项工程施工天数。

计算各分部、分项工程施工天数的方法有以下两种。

A. 反算法。根据合同规定的总工期和本企业的施工经验，确定各分部、分项工程的施工时间。然后按各分部、分项工程需要的劳动量或机械台班数量，确定每一分部、分项工程每个工作班所需要的工人数或机械数量。这是目前对于工期比较重要的工程常采用的计算方法，见公式 (1.8)。

$$t = q/s \cdot n \cdot b \hspace{2em} (1.8)$$

式中，t——要求的工期；

n——所需工人数或机械数量；

b——每天工作的班次。

B. 正算法。按计划配备在各分部、分项工程上的施工机械数量和各专业工人数确定工期，见公式 (1.9)。

$$t = q/s \cdot n \cdot b \hspace{2em} (1.9)$$

式中，t——完成某分部、分项工程的施工工期；

n——某分部、分项工程所需工人数或机械数量；

b——每天工作的班次。

在安排每班工人数和机械台数时，应综合考虑各分部、分项工程各班组的每个工人都应有足够的工作面（每个工种所需的工作面各不相同，具体数据可查有关施工手册），以发挥高效率并保证施工安全；在安排班次时宜采用一班制；如工期要求紧，可以采用二班制或三班制，以加快施工速度，充分利用施工机械。

① 编制施工进度计划的初步方案。

各分部、分项工程的施工顺序和施工天数确定后，应按照流水施工的原则，力求主导工程连续施工；在满足工艺和工期要求的前提下，尽可能使大多数工作能平行地进行，尽可能使各个施工队的工人搭接起来。其方法步骤如下。

第一步，划分主要施工阶段，组织流水施工。要安排主导分部工程的施工进度，尽可能连续施工，然后安排其余分部工程，并使其与主导分部工程最大可能平行进行或最大限度地搭接施工。

第二步，工序间应尽量穿插、搭接或平行作业，将各施工阶段流水作业用横线在表的右边最大限度地搭接起来，即得单位工程施工进度计划的初始方案。

② 施工进度计划的检查与调整。

对于初步编制的施工进度计划要进行全面检查，看各个施工过程的施工顺序、平行搭接及技术间歇是否合理；编制的工期能否满足合同的工期要求；劳动力及物资方面是否能保证连续、均衡施工，使不满足变为满足，使一般满足变成优化满足。调整的方法一般有：增加或缩短某些分项工程的施工时间；在施工顺序允许的条件下，将某些分项工程的施工时间向前或向后移动；必要时可以改变施工方法或施工组织。总之，通过调整，在工期能满足要求的条件下，使劳动力、材料、设备需要趋于均衡，使主要施工机械利用率趋于合理。

3. 资源需求计划

在单位工程施工进度计划制定以后，可根据各工序每天及持续期间所需资源量编制材料、劳动力、构件、加工品、施工机具等资源的需求量计划，以确定工地临时设施并作为有关职能部门按计划调配供应资源的依据。

（1）劳动力需求量计划：它是将单位工程施工进度表内所列各施工过程每天（d）所安排的工人人数按工种进行汇总，用于劳动力调配和工地生活设施的安排。其表格式如表1-9所示。劳动力动态管理图示例如图1.2所示。

表 1-9 劳动力需求量计划表

序号	工种	总工日	需求人数计划					
			8月			9月		
			上旬	中旬	下旬	上旬	中旬	下旬

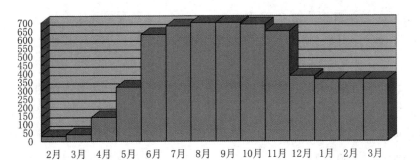

图 1.2 劳动力动态管理图示例

（2）主要材料需求量计划：它是由单位工程进度计划表中各个施工过程的工程量按组成材料的名称、规格、使用时间和消耗、储备汇总而成，用于掌握材料的使用、储备动态，确定仓库堆场面积和组织材料运输，其表格形式如表1-10所示。

（3）构件和半成品需求量计划：它是根据施工图和进度计划进行编制的，主要是为了构件制作单位签订供货合同、确定堆场和组织运输等。其表格形式如表1-11所示。

（4）施工机械需求量计划：它是由施工方案和进度计划所确定的施工机具类型、数量、进场时间汇总而成，以供设备部门调配和现场道路场地布置之用，其格式如表1-12所示。

表 1-10 主要材料需求量计划表

序号	材料名称	规格	需求量		供应时间	备注
			单位	数量		

表 1-11 构件和半成品需求量计划表

序号	名称	规格	需求量		使用部位	加工单位	供应日期	备注
			单位	数量				

表 1-12 施工机械需求量计划表

序号	机械名称	规格	需求量		来源	进场时间	备注
			单位	数量			

4. 施工平面图

单位工程施工平面图，是施工组织设计的重要组成部分，是布置施工现场的依据。如果施工平面图设计不好或贯彻不力，将会导致施工现场混乱，直接影响施工进度、生产效率和经济效益。如果单位工程是拟建建筑群的一个组成部分，则还须根据建筑群的施工总平面图来设计。一般单位工程施工平面图采用的比例是1∶500～1∶200。

（1）单位工程施工平面图设计的依据和内容。

① 单位工程施工平面图设计的依据。

A. 建筑总平面图及施工场地的地质、地形。

B. 工地及周围生活、道路交通、电力电源、水源等情况。

C. 各种建筑材料、预制构件、半成品、建筑机械的现场存贮量及进场时间。

D. 单位工程施工进度计划及主要施工过程的施工方法。

E. 现有可用的房屋及生活设施，包括临时建筑物、仓库、水电设施、食堂、锅炉房、浴室等。

F. 一切已建及拟建的房屋和地下管道。

G. 建筑区域的竖向设计和土方调配图。

② 单位工程施工平面图设计的内容。

A. 已建及拟建的永久性房屋、构筑物及地下管道。

B. 材料仓库、堆场；预制构件堆场、现场预制构件制作场地布置；钢筋加工场、木工房、工具房、混凝土搅拌站、砂浆搅拌站、化灰池、沥青处、沉砂池、生活区及行政办公用房。

C. 临时道路、可利用的永久性或原有道路；临时水电气管网布置，水源、电源、变压站位置，加压泵房、消防设施、临时排水沟及排水方向；围墙、传达室、现场出入口等。

D. 移动式起重机开行路线及轨道铺设、固定垂直运输工具或井架位置、塔式起重机回转半径及相应幅度的起重量。

E. 测量轴线及定位线标志，永久性水准点位置。

(2) 单位工程施工平面图设计的基本原则。

① 在满足施工顺利进行的条件下，布置紧凑，便于管理，尽可能减少施工用地。

② 在满足施工顺利进行的条件下，尽可能减少临时设施，减少施工用的管线；尽可能利用施工现场附近的原有建筑物，将其作为施工临时用房，并利用永久性道路供施工使用。

③ 最大限度地减少场内运输，减少场内材料、构件的二次搬运；各种材料按计划分期、分批进场，充分利用场地；各种材料根据使用时间的要求堆放，应尽量靠近使用地点，以节约转运劳动力、减少材料多次转运的损耗。

④ 临时设施的布置应利于施工管理及工人生产和生活；办公用房应靠近施工现场；福利设施应设置在生活区范围之内。

⑤ 施工平面布置要符合劳动保护、保安、防火和环境保护的要求。施工现场的一切设施都要有利于生产，保证安全施工。要求场内道路畅通，机械设备的钢丝绳、电缆、缆风绳等不得妨碍交通，如必须穿过道路时，应采取措施。有碍工人健康的设施（如沥青、化石灰等）及易燃的设施（如木工棚、特殊物品仓库）应布置在下风向，离生活区远一些。工地内应布置消防设备，出入口应设沉砂池和门卫。山区建设还要考虑防洪、泄洪等特殊要求。

根据以上基本原则并结合现场实际情况，可设计数个施工平面图方案，选择技术上合理、费用上经济的方案。可以从几个方面进行定量比较：施工用地面积、施工用临时道路、管线长度、场内材料搬运量、临时用房面积等。

(3) 单位工程施工平面图的设计步骤。

① 布置起重机位置及开行路线。

起重机的位置影响仓库、材料堆场、砂浆搅拌站、混凝土搅拌站等的位置及场内道路和水电管网的布置，因此要首先布置。布置起重机的位置要根据现场建筑物四周的施工场地的条件及吊装工艺确定。如在起重机、挖土机的起重管操作范围内，使起重机能将材料和构件运至任何施工地点，避免出现死角。在高空有高压电线通过时，高压线必须高出起重机，并且有安全距离。如果不符合上述条件，则高压线应搬迁。在搬迁高压线有困难时，应采取安全措施，如搭设隔离防护竹、木排架。当塔式起重机轨道路基在排水坡下边时，应在其上游设置挡水堤或截水沟将水排走，以免雨水冲坏轨道及路基。

布置固定垂直运输设备时，应使材料运输方便、运距最短。井架位置布置在高低分界线处及窗口处为宜，保证运输方便。

② 布置材料、预制构件堆场和搅拌站的位置。

A. 起重机布置位置确定后，布置材料、预制构件堆场及搅拌站位置，材料堆放应尽量靠近使用地点，减少或避免二次搬运，保证运输及卸料方便。基础施工用的材料可堆放在基础四周，但不宜离基坑（槽）边缘太近，以防压塌土壁。

B. 如用固定垂直运输设备如塔吊，则材料、预制构件堆场应尽量靠近垂直运输设备，以减少二次搬运。使用塔式起重机进行垂直运输时，材料、预制构件堆场、砂浆搅拌站、混凝土搅拌站出料口等应布置在塔式起重机有效起吊范围内。

C. 预制构件的堆放位置要考虑到吊装顺序，先吊的放在上面，后吊的放在下面。吊装构件进场时间应与吊装进度密切配合，力求构件进场直接到就位位置，避免二次搬运。

D. 砂浆、混凝土搅拌站的位置尽量靠近使用地点或靠近垂直运输设备。浇筑大型混凝土基础时，为减少混凝土运输量，可将混凝土搅拌站直接设在基础边缘，待基础混凝土浇好后再转移。因砂、石及水泥的用量较大，砂、石堆场及水泥仓库应紧靠搅拌站布置，搅拌站的位置也应考虑到方便这些大宗材料的运输和装卸。

③ 布置运输道路。

尽可能利用永久性道路，或先造好永久性道路的路基，再在交工前铺好路面。现场的道路最好是环行布置，以保证运输工具回转、调头方便。单位工程施工平面图的道路布置，应与施工总平面图的道路相配合。

④ 布置行政管理及生活用临时房屋。

工地出入口要设门岗；办公室应布置在靠近现场的位置；工人生活用房尽可能利用建设单位永久性设施。若系新建工程，则生活区应与现场分隔开。一般新建工程的行政管理及生活用临时房屋根据施工总平面图来考虑。

⑤ 布置水电管网。

A. 根据实践经验，一般面积在 $5000\sim10000m^2$ 的单位工程施工用水的总管用 $\phi100$ 管，支管用 $\phi40$ 或 $\phi25$ 管。$\phi100$ 管可供给一个消防龙头的水量。

B. 施工现场应设消防水池、水桶、灭火机等消防设施。单位工程施工中的防火，尽量利用建设单位永久性消防设备。若系新建工程，则根据施工总平面图来考虑。

C. 水压不够可通过加设加压泵或设蓄水池解决。

D. 单位工程施工用电应在施工总平面图中一并规划，若属于扩建的单位工程，一般计算出在施工期间的用电总数，由建设单位解决，往往不另设变压器。只有独立的单位在进行工程施工时，才会在计算出现场用电量后，选用变压器。工地变压站的位置应布置在现场边缘高压线接入处，四周用铁丝网围住，变压站不宜布置在交通要道口。

E. 工地排水沟管最好与永久性排水系统结合，应特别注意防洪暴雨季节其他地区的地面水涌入现场的可能。如有这种可能则要在工地四周设置排水沟。

F. 平面图的布置要充分考虑周围对环境的保护，尽量保持原有的环境地貌，减少对周边环境的影响。同时，生活垃圾、工地废料等都应该采取环保的方法处理。

G. 此外，对于比较复杂的单位工程施工平面图，应按不同施工阶段分别布置。在整个施工期间，不要轻易变动施工平面图中的管线、道路及临时建筑。对于重型工业厂房的施工平面图，还应考虑设备安装的用地和临时设施。土建与设备工程的施工用地应划分适当。

1.5 施工进度计划的表现形式

一般来说，施工进度计划的表现形式有横道图、斜道图、图像和网络图4种，下面分别介绍。

1.5.1 横道图

横道图是建筑施工中应用最广的进度计划表现形式。它的优点是直观、简单、方便，无论工程大小、复杂程度如何，它都能将进度计划逐一表示出来且易看易懂，是广大建筑工程人员最为熟悉的形式之一。

横道图在应用中也出现了一些新的变化。比如在横道的起点和终点标以小三角，使工期的起止更为清晰，同时适当穿插垂直的、倾斜的线条来表示施工项目之间的逻辑关系或劳动组织转移的关系等，表1-13就是施工进度计划横道图的示例。

表 1-13 施工进度计划横道图

编号	项目名称	持续时间 /d	××××年施工进度计划							
			×月	×月	×月	×月	×月	×月	×月	×月
1										
2										
3										
4										
5										

图1.3中有两栋楼，分为基础工程、主体工程和装饰工程3个部分。基础工程一个施工队，主体工程两个施工队，装饰工程一个施工队。基础施工队在1号楼基础施工完成后进入2号楼基础施工。同时，主体施工队开始施工1号楼主体工程。当2号楼基础施工完成后，两个主体施工队可以对两栋楼的主体工程进行流水施工。1号楼主体施工完成后，装饰施工队开始施工1号楼。我们可以计划1号楼的装饰工程和2号楼的主体工程同时完工，这样装饰施工队就可以直接从1号楼进入2号楼，从而保持连续施工。在图1.3中，我们可以用垂直的、倾斜的线条来表示这种逻辑关系和顺序关系。

横道图的改进形式是将日期画成横坐标，各工序用横线表示，工序之间的逻辑关系用垂线或斜线表示。在工序线上方标注工序编号，下方标注该工序的持续时间；斜线或垂线只在下侧或右侧标注持续时间即可。这种横道图能比较清楚地反映各工序之间的逻辑关系和顺序关系，它是介于一般横道图和双代号网络图之间的一种施工进度计划横道图表现形式。

其他类似的横道图改进形式还有很多，总的趋势是力求指示明确、表达清楚、逻辑正确，有利于指导施工。在实际的应用中，我们也可以根据实际情况，对横道图加以改进，更好地为施工进度的控制服务。

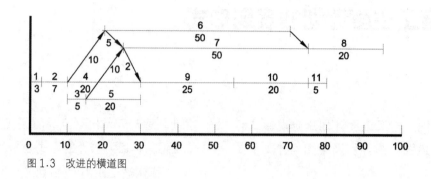

图1.3 改进的横道图

1.5.2 斜道图

当不同的施工队进行分段流水作业时，往往采用斜道图。这种图表的特点是以纵坐标来表示各施工段或施工层，以横坐标来表示时间，进度指示线为不定斜率的斜线，通过这些斜线还可以反映相关的流水参数，如流水步距、流水节拍等，而工期则按斜线在横坐标上的投影值来计算。

【例】某工程划分A、B、C、D 4个施工段，并由T1、T2、T3、T4 4个施工队流水作业，各队在各施工段的持续时间（流水节拍）见表1-14。各个相邻施工队相继投入第一施工段开始工作的时间间隔（流水步距）为：T2队在T1队开始35d后进场；T3队在T2队开始5d后进场；T4在T3队开始20d后进场。

表1-14 ××××工程施工队在各施工段的持续时间

施工段	持续时间 /d								
	T_1	T_2	T_3	T_4	…	…	…	…	
A	15	5	15	5					
B	5	5	10	15					
C	20	5	10	15					
D	5	5	15	40					
E									
F									
G									
Σt	45	20	50	40					

从表中可以看出，最后一根斜线末端在横坐标的时间值为10d，即该工程的工期为100d。同时，也可以得知施工段A在第65d完成，施工段B在第75d完成，施工段C在第90d完成，施工段D在第100d完成。

通过公式（1.10）也可以看出，这种各施工队流水步距和各施工段流水节拍皆不同的流水施工的总工期T为

$$T = \Sigma k_{i,\ i+1} + t_n \qquad (1.10)$$

式中，n——施工过程数或施工队数；

$k_{i,\,i+1}$——两个相邻施工队先后进入流水施工的时间间隔；

t_n——最后一个施工队完成各施工段所需的时间。

在本例中，$n=4$、$k_{1,2}=35$、$k_{2,3}=5$、$k_{3,4}=20$、$t_4=40$，则 $T=35+5+20+40=100$（d）。

如果每个施工段在施工过程中不能保持连续作业，就会出现完成一个施工段，要停歇一段时间，完成下一施工段，又停歇一段时间的情况，成为间隔式的跳跃状施工。这时在斜道图所表示的每个施工队或施工过程的进度指示线就呈非连续状的间断线。

1.5.3 图像

对于按建筑的轴线、区段、层次等来指示某专业工程的施工进度，可采用图像施工进度表。这种进度表可直接将施工计划日期或完成日期标注在施工的部位上，非常形象、直观，尤其适用于工地的作业进度安排，调整也很方便。调整时，图像不变，只需修改标注的日期。

图 1.4 所示为平面图像施工进度计划，将全部厂房钢筋混凝土结构安装的进度分别按节点表示出来，如①～③轴线间的结构安装进度计划为 9.1—9.15；③～⑤轴为 9.16—9.30 等，将这些计划日期直接标注在图中相应的位置即可。

图 1.4 是用平面图像来表示某高层住宅结构施工进度计划。对于其他高层建筑、立式容量结构、高耸结构等均可以采用这种进度计划形式。

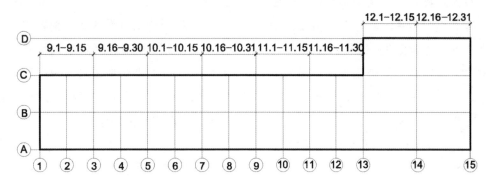

图 1.4 平面图像施工进度计划

1.5.4 网络图

1. 网络计划概述

网络计划技术，是一项用于工程项目的计划与控制的管理技术。它是 20 世纪 50 年代末发展起来的，依其起源有关键路线法（CPM）与计划评审法（RERT）之分。1956 年，美国杜邦公司在制定企业不同业务部门的系统规划时，制订了第一套网络计划。这种计划借助网络表示各项工作及其所需要的时间，以及各项工作之间的关系。通过网络分析研究工程费用与工期的相互关系，并找出在编制计划及计划执行过程中的关键路线，这种方法称为关键路线法（CPM）。计划评审法（PERT）亦称计划协调技术，是把网络理论用于工作计划和控制等方面，根据估算的各工序所需时间，找出关键工序，据以合理安排一切可动用的人力、物力、财力，谋求以最短时间来完成计划的一种计划评价、审核方法。鉴于这两种方法的差别，CPM 主要应用于以往在类似工程中已取得一定经验的承包工程，PERT

更多地应用于研究与开发项目。

网络计划方法的基本原理是：首先，绘制工程施工网络图，以此表达计划中各施工过程先后顺序的逻辑关系；其次，分析各施工过程在网络图中的地位，通过计算找出关键的线路及施工过程；再次，按选定目标不断改善计划安排，选择优化方案，并付诸实施；最后，在执行过程中进行有效的控制和监督。

在建筑施工中，网络计划方法主要用来编制建筑企业的生产计划和工程施工的进度计划，并对计划进行优化、调整和控制。达到缩短工期、提高工效、降低成本、增加经济效益的目的。进度计划可用横道图表示，也可用网络图表示。网络图是由一系列箭杆和圆圈（节点）组成的网状图形，用来表示各施工过程先后顺序的逻辑关系。

横道图计划具有编制比较容易，绘图比较简单，排列整齐有序，表达形象直观，便于统计劳动力、材料及机具的需求量等优点。这种方法已为建筑企业的施工管理人员所熟悉和掌握，目前仍被广泛采用。但是，它还存在以下缺点。

（1）不能反映各施工过程之间相互制约、相互依赖的逻辑关系。

（2）不能明确指出哪些施工过程是关键的，哪些不是关键的，即不能明确表明某个施工过程的推迟或提前完成对整个工程任务完成的影响程度。

（3）不能计算每个施工过程的各项时间指标，不能指出在总施工期限不变的情况下，某些施工过程存在的机动时间，也不能指出计划安排的潜力有多大。

（4）不能应用电子计算机进行计算，更不能科学地对计划进行调整与优化。

这些缺点可以在网络计划中得到解决。

2. 网络图的要素

网络图是一种表示整个计划中各道工序（或工作）的先后次序所需要时间的逻辑关系的工序流程图。网络图又分为双代号网络图和单代号网络图。

（1）双代号网络图。

用两个数字符号代表一个工序的方法，称为双代号法。双代号网络图由箭杆、节点和线路3个要素组成。

① 箭杆。

A. 一个箭杆表示一个施工过程（或一项工作、一项活动）。箭杆表示的施工过程可大可小：在总控制性网络计划中，箭杆可表示一个单位工程或一个工程项目；在单位工程的控制性网络计划中，一个箭杆可表示一个分部工程（如基础工程、主体工程、装修工程等）；在实施性网络计划中，一个箭杆可表示一个分项工程（如挖土、垫层、浇筑混凝土等）。

B. 每个施工过程的完成都要消耗一定的时间及资源。只消耗时间不消耗资源的混凝土养护、砂浆找平等技术问题，如单独考虑时，也应作为一个施工过程来对待。各施工过程均用实箭杆来表示。

C. 在双代号网络图中，为了正确表达施工过程的逻辑关系，有时必须使用一种虚箭杆，如图1.4中的③④、②④等。箭杆是既不消耗时间，又不消耗资源的一个虚设的施工过程，一般不标注名称，持续时间为零。它在双代号网络图中起施工过程之间逻辑连接或逻辑间断的作用。

D. 箭杆的长短一般不表示所需时间的长短（时标网络例外）。箭杆的方向原则上是任意的，但为使图形整齐，一般将其画成水平方向或垂直方向。

E. 网络图中，凡是紧接于某施工过程箭杆箭尾端的过程，称该过程的"紧前过程"；紧接于某施工过程箭杆箭头端的过程，称该过程的"紧后过程"。

② 节点。

在双代号网络图中，箭杆前后的圆圈，称为节点。节点表示前面施工过程结束和后面施工过程开始的瞬间。节点不需要消耗时间和资源。

A. 节点的分类。网络图的节点分为起点节点、终点节点、中间节点。网络图的第一个节点为起点节点，它表示一项计划（或工程）的开始。网络图的最后一个节点称为终点节点，它表示一项计划（或工程）的结束。其余节点都称为中间节点，任何一个中间节点既是其紧前各施工过程的结束节点，又是其紧后各施工过程的开始节点。

B. 节点的编号。网络图中的每一个节点都要编号。编号的顺序是：从起点节点开始，依次向终点节点进行；编号的原则是：每一个箭杆、箭尾节点的号码必须小于箭头节点的号码，所有节点的编号不能重复出现。

③ 线路。

从网络图的起点节点到终点节点，沿着箭杆的指向所构成的若干条通道，即线路。每条不同的线路所需的时间之和往往各不相等，其中时间之和最大者称为"关键线路"，其余的线路为非关键线路。位于关键线路上的施工过程称为关键施工过程，这些施工过程完成的快慢直接影响整个计划完成的时间，关键施工过程在网络图中通常用粗线或双线箭杆表示。有时，在一个网络图中也可能出现几条关键线路，即这几条关键线路的施工持续时间相等。

关键线路不是一成不变的。在一定条件下，关键线路和非关键线路可以互相转换。例如，当关键施工过程的时间缩短或非关键施工过程的时间延长时，就有可能使关键线路转移。

（2）单代号网络图。

用一个数字符号代表一个工序的方法称单代号法。单代号法是用一个圆圈表示一个施工过程，其代号、名称和时间都写在圆圈内，用箭杆表示施工过程之间的逻辑关系。

单代号网络图也由节点、箭杆和线路组成。

① 节点用圆圈表示，一个圆圈代表一个施工过程（或一项工作、一项活动），其范围、内容与双代号网络图基本相同。当有两个以上施工过程同时开始或同时结束时，一般要设一个"开始节点"和"结束节点"以完善其逻辑关系。节点的编号同双代号网络图。

② 单代号网络图中的每条箭杆均表达各施工过程之间先后顺序的逻辑关系。箭杆箭头所指方向表示施工过程的进行方向，即同一箭杆、箭尾节点所表示的施工过程为箭头节点所表示的施工过程的紧前过程。在单代号网络图中，逻辑关系箭杆均为实箭杆，没有虚箭杆。

③ 线路从起点节点到终点节点，沿着联系箭杆的指向所构成的若干"通道"，称为线路。单代号网络图也有关键的线路和施工过程，以及非关键的线路、施工过程和时差等。

3. 网络图绘制规则和要求

双代号与单代号网络逻辑关系的表达如表 1-15 所示。

逻辑关系指网络计划中表示的各个施工过程在施工中存在的先后顺序关系。这种顺序关系可划分为两大类：一类是施工工艺的关系，称为工艺逻辑；另一类是组织上的关系，称为组织逻辑。

表 1-15 双代号与单代号网络逻辑关系的表达

序号	工作间的逻辑关系	网络图上的表示方法 双代号	网络图上的表示方法 单代号	说明
1	A、B 两项工作依次进行施工			B 依赖 A，A 约束 B
2	A、B、C 3 项工作同时开始施工			A、B、C 3 项工作为平行施工
3	A、B、C 3 项工作同时结束施工			A、B、C 3 项工作为平行施工
4	A、B、C 3 项工作，只有 A 完成后 B、C 才能开始			A 制约 B、C 的开始，B、C 为平行施工
5	A、B、C 3 项工作，只有 A、B 完成后，C 才能开始			C 依赖 A、B，A、B 为平行施工
6	A、B、C、D 4 项工作，只有 A、B 完成后，C、D 才能开始			双代号法是通过中间事件把 4 项工作的逻辑关系表达出来
7	A、B、C、D 4 项工作，A 完成后，C 才能开始；A、B 完成后，D 才能开始			A 制约 C、D 的开始，B 只制约 D 的开始，A、D 之间引入虚工作
8	A、B、C、D、E 5 项工作，A、B 完成后，D 才能开始；B、C 完成后，E 才能开始			D 依赖 A、B，E 依赖 B、C；双代号法以虚工作表达 A、B、C 之间的逻辑关系
9	A、B、C、D、E 5 项工作，A、B、C 完成后，D 才能开始；B、C 完成后，E 才能开始			A、B、C 制约 D 的开始，B、C 制约 E 的开始，双代号法以虚工作表达上述逻辑关系
10	A、B 两项工作，按 3 个施工段流水作业			两个施工队在 3 个施工段流水作业，双代号法以虚工作表达工种间关系

（1）工艺逻辑。

工艺逻辑是由施工工艺所决定的各个施工过程之间客观上存在的先后顺序关系。对一个具体的分部工程来说，确定了施工方法以后，各个施工过程的先后顺序一般是固定的。

（2）组织逻辑。

组织逻辑是在施工组织安排中，考虑到劳动力、机具、材料或工期等的影响，在各施工过程之间主观上安排的先后顺序关系。这种关系不受施工工艺的限制，也不是由工程性质本身决定的，而是在保证施工质量、安全和工期等的前提下，可以人为安排的顺序关系。在网络图中，各施工过程之间有多种逻辑关系。在绘制网络图时，必须正确反映各施工过程之间的逻辑关系。

① 网络图箭杆通常应画成直线或折线，不宜画成曲线（图1.5）。

② 在网络图中，应尽量避免反向箭杆（图1.6）。

③ 在网络图中，应尽量避免使用不必要的虚箭杆（图1.7）。

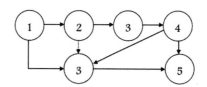

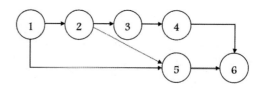

图1.6　绘图要求二

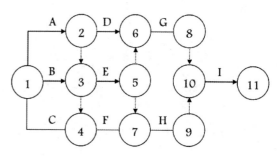

图1.7　绘图要求三

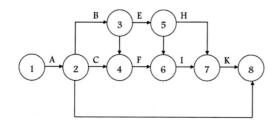

图1.5　绘图要求一

思考题

1. 简述建筑装饰工程施工组织总设计的编制程序。

2. 简述施工总进度计划的编制方法。

3. 简述单位工程施工组织设计的编制内容和编制方法。

4. 简述施工进度计划的4种表现形式。

第 2 章 天棚装饰工程施工

【学习目标】

知识要点	具体内容
无吊顶天棚装饰工程施工	喷浆天棚装饰工程施工；抹灰天棚装饰工程施工；粘贴式天棚装饰工程施工
吊顶龙骨安装施工	木吊顶龙骨安装施工；轻钢吊顶龙骨安装施工；铝合金吊顶龙骨安装施工
隐蔽式装配吊顶施工	隐蔽式装配吊顶材料及构造处理；隐蔽式吊顶施工

天棚装饰工程是在楼板、屋架下弦或屋面板的下面施工的装饰工程。天棚装饰工程一般分为两种：一种是以屋面板或楼板为基层，在其下表面直接进行抹面、裱糊或涂饰；另一种是以屋架或屋面板为支承点，用吊杆连接大、小龙骨再镶贴各种饰面板。

天棚是现代室内装饰处理的重要部位，天棚装饰效果的好坏，直接影响整个建筑空间的装饰效果。天棚还具有吸收和反射噪声，安装照明、通风和防火设备的作用。

天棚装饰工程的材料种类很多，按天棚装饰工程的施工方法，可分为抹灰材料、涂刷材料和吊顶天棚材料。

2.1 天棚装饰工程的种类

天棚装饰工程的种类很多，按其结构形式、使用材料和施工工艺，可分为无吊顶天棚装饰工程和有吊顶天棚装饰工程两种。

2.1.1 无吊顶天棚装饰工程

（1）光面天棚装饰工程：可在结构上抹灰或不抹灰，包括表面涂刷石灰浆天棚、大白浆天棚、色浆天棚、油漆天棚、涂料天棚等装饰工程。

（2）毛面天棚装饰工程：包括喷涂膨胀珍珠岩涂料天棚、彩砂天棚等装饰工程。

（3）裱糊壁纸天棚装饰工程：包括裱糊各种壁纸天棚、锦缎和高级织物天棚等装饰工程。

（4）铺贴装饰板天棚装饰工程：包括铺贴石膏板天棚、钙塑板天棚、镜面天棚等装饰工程。

2.1.2 有吊顶天棚装饰工程

（1）木龙骨天棚装饰工程：包括塑料板镶铝条天棚、木夹板贴镜面天棚、仿镁铝合金天棚、木夹板贴丝绒天棚、木夹板贴防火胶合板天棚等装饰工程。

（2）钢龙骨天棚装饰工程：包括轻钢龙骨石膏板天棚、石棉吸声天棚、U形轻钢龙骨粘贴钙塑板天棚、型钢龙骨钢化玻璃天棚、中空玻璃采光天棚、银白色铝合金天棚等装饰工程。

（3）铝合金龙骨天棚装饰工程：包括铝合金龙骨石膏板天棚、铝合金条形板天棚、T型铝合金龙骨钙塑板天棚等装饰工程。

（4）铝龙骨天棚装饰工程：包括铝片天棚、铝栅假天棚、中空玻璃采光天棚、化纤钙塑板天棚、矿棉板天棚、石膏板天棚、有机玻璃反光天棚等装饰工程。

天棚装饰工程的部位包括天棚、雨篷、自动扶梯底面和楼梯底面等。

随着新型建筑装饰材料的发展，装配化吊顶、成品或半成品新型吊顶材料不断出现，促进了吊顶工程的发展。从目前我国的使用情况看，可将新型吊顶分为开敞式吊顶（主要是木质吊顶）、活动式装配吊顶、隐蔽式装配吊顶、金属装饰板吊顶4种类型。

（1）开敞式吊顶的吊顶饰面是敞开的，它通过特定形状的单元体之间的巧妙组合，形成单体构件的韵律感，从而收到既遮又透的独特效果。

（2）活动式装配吊顶是把饰面板明摆浮搁在龙骨上，更换方便的吊顶形式。它通常与铝合金龙骨配套使用，或者同其他类型的金属材料模压成的一定形状的龙骨（金属轻钢龙骨）配套使用。将新型的轻质装饰板放在龙骨上，龙骨可以是外露的，也可以是半露的。这种龙骨的优点在于：既是吊顶的承重杆件，又是吊顶饰面板的压条，同时将传统的密缝吊顶或离缝吊顶分格缝顺直并遮掩起来。这样既有纵横分格的装饰效果，又有施工安装简便的优点。

（3）隐蔽式装配吊顶主要指龙骨不外露、龙骨与罩面板呈整体效果的吊顶形式。罩面板与龙骨之间有3种固定方式：一是将罩面板用螺钉拧在龙骨上；二是将罩面板用胶黏剂粘到龙骨上；三是将罩面板加工成企口形式，与龙骨连接。

（4）金属装饰板吊顶包括各种金属条板、金属方板和金属格栅安装施工的吊顶。金属装饰板吊顶是将加工好的金属条板成品卡在铝合金龙骨上，或者将金属板条、方板、格栅用螺钉或自攻螺钉固定在龙骨上。龙骨一般无须与板条配套供应，可用角钢、槽钢等材料。金属板安装完毕即具有装饰效果，无须再做其他表面装饰；而龙骨作为承重杆件和固定板的卡具，也已经一次成型。对龙骨兼作卡具的安装类型来说，有什么样的板条，就需要有相应的龙骨断面。这种龙骨兼作卡具的独特创造，是其他类型的吊顶所未有的，可满足多种要求，如吸声、防火、装饰等方面的要求。

2.2 无吊顶天棚装饰工程施工

无吊顶天棚适用于装饰性要求不高的住宅、办公楼、教学楼等民用建筑，无吊顶天棚装饰工程包括喷浆天棚装饰工程、抹灰天棚装饰工程、粘贴式天棚装饰工程。

2.2.1 喷浆天棚装饰工程施工

1. 施工准备

选择材料：大白浆，可赛银，各种内墙、顶棚用涂料。选择涂料应考虑其能附着在混凝土面上，且能形成一定厚度的涂层。

采用工具：灰桶、长杆灰刷、手压式喷浆机等。

2. 施工注意事项

（1）喷刷操作常在混凝土板上进行。对于预制混凝土板，要用水泥砂浆将板的接缝抹平，扫净浮灰；对于现浇混凝土板，要求其平整度好，没有凹凸不平之处，也不能太光滑，喷刷前应做好修补。

（2）若混凝土板表面过于平滑，可在色浆中加适量的羧甲基纤维素、107胶等，用以增加黏结效果，或直接选用黏结强度大的涂料。

（3）喷刷涂料由天棚的一端开始，顺序和方法与墙面基本相同。注意掌握好涂料的稠度，保证既能严密覆盖混凝土板，又不会坠脱。

2.2.2 抹灰天棚装饰工程施工

1. 施工准备

选择材料：水泥、砂子、石灰膏、纸筋等。

采用工具：钢抹子、木抹子、灰托、水平尺、刮尺、拖线板、阳角抹子、阴角抹子、线绳等。

2. 一般施工要求

（1）抹灰前，应将混凝土板用清水润湿，并刷界面处理剂一道。

（2）抹灰前应在四周墙上弹出水平线，以墙上水平线为依据，先抹天棚四周，再圈边找平。

（3）抹板条天棚底子灰时，抹子运行方向应与板条长向垂直，并将灰挤入板条的缝隙中；抹苇箔天棚底子灰时，抹子运行方向应顺向苇秆，并将灰挤入苇箔的缝隙中。待底子灰六七成干时，可进行罩面，罩面分3遍压光、压实。

（4）凡有灰线的房间，天棚抹灰宜在灰线抹完后进行。

（5）天棚表面应顺平，并压光、压实，不应有抹纹、气泡、接槎不平等现象，天棚与墙面相交的阴角，应呈一条直线。

（6）在抹灰完成后，抹灰表面应喷刷大白浆或其他涂料。

3. 天棚抹灰的一般做法

天棚抹灰的一般做法见表2-1。

表2-1 天棚抹灰的一般做法

名称	分层做法	厚度/mm	操作要求
现浇混凝土板天棚抹灰	第一层：1:0.5:1 水泥石灰砂浆打底	2～3	（1）抹头道灰时必须与模板木纹的方向垂直，用钢抹子用力抹实，越薄越好。 （2）底子灰抹完后紧跟抹第2遍找平层。 （3）待六七成干时即应罩面
	第二层：1:3:9 水泥石灰砂浆找平	6～9	
	第三层：纸筋灰罩面	2	
	第一层：1:2:4 水泥纸筋灰砂浆打底	2～3	
	第二层：1:2 纸筋灰砂浆找平	10	
	第三层：纸筋灰罩面	2	
	第一层：1:0.5:4 水泥石灰砂浆打底	8	
	第二层：纸筋灰罩面	2	
预制混凝土板天棚抹灰	第一层：1:1:6 水泥纸筋灰砂浆打底	7	适合机械喷涂抹灰用
	第二层：1:1:6 水泥细纸筋灰砂浆罩面压光	5	
	第一层：1:1 水泥砂浆（加水泥重量2%的醋酸乙烯乳液）打底	2	（1）适用于高级装饰抹灰。 （2）底子灰需养护2～3天再做找平层
	第二层：1:3:9 水泥石灰砂浆找平	6	
	第三层：纸筋灰罩面	2	

续表

名称	分层做法	厚度/mm	操作要求
高级天棚抹灰（石膏灰抹灰）	第一层：（1∶2）～（1∶3）麻刀灰砂浆打底抹平（分两遍成活），要求表面平整垂直		（1）底子灰为麻刀灰，应在20天前化好备用，其麻刀为白麻丝，石灰宜用2∶8块灰，配合比（质量比）为7.5∶1300（麻丝∶石）。 （2）石膏宜用二级建筑石膏，结硬时间在5min左右，用孔径0.08mm筛子筛选，余量不大于10%。 （3）配制罩面石膏浆时，先将石灰膏作缓凝剂加水搅拌均匀，随后按比例加入石膏粉，随加随拌和，稠度为10～12cm时即可使用。 （4）抹灰前，应清扫基层表面并浇水润湿。 （5）石膏浆应随用随拌随抹，墙面抹灰要一次成活，不得留接槎。 （6）基层不宜用水泥砂浆或混合砂浆打底，也不得掺用氯盐，以防泛潮，导致面层脱落
	第二层：13∶6∶4（石膏粉∶水∶石灰膏）罩面，分两遍成活，在第1遍未收水装饰时即进行第2遍抹灰，随即用铁抹子修抹灰补压光两遍，最后用铁抹子溜光至表面灰抹密实光滑		
	第一层：1∶2∶9水泥石灰混合砂浆打底		
	第二层：6∶4或5∶5石膏灰浆罩面，也可用石膏掺水胶		

2.2.3 粘贴式天棚装饰工程施工

粘贴式天棚装饰工程施工有以下两种做法。

（1）在支模时将装饰材料铺于模板上，然后现浇混凝土，使装饰材料直接粘于混凝土上，拆模后即可作为装饰面层，这种饰面使用的是板材，如干抹灰板、压型钢板等。

（2）在混凝土构件安装和现浇混凝土拆模后，清理基面，并用胶黏剂把装饰面层粘贴上。

2.3 吊顶龙骨安装施工

2.3.1 木吊顶龙骨安装施工

1. 吊装基础工序

木龙骨吊装的基础工序包括：安装吊点紧固件→固定标高线木龙骨→木龙骨的处理→木龙骨的地面拼接等施工工艺。

（1）安装吊点紧固件：常见的吊点紧固件有3种安装方式，包括用冲击钻在建筑结构底面打孔，安装膨胀螺栓；用射钉将角铁等固定在建筑结构底面上；用预埋件进行吊点固定。吊点固定构造详解见图2.1。

（2）固定标高线木龙骨：沿吊顶标高线固

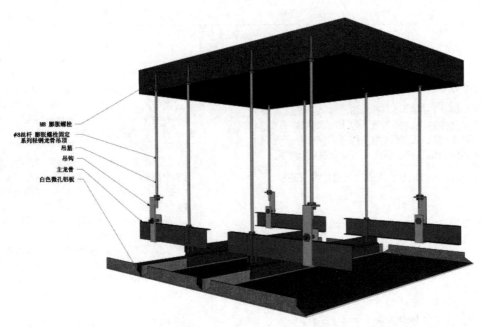

(a)轻钢龙骨吊顶固定形式

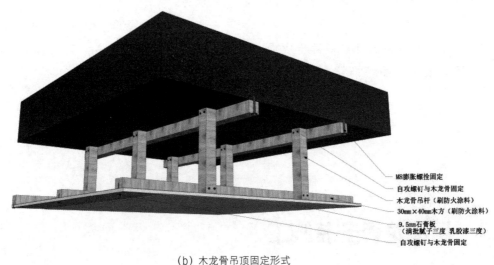

(b)木龙骨吊顶固定形式

图2.1 吊点固定构造详解

定沿墙木龙骨,其方法有两种。一种是用冲击钻在墙面标高线以上10mm处打孔,并在孔内设置木楔。打孔的直径应大于12mm,两木楔的间距为0.5~0.8m,将长木方用钉固定在墙内的木楔上。另一种是先在木方上打一小孔,再用水泥钉穿过小孔,将木方固定在墙面上。

(3)木龙骨的处理:对吊顶用的木龙骨进行筛选,首先将其中被腐蚀的部分、斜口开裂的部分及虫蛀孔剔除,再在木龙骨上涂刷防火漆。

(4)木龙骨的地面拼接:吊装前,通常会先在地面将木质吊顶的龙骨分片拼接,拼接方法如下。

① 先把吊顶面上需分片或可以分片的位置、尺寸定出,再根据分片的尺寸进行拼接前的安排。

② 通常的做法是先拼接大片的木龙骨，再拼接小片的木龙骨。为了方便吊装，木龙骨最大组合片的长度应不大于10m。

③ 拼接时，先要在长木方上按中心线距300mm的尺寸开出深15mm、宽25mm的凹槽。如有成品凹槽，可省去此工序。再将凹槽拼接，拼口处用小圆铁钉加胶水固定。木龙骨拼接固定构造详解见图2.2。

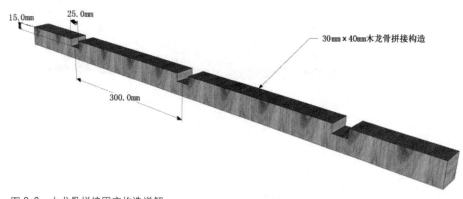

图2.2 木龙骨拼接固定构造详解

2. 吊装施工

在上述准备工作完成后，便可开始吊顶龙骨的吊装施工。

（1）分片吊装：对于平面吊顶的吊装，一般先从墙角位置开始，其方法如下。

① 将拼接好的木龙骨托起至吊顶标高位置。对于高度低于3.2m的吊顶龙骨，可在托起后用高度定位杆支撑，使其高度略高于吊顶标高线。高度定位杆的长度为吊顶标高尺寸。若吊顶龙骨高于3.2m，可用铁丝在吊点处临时固定。

② 用尼龙线沿吊顶标高线拉出平行和交叉的几条标高基准线，这些线就是吊顶的平面基准。

③ 将木龙骨慢慢向下移，使之与平面基准线平齐。待整片调平龙骨后，将木龙骨靠墙部分与沿墙木龙骨钉接，再用吊杆与吊点固定。

（2）与吊点固定：常用的方法有以下3种。

① 用木方固定：作为吊杆的木方，应长于吊点与木龙骨之间的距离100mm左右，便于调整高度。木方吊顶工程构造详解见图2.3。

② 用扁铁固定：扁铁的长度应事先测量好。在与吊点固定的端头，应事先打出两个调整孔，以便调整木龙骨的高度。扁铁与吊点间用螺栓连接，扁铁与木龙骨用两颗木螺钉固定，扁铁端头不得长出木龙骨下平面。扁铁吊顶工程固定构造详解见图2.4。

③ 用角铁固定：在木龙骨需要上人的位置，常用角铁进行固定。对做吊杆的角铁也应在其端头钻2～3个孔，以便调整。连接角铁与木龙骨时，可将角铁设置在木龙骨的角落，用两只木螺钉固定。角铁吊装固定构造详解见图2.5。

（3）对于迭级式平面木质吊顶的吊装，一般是从最高平面开始（相对地面），校平与吊装方法同上。

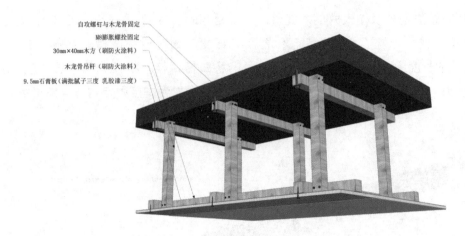

图2.3 木方吊顶工程构造详解

图2.4 扁铁吊顶工程固定构造详解

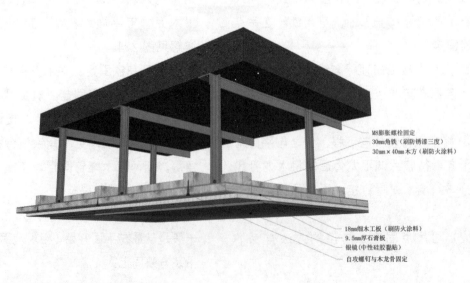

图2.5 角铁吊装固定构造详解

(4) 分片间的连接有平面连接和高低面连接两种。

① 两分片骨架在同一平面对接时,骨架的各端头应对正,并用短木方进行加固,加固方法有顶面加固和侧面加固两种。对一些重要部位或有上人要求的吊顶,可用铁件进行连接加固。

② 迭级平面吊顶高低面的连接方法,通常是先用一条木方斜位地将上、下平面龙骨定位,再用垂直的木方条固定连接。迭级龙骨连接构造详解见图2.6。

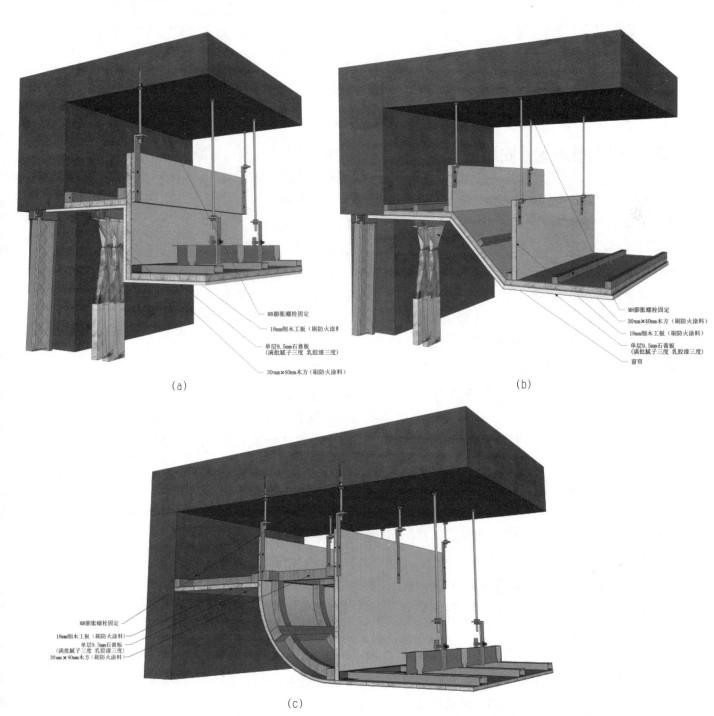

图2.6 迭级龙骨连接构造详解

（5）整体调整：待各个分片连接加固完毕，在整个吊顶面下拉出十字交叉的标高线，来检查吊顶平面的整体平整度。对吊顶面向下凹的部分，需重新拉紧吊杆，对吊顶向上凸的部分，需用吊杆向下顶，下顶的杆件必须在上、下两端固定。木吊顶龙骨平整度要求见表2-2。

表2-2　木吊顶龙骨平整度要求

面积 /m²	允许误差值 /mm	
	下凹	上凸（起拱）
20以内	2	3
50以内		2～5
100以内		3～6
100以上		6～8

2.3.2　轻钢吊顶龙骨安装施工

轻钢吊顶龙骨安装灵活、拆卸方便，并具有质量轻、强度高、防震、防火、隔热、隔声等优点。轻钢吊顶龙骨分为主龙骨、次龙骨（中、小龙骨）及连接件三部分。轻钢吊顶龙骨按外形分为U形龙骨和T形龙骨两种，按要求分为上人系列和不上人系列。对于上人系列，考虑上人检修时有80～100kg集中活荷载，可在其上铺设永久性检修走道；对于不上人系列，只考虑吊顶自重和轻型灯具重量即可。

大龙骨吊点中距因龙骨类型不同而有所不同，选用时应注意龙骨布置平面图中所注明的规定的最大值或施工图纸规定尺寸。大龙骨吊杆一般轻型用$\phi 6$钢筋（不上人），重型用$\phi 8$钢筋（上人）。如吊顶荷载较大，需经结构承载验算。

中、小龙骨的主要功能是固定饰面板，因此中、小龙骨大多数是构造龙骨，其间距根据饰面板规格而定。

连接件是连接主、次龙骨，使其组成一个骨架的配件。对于采用非标准图集的龙骨，通常采用焊接或用螺栓连接；对于采用标准图集龙骨，各种连接件已经配套。图2.7所示为CS60吊顶龙骨及配件。

1．施工准备

（1）检查结构施工情况：吊顶施工前，应检查结构尺寸、校核空间尺寸及结构需要处理的质量问题。

（2）检查设备安装情况：吊顶施工前，检查设备管道的安装情况，确认有无交叉施工，并进行妥善安排。

2．施工程序

龙骨安装程序：在墙上弹出标高线→固定吊杆→安装大龙骨→按标高线调整大龙骨→大龙骨底部弹线→固定中、小龙骨→固定异形龙骨→装横撑龙骨。

（1）放线。

放线主要是弹好吊顶标高线、龙骨布置线和吊杆悬挂点。

① 吊顶标高线：一般是弹到墙面或柱面上。

② 龙骨布置线：必须弹到楼板下底面上。

③ 吊杆位置线：吊杆的间距根据龙骨的断面及使用的荷载综合确定。如果龙骨的断面大、刚度好，那么吊杆的间距可相应大一些。

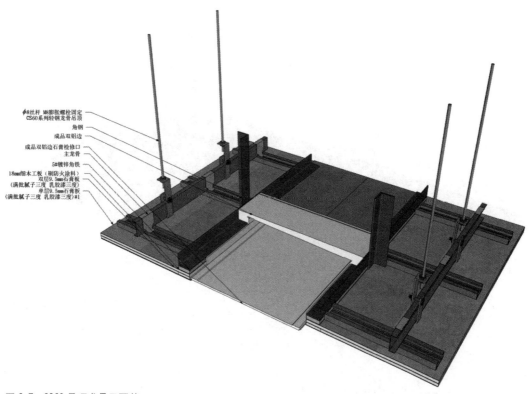

图 2.7 CS60 吊顶龙骨及配件

（2）固定吊杆。

吊杆应根据吊顶的形式灵活选择。吊杆可用钢筋，也可用型钢一类的型材。如选用的不是标准图集的构件，那么吊杆的大小及连接构造，应经过设计与计算，保证其抗拉强度满足安全要求。如果选用标准图集，吊杆的规格及固定方法已经确定，只要按标准图集所标注的尺寸规格选用即可。

吊杆与龙骨的连接：可以采用焊接，也可使用吊挂件。焊接虽然牢固，但维修或更换时较麻烦。吊挂件是工厂的成品，随龙骨配套供应，安装方法一般比较简单。

吊挂件分为上人吊顶的吊挂件与不上人吊顶的吊挂件，图2.8、图2.9所示为上人吊顶的吊挂件。上人吊顶与不上人吊顶在悬挂系统上也有区别。上人吊顶的悬挂，既要挂住龙骨，又要阻止龙骨摆动，所以用一个吊环将龙骨箍住。不上人吊顶的悬挂，用一个特别的挂件卡在龙骨的槽中，达到悬挂的目的。

（3）龙骨的安装与调平。

① 龙骨的安装：因为主龙骨在上，所以吊挂件同主龙骨相连，在主龙骨底部弹线，再用连接件将次龙骨与主龙骨固定。可先安装主龙骨与吊杆，再依次安装中龙骨、小骨，也可以同时安装主龙骨、次龙骨。至于采用哪些形式，主要视所在部位、所吊面积的大小而定。

大房间安装大龙骨，据设计要求，中间部分应立起拱，一般为短跨的1/200，主、次龙骨（大、中、小龙骨）长度方向可用接插件连接，接头处要错开。

龙骨的安装，一般是按照预先弹好的位置，从一端依次安装到另一端。如果有高低跨，常规做法是先安装高跨部分，再安装低跨部分。对于检修孔、上人孔等部位，在安装龙骨的同时，应将尺寸及位置

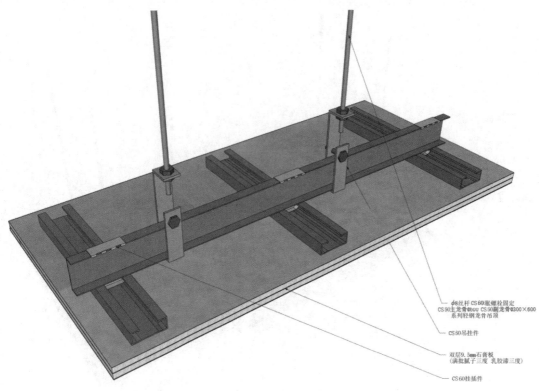

图 2.8 CS60 轻钢龙骨吊杆与龙骨的安装图

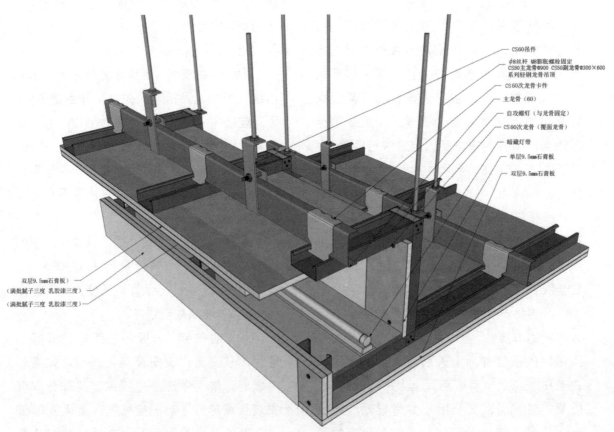

图 2.9 CS60 上人吊顶施工构造

留出，将封边的横撑龙骨安装完毕。如果在吊顶下部悬挂大型灯饰，龙骨与吊杆在此方面都应做好配合，有些龙骨需断开，在构造上还应采取相应的加固措施。如果是大型灯饰，最好与龙骨脱开，以保证使用安全。

② 龙骨的调平：在安装龙骨前，已拉好标高控制线，应根据标高控制线，使龙骨就位，龙骨的调平与安装宜同时完成。调平主要是调整主龙骨，只要主龙骨标高正确，中、小龙骨一般不会发生什么问题。

2.3.3 铝合金吊顶龙骨安装施工

铝合金龙骨具有自身质量轻、刚度大、防火、耐腐蚀、加工方便、安装简单等优点，适用于室内装饰要求较高的走廊、卫生间、厅堂等位置的天棚的装饰。

1. 规格组成

用于活动式装配吊顶的明龙骨，大部分用金属材料挤压成型，其规格主要有以下3种。

（1）主龙骨（大龙骨）：龙骨的侧面有长方形孔和圆形孔。方形孔供次龙骨穿插连接，圆形孔供悬吊固定。

（2）次龙骨（中、小龙骨）：次龙骨根据罩面板的规格下料。为了便于插入主龙骨的方眼，应将次龙骨的两端加工成"凸头"形状。为了使多根次龙骨在穿插连接中保持顺直，可在次龙骨的凸头部位弯一个角度，使两根次龙骨在一个方眼中保持中心线重合。

（3）边龙骨：也称封口角铝，有等肢与不等肢的差别，一般用尺寸规格25mm×25mm的等肢角边龙骨。

2. 安装施工程序

铝合金吊顶龙骨的安装施工程序：弹线定位→固定悬吊体系→安装与调平龙骨。

（1）弹线定位。

① 根据设计图纸，结合具体情况，将龙骨及吊点位置弹到楼板底面。如吊顶带有一定造型及图案，应先弹出顶棚对称轴线，龙骨及吊点位置应对称布置，龙骨和吊杆的间距、主龙骨的间距是影响吊顶高度的重要因素。不同的龙骨断面及吊点间距，都有可能影响主龙骨之间的距离。各种吊顶、龙骨间距和吊杆间距一般都控制在1.0～1.2m以内，弹线应清晰，位置应准确。

② 确定吊顶标高：将设计标高线弹到四周墙面或柱面上。如果吊顶有不同标高，那么应将变截面的位置弹到楼板上，再将角铝或其他封口材料固定在墙面或柱面上，使封口材料的底面与标高线重合。角铝多用高强水泥钉固定或用射钉固定。

（2）固定悬吊体系。

① 悬吊形式。

A. 镀锌铁丝悬吊：由于活动式装配吊顶一般不作上人考虑，采用铝合金龙骨，因此其悬吊体系也较简单。目前多用射钉将镀锌铁丝固定在结构上，另一端同主龙骨的圆形孔绑牢。

B. 伸缩式吊杆悬吊：伸缩式吊杆形式较多，用得较普遍的是将8号铅丝调直，用一个带孔的弹簧钢片将两根铅丝连接起来，调节与固定主要靠弹簧钢片。用力压弹簧钢片时，弹簧钢片两端的孔中心重合，吊杆便可自由伸缩。手松开后，孔中心错位，与吊杆产生剪力，将吊杆固定。对于铝合金吊顶，如选用将板条卡到龙骨上，龙骨与板条配套使用的龙骨断面，宜选用伸缩式吊杆。龙骨的侧面有间距相等的孔眼，悬吊时可将两侧面孔眼用铁丝拴在一个圈或钢卡上。

C. 简易伸缩吊杆悬吊：简易伸缩吊杆伸缩与固定的原理与伸缩式吊杆是一样的，只是弹簧钢片在形状上有些差别。

D. 上述介绍的均属简易吊杆，稍复杂一些的是游标卡尺式伸缩吊杆。

② 吊杆或镀锌铁丝的固定。

常用的办法是用射钉枪将吊杆或镀锌铁丝固定，可以选用尾部带孔或不带孔两种射钉规格。如选尾部带孔的，只要将吊杆一端弯钩或用铅丝穿过圆孔即可，如选尾部不带孔的，一般用一块小角钢，角钢的一条边用射钉固定，另一条边钻一个5mm左右的孔，然后用吊杆穿过孔将其悬挂。悬吊宜沿主龙骨方向，间距不宜大于1.2m。在主龙骨的端部或接长处，需加设吊杆式悬挂铅丝。若选用镀锌铁丝悬吊，则不应将其绑在吊顶的设备上。

（3）安装与调平龙骨。

安装与调平龙骨施工程序：就位→调平调直→边龙骨固定→主龙骨接长。主、次龙骨宜从同一方向同时安装。

① 就位：安装时，据已确定的主龙骨位置及标高线，先大致使其就位。次龙骨（中、小龙骨）应紧贴主龙骨安装就位。

② 调平调直：龙骨就位后，再满拉纵横控制标高线（十字中心线），从一端开始，一边安装，一边调整，最后稍调一遍，直到龙骨被调平、调直。如果面积较大，还应考虑使水平线在中间有适当的拱度。调平时应注意一定要从一端调向另一端，做到纵横平直。

③ 边龙骨固定：边龙骨宜沿墙面或柱面标高线钉牢。固定时，一般用高强水泥钉，钉的间距不宜大于50cm。如果基层材料强度

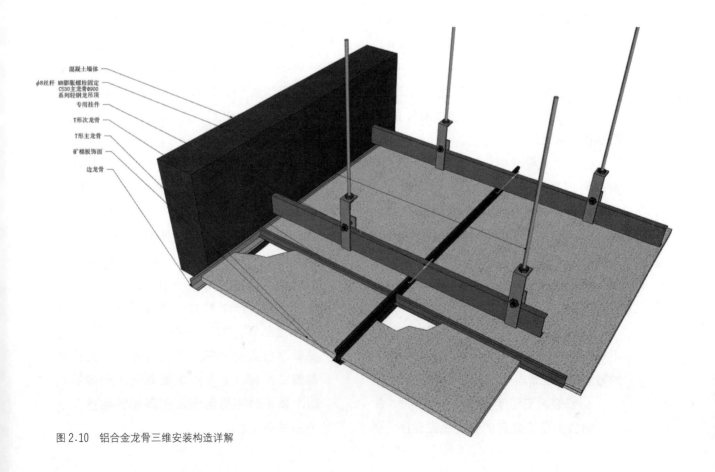

图2.10　铝合金龙骨三维安装构造详解

较低，紧固力不好，应采取相应的措施，改用胀管螺栓。边龙骨主要起封口作用。

④ 主龙骨接长：一般用连接件接长。连接件可用铝合金，也可用镀锌钢板。应在连接件表面冲成倒刺，使之与主龙骨方孔相连。全面校正主、次龙骨的位置及水平度，连接件应错位安装。

（4）安装施工中的注意事项。

① 挂主龙骨的铅丝或镀锌铁丝必须绑扎牢固，还应交错拉牵，以增强吊顶的稳定性。

② 铝合金吊顶龙骨应均匀、平整，不能有起伏。主、次龙骨应平直，边龙骨应水平。

③ 注意，铝合金龙骨外露部分应保持清洁，特别是边龙骨靠墙部分极易被弄脏，应采取保护措施，常用办法是在容易被污染的部位贴一条纸带或粘贴塑料胶纸。铝合金龙骨三维安装构造详解见图 2.10。

2.4 木质吊顶装饰工程施工

木质吊顶装饰工程的施工方法很多，但都需解决稳固、平整这两大问题，并针对这两大问题进行施工。

2.4.1 平面木质吊顶施工

1. 施工条件

在木质吊顶施工前，天棚以上部分电气设备等必须安装就位，并基本调试完毕。此外，需保证施工材料基本齐备，必要的脚手架已搭好。

2. 放线

放线包括标高线、天棚造型位置线、吊挂点布局线、大中型灯位线。

标高线弹到墙面或柱面上，其他线弹到楼板底面。

（1）标高线的作法。

① 定出地面的地坪基准线。如果原地坪无饰面要求，则基准线为原地坪线。如果原地坪贴有石材、块料等饰面，应按饰面面层来定地坪基准线，并将定出的地坪基准线画在墙面上。

② 以地坪基准线为起点，在墙面上量出天棚吊顶的高度，并画出高度线。

③ 将一条塑料透明软管灌满水，将软管的一端水平面对准墙面上标注好的高度线。然后，将软管的另一端头水平面，在同侧墙面找出另一点，当软管内水平面静止时，画下该点的水平面位置。再将这两点连线，即得吊顶高度水平线。可用同样方法在其他墙面作出高度水平线。操作时注意，一个房间的基准高度线只用一个，各个墙面的

高度线测点共用。另外,操作时注意不要拧曲注水塑料软管,要保证管内的水流动自如。

(2) 造型位置线的作法。

① 规则室内空间造型位置线:先在一个墙面量出天棚吊顶造型位置距离,并按该距离画出平行于墙面的直线,再在另外3个墙面用相同方法画出直线,便可得到造型位置外框线。

② 不规则室内空间造型位置线:不规则室内墙面不垂直相交,画吊顶造型线时,应从与造型线平行的那个墙面开始测量距离,并画出造型线。再根据此条造型线画出整个造型线。如果墙面均不垂直相交,则要采用找点法。找点法是先在施工图上测出造型边缘距墙面的距离,再量出各墙面与造型边线各点之间的距离,将各点连线组成吊顶造型线。

(3) 吊点位置的确定。

① 平顶吊顶的吊点按每平方米一个布置。

② 有迭级造型的天棚吊顶应在迭级交界处布置吊点,两吊点间距为 0.8~1.2m。

③ 如有较大灯具应安排吊点来吊挂。

3. 木龙骨吊装

(1) 材料要求。

① 木料:木材骨架料应为烘干、无扭曲的红白松树种,不得使用黄花松树种。木龙骨规格应按设计要求,如设计无明确要求,大龙骨规格为 50mm×70mm 或 50mm×100mm,小龙骨规格为 50mm×50mm 或 40mm×60mm,吊杆规格为 50mm×50mm 或 40mm×40mm。

② 罩面板材及压条:按设计规格选用。

③ 其他材料:圆钉、$\phi 6$ 或 $\phi 8$ 螺栓、射钉、膨胀螺栓、胶黏剂、木材防腐剂和8号镀锌铁丝。

(2) 主要机具。

① 机械:小电锯、小台刨、手电钻。

② 手动工具:木刨、线刨、锯、斧、锤、螺丝刀、摇钻等。

(3) 作业条件。

① 顶棚内各种管线及通风管道均应安装完毕。

② 直接接触结构的木龙骨应预先刷防腐剂。

③ 吊顶房间需完成墙面及地面的湿作业和台面防水等工程。

④ 搭好顶棚施工操作平台架。

(4) 操作工艺。

工艺流程:弹线→安装大龙骨→安装小龙骨→防腐处理→安装管线设施→安装罩面板。

① 弹线:根据楼层标高水平线,顺墙高量到顶棚设计标高,沿墙四周弹顶棚标高水平线,并在四周的标高线上画好龙骨的分档位置线。

② 安装大龙骨:将预埋钢筋弯成环形圆钩,穿8号镀锌铁丝或用 $\phi 6 \sim \phi 8$ 螺栓将大龙骨固定,并保证其设计标高。吊顶起拱按设计要求,设计无要求时一般为房间跨度的 $1/300 \sim 1/200$。

③ 安装小龙骨:小龙骨底面刨光、刮平、截面厚度应一致,小龙骨间距应按设计要求,设计无要求时,应根据罩面板规格而定,一般为 400~500mm。按分档线先定位安装通长的两根边龙骨,拉线后各根龙骨按起拱标高,通过短吊杆将小龙骨用圆钉固定在大龙骨上,吊杆要逐根错开,不得使吊钉在龙骨的同一侧面。通长小龙骨对接接头应错开,采用双面夹板,用圆钉错位钉牢,接头两侧各钉两个钉子。安装卡档小龙骨应按通长小龙骨标高,在两根通长小龙骨之间,根据罩面板的分块尺寸和接缝要求,在通长小

龙骨底面横向弹分档线,以底找平钉固卡档小龙骨。

④ 防腐处理:对于顶棚内所有露明的铁件,钉罩面板前必须刷防腐漆,木骨架与结构接触面应进行防腐处理。

⑤ 安装管线设施:在弹好顶棚标高线后,应进行顶棚内水、电设备管线的安装,较重吊物不得吊于顶棚龙骨上。

⑥ 安装罩面板:在木龙骨底面安装的顶棚罩面板的品种较多,应按设计要求和固定方式施工。罩面板与木龙骨的固定应采用木螺钉拧固法。

4. 吊顶面木夹板的安装

(1) 安装木夹板的准备工序:选板→板面弹线→板面倒角。

选板是挑选符合要求的木夹板;板面弹线是使挑选好的木夹板正面朝上,按照木龙骨分格的中心线尺寸,用带色棉线在木夹板正面画线;板面倒角是在木夹板的正面四周,用细刨按45°刨出倒角,宽度为2～3mm,以便在嵌缝补腻子工序时,将各板缝严密补实,减少今后的缝隙变形量。

(2) 木夹板安装工序:布置木夹板→留出设备的安装位置→钉木夹板。

木夹板布置方法有两种:一是使整板居中,分割板布置在两侧;二是将整板铺大面,将分割板归边。钉木夹板是将木夹板正面朝下,托起到预定位置,使木夹板上的画线与木龙骨中心线对开。从木夹板的中间开始钉,逐步向四周展开。钉位可沿木夹板上画线位置布置,钉距在150mm左右,钉头应沉入木夹板内。木质吊顶木夹板基面装饰构造详解见图2.11。

5. 平面木吊顶的节点处理

平面木质吊顶常见的节点处理包括暗装窗帘盒、暗装灯盘、暗装灯槽与吊顶的衔接。

木质吊顶与窗帘盒的衔接构造详解如图2.12所示。图2.12(a)是吊顶与木方薄板窗帘盒衔接,图2.12(b)是吊顶与厚夹板窗帘盒衔接。

图2.11 木质吊顶木夹板基面装饰构造详解

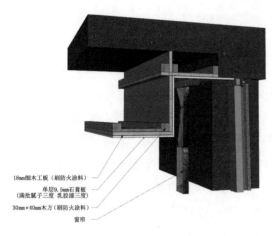
（a）吊顶与木方薄板窗帘盒衔接

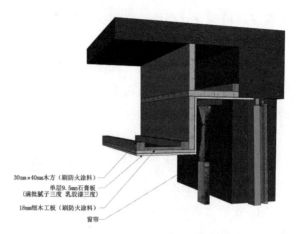
（b）吊顶与厚夹板窗帘盒衔接

图2.12　木质吊顶与窗帘盒的衔接构造详解

2.4.2　单体和多体构成木质吊顶的施工

单体构成木质吊顶是以一种形体的木构件组装成天棚，多体构成木质吊顶是以两种以上形体的木构件组装成天棚。单体和多体构成木质吊顶一般不需要用龙骨，单体构件本身就是装饰构件，同时也能承受自重，所以可直接将单体构件同建筑层底面吊接，减少龙骨施工的程序。

1．施工流程

施工流程：施工准备→地面拼装→吊装。

2．施工准备

施工前应准备好材料。放线包括标高线、吊挂布局线、分片布置线。放线的方法同前所述。值得注意的是，分片布置线一般先从室内吊顶直角位置开始逐步展开，吊挂点需根据分片布置线来布局，以使单体和多体吊顶的分片材料受力均匀。

3．地面拼装

常见的单体结构有单板方框式、骨架单板方框式、单条板式等。

常见的多体结构有单条板与方板组合式、多角框与方框组合式等。

目前还常用木结构单体与铝合金单体、塑料件单体、防火板单体组合构成吊顶。

（1）单板方框式拼装。

① 单板方框通常是将9～15mm厚的木夹板，开成一定宽度120～200mm的板条，在板条上按方框尺寸的间隔画线，然后开槽，槽深为板条宽度的一半。开槽加工时应注意保证开槽的垂直度，开槽完成后用砂纸清除边口的毛刺。

② 在槽口处涂刷白乳胶，然后进行对拼插接，随即将挤出的胶液擦去。

③ 在与其他分片接合的单板端头安装1～2mm厚的铁片连接件，再用小木螺钉固定。

（2）骨架单板方框式拼装：先用木方组成方框架片，再用厚木夹板开片成规定宽度的板条，按方框的尺寸将板条锯成所需短板，最后将短板与木方骨架固定。短板对缝处用胶加钉固定。

（3）单条板式拼装：先用厚夹板开成板条，在板条上的规定位置开出方孔（或长方孔），再将实木加工成截面尺寸与开孔尺寸相同的木条，作为支承单条板的龙骨，最后将单条板逐个穿入作为龙骨的木方中，并按规定的间隔进行固定。

（4）单条板与方板组合式拼装：拼装方法同单板方框式拼装。

（5）多角框与方框组合式拼装：先按图纸将木板或厚木夹板做成多角框单体，在多角框的拼缝处用胶水加钉固定。待单体本身连接牢固后，开始单体组装，用相同材料将单体多角连接，在连接处用胶水加钉固定。检查拼装好的组合体，并用铁件在各单体的组合部进行加固。

4．吊装

（1）吊装方式：单体和多体构成天棚吊装主要有两种方式：一是间接固定，将单体或多体的吊顶架固定在承重杆架上，再使承重杆架与吊点连接；一是直接把吊顶架与吊杆连接，并固定在吊点处。

（2）吊装准备工作：先做好吊点紧固件，然后沿墙面标高线位置，固定与单体或多体结构相应的木板材料。

（3）吊装操作：

① 从某个墙角开始，将分片吊顶托起，托起高度略高于标高线，并临时固定该分片吊顶架。

② 先用棉线沿标高线拉出交叉的吊顶平面基准线，再依据基准线调平该吊顶分片。

③ 先将两个分片调平，使拼接处对齐，用连接铁件进行固定，再将各吊顶分片连接。

2.4.3 木格栅吊顶

1．施工流程

施工流程：准确测量→龙骨精加工→表面刨光→开半槽搭接→阻燃剂涂刷→清油涂刷。

2．施工方案

应先测量顶棚准确尺寸然后再制作木格栅骨架。龙骨应进行精加工，表面抛光，接口处开榫，横、竖龙骨交接处应半开槽搭接，还要进行阻燃剂涂刷处理。安装时应根据设计弹出标高控制线和吊杆安装线，在墙面及顶棚钻孔并设置木楔，顶棚吊件要用合乎要求的金属丝固定在龙骨里面的挂钩上。安装时要用整体吊装的方法，把木格栅骨架整体弄到标高线以上，与顶棚上的吊件连接，全部吊件与格栅骨架连接好后，通过调整吊件的长度对格栅面进行找平，把格栅骨架调整到与控制线平齐后，将四周的木龙骨固定在墙内的木楔上。木格栅骨架应做饰面处理，并安装照明灯具，灯具底座可在制作木格栅骨架时安装，吊装后接通电源。格栅内框装饰条应在地面装完，吊顶安装后装收口线条封边。木格栅装完后，还要在饰面涂刷清油。木格栅吊顶装饰构造详解见图2.13。

3．木格栅吊顶常见质量缺陷及其解决办法

格栅分格不匀、不方正，主要是因为结构墙面不方正或横竖格栅交叉处开口不垂直。所以，在放木格栅骨架前，要对基础墙面进行找方处理，先用尺测量各边长度及角的角度，如误差不大，可用腻子披刮墙面找方；如误差较大，要先垫平木板，然后用腻子找平。在开槽搭接时，横竖龙骨格栅必须垂直，否则应修理后安装。表面不平、起拱有塌陷，主要是由于施工接榫不严和木料变型、照明灯具过重，因此应选择不易变形的松木作骨架，照明灯应安在顶棚上或选购轻体照明灯，防止吊顶荷载过大。如有拱起，可调整吊件，使顶面平整。

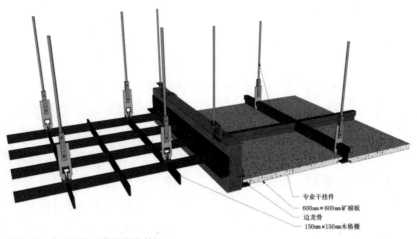

图 2.13　木格栅吊顶装饰构造详解

2.4.4　成品保护

成品保护要求如下。

（1）安装施工时，应注意保护顶棚内装好的各种管线及木龙骨的吊杆。木龙骨不准固定在通风管道及其他设备上。

（2）对于已安装完的门窗，已施工完的地面、墙面、窗台等，应注意保护，防止其被损坏。

（3）对于罩面板材，在进场、存放、使用过程中应妥善管理，使其不变形、不受潮、不被损坏、污染。

2.4.5　应注意的质量问题

（1）吊顶不平：若小龙骨安装时标高定位不准，施工时应拉通线，使通长小龙骨符合起拱要求，做到标高位置准确。

（2）木龙骨固定不牢：大龙骨与吊挂的连接方法、龙骨钉固的方法应符合设计要求。

（3）罩面板分块间隙缝不直、宽窄不一致：罩面板板块规格、分块尺寸应符合设计要求，且安装位置正确。

（4）压缝条、压边条不严密、不平直：施工时应弹位置线，罩面板接缝应平直，压缝条与罩面板应紧贴。

2.5　装配式吊顶装饰工程施工

2.5.1　装配式吊顶材料及构造处理

装配式吊顶的饰面板常用的材料有矿棉板、玻璃纤维板、装饰石膏板、钙塑装饰板、泡沫塑料板等轻质板材。饰面板表面有多种图案与色彩，也可根据设计要求，将其加工成穿孔的吸声板。厚度视板材种类及使用要求而有所区别。饰面板的规格较多，如矿棉板的尺寸有500mm×500mm、600mm×600mm、600mm×1000mm、600mm×1200mm、610mm×610mm、625mm×1250mm等，其厚度有13mm、16mm、20mm等。矿棉板的表面也有多种纹理与图案，色彩更是丰富多样。根据龙骨的具体形状及安装方法，饰面板的角边有斜角、直角、企口等形式。装配式工程吊顶装饰施工构造详解见图2.14。

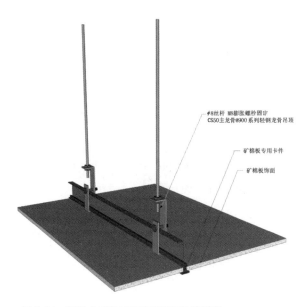

图2.14 装配式工程吊顶装饰施工构造详解

装配式装饰工程吊顶所使用的龙骨，大部分由金属材料挤压成型，断面常加工成"⊥"形状，目前用得最多的是铝合金龙骨。采用铝合金龙骨和轻质饰面板的活动式吊顶，自重较轻，安装与拆卸较方便。正因如此，更换或维修管道与设备时，将饰面板拿掉即可。因主、次龙骨是穿插连接，所以拆装也很方便。

龙骨的悬吊也比较简单，目前较多的是用射钉将镀锌铁丝固定在结构上，另一端同主龙骨的圆形吊孔绑牢。镀锌铁丝不宜太细，若为单股，不宜使用小于14号的铅丝。

2.5.2 装配式吊顶的施工程序

施工工艺：弹线→安装吊杆→安装龙骨→安装矿棉板。

（1）弹线：根据图纸，先在墙、柱上弹出顶棚标高水平墨线，在顶板上画出吊顶布局，确定吊杆位置，并与原预留吊杆焊接，如与原吊筋位置不符或无预留吊筋，则采用M8膨胀螺栓在顶板上固定。吊杆采用$\phi 8$钢筋加工。

（2）安装吊杆：同结构的一端固定，常见的办法是用射钉将吊杆或铁丝固定。可以选用尾部带孔的射钉，将吊杆一端的弯钩或铅丝穿过圆孔即可。或选用尾部不带孔的射钉，用一块小角钢，一边用射钉固定，另一边钻一个5mm左右的孔，再将吊杆穿过孔进行悬挂。悬吊宜沿主龙骨方向，间距不宜大于1.2m。在主龙骨的端部或接长处，需加设吊杆或悬挂铅丝。若选用镀锌铁丝悬吊，不应将其绑在吊顶上部的设备管道上。

（3）安装龙骨：主、次龙骨宜从一个方向同时安装，安装时根据已确定的标高线，大致将其就位，再满拉纵横标高控制线，进行龙骨的调平和调直。主龙骨间距一般为1000mm，龙骨接头要错开；吊杆的方向也要错开，避免主龙骨向一边倾斜。如果面积较大，还应考虑适当起拱。将吊杆上的螺栓上下调节，保证一定的起拱度，视房间大小起拱5～20mm，待水平度调好后再逐个拧紧螺帽，开孔位置需将主龙骨加固。调平宜从一端调向另一端。次龙骨应沿墙面或柱面标高线钉牢。固定时一般用高强水泥钉。如果基层材料强度较低、紧固力不够，则应采取相应的措施，如改用膨胀螺栓或加大钉的长度。次龙骨一般不承重，只起封口作用。

（4）安装矿棉板：在龙骨调平、调直的基础上，可将饰面板放在主、次龙骨组成的框内，将饰面板搭在龙骨上。注意矿棉板的表面色泽应符合设计要求。须对矿棉板的几何尺寸进行核定，保证其偏差在 ±1mm，安装时应注意对缝尺寸，安装后可轻轻撕去矿棉板表面的保护膜。

2.5.3 施工注意事项

（1）如果选用玻璃纤维板，因其单块质量轻，又是浮搁在龙骨组成的框内，应考虑刮风时会将饰面板掀起这一情况。比较常用的办法是用小木条压紧，或用钢卡子夹住。

（2）由于龙骨板壁较薄，荷载有限，故吊顶面的灯具或风篦子等的悬吊系统应与吊顶悬吊脱开，自成体系。

（3）如果选用矿棉板，应注意单块板的尺寸不宜太大，否则易发生变形，影响装饰效果。

（4）各类型轻质板材均应避免浸水，如矿棉板遇水不仅表面发黄，而且还有擦不掉的水迹。玻璃纤维板遇水，表面装饰层会鼓泡，呈波浪形状。装饰石膏板遇水强度降低，且表面色彩会发生变化。因此，各类型轻质板材在存放或运输过程中，均应加强保管。

（5）吊顶施工往往是室内装饰施工的首道工序，因为只有吊顶工程拆了架子，才有可能进行地面或墙面装饰。因此，应注意吊顶饰面板的成品保护，断裂的板要更换，破损的板视破损部位及破损面积的大小，采取妥当的措施进行处理。

（6）吊顶施工同照明、通风、消防等专业工种联系较多。开工前要与各专业做好图纸会审，统筹各工种的计划进度，在协调与配合方面，装饰工种往往起主导作用。在工种之间的配合上，容易出现以下问题：

① 标高、设备标高超吊顶标高，导致吊顶无法施工。

② 吊顶表面预留孔洞位置不妥，导致在安装设备出口时，专业工种乱开孔，破坏了饰面板，既影响美观，又造成浪费。

③ 消防自动喷淋头、烟感器、通风篦子等吊顶附加物与饰面板贴得不密实，影响整个吊顶的装饰效果。

2.5.4 质量标准

1. 主控项目

（1）吊顶标高、尺寸、起拱和造型应符合设计要求。

（2）饰面材料的材质、品种、规格、图案和颜色应符合设计要求。

（3）吊杆、龙骨的材质、规格、安装间距及连接方式应符合设计要求。金属吊杆、龙骨应进行表面防腐处理；木吊杆、龙骨应进行防腐、防火处理。

2. 一般项目

（1）饰面材料表面应洁净、色泽一致，不得有翘曲、裂缝及缺损。压条应平直、宽窄一致。

（2）饰面板上的灯具、烟感器、喷淋头、风口篦子等设备的位置应合理、美观，与饰面板应吻合。

（3）金属吊杆、龙骨的接缝应均匀一致，角缝应吻合；表面应平整，无翘曲、锤印；木质吊杆、龙骨应顺直，无劈裂、变形。

（4）吊顶内填充的吸声材料的品种和铺设厚度应符合设计要求，且应有防散措施。

（5）暗龙骨吊顶工程安装的允许偏差、

检验方法应符合《建筑装饰装修工程施工质量验收标准》(GB 50210—2018)的规定。具体如下：

表面平整度：2mm；接缝直线度：1.5mm；接缝高低差：1mm。

2.5.5 应注意的质量问题

（1）吊顶不平：主龙骨安装时吊杆调平处理不当，易导致各吊点的标高不一致。因此，施工时应认真操作，检查各吊点的紧挂程度，并拉通线，检查标高与平整度是否符合设计要求。

（2）轻钢骨架局部节点构造不合理：吊顶轻钢骨架在留洞、灯具口、通风口等处，应按图纸上的相应节点构造设置龙骨及连接件，使构造符合图纸要求，保证吊挂的刚度。

（3）轻钢骨架吊固不牢：顶棚的轻钢骨架应吊在主体结构上，并应拧紧吊杆螺母，以控制固定设计标高；顶棚内的管线、设备件不得吊挂在轻钢骨架上。

（4）罩面板分块间隙缝不直：罩面板规格有偏差，安装不正。施工时注意板块规格，拉线找正，安装固定时保证平整对直。

（5）压缝条、压边条不严密、不平直：加工条材规格不一致，使用时应进行选择。

（6）矿棉板吊顶要注意板块之间的色差，革除颜色不均的质量弊病。

2.6 隐蔽式装配吊顶施工

2.6.1 隐蔽式装配吊顶材料及构造处理

隐蔽式装配吊顶基本构造做法，基本上可分为4个施工程序：吊杆悬挂→龙骨安装→基层固定→饰面处理。

吊杆与龙骨的材质分为金属与木材两大类。金属吊杆与金属龙骨配以防火的饰面材料能满足防火的要求，在大型公共及商业建筑中，应用较广泛。木龙骨具有可燃性，这为它的应用带来一定的限制。

饰面板同龙骨的固定大致可用3种办法：用螺钉拧在龙骨上；用胶黏到龙骨上；将饰面板加工成企口的形式，用龙骨将饰面板连成一个整体。隐蔽式吊顶、饰面板装饰施工构造详解见图2.15。饰面板常用的材料有：胶合板、纸面石膏板、防火纸面石膏板、穿孔石膏吸音板、矿棉板、钙塑泡沫装饰板等轻质板材。

纸面石膏板或纸面防火石膏板，一般用作吊顶的基层，具有块大、面平、易于安装、质量轻等优点，故应用较广。纸面石

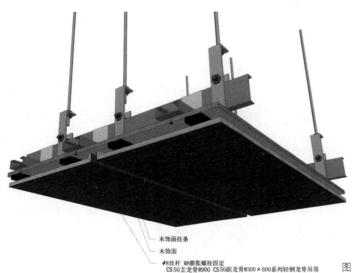

图 2.15 隐蔽式吊顶、饰面板装饰施工构造详解

膏板可锯可刨,在吊顶造型中可以通过起伏变化构成不同的艺术风格。同胶合板相比,纸面石膏板配以金属龙骨,较好地解决了防火问题。用作吊顶的基层主要是纸面石膏板及防火纸面石膏板,板的长度有2400mm、2500mm、2600mm、2700mm、3000mm等;厚度有9mm、12mm、15mm、18mm等;宽度有900mm、1200mm等。板边形状有直角边、楔形边、45°倒角边3种规格。板的几何尺寸对龙骨的间距及次龙骨的布置有影响,故选用何种规格的石膏板,应根据设计及材料来源综合考虑。

普通胶合板可用于吊顶基层,安装方法同石膏板一样。但由于普通胶合板为可燃材料,因此在使用中受到一定的限制,有些工程虽采用胶合板,但考虑到防火要求,会在胶合板双面刷防火涂料,这样做比较费工料,故有防火要求的建筑应慎重选用。如果对防火没有具体要求,选用的胶合板不宜太薄,否则刚度差,在龙骨间距不是很密的情况下,易造成表面平整度不理想,故多选用5mm以上的胶合板。

纸面石膏板和普通胶合板在吊顶中是作为基层材料使用的,要达到令人满意的装饰效果,必须在表面饰以其他装饰材料。常用的饰面做法为:裱贴壁纸,涂刷乳胶漆,喷涂、镶贴各种类型的镜片,如玻璃镜片、金属抛光板、复合塑料镜片等。

如果吊顶有吸声要求,应选择穿孔饰面板,如穿孔石膏板、穿孔石棉水泥板等。然后在板的上面放吸声材料。应根据声学设计的要求,确定开孔率,孔的布置与排列则应按室内设计的要求去施工。板孔在布置时往往用孔组成图案,这样能够获得更好的装饰效果。有些生产厂家会根据使用情况,在没有特殊要求的情况下选用通用穿孔板,在生产过程中同面层一起完成,减少现场的工作量。

石棉水泥板具有防火、防潮等特殊功能,故多用在潮湿的环境,如地下室的吊顶、淋浴间的吊顶等。

钙塑泡沫板具有质量轻、施工方便等优点,并不怕潮湿。钙塑泡沫板可不用螺钉固定,用胶黏到龙骨上即可,常用401胶。

2.6.2 隐蔽式吊顶施工

无论何种板材,均需同龙骨固定,不同板材在固定的方法上可能会有差别。龙骨是吊顶的骨架,其安装与固定办法很多,但无论何种断面、何种材料都要符合简便、安全这两项要求。下面以 CS60 和 C60 两个系列的龙骨为例,结合石膏板的基层来介绍隐蔽式吊顶的施工。

1. 施工准备

吊顶施工前,应对照吊顶设计图,检查结构尺寸是否同建筑设计相符。除了复核结构空间尺寸外,还应特别注意以下两个问题。

(1) 结构是否有需要处理的质量问题。如钢筋混凝土的蜂窝麻面,有无超过所规定的要进行处理的裂缝等结构问题。上述问题都要进行处理,否则会对吊顶施工有影响。

(2) 设备管道是否安装完毕,如果是交叉施工,对于某些部位,进行妥善安排也是可以的,但对大多数工程部位来说,是不提倡这种大面积的交叉施工的。

2. 施工程序

隐蔽式吊顶施工程序:放线→固定吊杆→安装与调平龙骨→固定板材→板面的饰面处理。

(1) 放线。放线主要是弹好吊顶标高线、龙骨布置线和吊杆悬挂点。标高线一般是弹到墙面或柱面,龙骨及吊杆的位置则弹到楼板上。

吊杆的间距是根据龙骨的断面及使用的荷载综合确定的。龙骨断面大、刚度好,那么吊杆间距可相应大一些。在实际工程中,采用非标准龙骨及配件,其中龙骨的断面与吊杆规格均需计算确定。如为标准龙骨及配件,生产厂家一般都有说明,按具体要求施工即可。

(2) 固定吊杆。吊杆的选择,应根据吊顶的形式灵活处理,在隐蔽式吊顶中,吊顶自重、是否上人或有其他活荷载,是决定吊顶构造的关键因素。自重大,再有一定检修荷载,在固定办法上应以能起码承受使用荷载为准则。

吊杆的施工主要包括结构的固定、断面的选择、吊杆与龙骨的连接。

(3) 安装与调平龙骨。吊杆一般吊在主龙骨上,如无主、次龙骨之分,那么吊杆就吊在通长的龙骨上。

一般情况下,主龙骨是主要受力构件,整个吊顶的荷载通过主龙骨传给吊杆,从这个角度分析,主龙骨是受均布荷载及集中荷载的连续梁。因此,龙骨既要满足强度的要求,同时又要满足刚度的要求。往往龙骨断面刚度的控制是决定条件。因为产生挠度会影响吊顶表面的平整度、美观度。对于大型吊顶工程,由于空间大,跨度大,检修人员在吊顶上部活动的机会多,主要受力构件应经过计算,慎重选用。如选用标准图集的龙骨,应核对一下该种体系是否满足使用要求,使用的条件是否超过标准图集上的条件。

主龙骨的间距也是影响刚度的重要因素,龙骨断面及吊点都有可能影响主龙骨之间的距离。在隐蔽式装配吊顶中,如果没有其他特殊荷载,只考虑自重及上人检修,宜选用前面叙述的 CS60 系列龙骨,将主龙骨的间距控制在 1.1m 以内,吊杆的间距不宜超过 1.2m。

次龙骨大多是构造龙骨,主要作用是同饰面板固定,所以次龙骨的间距由饰面板规格决定。例如,选用 500mm×500mm 的穿孔石膏吸声板,次龙骨的间距应该是 500mm,并设置相应尺寸的横撑龙骨,以便板的四周均能固定在龙骨上。

安装与调平龙骨宜在同一时间完成,因为在安装龙骨前,已经拉好标高控制线,根据标高控制线,使龙骨就位。调平主要是调整主龙骨,只要主龙骨标高正确,次龙骨不会发生什么问题。

(4) 固定板材。饰面的板材,可分为两种类型:一种是基层板,在板的表面再做其他饰面处理;另一种是板的表面已经装饰完毕,将板固定后,装饰效果已经达到。饰面板的固定,根据龙骨的断面、饰面板的类型及饰面板边的处理,可分为以下3种情况。

① 饰面板（或基层板）用螺钉固定在龙骨上,金属龙骨大多数采用自攻螺钉,木龙骨大多用木螺钉。

② 用胶将饰面板黏在龙骨上。

③ 将饰面板加工成企口暗缝的形式,将龙骨的两条肢插入暗缝内,不用钉也不用胶,靠两条肢将板担住。

板与板之间,有离缝与密缝处理。离缝的处理主要是控制缝格的顺直,要想保证缝格顺直,除了拉通长缝格控制线外,还要注意板的尺寸误差,尺寸误差较大的板使用前必须经过修正,否则难以保证缝格顺直；密缝的处理,主要是控制拼板处的平整,无论板的表面是否做饰面层,接缝处明显不平对吊顶装饰效果的影响都比较大。

如想要获得拼缝处大面积平整的效果,除把好龙骨调平这一关外,在拼缝处认真施工也非常重要。对于纸面石膏板、胶合板等大块板材,固定板时,板与板之间宜留出3mm左右的间隙,然后用腻子补平。如果选用石膏板,应使用专用嵌缝石膏,并在拼板处贴一层穿孔接缝纸,在正常情况下,将石膏板缝处理妥当,要经过不少于4道程序。首先清理接缝,对于接缝处缺纸的石膏板暴露部分,用50%浓度的107胶水涂刷1～2遍,然后刮一道腻子,用小刮刀把腻子均匀而饱满地嵌入板缝内。

第一道腻子初凝后,用稍稀的腻子刮上一层,厚约1mm,宽60mm,随即将穿孔接缝纸带贴上,贴之前先用水湿润接缝纸,再用刀刮平,赶出腻子与纸带之间的气泡,再薄压一道腻子。

第二道腻子干燥后,进行第三道嵌缝,这道腻子要覆盖钉孔,宽出钉孔周围25mm左右。

第三道腻子干燥后,可刮第四道腻子,刮得要薄,干后用砂纸打磨。

（5）板面的饰面处理。如果选用的板材已经装饰,那么就不存在饰面的问题。饰面的做法花样繁多,但在众多的饰面做法中,用得较多的是贴壁纸。

如果选用镜面材料镶贴,要特别注意表面材料的固定问题。除了用胶粘贴以外,还需用钉紧固或用压条将周边压紧。如果选用镜面玻璃,应该使用安全玻璃。镶贴不同规格的材料,固定办法可能有变化,但无论采用何种办法,安全、牢固是第一要求。隐蔽式吊顶与镜面材料镶贴装饰构造详解见图2.16。

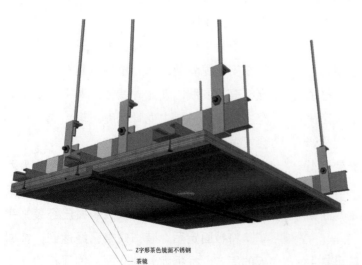

图2.16 隐蔽式吊顶与镜面材料镶贴装饰构造详解

(6) 隐蔽式吊顶与灯盘的衔接构造详解见图2.17。图2.17（a）是灯盘与吊顶固定连接方法，图2.17（b）是不与吊顶相连而直接吊在楼板底面的处理方法。

(7) 隐蔽式吊顶与灯槽的衔接构造详解见图2.18。隐蔽式吊顶与灯槽的衔接形式较多，有平面灯槽、侧向反光灯槽、顶面半间接反光灯槽等形式。

3. 隐蔽式吊顶施工中应注意的问题

（1）在安装过程中，应该使用专用配套材料、机具、工具。不少施工单位在购买石膏板时，不是一同配套采购，而是用其他材料代替，再加上操作不合要求，拼板处会出现裂缝。

（2）从稳定方面考虑，龙骨与墙面之间的距离应小于10cm。

（3）施工质量主要控制两个方面：一是龙骨的平整，二是饰面板的拼缝顺直。

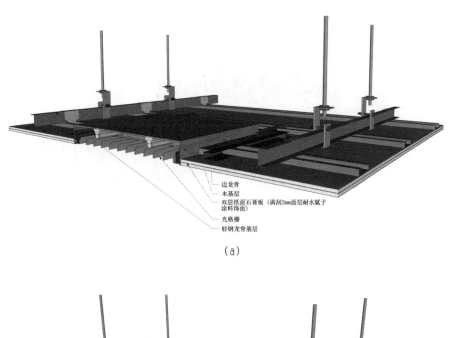

(a)

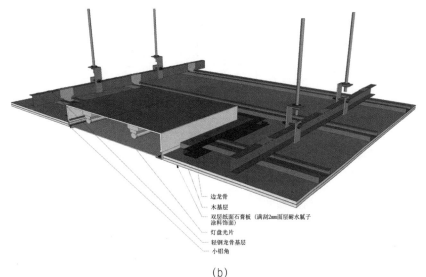

(b)

图2.17 隐蔽式吊顶与灯盘的衔接构造详解

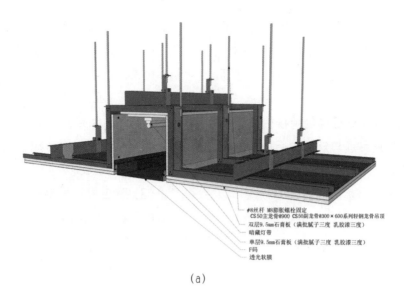

(a)

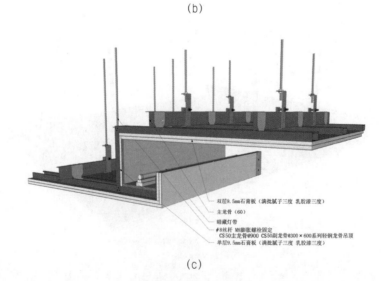

(b)

(c)

图 2.18 隐蔽式吊顶与灯槽的衔接构造详解

2.7 金属装饰板吊顶施工

金属装饰板,特别是铝合金制品,是现代装饰的高档材料,广泛用于室内墙面、吊顶、家具等的装饰。金属装饰板吊顶,在一些公共建筑的堂、厅中应用较多。因为这种吊顶质轻,每平方米材料约重3kg;安装方便,在工厂已加工成型,安装后即可达到装饰的目的,不需要在表面再做其他装饰;龙骨既有承重的作用,又有固定板条的作用,可同板配套使用,这种龙骨兼卡具的独特构造是其他类型的吊顶所没有的。

金属装饰板吊顶主要有金属微穿孔吸声板和铝合金板。

2.7.1 金属微穿孔吸声板吊顶施工

金属微穿孔吸声板系用各种金属平板经机械冲孔而成,能达到消除噪声的目的。材质根据需要选择,有不锈钢板、镀锌铁板、防锈铝板、电化铝板、铝带及铝合金板等。孔形根据需要确定,有圆孔、方孔、长圆孔、三角孔等。该吊顶具有良好的防震、防火、防水性能,造型美观、经久耐用。

1. 材料要求

(1) 轻钢龙骨分U形龙骨和T形龙骨,吊顶按荷载分上人和不上人两种。

(2) 轻钢骨架主件为大、中、小龙骨;配件有吊挂件、连接件、插接件。

(3) 零配件:有吊杆、膨胀螺栓、铆钉。

(4) 按设计要求选用各种金属罩面板,其材料品种、规格、质量应符合设计要求。

2. 主要机具

(1) 电动机具:电锯、无齿锯、手电钻、冲击电锤、电焊机、手提圆盘锯、手提线锯机。

(2) 手动工具:射钉枪、拉铆枪、手锯、钳子、螺丝刀、扳子、钢尺、钢水平尺、线坠。

3. 作业条件

(1) 在施工前应熟悉施工现场、图纸及设计说明。

(2) 检查材料进场验收记录和复验报告。

(3) 吊顶内的管道、设备安装完成。罩面板安装前,上述设备应检验、试压验收合格。

(4) 罩面板安装前,墙面装饰基本完成,涂料只剩最后一遍面漆,经验收合格。

4. 操作工艺

(1) 弹顶棚标高水平线、画龙骨分档:根据图纸,先在墙上、柱上弹出顶棚标高水平墨线,再在顶板上画出吊顶布局,确定吊杆位置并与原预留吊杆焊接;如原吊筋位置不符或无预留吊筋,则采用M8膨胀螺栓在顶板上固定,吊杆采用$\phi 8$钢筋加工。

(2) 固定吊挂杆件:固定悬吊需经两个过程。吊杆钢筋或镀锌铁丝的固定和吊杆的悬吊。固定悬吊现用得最多的是用$\phi 6 \sim \phi 8$的钢筋,用固定在楼板的预留钢筋或铁膨胀螺栓,将吊挂钢筋焊在结构上,或用射钉将镀锌铁丝固定在结构上,另一端同主龙骨的圆形孔绑牢。镀锌铁丝不宜太细,若单股使用,不宜选择小于14号的铁丝,以免强度不够,造成脱落。这种方式适用于不上人的活动式装配吊顶,较为简单。伸缩式吊杆、悬吊伸缩式吊杆的制作办法虽多,但多是将8

号铅丝调直，用一个带孔的弹簧钢片将两根铅丝连起来，靠弹簧钢片调节与固定。其原理为：用力压弹簧钢片时，弹簧钢片两端的孔中心重合，吊杆便可自由伸缩。手松开时，孔中心错位，与吊杆产生剪力，将吊杆固定。对于铝合金板吊顶，如选用将板条卡到龙骨上、龙骨与板条配套使用的龙骨断面，应采用伸缩式吊杆。龙骨的侧面有间距相等的孔眼，悬吊时在两侧面孔眼上用铁丝拴一个圈或钢卡子，将吊杆的下弯钩吊在圈上或钢卡上。

（3）安装龙骨：主、次龙骨安装应从同一方向同时进行。施工程序：弹线就位→平直调整→固定边龙骨→主龙骨接长。

安装时，根据已确定的主龙骨（大龙骨）弹线位置及弹出标高线，将主龙骨基本就位。次龙骨（中、小龙骨）应紧贴主龙骨安装就位。龙骨就位后，再满拉纵横控制标高线（十字中心线），从一端开始，一边安装，一边调整，最后精调一遍，直到龙骨平直。面积较大时，在中间还应考虑使水平线有适当的起拱度，调平时一定要从一端调向另一端，要求纵横平直。

（4）罩面板安装：采用自攻螺钉固定。金属微穿孔吸声板吊顶装饰施工工艺详解见图2.19。

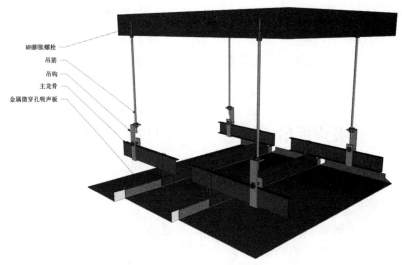

图2.19 金属微穿孔吸声板吊顶装饰施工工艺详解

2.7.2 铝合金板吊顶施工

金属材料具有特殊质感，表面平直硬挺，线条刚劲明快。铝合金板表面要有一道带有色彩的膜，但无论何种类型的膜，对铝合金来说，均是一道防止侵蚀的保护膜。因为铝合金在空气中易发生氧化反应，其表面会生成一道氧化膜。这种极薄的自然氧化膜，不仅起不到保护构件的作用，而且色彩单调，满足不了装饰的要求。所以，对于铝合金型材，均要对其表面进行处理。铝合金型材表面这道膜，目前用得比较多的是阳极氧化膜和漆膜。

（1）阳极氧化膜：对铝合金型材进行阳极氧化、电解着色，然后进行封孔处理，型材表面会获得一道光滑、细腻、具有一定光泽的彩色氧化膜。常见的色彩有古铜色、金色、黑色、银白色等。

（2）漆膜：先对铝合金型材表面进行处理，然后再烤漆或用其他办法，使型材表面获得一道色彩多样的漆膜。漆膜种类较多，选择余地大。

(3) 铝合金板有长条板、方形板及圆形板等多种形式，也可根据需要加工成异形板。其中长条板用得较多。铝合金板有以下两种规格。

① 铝合金板条：经挤压成型，长度多在 6m 以内，宽度多在 100mm 以下，厚度多在 0.5~1.5mm。

② 铝合金方板：基本规格有 500mm×500mm×0.6mm、436mm×610mm×0.8mm、275mm×410mm×0.8mm、415mm×600mm×0.8mm 等。

铝合金板吊顶施工程序：放线→固定吊杆→安装与调平龙骨→安装板条→细部调整与处理。

1. 放线

放线主要是弹标高线和龙骨布置线。标高线一般弹到墙面或柱面，然后将角铝固定在墙或柱面上。角铝常用的规格为 25mm×25mm，色彩与板相同。角铝多用高强水泥钉固定，也可用射钉固定。

如果吊顶有不同标高，可将变截面的位置弹到楼板上。如将板条卡在龙骨上，则龙骨需要与板垂直；如用钉固定，要根据板条形状和其他要求来决定。龙骨间距根据不同的断面而有所差别。板块较大的，在板背加肋，刚度较好，即使龙骨间距较大，也不会发生变形。龙骨的间距应控制，因间距过大，板的固定点会减少，板条很薄，极易产生变形，故龙骨的间距不宜超过 1.2m，吊点应控制在 1m 左右。

2. 固定吊杆

吊顶用得较多的是简易伸缩吊杆，有些吊顶不用伸缩吊杆，而是选用圆钢或角钢。至于选择哪一种，从悬挂角度上说，只要安全、方便即可，有些上人检修的吊顶，考虑到局部的集中荷载，一般用角钢或圆钢。如果不上人，板条自重应在 3kg/m² 以下，既可满足安全的要求，又便于调平。

如果用角钢一类材料做吊杆，应用冲击钻固定胀管螺栓，然后将吊杆焊在螺栓上。

吊杆与龙骨的连接，如果选用板条与龙骨配套使用的龙骨断面，宜选用伸缩式吊杆。龙骨的侧面有间距相等的孔眼，悬吊时在两侧面的孔眼上用铁丝拴一个圈，将吊杆的下弯钩吊在圈上。如果用角钢一类材料做吊杆，龙骨大多为型钢，可以采用焊接或钻孔用的螺栓固定。

3. 安装与调平龙骨

龙骨调平是整个铝合金板吊顶工序中一道比较麻烦的工序。龙骨是否调平，是板条吊顶质量控制的关键。因为只有龙骨调平，才能使板条饰面达到理想的装饰效果。要想控制龙骨的平整度，首先应拉纵横标高控制线，从一端开始，一边安装一边调整吊杆的悬吊高度。待大面平整后，再对一些有弯曲翘边的单条龙骨进行调整。一般铝合金饰面板吊顶板都不起拱或起拱量很小。

4. 安装板条

(1) 固定方法：在铝合金板吊顶工程中，常用铝合金板条和方板，板条居多。板条有以下两种固定方法。

① 龙骨兼卡具固定法：利用薄板所具有的弹性将板条卡到龙骨上，龙骨有龙骨与卡具双重作用，可同板条配套供应。此种方法安装极为方便，拆卸也很简单。板条多用卡在龙骨上的方法固定，特别是宽度在 100mm 以下的板条，绝大部分采用此法。因为板条宽度在 100mm 以下者，板厚多在 0.5~0.8mm，薄片弹性好，易于卡紧安装。

② 螺钉固定法：将板条用螺钉或自攻螺钉固定在龙骨上，龙骨一般不需要与板条配套供应，可用型钢，如角钢、槽钢等型材。方板（含正方形、长方形）、圆板或异形板多用螺钉固定；宽度在 100mm 以上的板条也多

用螺钉固定。究其原因,主要是厚度的影响。因为板条宽,为了增加刚度,势必要增加板条的厚度,采用卡在龙骨上的方法固定,是靠薄板的弹性,将板条挤压在龙骨的断面上。如果板条的厚度超过1mm,在往龙骨上挤的时候,操作不会十分顺利,不易保证工程质量。

至于在铝合金板吊顶安装中选用何种方法固定,主要根据板条断面来决定。上述两种固定办法在工艺上有差别,但都比较简便。铝合金比较轻,安装时不用龙骨,将两端托住即可。

(2)板条安装:安装板条是在龙骨调平的基础上进行的。安装板条时,应从一个方向开始,依次安装。

如果龙骨本身兼卡具,在安板时,只需将板条用力压一下,板条便会卡到龙骨上。如果用自攻螺钉固定板条,对于某些板条或方板也是很方便的。有些板条在进行断面设计时,会考虑隐蔽钉头,安装时,用一条压另一条的方法将螺钉头盖住。

(3)接缝处理:板条与板条之间,有的是拼板,基本上不留间隙;有的则有意留上一定距离,打破平面上单调的感觉。板条与板条的接缝处理常有以下两种形式。

① 离缝处理:板条安装完毕,从平面上看,板条与板条之间有7mm宽的缝,可增加吊顶的纵深感。有的在板条的间隙内放一块薄板,也有的在板条之间塞进一个压条,还有的在板与板之间的缝隙内不做任何处理。总之,处理手法很多。

② 密缝处理:拼板之间不留缝隙。

(4)吸声处理:在板条上放吸声材料,基本上有两种做法。一种做法是将吸声材料铺放在板条内,使吸声材料紧贴板面。另一种做法是将吸声材料放在板条上面,一般将龙骨与龙骨之间的距离作为一个单元,满铺满放。

5. 细部调整与处理。

(1)关于灯饰、通风口、检查孔同吊顶配合的问题。灯饰与风口篦子本来是照明与空调设备的组成部分,但是它们也是吊顶装饰的组成部分。所以,选择合适得体的灯饰及风口篦子,对吊顶装饰效果影响较大。铝合金板吊顶与灯饰相接装饰施工构造详解见图2.20。

(2)大型灯饰或风口篦子的悬吊系统与吊顶悬吊系统的关系问题。对于轻质铝合金

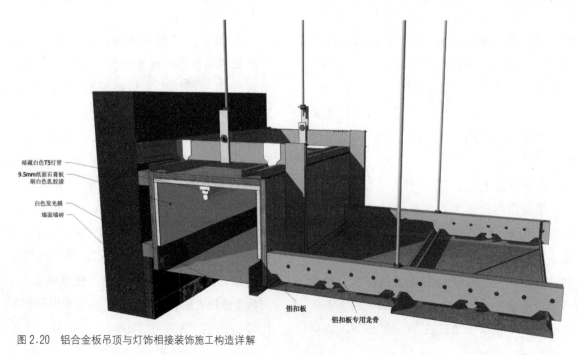

图2.20 铝合金板吊顶与灯饰相接装饰施工构造详解

板吊顶，二者宜分开，特别是龙骨兼卡具的吊顶，不宜混在一起。因为龙骨兼卡具的轻质吊顶，设计时也只是考虑板及龙骨的自重，再将其他荷载加到龙骨上是不合适的，铝合金板吊顶与隐蔽风口篦子相接装饰构造详解见图2.21。

（3）自动喷淋、烟感器、风口等设备与吊顶表面衔接要得体，安装要吻合。目前常见的问题有：与吊顶脱开一段距离；管道甩槎预留短了，拧不上，使劲拧上会造成吊顶局部凹进去。这些问题都会影响装饰效果。

（4）特殊部位吊顶板条的封口处理。板条要做好封口处理，一般是用相同颜色的角铝封口。对于检查孔，两边收口用两根角铝背靠背，拉铆钉固定，然后按预留口的尺寸安装外框。铝合金板吊顶与墙面相接装饰施工构造详解见图2.22。

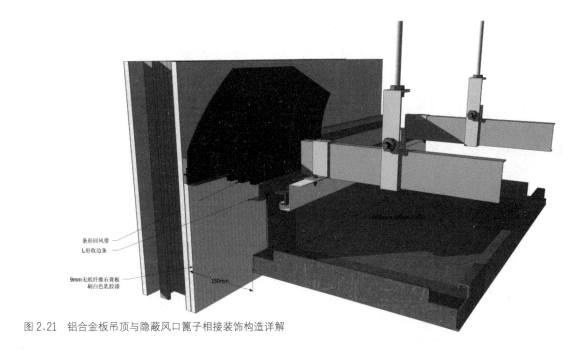

图2.21 铝合金板吊顶与隐蔽风口篦子相接装饰构造详解

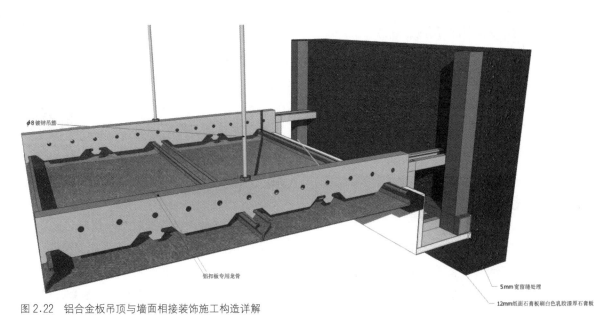

图2.22 铝合金板吊顶与墙面相接装饰施工构造详解

2.7.3 质量标准

1. 主控项目

（1）金属板的吊顶基底工程必须符合基底工程有关规定。

（2）吊顶用金属板的材质、品种、规格、颜色及吊顶的造型尺寸，必须符合设计要求和国家现行有关标准规定。

（3）金属板与龙骨连接必须牢固可靠，不得松动变形。

（4）设备口、灯具的位置应布局合理，按条、块分格，做到对称、美观；套割尺寸准确、边缘整齐、不露缝；排列顺直、方正。检验方法：观察、手扳、尺量检查。

2. 一般项目

（1）金属板的安装质量应符合以下规定。

① 合格：板面起拱度准确；表面平整；接缝、接口严密；板缝顺直，无明显错台错位，宽窄均匀；阴、阳角收边方正；装饰线肩角、割向正确。

② 优良：板面起拱度准确；表面平整；接缝、接口严密；条形板接口位置排列错开有序，板缝顺直，无错台错位，宽窄一致；阴、阳角收边方正；装饰线肩角、割向正确，拼缝严密，异形板排放位置合理、美观。

（2）金属板表面应符合以下规定。

① 合格：表面整洁，无翘角、碰伤，镀膜完好无划痕，无明显色差。

② 优良：表面整洁，无翘曲、碰伤，镀膜完好无划痕，颜色协调一致、美观。

③ 检验方法：观察、拉线、尺量检查。

2.7.4 成品保护

（1）轻钢骨架及罩面板安装应注意保护顶棚内各种管线、轻钢骨架的吊杆，龙骨不得固定在通风管道及其他设备上。

（2）轻钢骨架、罩面板及其他吊顶材料在入场存放及使用过程中应严格管理，保证不变形、不受潮、不生锈。

（3）施工顶棚部位已安装的门窗，已施工完毕的地面、墙面、窗台等应注意保护，防止污损。

（4）已装轻钢骨架不得上人踩踏，其他工种吊挂件，不得吊于轻钢骨架上。

（5）罩面板安装必须在棚内管道、试水、保温、设备安装调试等一切工序全部验收后进行。

（6）安装装饰面板时，施工人员应戴线套，以防污染板面。

2.7.5 应注意的问题

（1）弹线必须准确，复验后方可进行下道工序。金属板加工尺寸必须准确，安装时拉通线。

（2）吊顶的平整度：安装主龙骨吊杆要调直，各吊杆长短应一致；主龙骨安装后应调平，锁紧扣件和螺母，并拉通线检查标高和平整度，使其达到设计要求。

（3）在通风口、水电检修口等洞口周围应设附加龙骨，附加龙骨的连接用拉铆钉铆固。

（4）大于3kg的重型灯具、电扇及其他重型设备，严禁安装在吊顶工程的龙骨上。

（5）罩面板施工时应注意板块的规格，板安装要拉线找正，保证板缝平正对直。

【天棚装饰工程施工质量验收】

思考题

1. 试述吊顶龙骨安装施工程序。
2. 试述无吊顶天棚装饰工程施工程序。
3. 试述隐蔽式装配吊顶施工程序。
4. 试述天棚装饰工程施工质量验收标准。

第 3 章
地面装饰工程施工

【学习目标】

知识要点	具体内容
水泥地面施工	水泥砂浆地面施工；混凝土地面施工；水磨石地面施工；楼梯防滑条施工
板块地面施工	施工材料与施工准备；施工方法
木地面施工	木地板的构造；木地板的施工准备；复合地板施工工艺
地毯铺设	施工料具准备；操作工艺；质量控制标准

地面装饰工程是敷设地坪或楼板的表层工程。地坪或楼板是人们在室内站立、行走和进行各种活动直接接触的部位，对人们的感受和健康有着重要的影响。具体地说，地面装饰工程具有下列作用。

（1）地面（楼面）装饰工程具有保护结构层的作用。人们在地面上从事各项活动、安排各种家具和设备，地面装饰层要经受各种侵蚀、摩擦和冲击作用，要有足够的强度和耐腐蚀性及适当的硬度和弹性。

（2）地面（楼面）装饰工程为室内提供良好的使用功能。室内地面装饰工程应具有良好的保暖、隔声、吸声、防潮、防火和阻燃的功能；对于某些接触水和腐蚀介质的地面（楼面），应具有不渗水、吸水率小的特性和防霉烂、耐腐蚀的功能。对于某些工作间和实验室的地面，应具有防静电、透电磁波、绝缘、防尘的功能。

（3）地面装饰工程美化室内环境。地面装饰层平整、洁净，格调高雅或华丽，会使人感到温馨欢畅，有美的享受。

3.1 楼地面装饰工程

楼地面装饰工程材料的种类很多，根据其性质和施工方法，主要分为：木地板、地面刷涂材料、树脂类地面材料、塑料地板、地面块材、地毯等。

3.1.1 楼地面装饰工程的分类

1. 按面层材料和做法分类

（1）整体地面：水泥砂浆地面、混凝土地面及水磨石地面等为整体地面，又称传统地面。

（2）板块地面：如塑料地板块地面、橡胶板地面等。

（3）石材地面：如花岗岩地面、大理石地面、陶瓷锦砖地面等。

（4）木地面：如席纹地板地面、拼木地板地面等。

2. 按装饰形式、使用材料和施工工艺分类

（1）铺设木地板：铺设普通木地板、铺设硬木地板、铺设硬质木纤维地板、拼木地板等。

（2）镶贴块材地面：镶贴大理石地面、镶贴麻面花岗岩地面、镶贴人造大理石地面、镶贴假麻石块地面、拼碎大理石地面、镶贴陶瓷锦砖地面、镶贴瓷砖地面、镶贴防滑地砖地面、镶贴水磨石板地面等。

（3）铺贴塑料地面：铺贴塑料地板块地面、铺贴塑料卷材地面、铺贴橡胶板地面等。

（4）涂抹整体地面：彩色砂浆地面、水磨石地面、菱苦土地面；涂刷油漆地面、涂刷涂料地面；涂抹聚酯地面、涂抹环氧地面、涂抹聚氨酯地面、涂抹橡胶乳胶地面等。

（5）铺设地毯：铺设化学纤维地毯、铺

设混纺地毯、铺设纯毛地毯等。铺设时又有带胶垫和不带胶垫的区别。

3.1.2 楼地面装饰工程的构成与选择

楼地面装饰工程一般由面层和基层构成。基层包括垫层和构造层，按其施工部位分为楼地面、台阶、楼梯和踢脚线等。

楼地面装饰工程的选择，首先应满足室内装饰的综合效果。楼地面装饰工程是室内装饰的重要组成部分，应与墙面、天棚装饰在质地、颜色和图案等方面浑然一体、相互协调，体现整体的装饰效果。此外，还应满足使用功能，且在经济上合理。

3.2 水泥地面施工

水泥地面是直接施工在混凝土垫层上的传统整体地面，它包括水泥砂浆地面、混凝土地面及水磨石地面。水泥砂浆地面是较为低档的做法，它的优点是造价低，施工简便，使用耐久。但如果施工时操作不当，易导致起灰、起砂。

3.2.1 水泥砂浆地面施工

1. 材料要求

水泥砂浆面层所用的水泥，应优先采用硅酸盐水泥、普通硅酸盐水泥。因为上述品种水泥与其他水泥品种相比，具有早期强度高、水化热较高和在凝结硬化过程中干缩值较小等优点。如采用矿渣硅酸盐水泥，在施工中要严格按施工工艺操作，且要加强养护，方能保证工程质量。

水泥砂浆面层应采用中砂和粗砂，含泥量不得大于3%。因为细砂拌制的砂浆强度比粗砂、中砂拌制的砂浆强度低约25%~35%，不仅耐磨性差，而且干缩性大，容易产生收缩裂缝。

2. 施工准备

（1）基层处理。

水泥砂浆面层多铺抹在地面混凝土、水泥炉渣、碎砖三合土等垫层上，垫层处理是防止水泥砂浆面层出现空鼓、裂纹、起砂等质量通病的关键工序，因此要求垫层具有粗糙、洁净、潮湿的表面，一切浮灰、油渍、杂质，必须仔细清除，否则会形成一层隔离层，使面层结合不牢。如果基层表面较光滑，还应进行凿毛，用水冲洗干净。在现浇混凝土或水泥砂浆垫层、找平层上做水泥砂浆地面面层时，须待其抗压强度达到1.2MPa，才能铺设面层砂浆。

铺设地面前，应再一次将门框找正。方法是：先将门框锯口线找平校正，并注意当地面面层铺设后，门扇与地面的间隙（风路）

应符合设计要求，然后将门框固定，防止其松动位移。

(2) 找水平基准线。

① 弹准线：地面抹灰前，应先在四周墙上弹出一道水平基准线（图3.1），作为确定水泥砂浆面层标高的依据。水平基准线是以地面±0.00及楼层砌墙前的抄平点为依据，一般可根据情况弹在标高100cm的墙上。弹准线时要注意按设计要求的水泥砂浆面层厚度弹线。

② 做标筋：根据水平基准线把楼地面面层上皮的水平辅助基准线弹出。对于面积不大的房间，可根据水平基准线，直接用长木杠抹标筋，施工中进行几次复测即可。对于面积较大的房间，应根据水平基准线，在四周墙角处每隔1.5～2.0m用1∶2水泥砂浆抹标志块，标志块一般高8～10cm。待标志块结硬后，再以标志块的高度做纵横方向通长的标筋以控制面层的厚度。地面标筋用1∶2水泥砂浆，宽度一般为80～100mm。做标筋时，要注意控制面层厚度，面层的厚度应与门框的锯口线吻合。

3. 施工方法

(1) 水泥砂浆配合比。

面层水泥砂浆的配合比应不低于1∶2，其稠度（以标准圆锥体沉入度计）应不大于3.5cm。水泥砂浆必须拌和均匀，颜色一致。

(2) 施工要点。

铺抹面层前，先将基层浇水湿润，第二天先刷一道水灰比为0.4～0.5的水泥浆结合层，随即进行面层铺抹。如果素水泥浆结合层涂刷过早，则起不到与基层和面层黏结的作用，反而易造成地面空鼓。所以，一定要随刷随抹。

地面面层的铺抹方法是在标筋之间铺砂浆，随铺随用木抹子拍实，用短木杠按标筋标高刮平，刮时要从房间由里往外刮到门口，符合门框锯口线标高。再用木抹子搓平，并用钢皮抹子等跟着压头遍，要压得轻一些，使抹子纹浅一些，以压光后表面不出现水纹为宜。如面层有多余的水分，可根据水分的多少适当均匀地撒一层干水泥或干灰砂，吸取面层表面多余的水分，再压实、压光。但要注意，如表面无多余的水分，不得随意撒干水泥，否则会引起面层干缩开裂。

当水泥砂浆初凝时，即人踩上去有脚印但不塌陷时，即可开始用钢皮抹子压第二遍。要压实、压光、不漏压，并把孔坑、砂眼和踩的脚印都压平。第二遍压光最重要，要清除表面气泡、孔隙，做到平整、光滑。

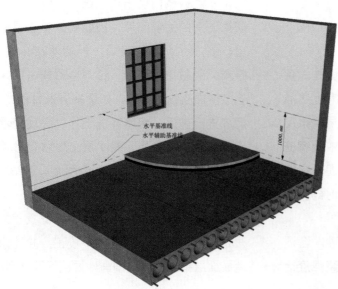

图3.1 水平基准线

待水泥砂浆终凝前，即人踩上去有细微脚印，抹子抹上去没有脚印时，再用铁抹子压第三遍。抹压时用劲要稍大一些，并把第二遍留下的抹子纹、毛细孔压平、压实、压光。当地面面积较大、设计要求分格时，应根据地面分格线的位置和尺寸，在墙上或踢脚板上画好分格线的位置，在面层砂浆刮抹搓平后，根据墙上或踢脚板上已画好的分格线，先用木抹子搓出一条约一抹子宽的面层，再用铁抹子进行抹平，轻轻压光，最后用粉线袋弹上分格线，将靠尺放在分格线上，用地面分格器紧贴靠尺顺线画出分格缝。分格缝做好后，要及时把脚印、工具印迹等刮平、搓平。待面层水泥终凝前，用钢皮抹子压平、压光，把分格缝理直压平。

水泥地面压光要三遍成活。每遍抹压的时间适当，才能保证工程质量。压光过早或过迟都会造成地面起砂、起灰。

4. 养护和成品保护

水泥砂浆面层抹压后，应在常温湿润条件下养护，养护要适时，浇水过早易起皮，过晚则易产生裂纹或起砂，一般夏季应在24小时内养护，春秋季应在48小时内养护，养护时间一般不少于7天。

最好是铺上锯木屑再浇水养护，浇水时应用喷壶洒水，保持锯木屑湿润即可。如采用矿渣水泥，养护时间应延长至14天。

在养护期间，如果水泥砂浆面层强度达不到5MPa，则不得在上面行走或进行其他作业，以免碰坏地面。

3.2.2 混凝土地面施工

混凝土面层绝大多数为细石混凝土面层，现浇钢筋混凝土楼板和混凝土垫层上一般为随捣随抹面层。

1. 细石混凝土面层施工

细石混凝土面层的强度等级一般要求不低于C20。所用碎石或卵石，要求级配适当，粒径不大于15mm或面层厚度的2/3，浇筑时的混凝土坍落度不得大于3cm，最好为干硬性混凝土，以手捏成团、能出浆为准。

细石混凝土面层施工的基层处理和找规矩方法与水泥砂浆面层施工相同。

（1）施工方法。

铺细石混凝土时，应由里面向门口方向铺设，应比门框锯口线略低3~4mm。铺设的细石混凝土，按标志筋厚度刮平拍实后，稍待收水，即用钢皮抹子预压一遍。要求抹子放平压紧，将细石的棱角压平，使地面平整、无石子显露现象。待进一步收水，即用铁辊筒来回纵横滚压，直至表面泛浆，泛上的浆水如呈均匀的细花纹状，表明已滚压密实，可以进行压光工作。切忌采用撒干水泥或1:1干水泥砂，借以吸收泛出的水泥浆中多余水分的方法，因为撒干水泥，往往不易撒匀，有厚有薄，硬化后，表面会形成一层厚薄不匀的水泥石。由于水泥浆比水泥砂浆的干缩值大，容易造成面层因收缩不匀而出现干缩裂缝或脱皮现象。所以，还是应从加强施工管理着手，只要严格控制细石混凝土的水灰比，面层的含水程度就会正常。

抹光工作与水泥砂浆面层施工基本相同，要求抹2~3遍，使其表面色泽一致，全部光滑，无抹子印迹。

细石混凝土面层与水泥砂浆面层施工一样，必须强调在水泥初凝前完成抹平工作，在水泥终凝前完成压光工作。

（2）养护及成品保护。

细石混凝土面层铺设后1天内，可用锯木屑、砂或其他覆盖材料覆盖，洒水湿润，并在常温下进行养护。一般不少于7天，使其在湿润的情况下硬化。养护期间，禁止上

2. 随捣随抹面层施工

随捣随抹面层施工一般在现浇钢筋混凝土楼板或强度等级不低于C15的混凝土垫层上进行。随捣随抹面层施工是在混凝土楼地面浇捣完毕，表面略有收水后，即进行抹平压光。此面层省去了基层表面处理、浇水湿润和扫浆等工序，而且质量好。

随捣随抹面层施工与水泥砂浆面层施工方法基本相同，但应注意下列施工要点。

（1）混凝土浇捣。

混凝土浇捣时，一定要使基层表面按墙周围水平线和中间水平标志找平，用2m刮尺刮平，再用辊筒压实，将水泥砂浆挤出。混凝土较厚且面积较大的地面应用平板振捣器振捣。如果混凝土振捣后，表面局部缺浆，可在表面加适量的1:2水泥砂浆进行抹平压光，但不允许撒干水泥。应做到随捣随抹，尽量不加水泥砂浆。

如果面层需做施工缝处理，应在混凝土抗压强度达到1.2MPa后再继续浇筑混凝土，并随捣随抹。

（2）抹压。

混凝土浇捣完后，要再用2m刮尺刮平，在局部缺浆处均匀铺撒1:1.5干灰砂一层，厚约5mm，待干灰砂吸水湿透后用刮尺刮平，随即用木抹子搓平。紧接着用铁抹子将面层的凹坑砂眼和脚印压平、抹光。待第一遍压光吸水后，再用铁抹子按先里后外的顺序进行第二遍压光。

第三遍压光应在水泥终凝前完成，一般不应超过5小时，抹子抹上去以不留痕迹为宜。抹时要将抹子纹痕也抹光，如抹不光可用刷子蘸上少许水后再抹压。

（3）养护及成品保护。

随捣随抹面层的养护和成品保护与前述水泥砂浆面层的方法及要求相同。

3.2.3 水磨石地面施工

水磨石面层有现浇和预制两种，现浇水磨石面层按配制与施工方法又分为普通水磨石面层和美术（艺术）水磨石面层，但其配制与施工方法无原则上的区别。面层用青水泥掺石子所制成的水磨石，称为普通水磨石；以白水泥或彩色水泥为胶结料，掺入不同色彩的石子所制成的水磨石，称为美术水磨石。

1. 料具选择

（1）材料要求。

① 水泥：白色或浅色的水磨石面层，应采用白色硅酸盐水泥；深色的水磨石面层，采用硅酸盐水泥、普通硅酸盐水泥或矿渣硅酸盐水泥。无论白水泥还是普通水泥，其标号均不宜低于425号。对于未超期而受潮的水泥，如果用手捏无硬粒，且色泽鲜亮，则可考虑降低强度5%使用；如果肉眼观察存有小球粒，但仍可散成粉末，则可考虑降低强度15%使用；如果已有部分结成硬块，则不宜使用。

白水泥的白度分四级，各级白度不同，应根据水磨石样板要求，尽可能以同一批号白水泥制作同一单项工程地面（包括抹浆、修补），力求颜色一致。普通水泥的色度虽无具体要求，但做同一颜色的地面，应尽可能使用同一批水泥。

② 石粒：用在水磨石中的石粒，主要是大理石、花岗石的石粒。石粒在水磨石中起着重要作用。在水泥砂浆中掺入不同色彩、不同粒径的石粒，可以丰富面层的色彩。特别是按照一定比例配制的彩色石粒，其表面呈无规律的相间色，可以丰富装饰效果。

石粒在水泥砂浆凝结硬化过程中，基本上不发生化学反应。它可以抑制水泥石由于各种原因发生的体积变化，从而减少由此产生的应力，保证水磨石的稳定。

石粒的抗压强度和抗折强度均比水泥石高。如大理石的抗压强度和抗折强度，虽然因产地及成分不同而有差异，但一般在10～15MPa，远远高于水泥石。水泥砂浆硬化后，石粒同水泥砂浆牢固黏结，在水磨石中起到骨架的作用。面层中有大量耐磨石子，也提高了整个地面的使用年限。因此，水磨石中掺入石粒是装饰效果的需要，也是构造的需要。

由于石粒是石料破碎形成的，因此，形状往往不太统一，边角都呈尖状。使用时除考虑色彩因素外，还要考虑石粒的粒径。一般来说，粒径大的石粒装饰效果更好，因此较高级水磨石地面优先考虑采用大石粒。但是粒径越大，磨光的工作量越大。至于怎样选用，要根据设计的地面而定。

石粒的最大粒径以比水磨石面层厚1～2mm为宜，各种石粒应按不同的品种、规格、颜色分别存放，切不可混杂。水磨石粒径要求见表3-1。

表3-1　水磨石粒径要求

水磨石面层厚度/mm	10	15	20	25	30
石子最大粒径/mm	9	14	18	23	28

③ 颜料：在组成水磨石的面层中，颜料质量虽不大于水泥质量的12%，但从水磨石面层质量及装饰效果来说，颜料的选择十分重要。一般要求颜料具有色光、着色力、遮盖力，以及耐光性、耐候性、耐水性和耐酸碱性。因此应优先选用矿物颜料如氧化铁红、氧化铁黄、氧化铁黑等。颜料性能因出厂不同、批号不同，色光难以完全一致，故每一单项工程应按样板选用同一批号的颜料，以求得色光和着色力一致。

④ 分格镶条：也称分格条或嵌条。通常选用铜条、铝条和玻璃条作为分格条。其规格分别为1200mm×10mm×（1.2～1.3）mm、1200mm×10mm×（1.0～3）mm等。

⑤ 草酸：草酸是水磨石地面面层化学抛光材料。草酸为无色透明晶体，呈块状或粉末状。通常为二水物，密度为1.653g/cm³，熔点101～102℃。无水物密度为1.9g/cm³，熔点189.5℃（分解），约在157℃时升华，溶于水、乙醇和乙醚。草酸是有毒的化工原料，不能接触食物，对皮肤有一定腐蚀性，应注意保存。

⑥ 氧化铝：系白色粉末。密度为3.9～4.0g/cm³，熔点2050℃，沸点2980℃，不溶于水。与草酸溶液混合，可用于水磨石地面面层抛光。

⑦ 地板蜡：在水磨石地面面层抛光后用作保护层。地板蜡有成品出售，也可自配蜡液使用，但要注意防火。蜡液的配合比为川蜡∶煤油∶松香水∶鱼油＝1∶(4～5)∶0.6∶0.1。先将川蜡和煤油在桶内加热至120～130℃，边加热边搅拌至全部溶解，冷却后备用。使用时加入松香水和鱼油（由桐油和半干性油炼制而成），调匀后即可使用。

（2）施工机具。

磨石机用于研磨水磨石地面面层。

湿式磨光机，采用单项串激式电动机，手握操作较灵活，适用于水磨石地面面层边角处及形状复杂的表面研磨。

辊筒，用于辊压水磨石地面。

此外，还有灰浆搅拌机、胶轮、钢抹子、

水平尺、天平、木抹子、靠尺板、洒水壶等。

2. 水泥石粒浆的配合

水磨石面层的水泥石粒浆的配合比，首先要体现设计的装饰意图，然后根据给定的组合石粒进行配合比设计计算。

（1）花色设计。

花色设计是施工中贯彻美术水磨石设计意图的重要一环。水磨石的基本花色确定之后，方可进行石粒与石粒之间、石粒与色彩之间的调配。

① 同色配合：按浓淡程度不同相互配合。如石粒为桃红色，色浆为粉红色；石粒为深绿色，色浆为浅绿色，都是同色配合。同色配合有调和一致的感觉，但浓淡程度不宜过分接近，否则区别就不明显。

② 相似色配合：绿色由黄色与蓝色配合而成，绿色中含有黄色和蓝色的成分，因此，绿色与黄色（或蓝色）的配合，是相似色配合，给人以优美和谐的感觉。

③ 对比色配合：在水磨石中使用对比色时，色相不可太纯，色度不可太深。例如，石粒为桃红或铁红色时，色粉只能用淡绿或淡黄色，而不能用深绿色，否则会显得呆滞粗俗。

④ 极色配合：黑、白色称为极色，金、银色称为亮色。当石粒与石粒间或石粒与色粉间颜色不够协调时，加入一些具有珍珠光泽的螺壳、贝壳，不仅能使颜色协调，还会产生富丽堂皇的艺术效果。用具有光泽的金属条或彩色的塑料条镶边、分格，对调和色彩也有一定的作用。

（2）配合比的组成。

① 彩色水泥浆粉的比例：红色、黄色、蓝色为三原色，可组成各种颜色。橙色、绿色、紫色为间色。"红色+黄色=橙色""黄色+蓝色=绿色""蓝色+红色=紫色"称第二次色。间色和间色混合调出来的颜色称复色，又称第三次色，例如"绿色+橙色=柠檬色"。千变万化的色彩还要靠色相、明度、纯度等要素进行区别和衡量。

色相也称色泽，色相总数约在2万种以上。明度指颜色的明暗程度，如绿色可分为明绿、正绿和暗绿。纯度指颜色的饱和程度。

彩色水泥浆配制时，可运用上述原理，将水泥（白水泥或青水泥）本身的颜色作为主色，把少量着色力强的原色氧化铁红、氧化铁黄等作为副色，以不同的组分进行配合，经混合搅拌均匀，制成各种颜色的彩色水泥粉的色标，以供设计花色和确定颜料配合比时查用。其方法是在水泥中掺入不同重量的颜料，作有规律的变化对比，并做好记录，供设计师选定后作为样板用。配制步骤为：先将绘图纸裁开，并在上面画好记录格，作为着色框备用；再称取水泥100g放入研钵中，加入适量的颜料，充分研磨并混合均匀成色粉；用不锈钢匙取出少量色粉，然后滴入适量胶水，调匀后用毛笔涂于纸上，厚度约0.2mm；最后将不同组分的色浆编号，并对水泥及颜料用量、配制日期等进行记录。

② 石粒间的比例：如水磨石面层使用两种或两种以上的石粒，应以一种色调的石粒为主，以其他色调的石粒为辅，同时应注意石粒粒径大小的搭配。

彩色水泥粉与石粒间的比例主要取决于石粒级配的好坏，见表3-2。

表3-2　彩色水泥粉与石粒间的比例

石粒的空隙率/%	<40	40～45	46～50	>50
色粉：石粒（质量比）	1:(2.5～3)	1:(2～2.5)	（1:1.5)～2	1:(1～1.5)

③ 彩色水泥粉与石粒间的比例是否恰当，可在搅拌后用肉眼观察（坍落度要求在 2～3cm）。彩色水泥浆太少，不能填满石粒的空隙，易把石粒磨掉。如果太多，石粒不易挤紧，则会增加研磨时的困难。恰当的用量使彩色水泥浆正好把石粒间空隙填满，或低于石粒表面 0.5～1mm。

④ 水灰比：水磨石面层彩色石粒浆的用水量过多，会降低水磨石的强度和耐磨性，且多余的水分蒸发后，会在表面留下许多微小气孔，面层不密实，精磨也很难磨出亮光。用水量较少，硬化后强度高，耐磨性好，质地密实，磨平后易出亮光。用水量以使石粒浆的坍落度达到 6cm 为宜，即水的重量约占干料（水泥、颜料、石粒）总重的 11%～12%，或占色粉重的 38%～42%。

（3）按重量比配制水磨石。

水磨石的配制应按重量比计算，这样有利于计划用料，在大面积面层施工时能够保证质量。

（4）样板的制作。

通常做水磨石地面，应做样板。水磨石各组分比例是否恰当，可通过样板进行观察。如果不一致可修改配合比，直至与标准样板基本一致。样板的尺寸，可根据石粒的最大粒径，以 20cm×15cm×（2～3）cm 或 15cm×10cm×（1～1.5）cm 为宜，内配 ϕ18 钢筋，辊压至平整密实，自然养护 24 小时，浸水养护 1～2 天，再经粗磨、细磨至表面平整光滑，然后在样板表面有水的情况下进行观察，对其配合比是否恰当作出判断。然后，对样板进行擦浆修补、养护、细磨、擦草酸、上蜡抛光等处理后再保存。

3．水磨石地面施工方法

水磨石地面施工一般在完成天棚、墙面等抹灰后进行，也可以在水磨石楼地面磨光两遍后，进行天棚、墙面抹灰，但楼地面必须采取保护措施。

水磨石地面施工程序：基层处理→抹底灰→弹线→镶条→罩面→水磨→打蜡。

（1）基层处理。

将混凝土基层上的浮灰、污物清理干净。

（2）抹底灰。

地漏或安装管道处在抹底灰前要临时堵塞。在基层清理好后，先刷素水泥浆一遍，并根据墙上水平基准线，刷以水灰比为 0.4～0.5 的纵横相隔 1.5～2m。用 1：2 水泥砂浆做出标志块，待标志块达到一定强度后，以标志块为高度做标筋，标筋宽度为 8～10m，待标筋砂浆凝结、硬化后，即可铺设底灰（目的是找平）。然后用木抹子搓实，至少两遍。24 小时后洒水养护。其表面不用压光，要求平整、毛糙、无油渍。

（3）弹线、镶条。

待底灰有一定强度后，方可进行弹线分格。先在底灰表面按设计要求弹上纵横垂直、水平线或图案分格墨线，然后按墨线固定嵌条，并埋牢。

水磨石分格条的嵌固是一项很重要的工序，应特别注意水泥砂浆的粘嵌高度和水平方向的角度。分格条正确的粘嵌方法是粘嵌高度略大于分格条高度的 1/2（或说高度比磨平施工面高出 2～3mm），水平方向以 30°角为准。这样在铺设面层水泥石粒浆时，石粒就靠近分格条，磨光后分格条两边石粒密集，显露均匀、清晰，装饰效果好。

在分格条十字交叉接头处粘嵌水泥浆时，如不留空隙，则应在铺设水泥石粒浆时，不使石粒靠近交叉处，磨光后，也就不会出现石粒的"秃斑"，影响美观。即在十字交叉的四周，留出 15～20mm 的空隙，以确保铺设水泥石粒浆饱满，磨光后，外形美观。水磨石地面装饰工程施工构造详解见图 3.2。

分格条粘嵌好后，经 24 小时即可洒水养护，一般养护 3～5 天。

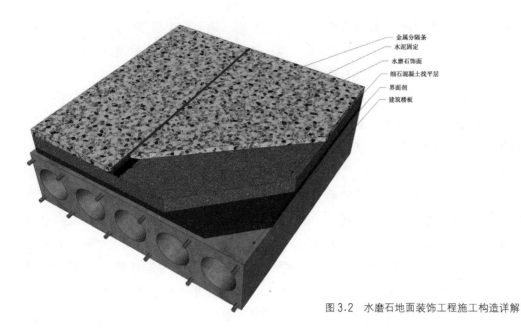

图 3.2 水磨石地面装饰工程施工构造详解

(4) 罩面。

分格条固定 3 天左右,待分格条稳定,便可抹面灰。

首先应清理找平层(底灰),并将浮灰碴或破碎分格条清扫干净。为了使面层砂浆与底灰黏结牢固,在抹面层前应湿润找平层,然后刷一道素水泥浆。抹面层宜自里向外,抹完一块,用铁抹子轻轻拍打,再将其抹平。最后用小靠尺搭在两侧分格条上,检查其标高,最后用辊筒辊压。

如果局部超高,用铁抹子将多余部分挖掉,再将挖去的部分拍打抹平,切忌用刮杠将上面刮平,因为这样会造成石料分布不匀,或局部石粒偏少,导致整体不统一。用抹子拍打时力道要适度,面层平和、石粒稳定即可。面层抹灰宜比分格条高出 1~2mm,待磨光后,面层与分格条能够保持一致。

如果采用美术水磨石,宜先将同一颜色的面层砂浆抹完,再做另一种颜色,以免颜色相混。在同一地面中使用深浅不同的面层,铺灰时宜先铺深色部分,再铺浅色部分。面层颜料的搅拌与掺量、石粒不同规格与不同颜色的掺量,应由专人负责。特别是添加的颜料数量,应严格计量。将颜料拌入水泥中,先干拌均匀,再将洗净的石粒与水泥搅拌。水泥石粒浆的稠度应在 6cm 左右。大面积施工前宜先做小样板,经设计单位确认后,方可大面积施工。

(5) 水磨

水磨是保证水磨石效果的重要工序。水磨的主要目的是将面层的水泥浆磨掉,将表面的石粒磨平。

水磨多用机械磨。水磨主要控制两点:第一是水磨的开磨时间;第二是水磨的遍数。如果开磨时间掌握不好,会影响施工效率及施工质量。开磨过早、水泥石粒浆强度过低,都会造成石粒松动甚至脱落。如果开磨时间晚,水泥石粒浆强度高,会给磨光带来困难,要想达到同样的效果,花费的时间相应地要长一些。

① 开磨时间视所用水泥、色粉品种及气温条件而定。要想获得合适的开磨时间,最好先试磨。总的原则是开磨时不掉石粒。

② 不同等级的水磨石地面所磨的遍数有所区别。现浇普通水磨石一般要经过不少于"两浆三遍"才能达到理想的效果。高级美术水磨石应适当增加磨光的遍数并提高油石的细度。通常情况下,第一遍磨光要选用较粗的砂轮,常用 60~80 号砂轮。这一遍要求

磨平、磨匀，使石子和分格条全部清晰显露。第一遍磨光完毕，应将混浊的浆水放掉，用清水冲洗表面，然后用靠尺检查表面平整度情况。第一遍由于砂轮较粗，表面会具有一定程度的磨痕。另外，将水泥浆磨掉一层，表面的缺陷得以露出，如砂眼、小孔洞、气泡等，对这些表面缺陷要用同面层相同色彩的水泥浆进行修补，俗称补浆。养护2~3天，便可进行第二遍水磨。

第二遍水磨要选用比第一次细一些的砂轮，磨的方法跟第一遍一样，这一遍要求将磨痕去掉，将表面磨光。对于局部的磨面及小缺陷，再用相同色彩的水泥浆修补，养护2~3天便可进行第三遍水磨。

第三遍要用180~240号的细磨石。这一遍要达到表面光滑平整、无砂眼、无细孔，石子显露均匀。边角部位由于机械不好控制，应适当用手工补磨，最后用水冲洗干净。

（6）打蜡。

打蜡的目的是使水磨石地面更光亮、光滑、美观。同时也因表面有一层薄蜡而易于保养与清洁，打蜡在面层完全干燥后方能开始。

打蜡前，为了使蜡液更好地与面层黏结，要对面层进行草酸擦洗。擦草酸的作用主要是清理面层的残余水泥浆和细石粉，使沉淀在表面的少量悬浮浆、粉末物质被草酸清除。草酸即乙二酸，是无色晶体，易溶于水。草酸与水泥中的氢氧化钙易发生化学反应，对面层有轻弱的腐蚀和表面去污作用。因此，在打蜡前用草酸擦洗，能够保证蜡液与面层的粘结，增强打蜡的效果。使用草酸时，先用水将其溶解成10%的草酸溶液，均匀地洒到面层，再用油石轻磨一遍，磨后用水冲净，待地面干燥后，即可进行打蜡。

打蜡也称擦蜡，一般采用地板蜡，是保护与装饰地面的蜡制品，由天然蜡或从石油中提取的固体石蜡和溶剂调制而成。也可用四川虫蜡0.5kg，煤油2kg，放在铁桶里经130℃（冒白烟）熬制，用时加300g松香水（200号溶剂汽油）、50g鱼油调制。

打蜡常见做法：一种是用棉纱蘸成品蜡向表面满擦一层，待干燥后，用磨石机扎上麻袋，摩擦几遍，直到表面光滑洁亮；另一种是将成品蜡抹在面层，用喷灯烤，使熔化的蜡液渗到孔隙内，然后磨光。打蜡后须铺锯末进行养护。

4. 现浇水磨石饰面一般做法

常见现浇水磨石饰面一般做法见表3-3。

表3-3 常见现浇水磨石饰面一般做法

名称	分层做法	厚度/mm	操作要求
现浇水磨石踢脚线	第一层：1∶3水泥砂浆打底 第二层：涂刷水泥浆一遍 第三层：1∶2.5水泥石碴罩面（用中、小八厘石碴）	12 1 8	（1）清理基层：将混凝土基层面上的浮灰、污物清洗出纹道 （2）抹底灰：底灰要扫毛 （3）弹线、镶条：待底灰具有一定强度后，方可按设计要求在底面弹出分格线，镶分格条 （4）罩面：水泥石碴浆计量必须准确，且必须使用同一批材料，罩面前先涂刷素水泥浆一遍；水泥石碴浆的罩面厚度要高出镶条1~2mm，罩面次日即开始养护 （5）水磨：开磨时间应根据所用水泥、色粉的品种及气候条件而定，以石子不脱落为准，边磨边洒水 （6）涂草酸：磨干净、干燥后，方能涂草酸，然后用水冲洗干净、擦干 （7）打蜡：待地面干燥发白后打蜡，上蜡后铺锯末进行养护
现浇水磨石楼梯踢脚线、踏步板、平台板	第一层：1∶3水泥砂浆打底 第二层：涂刷水泥浆 第三层：1∶(1.5~2.5)水泥石碴浆单面（宜用中八厘石碴）	12 1 8~10	
现浇彩色水磨石楼梯踏步	第一层：用水灰比为1∶(0.4~0.5)水泥浆先刷一遍 第二层：1∶(1~2)水泥砂浆抹底层糙灰 第三层：1∶2.5水泥砂浆抹中层灰 第四层：铺设1∶(1.3~1.4)彩色水泥砂浆	4~5 8~10 10~12	
现浇大粒径石子彩色水磨石地面	第一层：在基层上刷素水泥浆一遍，水灰比1∶(0.4~0.5)为宜 第二层：1∶3水泥砂浆打底找平 第三层：涂刷一道同色水泥浆 第四层：1∶(1.5~2.5)水泥石碴浆（石碴选坚硬者）	1 20 1 40（或按地面设计厚度定）	

3.2.4 楼梯防滑条施工

1. 楼梯防滑条

（1）材质和形状。

① 材质：在楼梯防滑条中，有不锈钢、黄铜、铝、铁等金属制品，还有瓷砖、合成树脂制品。合成树脂有硬质合成橡胶、硬质氯乙烯等。黄铜制品一般用在显眼的地方。铁制品因耐久性好，多用在仓库、地下室等地方。

② 形状：金属防滑条有两种形式。一种是嵌填型，另一种是非嵌填型。

（2）附属件。

在用锚固螺栓安装防滑条时，作为其附属件的锚脚和安装用的螺栓是必要组件。锚脚为宽15mm，厚2.3mm，长100mm左右的扁钢，安装位置是从端部进来30mm处，中间每300mm一档。防滑条用锚脚固定的小螺栓应在两个以上，用一个螺栓时，要用防止转动的部件来增强。

2. 防滑条施工方法

对于混凝土结构基底，防滑条的施工方法有3种：一是瓷砖式防滑条，采用砂浆安装；二是黄铜、铁制品防滑条，采用锚固安装；三是黄铜、铝、不锈钢、合成树脂制品防滑条，采用黏结法安装。楼梯防滑条装饰工程施工构造详解见图3.3。

（1）砂浆安装法。

这是用砂浆将防滑条仔细铺贴，待硬化后装修踏步面的施工方法。

（2）锚固安装施工方法。

① 预先在规定位置临时固定安装了锚固件的防滑条，再用水泥砂浆等固定。此时，在主体工程中的防滑条锚脚位置埋入木砖。

② 将锚脚用小螺栓或木螺栓安装在防滑条上，待其高度及水平位置与拉线符合后，用木槌轻轻敲击。

（3）黏结安装法。

先在基底与防滑条背面涂布胶粘剂，将防滑条粘结在基底。粘结时，粘结面的浮浆、横板支撑等要清除干净，待基底充分干燥后再进行施工。

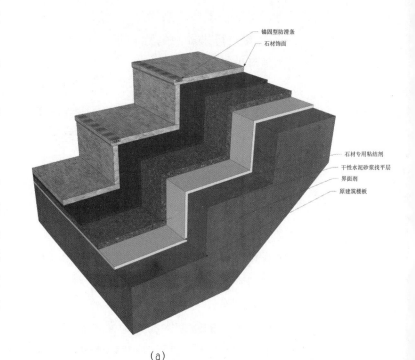

(a)

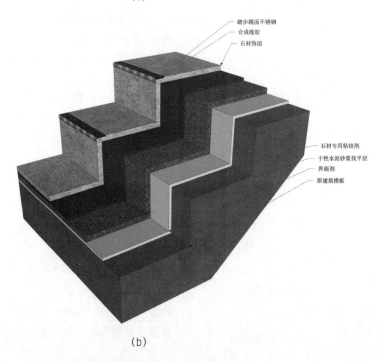

(b)

图3.3 楼梯防滑条装饰工程施工构造详解

3.3 板块地面施工

板块地面的面层材料，会先在工厂加工好，再运到现场铺砌。板块地面主要包括大理石板、花岗石板、陶瓷锦砖、水泥花砖、混凝土板块、预制水磨石板等做面层组成的楼地面。这类地面的特点是耐磨损、易清洗、刚性大、造价偏高，属中高档地面装饰，适用于人流量较大的交通枢纽地面和比较潮湿的场合。

尽管板块地面板材的材质不同，但作为地面的饰面层，其固定方法、施工工艺基本相同，故一同叙述。

3.3.1 材料与施工准备

1. 材料及要求

（1）大理石板、花岗石板。

从大理石、花岗石等天然岩体中开采出原料，先加工成块材或板材，再进行粗磨、细磨、抛光、打蜡等处理，就制成了建筑上所用的石材。它们既可以用于垂直面镶贴，也可用于地面，是建筑装饰中的高档装饰材料。花岗石板材表面有镜面和麻面之分，选用时根据用途而有所区别。地面常用的块材规格有：300mm×300mm×20mm、500mm×500mm×20mm 等。

（2）陶瓷锦砖。

陶瓷锦砖，俗称马赛克，主要用于室内地面铺贴。常用的有 18.5mm×18.5mm×5mm、39mm×39mm×5mm 及边长为 25mm 的六角形等形状规格。

（3）水泥花砖（水泥花阶砖）。

水泥花砖系以白水泥或普通水泥掺以各种颜料经机械拌合、机压成型、充分养护而成。成品花式繁多、色泽鲜明、光洁耐磨、质地坚硬。常用于各种公共建筑物的楼地面。常见规格为厚 18mm，长、宽各 200mm。

（4）混凝土板块（水泥铺地砖）。

混凝土板块系用干硬性混凝土压制而成，色泽呈灰色，表面分格。其规格尺寸有厚30mm、50mm，长、宽为300mm、200mm 等。

（5）预制水磨石板。

预制水磨石板是用石粒、颜料、水泥、中砂等材料经过选配制坯、养护、磨光打亮制成，色泽和品种较多。分标准型和非标准型两种，有普通水磨石和美术水磨石平板。主要用于建筑物的地面和楼面。平板的形状有长方形、正方形和异形，常用的规格为 300mm×300mm、305mm×305mm、400mm×400mm、300mm×600mm，厚度为 15mm、20mm、25mm、30mm 等。

2. 施工准备

板块地面的施工一般在天棚、墙面装饰完成后进行，先铺楼地面，后安装踢脚板。施工前要清理现场，检查铺砌或铺粘板块部位有无水、暖、电等工种的预埋件，是否影响施工，并要检查板块的规格、尺寸、颜色、边角等，按施工顺序分类码放。

（1）材料的选择。

① （由石材厂加工的）成品的品种、规格、质量应符合设计要求，各种块材应符合设计的要求，在运输保管的过程中，注意块材的棱角，不得有表面划破等质量缺陷。用水泥加颜料制成的各种板材，一般情况下不宜长期露天堆放，因为板材在阳光照射下易变色。

② 所用水泥应是合格的 325 号以上的矿

渣硅酸盐水泥、火山灰硅酸盐水泥、粉煤灰硅酸盐水泥、复合硅酸盐水泥，并应准备适量擦缝用的白水泥。若水泥过期或受潮结块，应检验后使用。

③ 所使用的砂应是中、粗砂，最好过筛，不应有泥块、杂草、树根等杂物。

④ 石材表面防护剂。

（2）工具准备。

施工所用的工具有3m长的刮杠、橡皮锤、钢刷子、尼龙线、棕刷子、灰勺、小桶、开刀、墩布、钢抹子、水平尺、棉线等。

（3）作业条件。

大理石板块进场后应堆放在室内，侧立堆放，底下应加垫木方，并详细核对品种、规格、数量、质量等是否符合设计要求，有裂纹、缺棱掉角的不得使用。需要切割钻孔的板材，应在安装前加工好，石材加工应安排在场外。室内抹灰、水电设备管线等均须完成，房内四周墙上弹好+50cm水平线，施工前应放出铺设大理石地面的施工大样图。

（4）基层处理。

板块地面铺砌或铺贴前，应先挂线检查并掌握楼地面垫层的平整度，然后在铺砌大理石板之前清扫基层并将混凝土垫层清扫干净（包括试排用的干砂及大理石块），再洒水湿润，扫一遍素水泥浆。如果是光滑的钢筋混凝土楼面，还必须凿毛，并提前一天浇水湿润基层表面。

（5）找水平。

根据设计要求，确定平面标高位置（水泥砂浆结合层厚度应控制在10~15mm，砂结合层厚度为20~30mm，沥青砂浆结合层厚度为2~5mm），并在相应的房间的主要面上弹线，再根据板块分块情况，挂线找中，即在房间取中点、拉十字线。与走廊直接相通的门口处，要与走道地面拉通线，分块布置要以十字线对称，如室内地面与走廊地面颜色不同，分界线应设在门口门扇中间处，用以检查和控制大理石板块的位置。十字线可以弹在混凝土垫层上，并引至墙面底部。

（6）试拼。

在正式铺设前，根据标准线确定铺砌顺序和标准块位置。在选定的位置上，对每个房间的板块按图案、颜色、纹理试拼。试拼后按两个方向编号排列，然后按编号码放整齐。

（7）试排。

在房间的两个垂直方向，按标准线铺两条干砂，其宽度应大于板块，厚度不小于3cm。

根据设计图要求把板块排好，以便检查板块之间的缝隙（如设计无规定，大理石、花岗石平板间的缝隙不大于1mm，水磨石、水泥花砖平板间的缝隙不大于2mm，预制混凝土板块间的缝隙不应大于6mm），核对板块与墙面、柱、管线洞口等的相对位置，确定找平层砂浆的厚度（对于浴室、厕所有排水要求的，应找好泛水），根据试排结果，在房间主要部位弹上互相垂直的控制线，并将其引至墙上，用以检查和控制板块的位置。

3.3.2 施工方法

1. 大理石板、花岗石板和预制水磨石板地面

（1）板块浸水。

预制水磨石板是多孔材料，结合层砂浆的厚度一般在10~15mm，如使用干燥板块，则铺贴后水分很快会被板块吸收，造成结合层砂浆脱水而影响砂浆凝结硬化，影响砂浆与基层、砂浆与板块的粘结质量，所以施工前板块应浸水湿润，并阴干码放备用。铺砌时，底面以内潮面干为宜。

（2）铺设砂浆找平层。

大理石板、花岗石板和预制水磨石板地

面不仅要求有较好的平整度，而且要求不得有空鼓或裂缝，因此要进行找平。多采用1:3干硬性水泥砂浆找平，铺设时的稠度为2.5～3.5cm。为保证粘结效果，基层表面湿润后，应刷以水灰比为1:(0.4～0.5)的水泥浆，并随刷随铺板块。

铺设干硬性水泥砂浆找平层时，铺设砂浆长度应在1m以上，宽度要超出平板宽度20～30mm，砂浆厚度10～15mm，楼地面虚铺的砂浆应比标高线高出3～5mm，砂浆应从里向门口铺设，然后用大杠刮平、拍实，用木抹子找平，再在结合层上试铺，铺好后用橡皮锤击打，根据楼击的声音，检查其密实度。如有空隙应及时补浆。待合适后，将平板块揭起，再在找平层上均匀地撒布一层干水泥面，并用刷子蘸水弹一遍，同时在板块背面刷水，将板块复位，正式镶贴。

(3) 镶铺。

镶铺大理石块：一般房间应先里后外进行铺设，即先从远离门口的一边开始，按照试拼编号，依次铺砌，逐步退至门口。铺前将板块预先浸湿阴干后备用，先在铺好的干硬性水泥砂浆上试铺至合适，然后翻开石板，在水泥砂浆上浇一层水灰比1:2的素水泥浆，正式开始镶铺。安放时四角同时往下落，用橡皮锤或木锤轻击木垫板（不得用木锤直接敲击大理石板），锤击时不要砸边角，还要注意不要砸在已铺完的平板上，以免造成空鼓。根据水平线用水平尺找平，铺完第一块向两侧和后退方向顺序镶铺，如发现空隙应将石板掀起用砂浆补实再安装。大理石板块之间的接缝要严，不能留缝隙。

(4) 落缝。

平板镶铺24小时后再洒水养护。一般在2天以后，经检查平板无断裂、空鼓后，用浆壶将稀水泥浆或1:1稀水泥砂浆（水泥：细砂）灌入缝内2/3高度，并用小木条把流出的水泥浆向缝隙内刮抹，灌缝面层上溢出的水泥浆或水泥砂浆应在凝结前予以消除，再用与板面颜色相同的水泥浆将缝擦满。待缝内的水泥凝结后，将面层清洗干净。3天内禁止上人走动或搬动物品。

(5) 打蜡。

铺砌后，待结合层砂浆强度达到60%～70%后，方可打蜡抛光，其具体操作方法与现浇水磨石地面面层基本相同，要求达到光滑洁亮。

(6) 镶贴踢脚板。

大理石、花岗石和预制水磨石踢脚板一般高度为100～200mm，厚度为15～20mm。

踢脚板施工前应认真清理墙面，提前一天浇水湿润。按需要数量将阳角处的踢脚板的一端，用无齿锯切成45°，并将踢脚板用水刷净，阴干备用。

镶贴时由阳角开始向两侧试贴，检查是否平直，缝隙是否严密，有无缺边掉角等缺陷，合格后方可实贴。无论采取什么方法安装，均应先在墙面两端各镶贴一块踢脚板，其上沿高度应在同一水平线上，出墙厚度要一致，然后沿两块踢脚板上沿拉通线，依次安装。

安装踢脚板有粘贴法和灌浆法两种。

① 粘贴法：根据墙面标筋和标准水平线，用1:(2～2.5)水泥砂浆抹底层并刮平划纹，待底层砂浆干硬后，在已湿润阴干的预制水磨石踢脚板上抹厚2～3mm的素水泥浆进行粘贴；并用橡皮锤敲击平整，注意随时用水平尺、靠尺板找平、找直。次日，用与地面同色的水泥浆擦缝。

② 灌浆法：将踢脚板临时固定在安装位置，用石膏将相邻的两块踢脚板及踢脚板与地面、墙面之间稳牢，然后用厚度10～15mm的1:2水泥砂浆灌缝。并随时把溢出的砂浆擦干净。待灌入的水泥砂浆终凝后，把石膏

铲掉擦净，使用与板面同色的水泥浆擦缝。

(7) 质量标准。

① 主控项目。

A. 大理石面层所用板块的品种、规格、颜色和性能应符合设计要求。

B. 面层与下一层应结合牢固，无空鼓。

C. 饰面板安装工程的预埋件、连接件的数量、规格、位置、连接方法和防腐处理必须符合设计要求。

② 一般项目。

A. 大理石面层的表面应洁净、平整、无磨痕，且应图案清晰、色泽一致、接缝均匀、周边顺直、镶嵌正确，板块无裂纹、掉角、缺棱等。

B. 大理石面层的允许偏差应符合《建筑装饰装修工程质量验收标准》(GB 50210—2018)的规定。

表面平整度：2mm

缝格平直：2mm

接缝高低：0.5mm

踢脚线上口平直：2mm

板块间隙宽度：1mm

③ 石材六面防护剂涂刷时需注意的事项。

待石材的水分干透后方可涂刷防护，在水分还未干透且工期紧的情况下，可先刷五面防护剂，待项目完成、石材面水分完全蒸发后，再做正面石材防护剂处理，最后为石材打蜡。石材防护剂的涂刷如处理得不好，会把石材的水分封闭在内部，造成石材里留有水影。水影问题一旦形成，将非常难处理和修复。大理石地面装饰工程施工构造详解见图 3.4。

2. 地面瓷砖铺

(1) 施工准备。

① 材料要求。

A. 水泥：32.5 级以上普通硅酸盐水泥或矿渣硅酸盐水泥。

B. 砂：粗砂或中砂，含泥量不大于 3%，过 8mm 孔径的筛子。

C. 瓷砖：进场验收合格后，在施工前应进行挑选，将有质量缺陷的先剔除，然后将面砖按大、中、小三类分别码放在垫木上。

② 主要机具。

小水桶、半截桶、笤帚、方尺、平锹、铁抹子、大杠、筛子、窄手推车、钢丝刷、喷壶、橡皮锤、小线、云石机、水平尺等。

③ 作业条件。

A. 墙上四周弹好 +50cm 水平线。

B. 地面防水层已经做完，室内墙面湿作业已经完成。

图 3.4 大理石地面装饰工程施工构造详解

C. 穿楼地面的管洞已经堵严塞实。

D. 楼地面垫层已经做完。

E. 板块应预先用水浸湿，并码放好，铺时达到表面无明水。

F. 复杂的地面施工前，应绘制施工大样图，并做出样板间，经检查合格后，方可进行大面积施工。

（2）工艺流程。

工艺流程：基层处理→定标高、弹线→铺找平层→弹铺砖控制线→铺砖→勾缝、擦缝→养护→踢脚板安装

（3）操作工艺。

① 基层处理、定标高。

A. 将基层表面的浮土或砂浆铲掉，清扫干净，有油污时，应用10%氢氧化钠水溶液刷净，并用清水冲洗干净。

B. 根据+50cm水平线和设计图纸找出板面标高。

② 弹控制线。

A. 先根据排砖图确定铺砌的缝隙宽度，一般为：缸砖10mm；卫生间、厨房通体砖3mm；房间、走廊通体砖2mm。

B. 根据排砖图及缝宽在地面上弹纵、横控制线。注意该十字线与墙面抹灰时控制房间方正的十字线是否对应平行，同时注意开间方向的控制线是否与走廊的纵向控制线平行，不平行时应调整至平行，以避免在门口位置的分色砖出现大小头。

C. 排砖原则：

- 开间方向要对称（垂直门口方向分中）。
- 破活尽量排在远离门口处及隐蔽处，如暖气罩下面。
- 为了排整砖，可以用分色砖调整。
- 与走廊的砖缝尽量对上，对不上时可以在门口处用分色砖分隔。
- 根据排砖原则画出排砖图。
- 有地漏的房间应注意坡度、坡向。

③ 铺贴瓷砖。

为了找好位置和标高，应从门口开始，纵向先铺2~3行砖，以此为标筋拉纵横水平标高线，铺时应从里向外退着操作，人不得踏在刚铺好的砖面上，每块砖应跟线，操作程序如下。

A. 铺砌前将砖板块放入半截桶中浸水湿润，晾干后表面无明水时，方可使用。

B. 找平层上洒水湿润，均匀涂刷素水泥浆[水灰比为1:(0.4~0.5)]，涂刷面积不要过大，铺多少刷多少。

C. 结合层的厚度：一般采用水泥砂浆结合层，厚度为10~25mm；铺设厚度以放上面砖时高出面层标高线3~4mm为宜，铺好后先用大杠尺刮平，再用抹子拍实找平（铺设面积不得过大）。

D. 结合层拌和：干硬性砂浆，配合比为1:3（体积比），应随拌随用，初凝前用完，防止影响粘结质量。干硬性程度以手捏成团、落地即散为宜。

E. 铺贴时，砖的背面朝上抹粘结砂浆，铺砌到已刷好的水泥浆找平层上，砖上棱略高出水平标高线，找正、找直、找方后，砖上面垫木板，用橡皮锤拍实，顺序从内退着往外铺贴，做到面砖砂浆饱满、相接紧密、结实，与地漏相接处，用云石机将砖加工至与地漏相吻合的尺寸。铺地砖时最好一次铺一间，大面积施工时，应分段、分部铺贴。

F. 拨缝、修整：铺完2~3行，应随时拉线检查缝格的平直度，如超出规定应立即修整，将缝拨直，并用橡皮锤拍实。此项工作应在结合层凝结之前完成。

G. 勾缝、擦缝：面层铺贴应在24小时后进行勾缝、擦缝的工作，并应采用同品种、同标号、同颜色的水泥，或用专门的嵌缝材料。

·勾缝：用1∶1水泥细砂浆勾缝，缝内深度宜为砖厚的1/3，要求缝内砂浆密实、平整、光滑。随勾随将剩余水泥砂浆清走、擦净。

·擦缝：如缝隙很小，则要求接缝平直，在铺实修好的面层上用浆壶往缝内浇水泥砂浆，然后将干水泥撒在缝上，再用棉纱团擦揉，将缝隙擦满。最后将面层上的水泥砂浆擦干净。

H. 养护：铺完砖24小时后，洒水养护，时间不应少于7天。瓷砖地面装饰工程施工构造详解见图3.5。

（4）质量标准。

① 主控项目。

A. 面层所有的板块的品种、质量必须符合设计要求。

B. 面层与下一层的结合（粘结）应牢固、无空鼓。

② 一般项目。

A. 砖面层的表面应洁净、图案清晰、色泽一致、接缝平整、深浅一致、周边顺直，板块无裂纹、掉角和缺棱等缺陷。

B. 面层邻接处的镶边用料及尺寸应符合设计要求，边角整齐、光滑。

C. 楼梯踏步和台阶板块的缝隙宽度应一致、齿角整齐；楼层梯段相邻踏步高度不应大于10mm；防滑条应顺直。

D. 面层表面的坡度应符合设计要求，不倒泛水、不积水，与地漏、管道结合处应严密牢固、无渗漏。

E. 砖面层的允许偏差应符合《建筑装饰装修工程质量验收标准》（GB 50210—2018）的规定。

表面平整度：2mm

缝格平直：3mm

接缝高低：0.5mm

踢脚线上口平直：3mm

板块间隙宽度：2mm

③ 成品保护。

A. 在铺贴板块操作过程中，对已安装好的门框、管道都要加以保护，如门框钉装保护铁皮、运灰车采用窄车等。

B. 切割地砖时，不得在刚铺贴好的砖面层上操作。

C. 刚铺贴砂浆抗压强度达1.2MPa时，方可上人进行操作，但必须注意油漆、砂浆不得存放在板块上，铁管等硬器不得碰坏砖面层。喷浆时要对面层进行覆盖保护。

④ 应注意的质量问题。

A. 板块空鼓：基层清理不净、洒水湿润

图3.5　瓷砖地面装饰工程施工构造详解

不均、砖未浸水、水泥浆结合层涂刷面积过大、风干后起隔离作用、上人过早影响黏结层强度等都是导致空鼓的原因。

B. 板块表面不洁净：主要是由于做完面层之后，成品保护不够。将油漆桶放在地砖上、在地砖上拌合砂浆、刷浆时不覆盖等，都会造成面层被污染。

C. 有地漏的房间倒坡：做找平层砂浆时，没有按设计要求的泛水坡度进行弹线找坡。因此必须在找标高、弹线时找好坡度，抹灰饼和标筋时，抹出泛水。

D. 地面铺贴不平、出现高低差：对地砖未进行预先挑选、砖的薄厚不一致会造成高低差，铺贴时未严格按水平标高线进行控制也会造成高低差。

E. 地面标高错误：多出现在厕浴间。原因是防水层过厚或结合层过厚。

F. 厕浴间泛水过小或局部倒坡：地漏安装过高或 +50cm 水平线不准。

3. 陶瓷锦砖地面

(1) 施工程序。

施工程序：处理基层→抹找平层→弹线→铺贴→揭纸调缝→嵌缝清理。

(2) 基本操作。

① 处理基层：地面或楼板的基层经检查符合质量要求，清除表面浮灰或杂物，打扫干净。

② 抹找平层：按地面的设计标高和地面的坡度，用 1:3 的水泥砂浆打底，并用木抹子拉毛，同时做标志块控制地面铺贴的水平标高。

③ 弹线：当找平层具有一定强度时，按设计规定和陶瓷锦砖的联长及间隙进行分格弹线。

④ 铺贴：铺贴前检查准备的陶瓷锦砖，将陶瓷锦砖背面刷水湿润备用。用水湿润找平层，刮素水泥浆后，随即抹 1:1.5 的水泥砂浆，厚度 3~4mm，紧接着按弹线位置铺放陶瓷锦砖，应注意联间的缝隙均匀，用木拍板和橡皮锤拍实、黏牢，刮去挤出的多余砂浆。

⑤ 揭纸调缝：陶瓷锦砖铺贴完毕，洒水湿润贴面牛皮纸，待纸润透，揭掉纸皮，注意不要将单块锦砖黏掉。检查缝隙，如有不匀的地方，则用开刀调整，并拍实压平。全部调好后，用棉纱或毛巾清理干净表面。

⑥ 嵌缝清理：铺贴后的第二天用与陶瓷锦砖相同颜色的素水泥浆嵌缝。将联与联、块与块之间的缝隙全部嵌实。再用棉纱将表面灰迹清理干净，进行养护。陶瓷锦砖地面必须铺贴密实、黏结牢固，不许有脱落和空鼓现象。陶瓷锦砖地面装饰工程施工构造详解见图 3.6。

4. 水泥花砖和混凝土板块地面

水泥花砖、混凝土预制板块地面用水泥砂浆做结合层的施工方法，与前述预制水磨石板镶贴方法基本相同。需注意的是，在房间、走廊及走道中间，均不得出现非整砖。非整砖应铺在房间四边及走廊、走道两侧边，且非整砖的尺寸在同一房间、走廊、通道中应一致，不得出现一侧大、另一侧小的现象。铺前一定要进行试铺，根据试铺结果决定非整砖加工的尺寸。应做到缝隙严密，板块与结合层间不得有空隙，亦不得在靠墙处用砂浆填补代替板块。

板块铺完，用小喷壶浇水，等砖稍收水，随即铺垫板，用木锤敲一下，将缝调直拨正，拍打一遍后再拨缝。第二天以稀水泥浆或 1:1 稀水泥砂浆（水泥:细砂）填缝。面层上溢出的水泥浆或水泥砂浆应在凝结前予以清除，待缝隙内的水泥凝结后，再将面层清洗干净。

用砂做结合层镶铺板块时，如用砂垫层兼做结合层，其厚度不应小于 60mm。用沥青

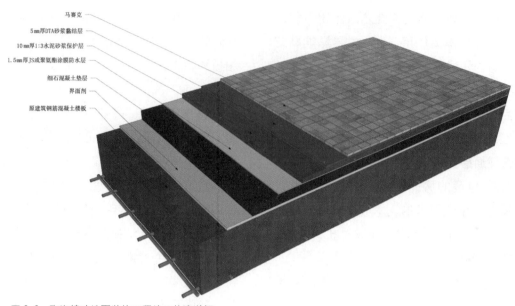

图 3.6 陶瓷锦砖地面装饰工程施工构造详解

玛蹄脂做结合层时，铺砌前应在板块底面和侧面刷沥青胶结材料的冷底子油一遍，待干燥后再铺砌。水泥花砖地面装饰工程施工构造详解见图 3.7。

5. 碎拼大理石地面

采用不规则的经挑选的碎块大理石，铺贴在水泥砂浆结合层上，并用水泥砂浆（也可用水泥、石粒的拌合料）填补块料间隙，构成碎拼大理石地面面层。

碎拼大理石地面的铺贴施工方法与前述预制水磨石、大理石和花岗石板块的铺贴法基本相同。碎拼大理石的缝隙，如为冰状块料，可互相搭配铺贴出各种图案；可用同色水泥色浆嵌抹，做成平缝；也可嵌入彩色水泥石粒浆，嵌抹应突出 2mm，然后用金刚石将面层磨光，再上蜡抛光。碎拼大理石地面装饰工程施工构造详解见图 3.8。

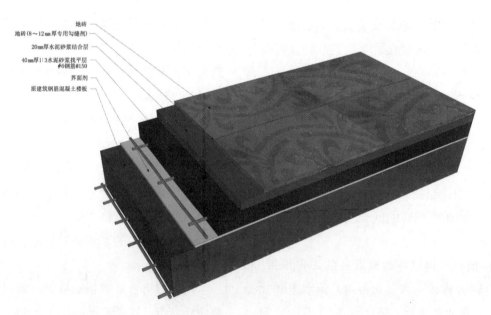

图 3.7 水泥花砖地面装饰工程施工构造详解

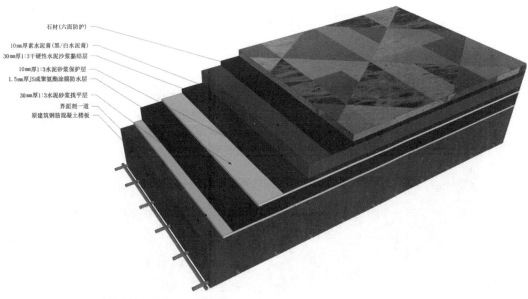

图 3.8 碎拼大理石地面装饰工程施工构造详解

3.4 木地面施工

木地面一般指采用木板铺设地面面层，然后再进行油漆饰面的木板地面。这种地面具有弹性好、耐磨性好、蓄热系数小及不易老化等优点，故多用于室内。特别是硬木拼花地板，它的纹理美观，经过油漆罩面和抛光处理，更显得名贵、高雅。

3.4.1 木地板的构造

木地板的铺设方法有架铺和实铺两种，它们有不同的构造。

1. 架铺木地板构造

架铺木地板由木框架、基面板和面层木地板组成。如果是高架地板（地板面距建筑地面高度大于250mm），还需要在地面上铺砌砖墩或地垄墙。架铺木地板地面装饰工程施工构造详解见图3.9。

2. 实铺木地板构造

实铺木地板一般用于混凝土地面或楼面上的铺设。在混凝土地面铺设木地板前，应先用防水砂浆做防水层，再铺设木地板。在混凝土楼面铺设木地板前，应用防水涂料涂刷1～2遍，再铺设木地板。实铺木地板地面装饰工程施工构造详解见图3.10。

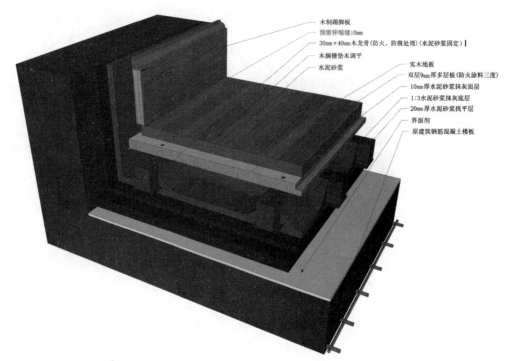

图 3.9 架铺木地板地面装饰工程施工构造详解

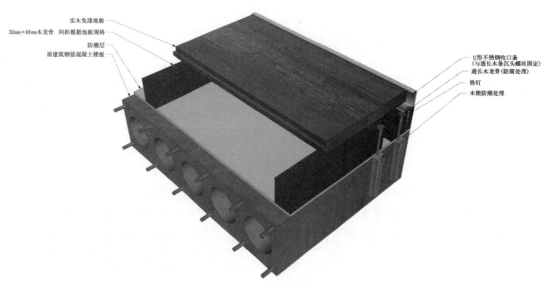

图 3.10 实铺木地板地面装饰工程施工构造详解

3.4.2 施工准备

1. 材料准备

（1）架铺木方：架铺用的木方材料，通常用截面尺寸 50mm×50mm 的松木、杉木、桦木木方。所用的木方应干燥，其含水率不应大于 18%。

（2）架铺基面板：架铺基面板可用实木板和厚木夹板，实木板通常用松木、杉木和桦木板，其含水量应小于 12%。最好用干燥的木材，实木板的厚度应在 20mm 左右，厚木夹板的厚度应在 15mm 以上。

（3）木地板：面层木地板要求选用坚硬、耐朽、纹理美、有光泽、耐磨、不易变形开裂的木材。如采用国内木材，宜选用东北水曲柳、柞木、核桃木、黄檀木等质地优良、不易腐朽开裂的木材。木地板有单块板式、带嵌槽式、小单元拼花组合式，这些木地板通常由木地板生产厂家先进行干燥处理，再进行机械加工制成。

（4）黏结材料：地面与木地板的直接粘贴常用环氧树脂胶。木基面板与木地板的粘贴应使用309胶等万能胶。

（5）油漆材料：常用的是虫胶漆及其他防腐防潮涂料。

2. 常用工具

手提电锯、手提电刨、手电钻、冲击电钻、磨光机等；平刨、槽刨、手锯、锤子、斧子、手铲、方尺、木折尺、螺丝刀等。

3.4.3 木基层施工

木基层包括毛地板、搁栅、垫木、地垄墙（砖墩）等，木基层根据支撑的形式，可分为架空式木基层和实铺式木基层两种。

1. 架空式木基层

（1）地垄墙（砖墩）：地垄墙（砖墩）应坐落在坚硬的基底上，至于基底应选择什么材料、厚度应根据不同的条件进行确定。首层地垄墙（砖墩）一般采用红砖、水泥砂浆或混合砂浆砌筑。地垄墙的厚度应根据架空的高度及使用的条件，通过计算后确定，地垄墙与地垄墙之间的距离，一般不宜大于2m，否则会造成木搁栅断面尺寸加大。地垄墙与砖墩的差别，主要在于砖墩的布置要同搁栅的布置一致，如搁栅一般间距40cm，那么砖墩间距也应为40cm。有时候考虑到砖墩尺寸偏大，间距又较密，墩与墩之间距离较小，为使施工方便，会将砖墩连成一起形成地垄墙。为使木基层的架空层空间获得良好的通风条件，架空层同外部及每道架空层间的隔垮、地垄墙、暖气沟墙均要设通风孔洞。在砌筑时将通风孔洞留出，尺寸一般为120mm×120mm。外墙每隔3～5m预留不小于180mm×180mm的通风孔洞，外侧安装风篦子，下皮标高距离外地坪不宜小于200mm。如果空间较大，要在地垄墙内穿插通行，那么，在地垄墙上还需设750mm×750mm的过人孔洞。

（2）垫木：在地垄墙（砖墩）与搁栅之间，一般用垫木连接。加放垫木的作用主要是将搁栅传来的荷载传到地垄墙（砖墩）上，免得砖墙表面由于受力不均而使上层砌体松动，或由于局部受力过大，超过砖的抗压强度而被压坏。所以，用地垄墙（砖墩）支撑整个木地面荷载的构造体系，加设垫木是从安全使用角度考虑的。之所以使用木材，主要是因为木材质轻且抗压强度较高。一般木材顺纹抗压强度为24.5～73.5N/mm^2，远远大于红砖的抗压强度。垫木应作防腐处理并刷油。垫木与地垄墙（砖墩）的连接，常用8号铅丝绑扎。将铅丝预先固定在砖砌体中，待垫木放稳、放平，符合标高后，再用铅丝拧紧，垫木的厚度一般为50mm，可以锯成一段，直接铺放于搁栅底下，也可沿地垄墙通长布置。若通长布置，绑扎固定的间距应不超过300mm，接头采用平接。应分别在接头处的两端150mm以内用铅丝进行绑扎，以防接头处松动。

（3）木搁栅：木搁栅的作用主要是固定与承托面层，如果从受力方面分析，它相当于一根小梁。木搁栅断面选择应与地垄墙（砖墩）的间距大小有区别。木搁栅一般与地垄墙垂直，摆放间距一般为40cm，应根据设计要求，结合室内具体尺寸均匀布置。木搁栅的标高要准确，可以用水平尺进行找平，应特别注意木搁栅表面标高与门扇下沿及其他地面标高的关系，用2m靠尺检查，尺与搁栅间的空隙不应超过 3mm。若表面不平，可用垫板垫平，也可刨平，或在底部砍削找平，但砍削深度不宜超过 10mm，砍削处用防腐剂处理。采用垫板找平时，垫板要与搁栅钉牢，找平后用 4 英寸的铁钉从搁栅的两侧中部斜向 45° 与垫木钉牢，搁栅安装要牢固，并保持平直。

（4）剪刀撑：设置剪刀撑的主要目的是增强木搁栅的侧向稳定性，剪刀撑将一根根单独的搁栅连成一个整体，增加了整个楼面的刚度。另外，设置剪刀撑，对木搁栅本身的翘曲变形也起到了一定的约束作用。因此，在架空木基层中，搁栅与搁栅之间设置的剪刀撑，是保证施工质量的构造。剪刀撑布置于木搁栅两侧面，用 3 英寸的铁钉固定于搁栅上。间距应按设计要求确定。

（5）毛地板：用较窄的松、杉木板条，在木搁栅上部满钉一层。毛板条用铁钉与搁栅钉紧，表面要平，缝不必太严密，可以有 2～3mm 的缝隙。相邻板条的接缝要错开，当面层采用条形或硬木拼花席纹地面时，毛地板一般采用斜向铺设，斜向的角度为 30° 或 45°，当采用硬木拼花人字纹时，一般与木搁栅垂直铺设。毛地板固定的钉，宜采用板厚 2.5 倍的圆钉，每端钉两个。铺设木地板前，必须将架空层内部的杂物清理干净，否则铺满后会较难清理。

2. 实铺式木基层

实铺式木基层施工，面临的主要问题是如何将木搁栅固定与找平。对于现浇钢筋混凝土楼板，可通过预埋镀锌铅丝或"Ω"形铁件的办法，将木搁栅固定于楼板上。

木搁栅使用前要进行防腐、防蛀处理，铅丝绑扎 800mm 间距，固定时将搁栅上皮削 10mm×10mm 的凹槽，以便铅丝能嵌卧在凹槽内，使搁栅表面保持平整。

木搁栅断面通常加工成梯形，这样可节省木材，同时也有利于稳固。搁栅与搁栅之间的空腔内，可以填充一些轻质材料，如矿棉毡、干焦碴等。此外还要设置横撑，间距 1500mm 左右，与搁栅垂直相交，用铁钉固定。木搁栅上皮要平整，标高应符合设计要求。

3. 水泥砂浆（混凝土）基层

这种基层的主要作用是黏结薄木地板，故要求其具有足够的强度及合适的平整度，具体施工方法可参见 3.2.1 水泥砂浆地面施工。

3.4.4 木地板面层施工

木地板面层施工主要包括面层的板条固定及饰面处理。从固定的方式上可分为钉接固定和黏结固定两种。

1. 钉接固定

用圆钉将木地板的面层固定在基层上的办法，称为钉接固定，钉接固定有两种情况：一是在毛木板基层，将面层板钉在毛木板上；二是将面层板钉在木搁栅上。

（1）条形地板一般采用铁钉固定，因为条形木地板多采用松木、杉木，材质较软，可钉性能好。另外，条形板条的长度在 800mm 以上，如用胶黏结，则会因黏结不均而影响使用性能。所以，条形板宜用钉接固定。条形木地板的铺设方向应考虑铺钉方便、固定牢固、使用美观。对于走廊、过道等部位，应顺着行走的方向铺设。木地板如果是直接钉在木搁栅上，那么条板只能与搁栅垂直，而在走廊、过道等较窄部位，木搁栅往往是短向布置，故条板应顺着行走的方向铺设。对于室内房间，宜顺着光线铺钉，这样能增强视觉舒适感，掩盖地板表面（特别是接缝处）微小的凹凸不平等质量缺陷。同时，可以使木地板的外形更美观。对于大多数房间来说，顺着光线铺钉，同行走方向是一致的。

（2）用钉固定，在钉法上有明钉和暗钉两种钉法：明钉即先将钉帽砸扁，使圆钉斜向钉入板内，同一行的钉帽应在同一条直线上，并须将钉帽冲入板内3～5mm；暗钉即先将钉帽砸扁，从板边的门角处斜向打入。钉的长度要合适，过长或过短都是不合适的。选用的钉长一般为面层厚度的2～2.5倍。如果是硬木拼花地板，宜先钻孔。一般孔径为钉径的0.7～0.8倍，过松则失去紧固力。将钉子斜向钉入木板内，这样做能在铺钉过程中，使拼缝进一步靠紧，而且斜向入木的铁钉，不易从木板中拔出来，可以增加地板的耐用性。故在铺钉时，钉子要与表面成45°或60°角。木地板面层钉接固定装饰工程施工构造详解见图3.11。

2. 黏结固定

（1）黏结剂的选择：用沥青玛蹄脂或胶黏剂进行黏结。沥青可选10号或30号。黏结剂种类较多，有乙烯类、氯丁橡胶型、环氧树脂等。在工程中常用"PAA"黏结剂和8123型黏结剂。黏结剂的种类要依据基层所使用材料和面层材料确定。

（2）基层处理：先清理基层表面浮灰、杂物，刮胶前再用拧干的湿布将基层表面擦洗干净。如果用沥青玛蹄脂黏结木板面层，应涂刷一道冷底子油，以提高黏结能力，对于水泥砂浆或细石混凝土基层，黏结前要进行干燥处理，使其含水率不大于8%。

（3）弹线：用黏结的办法固定面层，一般采用硬木拼花地板，有的采用几根板条拼成一块方板，有的采用散板。无论采用何种木板，都要使其图案方正、顺直，因此按线条粘贴就显得非常必要。弹线主要是按照设计图案及板的规格，结合房间的实际尺寸弹垂直交叉的棋格线。放线时先弹出房间纵横中心线，再从中心向四边划出，镶贴的四周的尺寸应一致。边框的宽度应按照房间的用途及规模等因素考虑，多为15～20mm。弹出的方格线要方正，因为弹线时稍有偏斜，地板铺后误差会很大。

（4）粘贴：粘贴前要对硬木拼板进行挑选，宜集中使用纹理、色彩差不多的硬木拼板，把质量好的木板粘贴在较好部位。粘贴时宜从中心开始，粘贴第一块的位置要正确，其余按设计依次排列。用胶黏剂黏结，基层和木板背面同时涂胶，根据室内温度情况，

图3.11 木地板面层钉接固定装饰工程施工构造详解

晾置一段时间，便可将木板条按在地上。木条之间的缝隙应该严密，不应大于0.3mm。紧靠板条的过程中，可用榔头垫木块进行敲打，用力要均匀，一般敲打4次左右。溢出板面的黏结剂要清理干净。如果用沥青玛蹄脂，宜将木板浸蘸热沥青，浸蘸深度为板厚的1/4。同时在已刷过冷底子油的基层上，涂刷一道热沥青，厚度不宜大于2mm，随涂随铺。涂热沥青时要注意沥青的温度，并要注意安全。相邻两块板的高差不应超过1.5mm，也不宜低于1mm，过高或过低都应重新铺贴。地板距四周立墙宜留出一小段距离，以便于通风。地板与墙之间的间隙的尺寸应以木地板能遮盖为原则。

（5）撕牛皮纸：有些厂家会在硬木拼花地板上黏牛皮纸，所以黏结固定后，宜用湿布在木地板上全面湿拖一次，其湿度以牛皮纸湿透但表面不积水为原则。隔半个小时左右，可将表面的牛皮纸撕掉。

（6）刨平：黏结后的硬木拼花地板，表面难免有局部不平，个别块与块间也会有高差，应将其表面刨平。

（7）磨平：刨平后再用砂纸打磨木板面层。如有可能最好用电动打磨机打磨，使用2号铁砂布。如果没有电动打磨机，则用平整的木块包裹铁砂布，人工磨平。磨好后，将面层打扫干净。

（8）油漆：硬木拼花地板花纹明显，应采用透明清漆刷涂，这样可以透出木纹，增强装饰效果。木地板面层黏结固定装饰工程施工构造详解见图3.12。

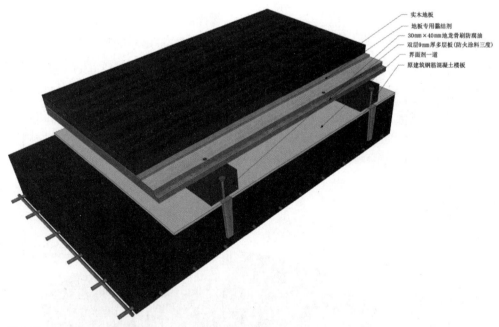

图3.12 木地板面层黏结固定装饰工程施工构造详解

3.4.5 复合地板施工

1. 材料施工准备

（1）面层材料。

① 材质：宜选用耐磨、纹理清晰、有光泽、耐朽、不易开裂、不易变形的优质复合木地板，厚度应符合设计要求。

② 规格：通常为条形企口板。

③ 拼缝：企口缝。

（2）基层材料。

防潮垫。

2．作业条件

（1）施工程序：水泥砂浆找平油光→垫复合木地板防潮垫→复合木地板层板安装。

（2）施工要点。

① 面层施工主要包括面层开板条的固定及表面的饰面处理。固定方式以钉接固定为主，即用钉将面层板条固定在水泥地面上。

② 条形木地板的铺设方向应考虑铺钉方便、固定牢固、使用美观的要求。对于走廊、过道等部位，应顺着行走的方向铺设；而室内房间，宜顺着光线铺钉。对于大多数房间来说，顺着光线铺钉，与行走方向是一致的。

③ 施工从墙面一侧开始，将条形木板材心向上逐块排紧铺钉，缝隙不超过1mm，圆钉的长度为板厚的2.0～2.5倍。硬木板铺钉前应先钻孔，一般孔径为钉径的0.7～0.8倍。

3．施工注意事项

（1）一定要按设计要求施工，选材应符合标准。

（2）木地板靠墙处要留出9mm空隙，以利通风。在地板和踢脚板相交处，如安装封闭木压条，则应在木踢脚板上留通风孔。

（3）实铺式木地板所铺设的油毡防潮层必须与墙身防潮层连接。

（4）在常温条件下，细石混凝土垫层浇灌后至少7天，才可以铺装复合木地板面层。

（5）木地板的铺设方向：以房间内光线进入方向为木地板的铺设方向。

4．质量标准

（1）主控项目。

① 复合地板面层所采用的条材和块材，其技术等级和质量要求应符合设计要求。复合地板装饰工程施工铺装构造详解见图3.13。

② 面层铺设应牢固，粘贴无空鼓。

（2）一般项目。

① 实木复合地板面层图案和颜色应符合设计要求，做到图案清晰、颜色一致、板面无翘曲。

② 面层的接头位置应错开、缝隙严密、表面洁净。

③ 踢脚线表面应光滑、接缝严密、高度一致。

④ 复合木地板面层的允许偏差应符合《建筑装饰装修工程质量验收标准》（GB 50210—2018）的规定。

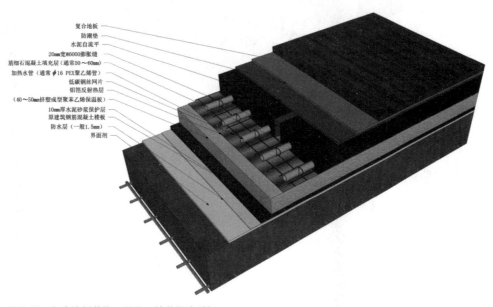

图3.13 复合地板装饰工程施工铺装构造详解

3.4.6 木踢脚施工

木地板房间的四周墙脚处应设木踢脚板，踢脚板一般高100～200mm，常采用高150mm，厚15～20mm的规格。所用木材最好与木地板面层的材质相同。踢脚板预先刨光，上口刨成线条。为防止翘曲，在靠墙的一面应开成凹槽，超过150mm开3条凹槽，凹槽深度为3～5mm。如用15mm厚木夹板做踢脚板，则不需要开槽。钉踢脚板前应在墙面上每隔400mm埋入防腐木砖，在防腐木砖外面再钉防腐木垫块。一般内墙用冲击电钻打孔埋入木楔，然后将踢脚板钉在木楔处。一般木踢脚板与地面转角处，常用木压条压口或安装圆角成品木条，也可用踢脚板压着木地板而不再加压口木压条。

木踢脚板应在木地板刨光后安装，木踢脚板接缝处应作暗榫或斜坡压槎，可在90°转角处做45°斜角接缝。接缝一定要处在防腐木块上。安装时木踢脚板要与立墙贴紧，上口要平直，用明钉钉牢在防腐木块或木楔上，钉头要砸扁并冲入板内2～3mm。如采用15mm木夹板作为踢脚板，其构造对接处也应用斜坡压槎。

在木踢脚板与地面相交处，一般要采取一些细部处理，既能封口又美观。常用的设计手法是使用压木条或在转角处安装圆角成品木条。木踢脚板的油漆施工，宜与地面面层同时进行。木踢脚装饰工程施工构造详解见图3.14。

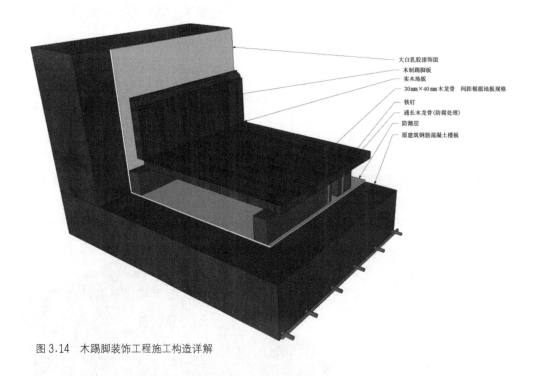

图3.14 木踢脚装饰工程施工构造详解

3.4.7 不锈钢踢脚施工

1. 施工工艺

施工准备→固定木楔安装→防腐剂刷涂→踢脚板木基板安装→不锈钢踢脚板安装。

2. 施工方法与技术措施

（1）木踢脚板基层板应在木地板刨光后安装，以保证踢脚板的表面平整。

（2）在墙内安装踢脚板基板的位置，每隔400mm打入木楔。安装前，先按设计标高将控制线弹到墙面，使木踢脚板上口与标高控制线重合。

（3）木踢脚板与地面转角处应安装木压条或圆角成品木条。

（4）木踢脚板基板接缝处应做陪榫或斜坡压榫，在90°转角处做成45°斜角接榫。

（5）木踢脚板背面刷水柏油防腐剂。安装时，木踢脚板基板要与立墙贴紧，上口要平直，钉接要牢固，用气动打钉枪直接钉在木楔上，若用明打钉接，则钉帽要砸扁，并冲入板内2～3mm，钉子的长度是板厚度的2.5倍，间距不宜大于1.5m。

不锈钢饰面工作待室内一切施工完毕后进行。表面保护膜应在竣工前撕毁，亚光不锈钢饰面板与基层板胶结时，应间隔胶结，间隔距应小于300mm，接口处应采用压条压平整。不锈钢踢脚装饰工程施工构造详解见图3.15。

3．质量要求

（1）木踢脚板基层板应钉牢墙角，表面平直，安装牢固，不应出现翘曲或呈波浪形。

（2）采用气动打钉枪固定木踢脚板基层板，若采用明钉固定，钉帽必须打扁并打入板中2～3mm，钉时不得在板面留下痕迹。板上口应平整，拉通线检查时，偏差不得大于3mm；接榫应平整，误差不得大于1mm。

（3）木踢脚板基层板接缝处采用斜边压榫胶黏法处理，墙面阴、阳角处宜做45°斜边平整黏接接缝，不能搭接。木踢脚基层板与地坪必须垂直。

（4）木踢脚基层板含水率应按不同地区的自然含水率加以控制，一般不应大于18%，相互胶黏接缝的木材含水率相差不应大于1.5%。

（5）不锈钢饰面板板缝、接口处高差不应大于0.5mm，平整度偏差不应大于0.5mm，接缝宽度不应大于1mm。

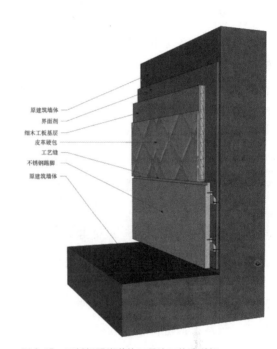

图3.15 不锈钢踢脚装饰工程施工构造详解

3.5 塑料地面施工

目前，塑料地面种类很多，在室内装饰工程中常用的有块状塑料地板、卷材塑料地面、活动塑料地板和装饰纸涂塑地面等。

3.5.1 块状塑料地板施工

1．材料准备

（1）聚氯乙烯塑料地板：块状塑料地板

是以聚氯乙烯树脂为基料，加入适量的增塑剂、稳定剂、填充料，经压制而成。具有耐磨、耐燃、美观、色彩鲜艳、图案多样、施工简单等优点。对已进场的塑料地板，要先进行检查，先保证其尺寸误差值在±0.4mm以内，再看其颜色是否有差别。

（2）胶黏剂：胶黏剂种类和性能各不相同，因此在选择胶黏剂时要注意其特性和使用方法。

2. 施工工具

施工工具主要有涂胶刀、划线器、橡胶辊筒、橡胶压边辊筒等，此外还有裁切刀、橡皮锤、划针、钢尺、方尺、刷子、毛巾、墨斗等。

3. 基层处理

（1）基层处理要求：塑料地板铺贴前应对地面进行处理，要求基层平面平整、结实，有足够强度且表面干燥。若基层不平整，砂浆强度不足，表面有油迹、灰尘、砂子等粒状物，或表面含水率过高，均会影响塑料地板的黏结强度和铺贴质量，产生各种质量问题。最常见的质量问题是地板起壳、翘边、鼓泡、剥落。如地面有灰粒和砂子，会将铺好的地板顶出一个个小突点，地板局部受力后会变白。检查含水率可在地面上压吸水纸进行观察，也可将一定面积的塑料薄膜平放于基层地面，四周用胶带密封，以防止该处地面湿气发散。24小时后，去掉薄膜，观察薄膜上是否结露或水泥地面是否有变色现象，据此判断地面干燥度。

（2）混凝土、水泥砂浆基层处理：在混凝土、水泥砂浆基层铺贴塑料板，用2m直尺检查其平整度，空隙不得超过2mm，如误差较大则必须用水泥砂浆找平，水泥砂浆的配合比为水泥∶107胶＝100∶8。无论新建还是翻修，都要求水泥地面基本干燥后再铺贴。一般情况下，新铺设的水泥地面在夏季需要1周的干燥时间，在冬季需要2周左右的干燥时间。

（3）水磨石或陶瓷锦砖基层处理：先用碱水清洗去除污垢，再用砂轮推磨，最后用清水冲擦干净。

（4）木板基层处理：木板基层的木搁栅应坚实，地面突出的钉头应敲平，板缝可用黏结剂加老粉（富粉）配成腻子填补平整。

（5）钢板基层处理：应刮去浮面铁锈，用钢丝刷刷去残留的铁锈，然后用汽油擦干净，如有凹陷或缝隙，可用耐水黏结剂掺入填料批嵌平整。

4. 铺贴方法

（1）人员安排：当房间面积较大时，铺贴人员以3～4人为宜。由2人分别在地面和块材背面涂胶，由1～2人铺贴塑料地板，待整间铺贴完毕后，一起进行塑料地面的清理工作。

（2）弹线、分格、定位：塑料板面层铺贴，应根据设计要求，在基层表面进行弹线、分格、定位。塑料板铺贴一般有两种方法：一种是接缝与墙面呈45°角，称为对角定位法；另一种是接缝与墙面平行，称为直角定位法。弹线应以房间中心点为中心，弹出相互垂直的两条定位线，定位线有丁字、十字和对角等形式。整个房间如排偶数块，则中心线是塑料板的接缝；如排奇数块，则接缝离中心线半块塑料板的距离。分格、定做时，应距墙边留出200～300mm以作镶边。另外，应注意塑料板的尺寸、颜色、图案。若套间的内外房间地板颜色不同，则分色线应设在门框踩口线外。分格线应设在门中，使门口地板对称，最好不要使门口地面出现小于1/2板宽的窄条。

（3）铺贴地板。

①试胶：目前塑料地板品种比较多，地板胶品种也比较多，粘贴塑料地板时，最好

采用熟悉的塑料地板牌号及熟悉的黏结剂品牌。如果对所铺贴的地板或黏结剂不熟悉，应先试胶，即用1~2块塑料地板，将其背面和地面涂胶，再进行粘贴，并观察塑料地板是否有软化和翘边现象。如果等2~4小时后没有发生上述现象，便可进行铺贴；如有上述现象就必须更换地板或地板胶再试。

② 铺贴：铺贴最好从中间定位线向四周展开，这样能保持图案对称和尺寸整齐，先在地面涂胶，再在地板块背后涂胶，将地板对齐线轻轻放下黏合，并用橡胶辊筒将地板压平压实，使其准确就位，同时赶出气泡。为使粘贴可靠，一般每块地板的四周必须涂满黏结剂，总的涂抹面积要大于80%，涂胶应采用锯齿形涂刮板涂刷。

③ 裁边拼角：当铺贴到靠边墙角和踢脚线的位置时，对需要拼块和拼角的地方，应正确量取尺寸，用钢尺压住裁口处，再用墙纸刀切割，将现场裁切好的地板一并粘贴，然后用橡胶辊筒赶出气泡并压实。

④ 清理：铺贴完成后，应及时清理塑料地板表面，用纱头蘸200号溶剂汽油，擦去从拼缝里挤出的多余胶水，最好打上地板蜡。

⑤ 塑料踢脚板铺贴：先在上口弹水平线，然后在踢脚板粘贴面和墙面上同时刮胶，胶晾干后，从门口开始铺贴，最好三人一组作业，一人铺贴，一人配合滚压，另一人保护刚贴好的阴、阳角处，铺贴结束后，必须立即用毛巾或棉纱蘸200号溶剂汽油擦去表面残留的胶液，用橡胶压边辊筒再次压平、压实。块状塑料地板装饰工程施工构造详解见图3.16。

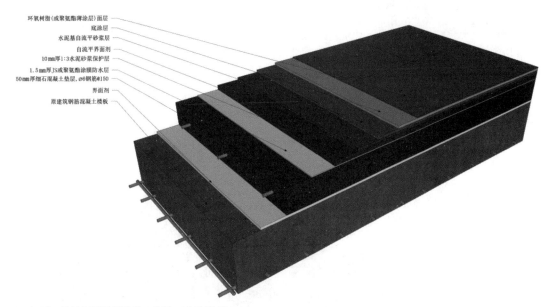

图3.16　块状塑料地板装饰工程施工构造详解

3.5.2　氯化聚乙烯卷材地面施工

氯化聚乙烯卷材地面是以糊状聚氯乙烯树脂为面层，以矿物纸和玻璃纤维毡为基材的卷材地面。料具选择：卷材地板一般宽800~900mm，厚1.4~1.5mm；胶黏剂为904胶黏剂。

1. 铺贴施工

（1）施工程序。

施工程序：清理基层→弹线→刷胶→

铺贴→接缝→做踢脚线。

（2）施工要点。

① 清理基层：用拖布将浮灰清理干净，然后用二甲苯或汽油涂刷基层。

② 弹线：在基层上按卷材宽度，考虑搭接尺寸进行弹线。

③ 刷胶：将404胶黏剂刷于基层和卷材背面晾干，以手摸胶面不黏为宜。

④ 铺贴：4人分四边同时将卷材提起，按预先弹好的搭接线，先将一端放下，再逐渐顺线铺贴；离线时应立即掀起，移动调整；铺正后，从中间往两边用手式辊筒压赶铺平，若有未赶出的气泡，应将前端掀起赶出。

⑤ 接缝：卷材搭接缝，搭接最少20mm，若居中弹线，用钢板尺压线后，拿多用刀将两层叠合的卷一次切断，撕下断开的边条，并将接缝处卷材压紧贴牢，再用小铁辊紧压一遍，保证接缝压实。

⑥ 做踢脚线：用踢脚卷材压地面，这样阴角处的接缝不明显，黏结时以下口平直为准，若上口高出原水泥踢脚线，形成凹槽，可用107胶水泥砂浆填塞刮平。氯化聚乙烯卷材地板装饰工程施工构造详解见图3.17。

2．施工注意事项

（1）铺贴前应根据房间尺寸和卷材尺寸，决定是纵铺还是横铺，原则上接缝越少越好，接缝最好与投光方向平行，以使接缝处不明显。也可同时从两边向中间铺贴，免去基层弹线。

（2）铺贴前将卷材铺平，根据房间尺寸弹线裁剪，刷404胶黏剂并晾干，刷胶面应为背面。

（3）一定要在胶干湿适度时进行铺贴。

（4）赶出卷材中的气泡应从中间开始，若多人操作则应分段负责。若发现个别气泡未赶出，应用针头插入气泡内，用针管抽出气泡中的空气，并压实黏牢。铺贴过程中应避免胶液污染卷材表面，如果发生污染可用二甲苯或汽油擦掉。

（5）在接缝处切割卷材时，必须用力拉直，不得正负向切割。

（6）所用材料有二甲苯，施工时应注意打开门窗通风，施工人员要戴口罩。

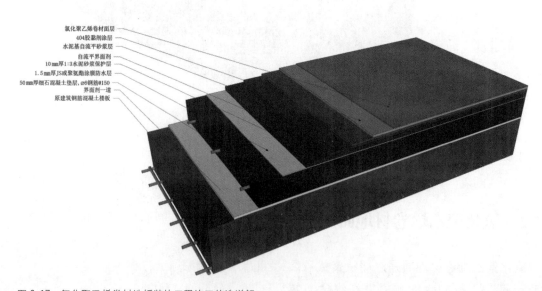

图3.17 氯化聚乙烯卷材地板装饰工程施工构造详解

3.5.3 软质聚氯乙烯地板铺贴施工

聚氯乙烯软塑料地板适用于要求耐腐蚀、有弹性、高度清洁的房间,这种地板造价较高,工艺复杂,因此对每道工序都必须认真操作,才能使工程符合质量要求。

软质聚氯乙烯地板的基层处理、施工准备、施工程序同一般聚氯乙烯塑料地板一致。

1. 准备工作

(1) 材料进场。

(2) 施工工具与器械的准备。

(3) 水电到位。

2. 常用机具

软质塑料地板铺贴施工机具有焊枪、调压变压器、空气压缩机、坡口直尺、压辊、切条刀等。

3. 粘贴方法

(1) 基层分格弹线。

基层分格的大小和形状应根据设计图案、房间尺寸和塑料板的具体尺寸确定,分格时应尽量减少焊缝数量,兼顾分格的美观。应从房间中央向四周分格弹线,以保证分格的对称。以曲直分界线为基准,放出内沿施工线,然后由内向外依次放出各施工线。房间四周靠墙处不够整块时,可按镶边处理。踢脚线的分格应注意长度适宜,过长粘贴困难,过短焊缝太多,一般按地面镶边块长度的倍数设置,使焊缝左右对称、外形美观。

(2) 坡口下料打磨及脱脂去污。

将塑料板铺在操作平台上,按基层上分格的大小和形状,在板面画出切割线。将坡口直尺的下口紧靠切割线,并固定直尺,单手或双手提割刀,按坡口切割。将塑胶材料(底部朝上)自然摊铺在地面,使用打磨机对底层表面进行打磨。有条件者可用机械坡口下料,然后用湿布擦洗干净切好的板面,再用丙酮涂擦塑料地板粘贴面,以脱脂去污。

(3) 预铺。

在塑料面板正式粘贴前一天,将切好的板块运入待铺房间,按分格预铺。铺时尽量保证色调一致、厚薄相同。铺好的板块不得搬动,待次日粘贴。

(4) 铺涂底胶。

基层找平用专业的封底胶(甲乙组比例1:4,2%的催化剂,另加少量胶粉)进行铺涂,以防止底层渗水。该专业封底胶与底层基础和上层胶板具有较好的黏接力,确保了场地的黏接效果。

(5) 场地黏接。

① 摊铺胶板。施工标线画好后,以一条曲直分界线为基准,由内沿开始将场地展开,沿画好的施工标线对齐,依次摆放场地,横向压头以 200mm 为宜,纵向场地以对齐为宜,并根据温度放置 30~60 分钟。

② 铺涂胶黏剂。场地摆好后,在黏接前,先将场地由两端分别卷起,由卷好的场地中心往一方向在地面上刮胶。地面刮胶时,胶黏剂的用量应适中,控制在 $0.7\sim1kg/m^2$,刮涂要均匀,控制好胶黏剂的黏度,在最佳时限进行铺设。

③ 黏接。塑胶材料在与地面黏接时,操作场地铺设要十分细心,材料的侧边应与地面施工标线对齐。先将卷起场地的一侧进行黏接,黏接好后,再将另一侧进行黏接,然后依次将内侧场地黏接好。其他各道铺设过程与一道铺设大体相同。塑胶材料两侧边在黏接过程中,应将存留在场地底部的空气赶挤干净。为确保侧边黏接牢固,应在场地与场地侧边,用专用工具撬划一下再压稳,这样可以将侧边的黏接口压住,直至胶水固化。

④ 表面压制。在材料与地面黏接好后,为确保场地与地面黏接牢固,防止场地翘边,可在已黏接好的场地用重物将边缘部分压住。

场地两侧可用建筑红砖，一块接一块压稳。场地与场地端面接口处应用重方式处理，采用压边方法，但需用四层红砖，沿中心向两侧各摆三排平砖，直至胶水固化，以确保铺设质量。

⑤端口裁接。端面接口黏接时应先将一端场地用钢尺压稳、裁齐。上压场地与下压场地在端口黏接时应考虑低温时的收缩量，使上压板与下压板有余量，两端口应涂黏接剂，以增强黏接效果。

（6）洗场地。

待场地黏接完毕且胶黏剂完全固化后，将场地清洗干净，同时检查场地端口的接口处，对接口不牢或不平整的区域应及时修补，为下一道工序做好准备。

（7）划线。

修补、清洗场地后，进行划线工作。划线是一道精细的程序，除需确保测量仪器、设备、工具的精确度以外，施工人员应具备责任心强、工作认真的素质。测量精度为万分之一，选用钢尺应进行尺长检定及修改。点位线放完后，应进行三人校对，校对符合要求后再喷线。喷线盒应每道一个，以保证场地弧线均匀一致。喷线过程中，应及时清洗喷线盒，避免喷线漆滴落在场地表面，以保证场地表面美观、整洁。

（8）清理场地。

完成以上所有工序后，进行场地清理，保持场地清洁。

4. 焊接

为了使焊缝与板面色调一致，应使用同种塑料板切割的焊条，其断面要求厚薄一致。粘贴好的塑料板至少经2天养护，才能对拼缝进行焊接。先接好焊接工具，打开空气压缩机，用焊枪吹去拼缝中的尘土和砂粒，再用丙酮或汽油将拼缝和焊条表面清洗干净，等待焊接。

焊接前应检查压缩机空气的纯度。方法是将压缩空气往白纸上喷射30秒，若纸上无油和水的痕迹，则压缩空气符合要求，然后接通电源，将变压器调节到100～120V，将压缩空气控制在0.05～0.10MPa，将热气流温度控制在200～250℃，方可进行焊接。焊接时2人一组。一人持枪焊接，一人用压辊

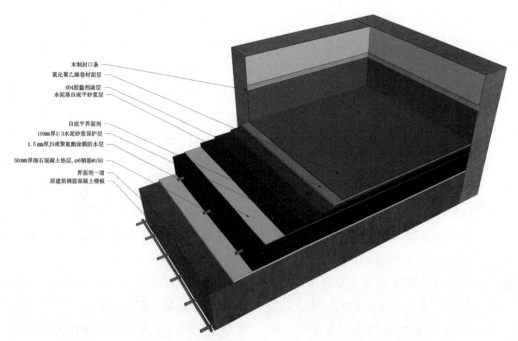

图3.18 软质氯化聚乙烯地板装饰工程施工构造详解

推压焊缝。焊接者左手持焊条,右手握焊枪,从左向右焊接,持压辊者紧跟焊条后施压。

为使焊条、拼缝均匀受热,必须使焊条、焊枪喷嘴和拼缝保持在拼缝轴线方向的同一垂直面内,且使焊枪喷嘴均匀上下摆动,摆动次数为1~2次/s,幅度为10mm左右。持压辊者同时在后推压,用力和推进速度应均匀。

5. 铺贴踢脚板

软质塑料板踢脚板做法,一般上口压一根木条或硬塑料压条封口,阴角处理成小圆角或90°角。小圆角做法是将两面相交处做成$R=50mm$的小圆角;90°角做法是将两面相交处做成90°角,用三角形焊条贴角焊接。面板粘贴后均对立板和转角施压24小时。小圆角做法可用砂袋堆压,90°做法可用平木板撑压。软质氯化聚乙烯地板装饰工程施工构造详解见图3.18。

3.6 地毯铺设

地毯是地面装饰中的高级材料,具有隔声、隔热等优点,给人以温暖、舒适的感觉,因而备受欢迎。地毯按材质可分为纯毛地毯、混纺地毯、化纤地毯、塑料地毯、剑麻地毯;按固定方法可分为活动式地毯和固定式地毯。无论何种地毯,施工要点都是大面平整、拼缝紧密、铺贴后不显拼缝、大平面不易滑动。

3.6.1 料具准备

1. 材料准备

铺贴地毯时不仅要准备好地毯(阻燃地毯),还要准备一些辅助材料。

(1)地毯胶黏剂:地毯与地面的黏结或地毯与地毯对缝的拼接均需要胶黏剂。地毯与地毯拼接时,下衬一条10cm宽的狭条麻布带,然后分别在地毯和麻布带上涂胶黏剂。常用的胶黏剂为立时得胶、309胶等。大面积粘贴地毯时,需要在地面上涂刷出多条宽150mm左右的带状胶迹,每条胶迹相隔200mm左右。

(2)接缝烫带:地毯拼缝的另一种方法,是采用成品的地毯接缝胶带,施工时可将烫带按在拼缝处,用电烫斗压后即可将两地毯的拼缝接好。

(3)卡条:地毯有木卡条(倒刺板)、金属卡条、铝压条(倒刺板)、锑条、铜压边条等。木卡条又称倒刺钉板条,是地毯边缘处的固定件。木卡条宽24mm,厚6mm,长1200mm,有两排斜铁钉,可钩住地毯。使用木卡条进行地毯铺设,通常需与地毯弹性垫配合,方可使地毯面平整。

(4)门口压条:通常是铝合金制成品,用于门框下的地毯收边。其作用是压住地毯,避免地毯被踢起或边缘处损坏。

（5）地毯弹性垫：是一种软橡胶制品，铺贴在地毯下面，可使人在踏上地毯后有柔软舒适的感觉。

2．工具准备

（1）裁边机：裁边机为现场施工裁边之用。可高速转动裁边，使用方便、快速，不会使地毯边缘的纤维硬结，影响地毯的拼缝。

（2）裁毯刀：有手推裁刀和手握裁刀两种，前者用于铺设操作时少量裁切，后者用于施工前大批量下料裁切。

（3）扁铲：用于墙根地毯掩边之处。

（4）地毯撑子：又称张紧器，有大撑子和小撑子两种形式。大撑子用于房间内大面积铺地毯，通过可伸缩的杠杆撑头及铰结承脚将地毯张拉平整，撑头与承脚之间可以任意接装连接管，以适应房间的尺寸，使承脚顶住对面墙。小撑子用于墙角或操作面窄小处，操作者用膝盖顶住撑子尾部的空气橡胶垫，两手可自由操作。地毯撑子的扒齿长短可调，以适应不同厚度的地毯材料。注意不使用时应将扒齿缩回，以免齿尖伤人。

（5）电熨斗：用于地毯拼缝烫带的热压合。

（6）其他工具：漆刷、尖嘴钳、角尺、钉锤、弹线粉袋、冲击钻、扁铲等。地毯装饰工程施工通用构造详解见图3.19。

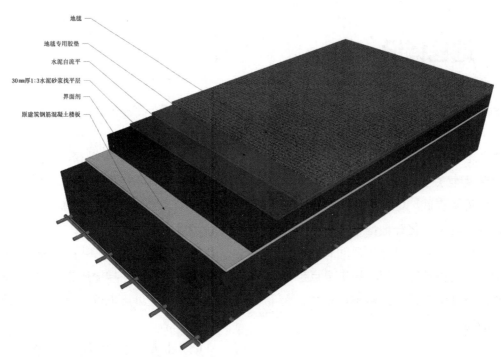

图3.19 地毯装饰工程施工通用构造详解

3.6.2 化纤地毯铺设

1．操作工艺

工艺流程：清理基层、裁剪地毯、钉卡条、压条、接缝、铺接、修整、清理。

（1）清理基层。

① 铺设地毯的基层要求具有一定的强度。

② 基层表面必须平整，无凹坑、麻面、裂缝，并保持清洁。若有油污，须用丙酮或松节油擦洗干净，高低不平处应预先用水泥砂浆填嵌平整。水泥砂浆基层施工完成后14小时左右、混凝土基层施工完成后28小时左右，基层表面的含水率小于8%并有一定的强度时，方可铺设地毯。

(2）裁剪地毯。

① 根据房间尺寸裁毯下料，按房间和用毯型号逐一登记好，用裁边机从长卷上裁下地毯。

② 每段地毯的长度要比房间长度长约20mm，宽度要根据裁出地毯边缘后的尺寸计算。弹线裁剪边缘部分，要注意地毯纹理的铺设方向应与设计一致，然后以手推裁刀从毯背裁切，裁后卷成卷，编上号，对号运入房间。

（3）钉木卡条和门口压条。

① 采用木卡条（倒刺板）固定地毯时，应沿房间四周靠墙脚1~2cm处，将卡条固定于基层上。

② 在门口处，为避免地毯被踢起或边缘受损，常用铝合金卡条、锑条固定。卡条、锑条内有倒刺扣牢地毯。将锑条的长边与地面固定，待铺上地毯后，将短边打下，紧压住地毯面层。

③ 卡条和压条可用钉条、螺丝、射钉固定在基层上。

（4）接缝处理。

① 地毯是背面接缝。接缝是将地毯翻过来，使两条缝平接，用线缝后，刷白胶，贴上牛皮胶纸，缝线应较结实，针脚不必太密。

② 胶带黏结法即先将胶带按地面上的弹线铺好，两端固定，将两侧地毯的边缘压在胶带上，然后用电熨斗在胶带的无胶面上熨烫，使胶质熔解，随着电熨斗的移动，用扁铲在接缝处碾压平实，使之牢固地连在一起。

③ 用电铲修葺地毯接口处不齐的绒毛。

（5）铺接工艺。

① 用张紧器或膝撑将地毯在纵横方向逐段推移，使之伸展，平伏于地平面，以保证地毯在使用过程中遇到一定的推力而不隆起。张力器底部有许多小刺，可将地毯卡紧推移。

② 推力应适当，过大易将地毯撕破，过小则推移不平，推移应逐步进行。用张紧器张紧后，地毯应挂在卡条上或铝合金条上固定。

（6）修整、清理。

地毯完全铺好后，用搪刀裁去多余部分，用扁铲将边缘塞入卡条和墙壁之间的缝中，用吸尘器吸去灰尘。

2．施工注意事项

（1）凡能被雨水淋湿、有地下水侵蚀的地面，以及特别潮湿的地面，都不能铺设地毯。

（2）在墙边的踢脚处及室内柱子和其他突出物处，应将地毯的多余部分剪掉，再精细修整边缘。

（3）地毯拼缝应尽量小，不应使缝线露出，要求在接缝时用张力器将地毯张平服帖，再进行接缝。接缝处要考虑地毯上花纹、图案的衔接，否则会影响装饰质量。

（4）铺完后，地毯应达到毯面平整服帖，图案连续、协调、不显接缝、不易滑动，墙边、门口处连接牢靠，毯面无脏污、损伤。

3．质量标准

（1）主控项目。

① 地毯的品种、规格、颜色、花色、胶料、辅料及材质必须符合设计要求和国家地毯相关产品标准的规定。

② 地毯表面应平整服帖、拼缝处粘贴牢固、图案吻合。

（2）一般项目。

① 地毯表面不应起鼓、起皱、翘边、卷边、显拼缝、露线，应绒毛顺光一致，毯面干净，无污染、损伤，无毛边。

② 地毯同其他面层连接处、收口处，以及墙、柱周围都应顺直、压紧。

4. 地毯铺设方法

化纤地毯的铺设方法可分为不固定式与固定式两种，铺设范围有满铺与局部铺设之分。

（1）不固定式：将地毯裁边、黏结拼缝成一大片，大片尺寸要大于房间长宽尺寸10～20mm。拼缝方式有两种，一是用地毯烫带，先将地毯反过来，用烫带压在对缝处，再用电熨斗将其熨在地毯上；二是在两地毯对缝的背面，用粗针线缝上数针，在麻布狭条衬带上涂刷胶液，并在地毯的对缝两侧刷胶，然后将麻布衬带粘贴在地毯对缝处。

将黏结拼缝好的整片地毯，直接摊铺于地面上，而不与地面粘贴，四周沿墙脚修齐即可。对缝拼接地毯时，要观察毯面绒毛和织纹的走向，对缝时要按同一走向来拼接。铺设时，应使毯面绒毛的走向背光，这一点在对缝拼接时也应注意。

（2）固定式：将地毯裁边、黏结拼缝为整片，摊铺后将地毯四周与房间地面加以固定，其拼缝的方式和方法与不固定式相同。

固定式有两种方法：一种是用黏结剂将地毯背面的四周与地面粘贴，另一种是在房间周边地面上安设带有倒刺的木卡条，将地毯背面固定在倒刺板的小钉钩上，这种方法只适用于地毯下设有单独的弹性胶垫的地毯固定。

采用钉倒刺的木卡条时，木卡条要固定于距墙面8～10mm处，以便地毯发挥掩边作用。倒刺木卡条可用水泥钉直接固定在混凝土或水泥砂浆基层上。若地面太硬或松散，可先埋下木楔，再将倒刺板条钉在上面。当地毯完全铺好后，用剪刀裁去墙边多余部分，再用扁铲将地毯边缘塞进木卡条和墙壁的间隙中。

在门口处，地毯应在门扇下的中部收口，为避免门口处的地毯被踢起或边缘受损，在门口需加一条铝合金卡条、锑条固定。卡条、锑条内有倒刺，可扣牢地毯。安装时先将铝合金收口条用螺钉固定在地面上，再将地毯插入其内，将收口条上盖轻轻敲下压住地毯面。将锑条的长边与地面固定，待铺上地毯后，将短边打下，紧压住地毯面层。化纤地毯装饰工程施工构造详解见图3.20。

图3.20 化纤地毯装饰工程施工构造详解

3.6.3 块毯铺设

1. 施工准备

(1) 地毯：阻燃地毯。

(2) 地毯胶黏剂、地毯接缝胶带、麻布条。

(3) 施工工具：裁边机、切割刀、裁剪剪刀、漆刷、熨斗、弹线粉袋、扁铲、锤子等。

2. 施工程序

(1) 粘贴法固定方式。

施工程序：基层地面处理→实量放线→裁割地毯→刮胶晾置→铺设锟压→清理、保护。

(2) 施工要点。

① 在铺装前必须进行实量，测量墙角是否规范，准确记录各角的角度。根据计算的下料尺寸在地毯背面弹线、裁割。

② 应用胶带在地毯背面将两块地毯粘贴在一起，要先将接缝处不齐的绒毛修齐，并反复揉搓，至表面看不出接缝痕迹为止。

③ 刮胶后晾置5～10分钟，待胶液变得干黏时铺设。

④ 地毯铺平后用毡辊压出气泡。

⑤ 将多余的地毯边裁去，清理拉掉的纤维。

⑥ 裁割地毯时应沿地毯经纱裁割，只割断纬纱，不割断经纱，对于有背衬的地毯，应从正面分开绒毛，找出经纱、纬纱后裁割。方块地毯装饰工程施工构造详解见图3.21。

3. 质量标准

(1) 主控项目。

① 各种地毯的材质、规格、技术指标必须符合设计要求。

② 地毯与基层固定必须牢固，无卷边、翻起现象。

(2) 一般项目。

① 地毯表面平整，无打皱、鼓包现象。

② 拼缝平整、密实，在视线范围内不显拼缝。

③ 地毯与其他地面的收口或交接处应顺直。

④ 地毯的绒毛应理顺，表面洁净，无油污。

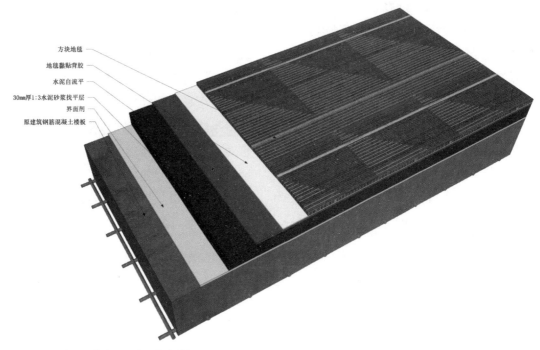

图3.21 方块地毯装饰工程施工构造详解

4. 注意事项

① 注意成品保护，用胶粘贴的地毯，24小时内不许随意踩踏。

② 地毯铺装对基层地面的要求较高，地面必须平整、洁净，含水率不得大于8%，并已安装好踢脚板，踢脚板下沿至地面间隙的距离应比地毯厚度大2～3mm。

③ 准确测量房间尺寸，准确计算下料尺寸，以免造成浪费。

3.6.4 楼梯地毯铺设

铺设在楼梯、走廊上的地毯，由于行人在其上行走，因此安全要求高，必须严格按要求进行铺设。

1. 准备工作

① 工具与材料：有冲击电钻、铁锤、直尺、剪刀等。材料主要有地毯及安装固定用的零件和钉类。

② 尺寸测量：测量楼梯每级的深度与高度，计算踏步的级数，以估计所需地毯的长度。计算时先将每级的深度与高度相加，再乘以楼梯踏步的级数，最后加上450～600mm的余量，以便在今后的使用中可挪动地毯常受磨损的位置。

③ 剪裁与拼缝：按楼梯铺设的宽度在地毯上画线，剪裁时应按地毯的线位，找出地毯的纺织缝，并按纺织缝进行剪裁，这样不致剪伤、剪乱地毯的纤维，并使边缘整齐；地毯拼接应与地毯纹理同向；拼缝时先将地毯两边对齐、修齐，再将两地毯用针线粗接起来，最后用地毯烫带将拼缝粘牢，把拼好缝的地毯面向内卷起备用。

2. 施工方法

(1) 固定地毯衬垫。

衬垫固定方法有两种：一种是用黏结剂固定在楼梯上，另一种是钉固在楼梯上。用黏结法时，楼梯表面应冲刷清洗干净，待干燥后在楼梯面上刷胶，每个梯级的平面和立面各刷一条宽5cm的胶带，再将地毯衬垫压贴在楼梯上，使其平整。如用钉固定，须用地毯挂角条将衬垫压固。地毯挂角条由厚1mm左右的铁皮制成，有两个方向的倒刺爪，可将地毯背抓住而不露痕迹。钉固前，先将衬垫在楼梯上铺平，然后用水泥钉将挂角条钉在每个梯级的阴角处。如果地面较硬，打钉子困难，可在钉位处用冲击钻打孔，将木楔埋入孔中，再钉上钉子将地毯挂角条压固在楼梯上。如果不用衬垫，可先将地毯挂角条直接固定在楼梯梯级的阴角处。挂角条长度要小于地毯宽度20mm左右。

(2) 铺设

把地毯卷抬到楼梯的顶端，从顶端展开地毯卷，一边铺设一边展开，将每一级的阴角处地毯推压到角位，使地毯背面挂在挂角条的倒刺钩上，并拉平地毯使其拉紧包住梯级。这样连续直到最下级，将多余的地毯朝内折转，钉于底级的竖板上。地毯的最高一级应在楼梯面或楼层的地面上，并用铝合金收口条或木卡条收口，收边处应与楼面的地毯对接拼缝。如楼层面上没有地毯，在楼梯地毯的最高一级处，应将始端固定于竖板上的铝合金收口条巾上。楼梯地毯装饰工程施工构造详解见图3.22。

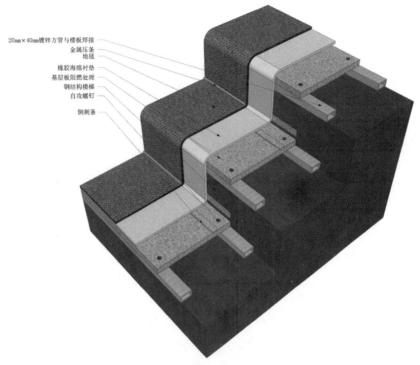

图 3.22 楼梯地毯装饰工程施工构造详解

思考题

1. 试述地面装饰工程形式、材料和施工工艺的分类。
2. 试述水泥地面装饰工程施工材料、施工准备及施工方法。
3. 试述板块地面铺贴施工材料、施工准备及施工方法。
4. 试述楼地面装饰工程施工质量验收标准。

【地面装饰工程施工质量验收】

第4章
墙柱面结构工程施工

【学习目标】

知识要点	具体内容
墙面装饰结构施工	木龙骨夹板墙身施工;铝合金隔墙施工
柱体装饰结构施工	弹线工艺;制作骨架的工艺;钢木混合结构柱体施工工艺;饰面板的安装工艺

4.1 墙柱面装饰概述

在建筑装饰工程中，室内外的墙柱面常饰以金属板材、木质板材、塑料板材及玻璃与玻璃制品等。这些饰面材料不能直接固定在墙柱面上，而是要安装在固定于墙柱面的骨架（或衬板）上。隔断墙的面板通常也是固定在龙骨架上的。所以有必要单独介绍一下墙柱面装饰结构的施工工艺。

墙柱面的装饰结构主要包括木龙骨夹板墙身、木龙骨夹板隔断、木龙骨夹板造型、轻钢龙骨石膏板隔断墙、铝合金玻璃隔断墙、钢木夹板结构及钢架铺钢丝网水泥结构等。这些结构是各种饰面的基体或基层面，其基本要求是：不损伤承重墙柱体，不破坏原建筑墙柱的形状；装饰结构与建筑结构应连接牢固；装饰结构中各构件之间的连接正确、稳固；装饰结构形体应准确，各基面的平整度、垂直度及强度、刚度应符合要求。

墙柱面装饰结构在室内装饰中占有重要地位。因为墙柱面与人们接触频繁，其装饰结构施工质量的好坏，直接影响整体饰面质量。而且许多装饰造型的重点集中于墙柱面上，装饰工程质量在很大程度上体现了墙柱面的施工水平。所以，应掌握正确的施工工艺和处理方法，以保证工程质量。

对于建筑柱体，目前比较流行将之饰为圆柱、造型柱、椭圆柱、功能柱等，由于其施工工艺有些特别，所以将在"4.3 柱体装饰结构施工"中另作介绍。

4.2 墙面装饰结构施工

4.2.1 木龙骨夹板墙身施工

木龙骨夹板墙身分为独立的隔断墙与靠建筑墙体的单面木墙身两种，其施工方法也有所不同。

1. 施工准备

（1）材料要求。

① 木材的树种、材质等级、规格应符合设计图纸要求和有关施工及验收规范。

② 龙骨料一般用红、白松烘干料，其含水率不大于12%，材质不得有腐朽、超断面1/3的节疤、壁裂、扭曲等疵病，并应预先做防腐处理。

③ 面板一般采用胶合板（切片板或旋片板），厚度不小于3mm（也可采用其他贴面板材），颜色、花纹要尽量相似。若用原木材作面板，其含水率不应大于12%，板材厚度不应小于15mm；拼接的板面、板材厚度应不

小于20mm，且纹理顺直、颜色均匀、花纹近似，不得有节疤、裂缝、扭曲、变色等疵病。

④ 辅料：

A. 防潮卷材：油纸、油毡，也可用防潮涂料。

B. 胶黏剂、防腐剂：乳胶、氟化钠（纯度应在75%以上，不含游离氟化氢和石油沥青）。

C. 钉子：长度规格应是面板厚度的2～2.5倍，也可用射钉。

（2）主要机具。

① 电动机具：小台锯、小台刨、手电钻、射枪。

② 手持工具：木刨子（大、中、小）、槽刨、木锯、刀锯、斧子、锤子、平铲、冲子、螺丝刀、方尺、割角尺、小钢尺、靠尺板、线坠、墨斗等。

2. 施工程序

工艺流程：找线定位→核查预埋件及洞口→铺涂防潮层→龙骨配制与安装→钉装饰面板。

（1）施工条件：在墙身结构施工前，吊顶面的龙骨架吊装应完毕。需要通入墙面的电器线路及其他管线都应敷设到位，必要的施工材料已进场，需用的机具如冲击电钻、电锯、手电钻、手动铆钉钳、锤、锯、射钉枪等应备足。

（2）弹线：靠建筑墙体的单面木墙身的弹线，通常按木龙骨的分档尺寸，在建筑墙面上弹出分格线。独立隔断墙的弹线，需在地面和墙面上弹出墙体的位置宽度线和高度线，并标出门的位置。也就是说，通过弹线，找出施工的基准点和基准线，使工人在施工中有所依据。

（3）刷防火漆：室内装饰中的木结构墙身均需要做防火处理，应在制作墙身的木龙骨上及木夹板的背面涂刷3遍防火漆或防火涂料。涂刷方法是将木龙骨条分层架起。一般可架起2～3层。每层用滚刷蘸防火漆逐面涂刷3遍之后，取下晾干备用。

（4）拼装木龙骨架：墙身结构通常使用25mm×30mm的带凹槽木方作为龙骨，该木龙骨架可在地面进行拼装。拼装框体的规格通常是@300或@400方框架（@300＝300mm×300mm，@400＝400mm×400mm，该尺寸是木框架两木方中心线之间的距离）。对于面积不大的墙身，可在一次拼成木骨架后，再安装固定在墙面上。对于大面积的墙身，可将拼成的木龙骨架分片安装固定。木龙骨架的拼装方法与吊顶木龙骨架相同。

（5）木龙骨架固定。

① 检查墙身的平整度与垂直度：用垂线法和水平线法来检查墙身的垂直度和平整度，并在墙面上标出最高点和最低点。对墙面平整误差在10mm以内的墙体，可重新抹灰浆进行修正。如误差大于10mm，通常不再修正墙体，而是通过在建筑墙体与木龙骨架间加木垫来调整，以保证木龙骨架的平整度和垂直度。

② 木楔圆钉固定法：用$\phi 10\sim 20$mm冲击钻头在墙柱面上钻孔，钻孔的位置应在弹线的交叉点上。钻孔的孔距应在600mm左右，钻孔深度应不小于60mm。在钻出的孔中打入木楔。如在潮湿的地区或墙面易受潮的部位钻孔，可在木楔上刷桐油，待其干燥后打入墙孔内。固定木龙骨架时，应将骨架立起靠在建筑墙面上，用垂线法检查木龙骨架的垂直度，用水平直线法检查木龙骨架的平整度。对校正好的木龙骨架进行固定。固定前，先检查木龙骨架与建筑墙面间是否有缝隙，如有缝隙应先用木片或木块将缝隙垫实，再用圆钉将木龙骨架与木楔钉牢固。木龙骨架装饰施工构造详解见图4.1。

③ 在墙裙等小面积的木龙骨夹板墙身施工中，为了节省木材，常用15mm×30mm木方

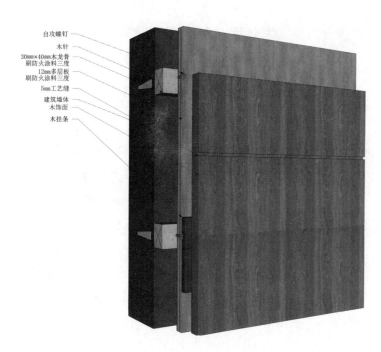

图 4.1　木龙骨架装饰施工构造详解

作龙骨。在弹线钻孔、打木楔后，直接在墙上拼装木龙骨架，不平整的部分用木片或木块进行垫平。

（6）木夹板饰面安装。

① 对木夹板进行挑选，分出不同色泽的木夹板与残次件。根据设计要求，对木夹板进行加工，如把选好的木夹板正面四边刨出 45° 倒角，倒角处宽 3mm 左右。

② 用 15mm 枪钉或 25mm 铁钉，把木夹板固定在木龙骨上。要求布钉均匀，钉距 100mm 左右。通常厚度小于 5mm 的木夹板用 25mm 铁钉固定，厚度在 9mm 左右的木夹板用 30～35mm 铁钉固定。另外，也可以用空压机带动气钉枪打气钉进行固定。

③ 对于钉入木夹板的钉头，有两种处理方法：一种是先将钉头打扁，再将钉头打入木夹板内；另一种是先将钉头与木夹板钉平，待木夹板全部固定后，再用尖头冲子，逐个将钉头冲入木夹板平面以内 1mm。如果不这样处理，钉头的黄色锈斑将破坏饰面。钉枪钉的钉头可直接埋入木夹板内，不必再处理，但在用钉枪时，应先把钉枪嘴压在板面上，再扣动扳机打钉，以保证钉头埋入木夹板内。

④ 钉踢脚线板：踢脚线板可用实木板制作，也可用原木夹板（9～15mm）制作，还有塑料踢脚板制成品。近年来，在一些高级装饰中，会采用模压板的制成品踢脚线。实木板、厚夹板踢脚线，一般用铁钉与墙面木骨架固定，塑料踢脚线用螺钉固定，模压板踢脚线可用万能胶与木夹板墙面粘贴。木质踢脚板装饰施工构造详解见图 4.2。

⑤ 饰面及收口：在夹板墙身基面上，可进行的饰面种类主要有油漆饰面、喷涂饰面、贴墙纸饰面、贴墙毡饰面、镶镜面、镶贴不锈钢板饰面、镶贴塑料饰面板饰面、镶包人造革饰面等。饰面的收口压线通常用木饰线条或不锈钢饰线条。木夹板饰面及收口装饰施工构造详解见图 4.3。

3. 木墙裙及窗台板

（1）木墙裙与木墙身的区别是，木墙裙一般只有 1～1.2m 的高度，而木墙身则需做到吊顶平面处。木墙裙的骨架制作和安装方法与木墙身基本相同，只是在有造型要求的墙裙面上，钉面板的方法有所不同。常见的有无缝安装面板、明缝安装面板、阶梯缝安装面板和压条缝安装面板等。安装面板前应

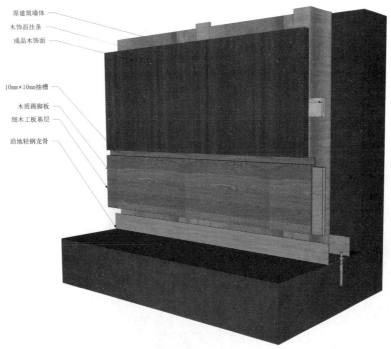

图 4.2 木质踢脚板装饰施工构造详解

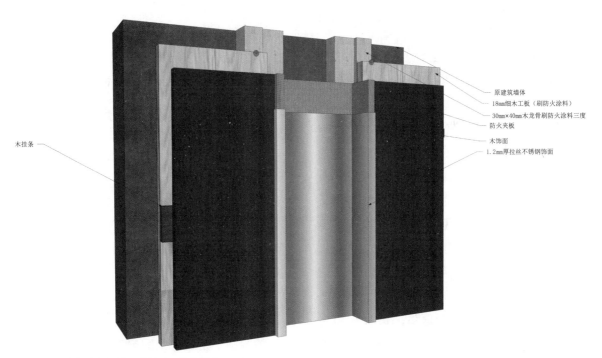

图 4.3 木夹板饰面及收口装饰施工构造详解

用 0 号木砂纸打磨面板四周，使其棱边光滑而无毛刺和飞边。

（2）木墙裙与窗台板的衔接，在室内装饰工程中十分常见，这是因为木墙裙的高度通常与窗台高度相等，窗台板与木墙裙的衔接使木墙裙有了整体效果。木墙裙及窗台板装饰施工构造详解见图 4.4。

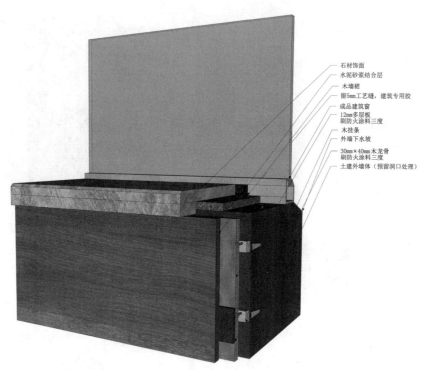

图 4.4　木墙裙及窗台板装饰施工构造详解

4．木隔断墙的施工

（1）木隔断墙分为全封隔断墙、有门窗隔断墙和半高隔断墙 3 种。

① 大木方构架：这种结构的木隔断墙，通常用 50mm×80mm 或 50mm×100mm 的大木方棚作主框架，框体的规格为 @500 左右的方框架或 500mm×800mm 的长方框架，再用 4～5mm 厚的木夹板作为基面板。大木方隔断墙装饰施工构造详解见图 4.5，该结构多用于墙面较高且较宽的隔断墙。

② 小木方双层构架：为了使木隔断墙有一定的厚度，常用 25mm×30mm 的带凹槽木方做成两片骨架的框体，每片规格为 @300 或 @400 的框架，再将两个框架用木方横杆连接，其墙体的宽度通常在 150mm 左右。

③ 单层小木方构架：这种结构常用 25mm×30mm 的带四槽木方组装。该结构木隔断墙多用于高度在 3m 以下的全封隔断或普通半高矮隔断。

（2）隔断墙的固定。

① 弹线打孔：在需要固定木隔断墙的地面和建筑墙面，弹出隔断墙的宽度线与中心线。同时画出固定点的位置，通常按 300～400mm 的间距在地面和墙面，用 ϕ7.8mm 或 ϕ10.8mm 的钻头，在中心线上打孔，孔深 45mm 左右，向孔内放入 M6 或 M8 的膨胀螺栓。注意打孔的位置应与骨架竖向木方错开。如果用木楔铁钉固定，就需打出 ϕ10～20mm 的孔，孔深 50mm 左右，再向孔内打入木楔。

② 固定木骨架：固定木骨架的方式有几种，但在施工时，通常遵循不破坏原建筑结构的原则，处理骨架固定工作。固定木骨架的位置通常是在沿墙、沿地和沿顶面处。固定木骨架前，应按对应地面、墙面、顶面的固定点位置，在木骨架上画线，标出固定点位置。如用膨胀螺栓固定，就应在标出的固定点位置打孔。打孔的直径应略大于膨胀螺栓直径。对半高矮隔断墙来说，主要靠地面

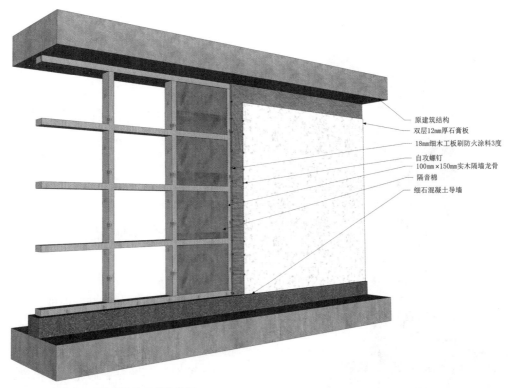

图 4.5 大木方隔断墙装饰施工构造详解

固定和端头的建筑墙面固定。如果矮隔断墙的端头处无法与墙面固定，常用铁件来加固端头处。加固部分主要是地面与竖木方之间。对于各种木隔墙的门框竖向木方，均应采用铁件加固法，否则木隔墙将会因门的开闭振动而出现较大幅度的颤动，进而使门框松动、木隔墙松动。

③ 固定木隔断墙面木夹板：隔断墙上固定木夹板的方式主要有明缝固定和拼缝固定两种。明缝固定是在两板之间留一条有一定宽度的缝，施工图无规定时，缝宽8~10mm为宜。如明缝处不用垫板，则应将木龙骨面刨光，明缝的上下宽度应一致，锯割木夹板时，应用靠尺来保证锯口的平直度与尺寸的准确性，并用0号木砂纸修边。拼缝固定时，要对木夹板正面四边进行倒角处理，以便在以后进行基层处理时，可将木夹板之间的缝隙补平。其板边倒角为45°×3。其钉板方法与木质墙身相同。

④ 饰面及收口：木龙骨架隔断墙的饰面，一般为木板油漆、木板贴墙纸、木板喷涂和贴墙面饰面板。隔断墙的收口部位主要在与吊顶面之间、与建筑墙面之间，以及与本身的门窗之间的部位。其饰面和收口的方法这里不再详细介绍。

(3) 木隔断墙体门窗的结构与做法。

① 门框结构：木隔断中的门框是以隔断门洞两侧的竖向木方为基体，配以挡位框、饰边板组合而成。大木方骨架的隔墙门洞竖向木方较大，其挡位框的木方可直接固定在竖向木方上。对小木方双层构架的隔断墙来说，因其木方较小，应该先在门洞内侧钉上12mm的厚夹板或实木板，再在厚夹板上固定挡位框。

② 门框有多种形式的包边、饰边，常见的有厚夹板加木线条包边、阶梯式包边、大木线条压边等，木门框包边、饰边装饰施工构造详解见图4.6。门框包边、饰边板或木

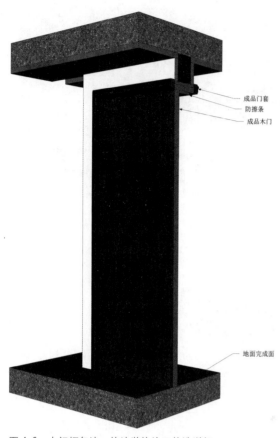

图 4.6　木门框包边、饰边装饰施工构造详解

线条的固定通常用铁钉,铁钉均需按埋入式处理。

③ 窗框结构:木隔断中的窗框是在制作木隔断时预留出的,用木夹板或木线条进行压边或定位。木隔断墙的窗有固定式和活动窗扇式,固定式是用木压条把玻璃板定位在窗框中,活动窗扇式与普通活动窗基本相同。

5. 质量标准

(1) 主控项目。

① 胶合板、贴脸板等材料的品种、材质等级、含水率和防腐措施,必须符合相关设计要求和验收规范的规定。

② 细木制品与基层或木砖镶钉必须牢固,无松动。

(2) 一般项目。

① 制作:尺寸正确,表面平直光滑,棱角方正,线条顺直,不露钉帽,无戗搓、刨痕、毛刺和锤印。

② 安装:位置正确,割角整齐、交圈、接缝严密,平直通顺,与墙面紧贴,出墙尺寸一致。

4.2.2　轻钢龙骨石膏板隔断施工

轻钢龙骨石膏板隔断施工详见 5.2.2 节介绍。

4.2.3　铝合金隔墙施工

铝合金隔墙是用铝合金型材组成框架,再配以玻璃等其他材料装配而成。

铝合金隔墙施工的基本条件与木质墙面相同。施工的常用机具有铝合金切割机、冲击钻、电锤、手枪钻、砂轮角磨机等。

1. 弹线定位

弹线定位包括:根据施工图确定隔墙在室内的具体位置、隔墙的高度、竖向型材的间隔位置等。其弹线顺序为:先弹出地面位置线,再用垂线法弹出墙面位置和高度线,并检查与铝合金隔墙相接墙面的垂直度,然后标出竖向型材的间隔位置和固定点位置。

2. 划线下料

划线下料是一项细致的工作,如果划线不准确,不仅会使接口缝隙不美观,还会造成浪费。所以划线的准确度要高,其精度要求为 ±0.5mm。

划线时,通常在地面铺一张干净的木夹板,将铝合金型材放在木夹板上,用钢尺针对型材划线。在进行划线操作时,注意不要破坏型材表面。划线下料应注意以下几点。

(1) 应先从隔墙中最长的型材开始,然后逐步过渡到最短的型材,且应将竖向型材与横向型材分开进行划线。

（2）划线前，应注意复核实际所需尺寸与施工图中标注的尺寸是否有误差，如果误差小于5mm，则可按施工图尺寸下料，如果误差较大则应按实量尺寸下料。

（3）划线时，要以沿顶和沿地型材的一个端头为基准，划出与竖向型材的各连接位置线。保证顶、地之间竖向型材安装的垂直度和对位准确性。要以竖向型材的一个端头为基准，划出与横档型材的各连接位置线，以保证各竖向龙骨之间横档型材安装的水平度。划连接位置线时，必须划出连接部的宽度，以便在宽度范围内安置连接铝角。

（4）铝合金型材的切割下料，主要用专门的铝材切割机，切割时应夹紧型材，切不可猛力下锯。切割时应齐线切，或留出线痕，以保证划割尺寸准确。切割中进刀用力均匀才能使切口平滑。快要切断时，进刀用力要轻，以保证切口边部光滑。

3. 铝合金隔墙的安装固定

半高铝合金隔墙通常是先在地面组装好框架，再竖立起来固定，全封铝合金隔断墙通常是先固定竖向型材；再安装横档型材来组装框架。铝合金型材相互连接主要是用铝角和自攻螺钉。铝合金型材与地面、墙面的连接则主要用铁脚固定法、木楔钉固定法、膨胀螺栓固定法。

（1）型材间的连接件：隔墙的铝合金型材，其截面通常是矩形长方管，常用规格为76mm×45mm和101mm×45mm或25mm×90mm。铝合金型材组装的隔墙框架，为保证安装方便及美观，其竖向型材和横向型材一般采用同一规格尺寸的型材。

型材的安装连接主要是竖向型材与横向型材的垂直接合，目前所采用的方法主要是铝角件连接法。铝角件连接主要起两方面作用：一方面将两件型材接合；另一方面起定位作用，防止型材安装后发生转动。

型材安装连接所用的铝角通常是厚铝角，其厚度在3mm左右，在一些不重要的位置也可用型材的边角料来做铝角连接件，对连接件的基本要求是有一定的强度且尺寸准确，铝角件的长度应略小于型材的内径，铝角件可正好装入型材管的内腔之中。铝角件与型材的固定，通常用自攻螺钉。

（2）型材的连接方法：沿竖向型材，在与横向型材相连接的划线位置上固定铝角件。固定前先在铝角件上打出ϕ33mm或ϕ4mm的两个孔，孔中心距铝角件端头10mm。然后将一小截型材（厚10mm左右）放于竖向型材上，再将铝角件放入这一小截型材内，并用手枪电钻和与铝角件上小孔直径相同的钻头，通过铝角件上小孔在竖向型材上打出两孔。最后用M4或M5的自攻螺钉，把铝角件固定在竖向型材上。用这种方法固定铝角件，可保证两型材对接后的垂直度和对缝的准确性。

横向型材与竖向型材对接时，先要将横向型材端头插入竖向型材上的铝角件中，并使其端头与竖向型材侧面靠紧。再用手电钻将横向型材与铝角件一并打孔，孔位通常为两个，然后用自攻螺钉固定，一般方法是钻好一个孔位后马上用自攻螺钉固定，接着打下一个孔。

需要注意的是，为保证对接处的美观，自攻螺钉的安装位置应该在较隐蔽处。如果对接处在1.5m以下，自攻螺钉头安装在型材的下方；如果对接处在1.8m以上，自攻螺钉安装在型材的上方。这样在固定铝角件时将其弯角的方向改变即可。

（3）框架与墙面、地面的固定：铝合金框架与墙面、地面的固定，通常用铁脚件。铁脚件的一端与铝合金框架连接，另一端与墙面或地面固定。

固定前先找好墙面和地面的固定点位置，避开墙面的重要饰面部分和设备及线路部分，如果与木墙面固定，固定点必须安排在有木龙骨的位置。然后在墙面或地面的固定点位置上，做出可埋入铁脚件的凹槽，如果墙面或地面还将进行批灰处理，可不必做出此凹槽。

按墙面或地面的固定点位置，在沿墙、沿地或沿顶型材上划线，再用自攻螺钉把铁脚件固定在划线位置上。铁脚件与墙面、地面的固定可用膨胀螺栓或木楔铁钉，前者的固定稳固性优于后者。如果是与木墙面固定，铁脚件可用木螺钉固定于墙面内木龙骨上。有时也可以用钉与木楔进行固定。

4. 铝合金框架的组装方法

铝合金隔墙框架有两种组装方式：一种是先在地面进行平面组装，然后将组装好的框架竖起进行整体安装；另一种是直接对隔墙框架进行安装。无论采用哪一种方式，在组装时都是从隔墙框架的一端开始。通常先将靠墙的竖向型材与铝角件固定，再将横撑型材通过铝角件与竖向型材连接，最后组成框架。以直接安装的方法组装隔墙框架时，要注意竖向型材与墙面、地面的安装固定方法。通常是先定位，再与横撑型材连接，然后与墙面、地面固定。

5. 安装铝合金饰面板和玻璃

铝合金型材隔墙在1m以下部分，通常安装铝合金饰面板。

铝合金隔墙的玻璃安装方式有两种，一种是安装于活动窗扇上，另一种是直接安装于型材上。前者需在制作铝合金活动窗时同步安装。在型材框架上安装玻璃，应先按框洞的尺寸缩3～5mm裁玻璃，以防止出现因玻璃的不规整和框洞尺寸的误差而造成的装不上玻璃的问题。在型材框架上固定玻璃，应使用与型材同色的铝合金槽条，在玻璃两侧夹定，如果要求密封安装，可在铝槽与玻璃间加玻璃胶密封。铝合金槽条可用自攻螺钉与型材固定。铝合金型材玻璃隔墙装饰施工构造详解见图4.7。

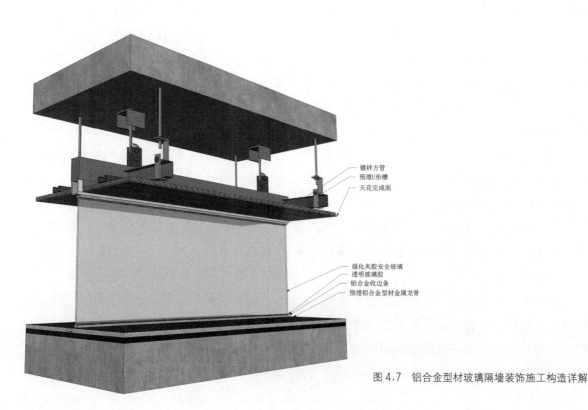

图4.7 铝合金型材玻璃隔墙装饰施工构造详解

4.3 柱体装饰结构施工

柱体装饰在装饰工程中虽然工程量不大，但其施工工艺与难度和普通墙柱面的施工有所不同，而且更能体现装饰工艺水平。

柱体常见饰面有石材饰面、玻璃镜饰面、铝合金板饰面、不锈钢饰面、铝塑板饰面、木材油漆饰面、石膏浮雕饰面等。本节讲述柱体装饰结构施工。

4.3.1 弹线工艺

进行柱体弹线工作的操作人员，应具备一些平面几何的基础知识。在柱体弹线工作中，将原建筑方柱装饰成圆柱的弹线是较为典型的工艺，下面以方柱装饰成圆柱的弹线方法为例，介绍柱体弹线的基本方法。

通常，画圆从圆心点开始，用圆的半径把圆画出。但圆柱的中心点已有建筑方柱，无法直接得到，要画出圆柱的底圆就必须用变通的方法。不用圆心而画出圆的方法很多，这里仅介绍一种常用的弦切法。画圆柱底圆的步骤如下。

1. 确立基准方柱底框

由于建筑结构尺寸存在误差，方柱也不一定是正方形，因此必须确立方柱底边的基准方框，才能进行下一步的划线工作。确立基准底框的方法如下。

（1）测量方柱的尺寸，找出最长的一条边。

（2）以该边为边长，用直角尺在方柱底作出一个正方形，该正方形就是基准方框，需将该方框的每条边的中点标出。

2. 制作样板

在一张纸板或三夹板上，以装饰圆柱的半径画一个半圆，并剪裁下来，在这个半圆形上，以标准底框边长的一半尺寸为宽度，作一条与该半圆形直径相平行的直线，然后从平行线处剪裁这个半圆，所得到的这块圆弧板，就是该柱的弦切弧样板。

3. 划线

将弦切弧样板的直边，靠住基准底框的4个边，将样板的中点线对准基准底框边长的中心。然后沿样板的圆弧边划线，这样就得到了装饰圆柱的底圆。顶面的划线方法基本相同，但要作出基准顶框，必须与底边框吊垂直线，以保证地面与顶面的一致性和垂直度。

4.3.2 制作骨架的工艺

装饰柱体的骨架有木骨架和钢骨架两种，木骨架用木方连接成框体。钢骨架用角钢焊接制作。木骨架主要用于木材油漆饰面及粘贴饰面板、不锈钢饰面板等。钢骨架主要用于铝合金饰面板和石材饰面的安装。

装饰柱体骨架结构的制作工序为：竖向龙骨定位→制作横向龙骨→横向龙骨与竖向龙骨的连接→柱体框架的检查与校正。

1. 竖向龙骨定位

先从划出的装饰柱顶面线向底面线吊垂直线，并以垂直线为基准，在顶面与地面之间竖起竖向龙骨，校正好位置后，分别在顶面和地面把竖向龙骨固定起来。

根据施工图的要求间隔，分别固定好所有的竖向龙骨。固定常采用连接脚件的间接方式，即先将连接脚件用膨胀螺栓或射钉与顶面、地面固定，再将竖向龙骨与连接脚件用螺钉固定。

2. 制作横向龙骨

横向龙骨主要用于具有弧形的装饰柱体。在具有弧形的装饰柱体中，横向龙骨一方面是龙骨架的支撑体，另一方面还起着造型的作用。所以在圆形或具有弧形的装饰柱体中，横向龙骨需制作出弧形。弧形装饰柱体横向龙骨施工构造详解见图 4.8。

弧形横向龙骨的制作方法如下。

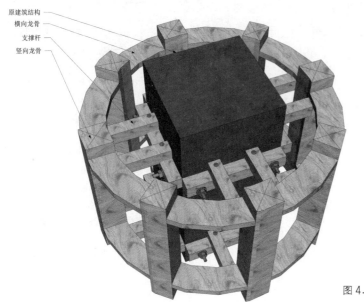

图 4.8　弧形装饰柱体横向龙骨施工构造详解

（1）在圆柱等有弧面的木骨架中，制作弧形横向龙骨，通常方法是用 15mm 厚木夹板来加工。首先在 15mm 厚木夹板上按所需的圆半径，作出一条圆弧，在该圆半径上减去横向龙骨的宽度，再作出一条同心圆弧。

（2）按同样方法在一张板上作出各条横向龙骨，但木夹板上的划线排列，应以节省材料为原则。在一张木夹板上完成划线排列后，可用电动曲线锯按线切割出横向龙骨。

（3）在钢骨架中，横向龙骨可用扁铁来替代。必须用靠模来弯曲扁铁，否则无法保证曲面弧度的准确性。

3. 横向龙骨与竖向龙骨的连接

（1）在连接前，必须在柱顶与地面间设置形体位置控制线，控制线主要是吊垂线和水平线。

（2）木龙骨的连接可用槽接法和加胶钉接法。通常圆柱等弧面柱体用槽接法，而方柱和多角柱用加胶钉接法。

① 槽接法是在横向龙骨、竖向龙骨上分别开出半槽，将两龙骨在槽口处对接。槽接法也需在槽口处加胶钉固定。这种连接固定方法稳固性较好，可用于敲击时振动幅度较大的饰面安装。

② 加胶钉接法是在横向龙骨的两端头加胶，将其置于两竖向龙骨之间，再用铁钉斜向与竖向龙骨固定。横向龙骨之间的间隔通常为 300mm 或 400mm。

（3）钢龙骨架的竖向龙骨与横向龙骨的连接，都是采用焊接法，但焊点与焊缝不得在柱体框架的外表面，否则将影响柱体表面安装的平整性、美观性。

4. 柱体框架的检查与校正

连接固定柱体龙骨架时，为了保证形体的准确性，在施工过程中应不断地对框架进行检查，检查的主要问题是柱体框架的歪斜度、不圆度、不方度和各条横向龙骨与竖向龙骨之间连接的平整度。

(1) 歪斜度：在连接好的柱体龙骨架顶端边框线上，设置吊垂线，如果吊垂线下端与柱体的边框平行，说明柱体没有歪斜度；如果不平行，说明柱体有歪斜度。吊垂线检查应在柱体周围进行，一般不少于4个位置。柱高3m以下，允许歪斜度误差在3mm以内，柱高3m以上，允许误差在6mm以内。如超过误差值就必须进行修整。

(2) 不圆度：柱体骨架的不圆度，经常表现为凸肚和内凹，这将给饰面板的安装带来不便，进而严重影响装饰效果。检查不圆度可采用垂线法，将圆柱上下边用垂线连接，如果中间骨架顶弯细垂线，说明柱体凸肚；如果细线与中间骨架有间隔，说明柱体内凹。柱体表面的不圆度误差值不得超过±3mm，如果超过误差值应进行修整。

(3) 不方度：不方度检查较简便，用直角铁尺在柱的4个边角上分别测量即可，不方度的误差值不得大于3mm。

(4) 平整度：柱体龙骨架连接、校正、固定之后，要对其连接部位和龙骨本身的不平整处进行修平处理。对曲面柱体中竖向龙骨要进行修边，使之成为曲面的一部分。

5. 柱体骨架与建筑柱体的连接

为保证装饰柱体的稳固，通常在建筑的原柱体上安装支撑杆件，使之与装饰柱体骨架相固定连接。支撑杆可用木方或角铁来制作，并用膨胀螺钉、射钉或木楔铁钉与建筑柱体连接。支撑杆应分层设置，在柱体的高度方向上，分层的间隔为800～1000mm。

4.3.3　钢木混合结构柱体施工工艺

钢木混合结构的柱体常用于独立的门柱、门框架、装饰柱等装饰体，目的是保证这些装饰体既有足够的强度、刚度，又便于进行饰面处理。现以最常见的方形柱为例，讲解钢木混合结构柱体施工工艺。

1. 混合结构的材料

(1) 钢架结构通常采用角钢焊接组成。柱体边长或直径小于300mm，高度小于3m，可选用（3cm×3cm）～（5cm×5cm）的角钢。高于3m的柱体采用的角钢尺寸可适当放大。钢架结构中竖向角钢的尺寸大于横档角钢。

(2) 混合结构中多采用厚木夹板作为基面板，木夹板厚度通常在15mm左右。采用木方作为钢木的衔接体，木方截面尺寸一般不小于30mm×30mm。

2. 混合结构的框架施工

(1) 划线下料：在角钢上按骨架所需高度尺寸截取长料，按骨架横档尺寸截取短料。注意确定骨架尺寸时，应考虑面板的厚度，以保证在安装面板后，其实际尺寸与立柱的设计尺寸吻合。

(2) 角钢框架焊接：角钢框架常见的有两种形式，一种是先焊接横档方框，然后将竖向角钢与横档方框焊接；另一种是将竖向角钢与横档角钢同时焊接组成框架。第一种框架在焊接前要校正每个横档方框的尺寸和方正性，焊接时应先点焊对接处，待校正每个直角后再焊牢，将制作好的横档方框与竖向角钢在四周焊接。在焊接时使用靠角尺来保证竖向角钢与横档框架的垂直性，进而保证四角竖向角钢相互平行。

横档方框的间隔为600～1000mm，在焊接前要检查各段横档角钢的尺寸，其长度尺寸误差应在±1.5mm。横档角钢与竖向角钢在焊接时，要使用靠角尺来保证其相互之间的垂直性。焊接组框的方法是：先分别将两条竖向角钢焊接起来组成两片，然后将这两片用横档角钢焊接起来组成框架，最后将框架涂刷防锈漆两遍。

3. 角钢架与地面、顶面的固定

（1）角钢架与地面常用预埋件来连接固定。预埋件一般为环头螺栓，数量为4只，长度在100mm左右。

（2）如果地面结构不允许使用预埋件，也可用M10～M14的膨胀螺栓来固定，其数量为6～8只。其长度应在60mm左右，不能过短，否则将影响固定的牢固性。

4. 混合结构的木方及木夹板安装

（1）木方安装：木方安装前应刨平四面，并检查方正度。将木方就位后，用手电钻钻出$\phi6.5$mm的孔，钻孔时应将木方、角钢一并钻通。用M6的平头长螺栓，把木方固定在角钢上，在螺栓紧固前，应用角尺校正木方安装的方正性。如有歪斜可通过在角钢与木方间垫木楔来校正，必须将木楔加胶再打至其间。最后上紧长螺栓，长螺栓的头部应埋入木方内。

（2）木夹板安装：为方便安装，混合结构的柱体常用厚木夹板作基面。其安装方式有两种，一种是直接钉接在混合骨架的木方上，另一种是安装在角钢骨架上。钢木混合结构木饰面装饰施工构造详解见图4.9。

厚木夹板与角钢骨架可用螺栓连接，而木夹板厚度应在12mm左右。其施工步骤如下。

第一步，切割出两块宽度等于柱边长的厚木夹板，将其放在框架上并对好安装位置，注意切割厚木夹板的宽度尺寸应略放大一点，一般放大3mm左右，便于安装后的修边。用手电钻将对好位置的厚木夹板与角钢一并钻通，再用与螺栓头直径相等的钻头在厚木夹板上划凹窝。然后在孔内穿入螺栓，用螺母将厚木夹板固定在角钢上。固定时螺栓头必须钉入木夹板平面以下2～3mm。常用的螺栓为M4～M6。在方柱面固定好一侧厚木夹板之后，再固定对向的一侧。

第二步，切割出两块宽度比柱边长少2个板厚尺寸的厚木夹板，使该板在安装时，可卡在已装好的两板之间。安装时应在两板的边侧部涂刷万能胶，使其与角钢和两侧边胶合，再用铁钉在两侧边与已用螺栓固定的

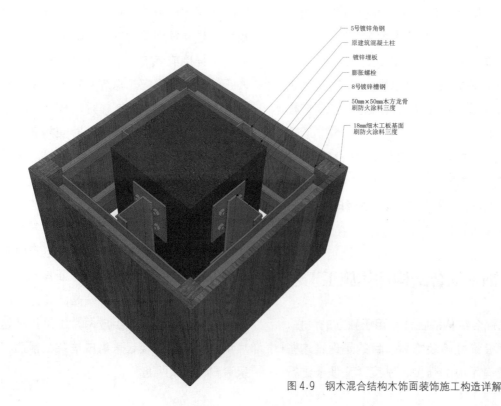

图4.9 钢木混合结构木饰面装饰施工构造详解

厚木夹板相固定，这样就完成了整个方柱与厚木夹板的安装。最后进行对角处的修边处理，使角位处方正。

4.3.4 饰面板的安装工艺

柱体饰面板安装与柱体结构有密切关系，下面作简单介绍。

1. 木饰面基层板的安装

木饰面基层板安装工艺中比较典型的是木圆柱的饰面板安装，现以木圆柱安装饰面基层板为例，介绍一些基本施工工艺。

（1）圆柱上安装木夹板：圆柱上安装木夹板，应选择弯曲性较好的薄三夹板。安装固定前，先在柱体骨架上进行试铺，如果弯曲贴合有困难，可在木夹板的背面用墙纸刀切割一些竖向刀槽，两刀槽间相距10mm左右，刀槽深1mm左右。注意，应用木夹板的长边来围柱体。在木骨架的外面刷胶液，胶液可用乳胶或万能胶等，将木夹板粘贴在木骨架上，然后用铁钉从一侧开始钉木夹板，逐步向另一侧固定。在对缝处，用钉量要适当加大，钉头要埋入木夹板内。在钉接圆柱面木夹板时，最好使用钉枪钉。

（2）实木条板安装：在圆柱体骨架上安装实木条板，所用的实木条板宽度一般为50~80mm，如圆柱体直径较小（小于ϕ350mm），可减小木条板宽度或将木条板加工成曲面形，木条板厚度为10~20mm。

2. 铝合金型材板饰面安装

安装铝合金型材板的柱体骨架，可以是钢龙骨架，也可以是木龙骨架。安装柱面的铝合金型材一般都是用"扣板"，安装方法如下：先用螺钉将扣板凹槽处与柱体骨架固定，然后将另一块板的一端插入槽内盖住螺钉头，将另一端用螺钉固定，并逐步在柱身安装扣板。安装最后一块扣板时，其上顶边、下地边通常用同色角铝压边，其上顶边是用角铝向外压，下地边是用角铝向内压。

3. 不锈钢板饰面安装

柱体上安装的不锈钢板有平面式和圆柱面式。常见的施工方法如下。

（1）方柱体上安装不锈钢板。通常需要用木夹板作基层，在大平面上用万能胶把不锈钢板粘贴在基层木夹板上。然后在转角处用不锈钢成型角压边。在压边不锈钢成型角处，可用少量玻璃胶封口。方柱体不锈钢板装饰施工构造详解见图4.10。

（2）圆柱面上安装不锈钢板。通常是在工厂专门加工成所需的曲面。一个圆柱面一般由两片或三片不锈钢曲面板组装而成。安装的关键位置是片与片间的对口处。安装对口的方式主要有直接卡口式和嵌槽压口式两种。

直接卡口式是在两片不锈钢板对口处，安装一个不锈钢卡口槽，将该卡口槽用螺钉固定于柱体骨架的凹部。安装柱面不锈钢板时，只要将不锈钢板一端的弯曲部分，勾入卡口槽内，再用力推按不锈钢板的另一端，就可利用不锈钢板本身的弹性，使其卡入另一个卡口槽内。

嵌槽压口式是先把不锈钢板在对口处的凹部用螺钉或铁钉固定，再把一条宽度小于凹槽的木条固定在凹槽中间，两边空出的间隙相等，宽为1mm左右。在木条上涂刷万能胶，等胶面不粘手时，在木条上嵌入不锈钢槽条。在嵌入黏结不锈钢槽条前，应用酒精或汽油擦槽条内的油迹污物，并涂刷一层薄薄的胶液。安装嵌槽压口的关键是保证木条的尺寸、形状准确。尺寸准确既可保证木条与不锈钢槽的配合松紧适度（安装时严禁用锤大力敲击，避免损伤不锈钢槽面），又可保证不锈钢槽面与柱体面高度一致，不会出现高低不平的现象。形状准确可使不锈钢

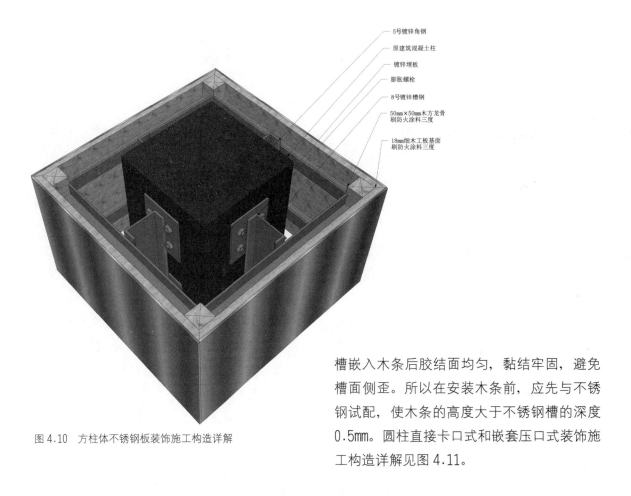

槽嵌入木条后胶结面均匀,黏结牢固,避免槽面侧歪。所以在安装木条前,应先与不锈钢试配,使木条的高度大于不锈钢槽的深度0.5mm。圆柱直接卡口式和嵌套压口式装饰施工构造详解见图 4.11。

图 4.10 方柱体不锈钢板装饰施工构造详解

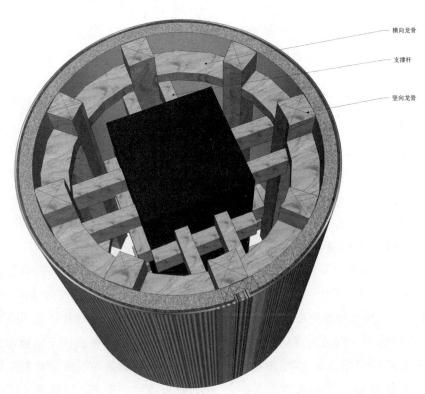

图 4.11 圆柱直接卡口式和嵌套压口式装饰施工构造详解

4. 方柱角位的结构处理

方柱角位的结构通常为阳角结构、斜角结构和阴角结构。而这三种角位又有木角结构及铝合金、不锈钢、黄铜角位结构。

（1）阳角结构。

阳角结构最常见，其角位结构也较简单，两个面在角位处直角相交，再用压角线进行封角。压角线可以是木线条、铝角或铝角型材、不锈钢角或不锈钢角型材、铜角型材。角位的木线条用钉接法固定，铝角或不锈钢角用自攻螺钉或铆接法固定，而各种角型材一般用粘卡法固定。方柱阳角结构装饰施工构造详解见图4.12。

（2）斜角结构。

柱体的斜角有大斜角和小斜角两种。大斜角用木夹板按45°角将两个面连接起来，角位不再用线条修饰，但角位处的对缝要求严密，角位木夹板应用靠模进行切割。小斜角常用木线条或铝合金、不锈钢型材来处理。方柱斜角结构装饰施工构造详解见图4.13。

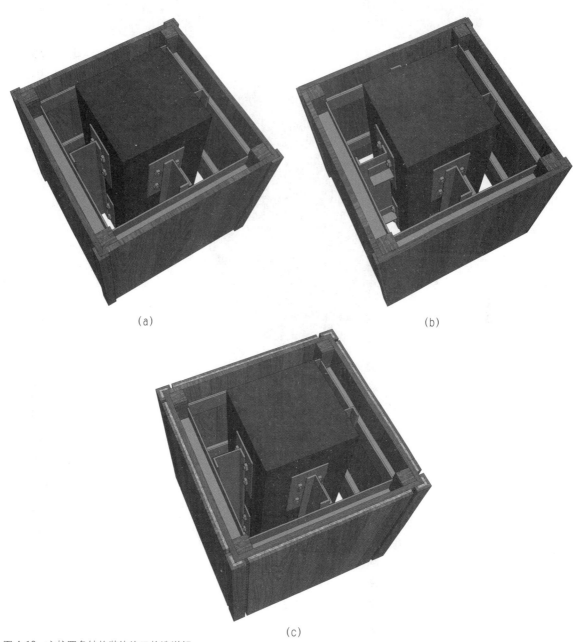

图4.12 方柱阳角结构装饰施工构造详解

图 4.13 方柱斜角结构装饰施工构造详解

(3) 阴角结构。

所谓阴角，就是在柱体的角位上，作一个向内凹的角。这样的角结构常见于造型柱体。阴角的结构包括木夹板和石材板，也可使用铝合金或不锈钢成型型材来包角。方柱阴角结构装饰施工构造详解见图 4.14。

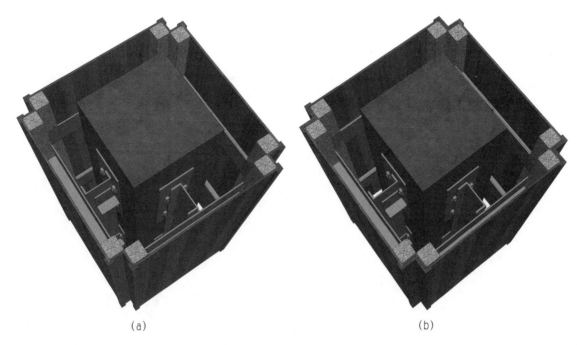

图4.14 方柱阴角结构装饰施工构造详解

思考题

1. 试述墙面装饰结构施工形式、施工材料和施工工艺的分类。

2. 试述木龙骨夹板墙身施工材料、施工准备及施工方法。

3. 试述轻钢龙骨石膏板隔断施工工序、施工准备及施工方法。

4. 试述柱体装饰结构施工工序、施工准备及施工方法。

第 5 章
隔断工程施工

【学习目标】

知识要点	具体内容
隔断龙骨	木龙骨;轻钢龙骨
石膏板隔断	石膏板隔断墙施工;施工工艺
木质隔断	木拼板隔断安装施工;施工工艺
玻璃隔断	玻璃隔断构造;玻璃隔断施工技术要点

在室内装饰中，常要借助隔墙与隔断来分割、限定室内空间，达到某种空间艺术效果，因此在装饰工程施工中会遇到隔断工程的安装施工问题。隔断与隔墙的主要区别在于前者不到顶，而后者是从地面一直做到顶棚底。由于二者在施工与构造方面差别不大，因此在讲述有关隔断工程的安装施工时一并介绍。

5.1 概述

隔断墙的主要作用在于分隔，要求自重轻、厚度薄、刚度高。有些隔断墙还要求有隔声、耐火、耐湿、耐腐蚀、通风好、采光好、便于拆装等优点。

隔断墙的类型很多，按使用情况可分为永久性隔断墙、可拆装隔断墙、可折叠隔断墙3种。隔断墙按构造方式可以分为三大类。

（1）块材式隔断墙：块材式隔断墙指用砌块、玻璃砖等块材砌筑成的墙。

（2）立筋式隔断墙：立筋式隔断墙也称立柱式、龙骨柱式隔断墙。它是以木材、钢材或其他材料构成骨架，把面层钉结、涂抹或粘贴在骨架上形成的隔断墙，如板条抹灰墙、钢丝（板）网抹灰墙、三胶板墙、石膏板墙等。

（3）板材式隔断墙：板材式隔断墙是采用工厂生产的制品板材，以砂浆或其他黏结材料固定形成的隔断墙。这种墙板本身就是骨架，承受外力。如加气混凝土条板墙、碳化石灰板墙、石膏空心条板墙。

上述3种隔断墙基本上都属于永久性隔断墙，一旦拆开就很难再安装好，也不能折叠。可折叠隔断是通过铰链将若干窄隔断连接起来，能以铰链为轴进行折叠。这种隔断就是平常所说的屏风或类似屏风的隔断。

在某些场合下，也可以用家具来分隔室内空间。家具也是一种隔断，而且很实用，既能存放东西，又可根据需要进行移动，十分灵活。因此，常称这类灵活隔断为活隔断。

软隔断、推拉式隔断、卷帘式隔断等都属于活隔断。软隔断是用质地讲究、色泽漂亮的布料织物做成帘布挂拉式或幕帐垂地式隔断。这种隔断可以随意开启，是弹性空间的理想模式，充满浪漫气息。

推拉式隔断可以灵活地根据使用需要把大空间划分为小空间，操作者可以轻松地移动隔断。多功能活动半隔断是由许多矮隔板拼装起来的新型办公设施，可以将大空间灵活地隔成若干个小的活动空间。这种隔断已有定型产品销售，其结构简单、式样美观、组装灵活，适用于大型开敞式办公室。

党的二十大报告提出："加强基础研究，

突出原创，鼓励自由探索。"笔者曾成功地设计过一例卷帘隔断。将一个大型会议室分成 3 个部分：开大型会议时，就将两个卷帘隔断卷起；开中型会议时，将前部的卷帘隔断卷起，后部的卷帘隔断放下；开小型会议时，将前、后部的卷帘隔断都放下，从而形成一个可根据参加会议的人数改变形态的会议空间。

5.2 隔断龙骨

5.2.1 木龙骨

木龙骨由上槛、下槛、立筋和横筋组成。通常木龙骨上下槛和立筋断面约为 30mm×50mm、50mm×70mm，立筋间距为 400mm～600mm，横筋间距约为 1200mm。

5.2.2 轻钢龙骨

1. 组成与特点

轻钢龙骨系以镀锌铁板或薄壁冷轧退火钢板为原料，经冷弯机辊轧冲压而成的轻隔墙骨架支承材料。适用于建筑物的轻隔墙，如石膏板、水泥刨花板、纤维板等隔墙。轻钢龙骨具有自重轻、刚度大、防火、抗震性能好、适应性强等特点，并且加工方便、安装简便。

2. 品种

轻钢龙骨按材料可分为镀锌钢带龙骨、薄壁冷轧退火卷带龙骨；按用途可分为沿顶龙骨、沿地龙骨、加强龙骨、竖向龙骨、通贯横撑龙骨等；按形状可分为 C 型轻钢龙骨和 U 型轻钢龙骨两种。通常隔墙使用的是 C 型轻钢龙骨，分为 3 个系列，可与轻质板材组合成隔断墙体。

C 型轻钢龙骨系列：C50 系列可用于层高 3.5m 以下的隔墙；C75 系列可用于层高 3.5～6m 的隔墙；C100 系列可用于层高 6m 以上的隔墙。

C 型轻钢龙骨的主体及配件的尺寸及性能见表 5-1～表 5-3。

3. 构造

轻钢龙骨隔墙一般由沿地、沿顶龙骨与沿墙、沿柱龙骨构成边框，中间立若干竖向龙骨，竖向龙骨是主要承重龙骨。某些类型的轻钢龙骨隔墙还要加通贯横撑龙骨和加强龙骨。竖向龙骨间距根据面板宽度而定，一般在面板板边、板中各放置一根，间距不大于 600mm。若墙面重量较大，其间距以不大于 420mm 为宜。若隔墙要增高，其间距应适当缩小。

表 5-1　C 型轻钢龙骨主体

序号	1			2			3			4		
代号	C50-1	C75-1	C100-1	C50-1G	C75-1G	C100-1G	C50-2	C75-2A	C100-2	C50-3	C75-3	C100-3
名称	沿顶、沿地龙骨			加强龙骨			竖向龙骨			通贯横撑龙骨		
断面/mm	52×40×0.8	76.5×40×0.8	102×40×0.8	50×40×1.5	75×40×1.5	100×40×1.5	52×50×0.8	75×50×0.8	100×50×0.8	20×12×1.2	38×12×1.2	20×12×1.2
重量/(kg/m)	0.82	1	1.13	1.5	1.77	2.06	1.12	0.79	1.43	0.41	0.58	0.58
长度/m	2	2	2	≤3.5	≤6	≤6	≤3.5	≤3.5	≤6	3	3	3
备注	表面处理：1.涂防锈漆；2.成型后镀锌											

表 5-2　C 型轻钢龙骨配件

序号	1			2			3			4			5		
代号	C50-4	C75-4	C100-4	C50-5	C75-5	C100-5	C50-6	C75-6	C100-6	C50-7	C75-7	C100-7	C50-8	C75-8	C100-8
名称	支撑卡			卡托			角托			通贯横撑连接件			加强龙骨固定件		
重量/(kg/m)	厚0.8 0.014	厚0.8 0.021	厚0.8 0.026	厚0.8 0.026	厚0.8 0.035	厚0.8 0.048	厚0.8 0.017	厚0.8 0.031	厚0.8 0.048	厚1 0.016	厚1 0.032	厚1 0.049	厚1.5 0.037	厚1.5 0.106	厚1.5 0.11
用途	竖向龙骨加强卡；竖向龙骨与通贯横撑连接件			竖向龙骨开口面与横撑连接			竖向龙骨背面与横撑连接			通贯横撑连接			加强龙骨与主体结构连接		
备注	表面镀锌														

表 5-3　轻钢龙骨隔墙配件

序号	1	2	3	4
代号	C75-9	C75-10	C75-11	C75-12
名称	窗口龙骨	固定玻璃窗口龙骨	压条	护墙龙骨
重量/(kg/m)	铝合金 0.76	钢板 4.58	钢板 0.85	钢板 3.52
长度/m	3	3	3	3
备注	用于玻璃隔断窗口、门口	用于玻璃隔断窗口	用于玻璃隔断窗口	用于隔断墙

不同部位与不同龙骨的固定方法如下。

（1）边框龙骨（包括沿地、沿顶龙骨和沿墙、沿柱龙骨）和立体结构固定，一般使用射钉，即接中距小于1m，打入射钉与主体结构固定，也可通过使用电钻开孔打入膨胀螺栓或在主体结构上留预埋件的方法来固定。边框龙骨固定施工构造详解见图5.1。

（2）竖向龙骨用拉铆钉与沿顶、沿地龙骨固定，也可用电焊、射钉固定。竖向龙骨连接施工构造详解见图5.2。

（3）门框和竖向龙骨的连接可视龙骨类型采用不同的做法，可使用加强龙骨连接大门框，也可将木门框两侧向上延长，插入沿顶骨和竖向龙骨，还可用其他固定方法。轻钢龙骨与木门框固定施工构造详解见图5.3。

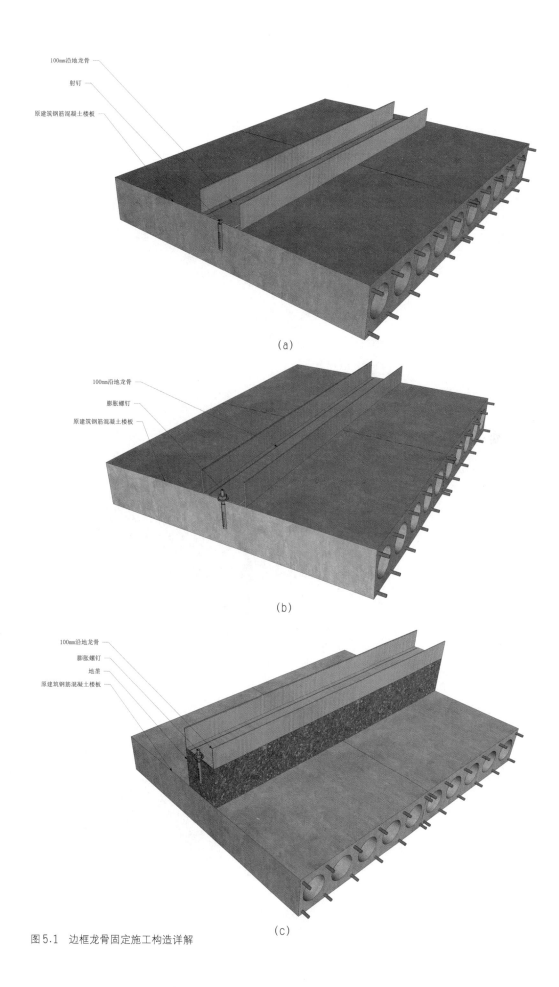

图5.1 边框龙骨固定施工构造详解

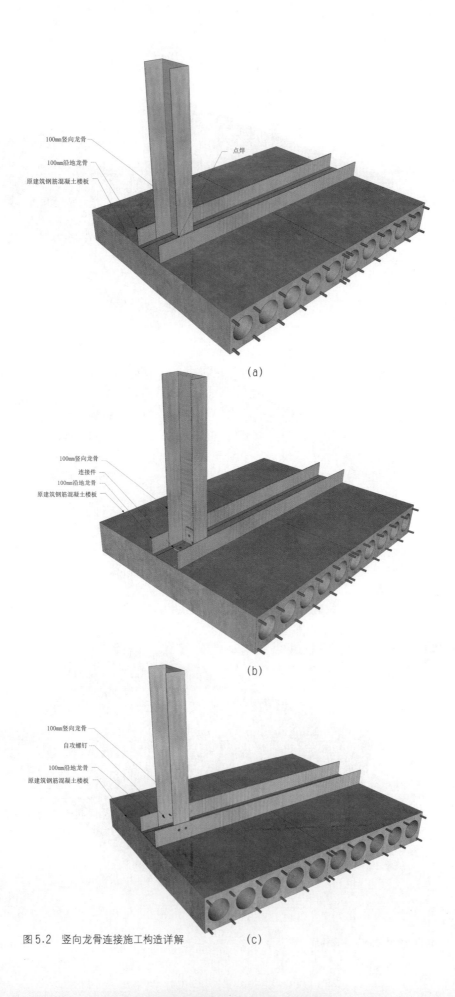

图 5.2 竖向龙骨连接施工构造详解

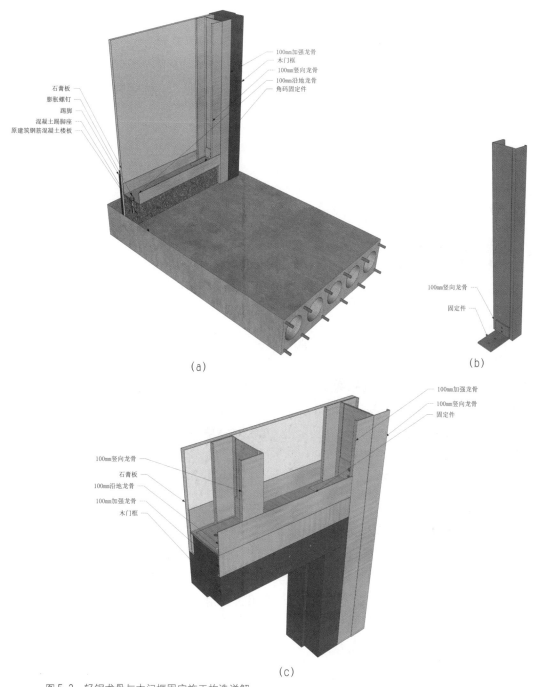

图 5.3 轻钢龙骨与木门框固定施工构造详解

(4) 对于圆曲面隔墙墙体,应根据曲面要求将沿地、沿顶龙骨切割成锅齿形进行弯曲,将锯口焊封起来固定在顶面和地面上,然后按较小的间距(一般为 150mm)排列竖向龙骨。

4. 安装施工

(1) 施工程序。

轻钢龙骨安装的施工程序:墙位放线→墙基施工→安装沿地、沿顶龙骨→安装竖向龙骨(包括门口加强龙骨)、横撑龙骨、通贯龙骨→各种洞口龙骨加固。

(2) 施工要点。

① 在沿地、沿顶龙骨与地面、顶面接触处要铺填橡胶沥青泡沫塑料条,再按规定间距用射钉或螺栓固定于地面、顶面上。

② 射钉中距按0.6~1.0m间距布置，水平方向不大于0.8m，垂直方向不大于1.0m。射钉射入混凝土基体的最佳深度为22~33mm，射入砖墙基体的最佳深度为30~50mm。

③ 将预先切裁好长度的竖向龙骨，推向横向沿顶、沿地龙骨之内，并使其翼缘朝向石膏板方向。竖向龙骨接长可用U型龙骨套在C型龙骨的接缝处，用拉铆钉或自攻螺钉固定。

5.3 石膏板隔断

石膏板具有质量轻、强度高、抗震、防火、防蛀、隔热，可裁、钉、刨、钻、黏结，以及表面平整、施工方便等特点，所以在隔断工程中十分常用。石膏板按生产方法可分为纸面石膏板、纤维石膏板（即无纸石膏板）、石膏空心条板和石膏板复合墙板等品种。

5.3.1 纸面石膏板隔断墙安装施工

纸面石膏板是以半水石膏（烧石膏）为主要原料，掺加适量的添加剂（胶黏剂、促凝剂、缓凝剂）和纤维作板芯，并用特殊的板纸作护面，将半水石膏与纤维牢固黏结，制成轻质板料。纸面石膏板主要分为普通纸面石膏板、防火石膏板和防水石膏板，可用于工业与民用建筑物的内隔墙、墙体复面板、天花板和预制石膏复合墙板。由于普通纸面石膏板未采取必要的防水措施，因此适用于厨房、厕所，以及空气相对湿度大于70%的环境中。纸面石膏板产品的一般规格尺寸有（2400~4000）mm×（900~1200）mm×（9~25）mm。其棱边有45°、矩形、楔形3种形式。

1. 现装隔断墙施工要点

(1) 墙体构造。

① 采用纸面石膏板现装的分室墙和分户墙，隔墙构造取决于墙体高度、隔声防火要求、支承骨架及其排列位置。用于作隔墙的龙骨，主要有石膏龙骨和轻钢龙骨两种。

② 作隔墙的石膏板应竖向排列。龙骨两侧的石膏板应错缝。如为四层石膏板，其面层板与基层板的板缝应错开。底层板的板缝应用胶黏剂或腻子填平。如有防火和防潮要求，隔墙面层的石膏板应分别以改性防火或防水石膏板代替。

③ 隔墙下部构造有多种做法。石膏龙骨隔墙一般做墙基，轻钢龙骨隔墙多数直接安装在楼地面上，少数做墙基。墙基一般有两种做法：一种是先在地面浇制或放置混凝土条块，也可砌砖，然后立龙骨、钉石膏板，形成墙体；另一种做法是先将石膏复合板用胶黏剂与顶板黏结，下部用木楔垫起，墙板立完后1~2天，用干硬性豆石混凝土将石膏板下部木楔间的空隙填满、捣实。为防止安装时石膏板底端吸水，还应在石膏板底端

作防潮处理。如石膏板底端有护面纸，可涂刷汽油稀释的熟桐油或乳化熟桐油；无护面纸时，可用沥青作防潮处理。石膏龙骨隔墙下部构造和轻钢龙骨隔墙下部施工构造分别如图5.4（a）、图5.4（b）所示。轻钢龙骨墙身连接施工构造详解见图5.5。

（2）墙体与门框的固定。

现装石膏板墙与门框有多种固定方法，钢门框、木门框与石膏龙骨隔墙、轻钢龙骨隔墙的固定方法有一定区别。轻钢龙骨与木门框施工构造详解见图5.6。

（3）墙面固定挂钩。

墙面上可采用伞形螺栓或自攻螺钉固定轻量挂钩，隔声墙应注意堵缝，暖气片、卫生器具要在隔墙内安装固定架。

（4）板缝处理。

石膏板内隔墙与其他内隔墙的主要区别是石膏板内隔墙的墙体有若干板缝，包括板

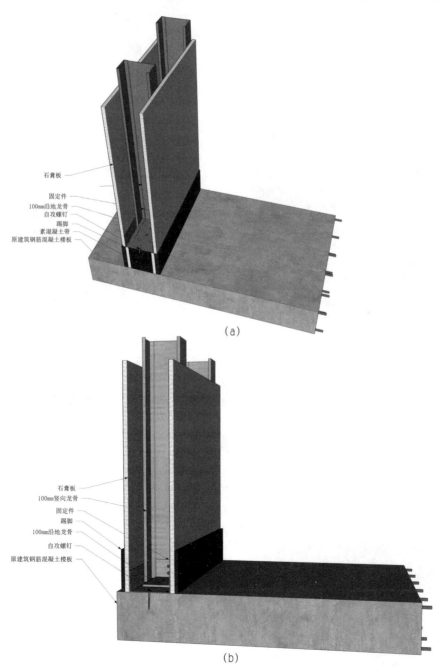

图5.4 石膏龙骨和轻钢龙骨隔墙下部施工构造详解

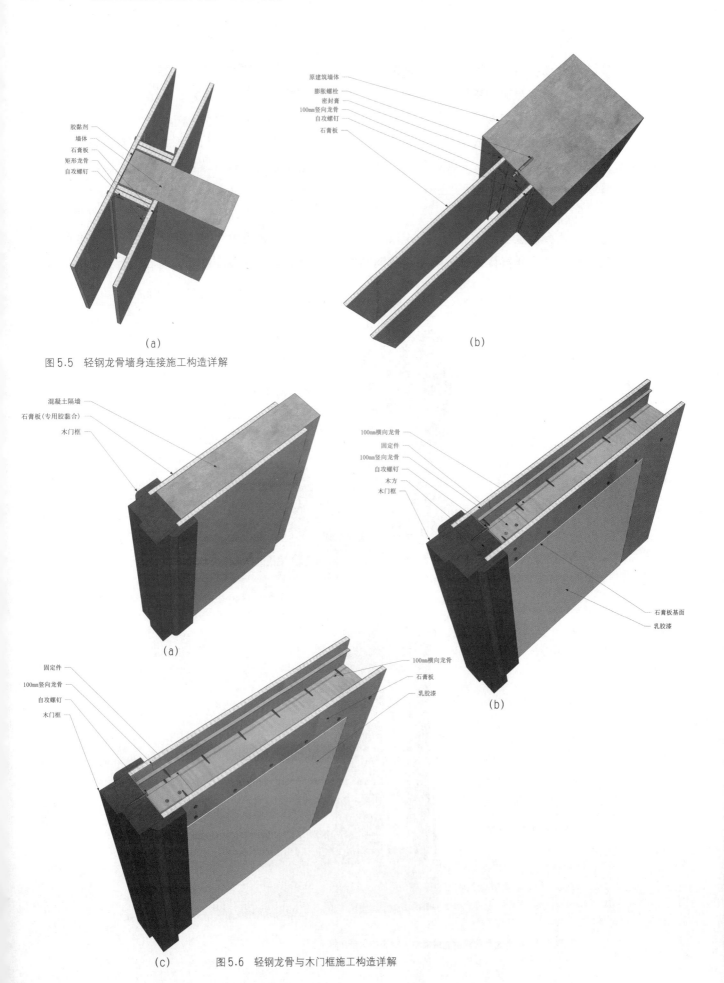

图5.5 轻钢龙骨墙身连接施工构造详解

图5.6 轻钢龙骨与木门框施工构造详解

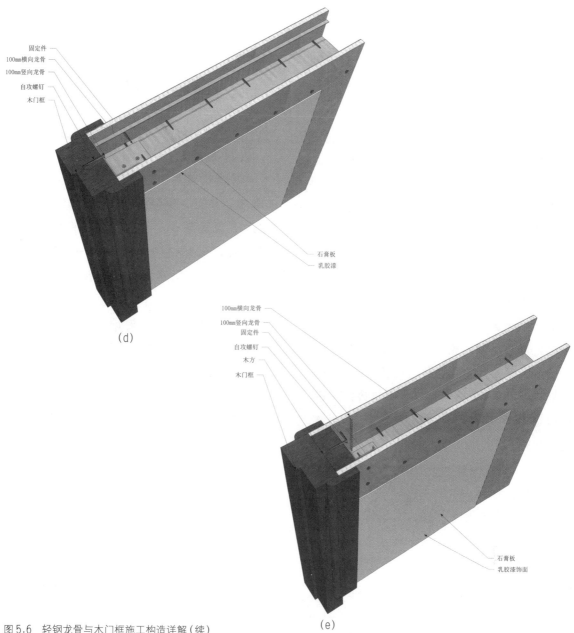

图 5.6 轻钢龙骨与木门框施工构造详解（续）

与板之间的接缝，以及石膏板与楼面的上、下接缝和阴、阳角接缝。

墙面石膏板之间的接缝处理分为无缝、压缝和明缝 3 种做法。

① 无缝做法：若采用这种做法，宜使用有倒角的石膏板。先将板缝清扫干净，对于接缝处石膏暴露部分，需要用浓度为 10% 的聚乙烯醇水溶液或用浓度为 50% 的 107 胶液涂刷 1～2 遍，待干燥后用小刮刀把腻子嵌入板缝，然后刮平、压实。待第一层腻子初凝后（凝而不硬时），薄薄地刮上一层厚约 1mm、宽约 50mm、稠度较稀的腻子，随即把接缝纸带贴上，用劲刮平、压实，赶出腻子与纸带之间的气泡；再用中刮刀在纸带上刮上一层厚约 1mm、宽 80～100mm 的腻子，使纸带埋入腻子层；最后涂上一层薄薄的稠度较稀的腻子，用大刮刀将板面刮平。

若采用玻纤接缝带，在第一层腻子嵌缝后，即可将其贴上。用腻子刀在接缝带表面轻轻地挤压，将多余的腻子从接缝带网格空隙中挤出，将接缝带刮平；再用嵌缝腻子将接缝带覆盖，并用腻子把石膏板的楔形倒角填平；最后用大刮刀将板缝刮平。若玻纤接缝带端头外露于腻子的表面，可待腻子层完全干燥固化后，用砂纸轻轻将其磨掉。

② 压缝做法：采用木压条、金属压条或塑料压条压在板与板的缝隙处。应选用无倒角的石膏板。

③ 明缝做法：用特制工具（针锉和针锯）把墙面板与板之间的立缝勾成明缝，然后在接缝处压进金属压条或塑料压条，这样可对板缝处的开裂起到掩饰作用。但明缝较难做得挺拔，可在缝内嵌压缝条，装饰效果较好。明缝适用于公共建筑，如宾馆、饭店、大礼堂等大空间。

(5) 隔声、防火与防潮。

墙体应根据设计要求选择隔声方案。隔场中应避免设电门、插座、穿墙管线等，如必须设置，则应采取相应的隔声构造。室内相对湿度大于70%时，应对墙面做防潮处理；如对防火无特殊要求，可采用普通石膏板。对石膏板的表面做防潮处理，实质上是对石膏板的护面纸做防潮处理。选择防潮涂料的依据是：涂刷防潮涂料后，能将石膏板的吸水率降低。

(6) 石膏板堆放。

石膏板场外运输宜采用车厢宽度大于2m、车厢长度大于板长的车辆，板材必须捆紧、绑牢。雨雪天气运输，必须将板材覆盖严密。装车时须将两块板正面朝里、成对码堆，板间不得夹有杂物。人工装卸要轻抬轻放、避免碰撞。板材露天堆放，应选择地势较高且平坦的场地搭设平台，平台距地面高度不低于30mm，可在其上满铺一层防潮油毡，堆垛周围须用防雨布遮盖。板在室内堆放，其下方应垫方木，与地面隔离，单板两端露明处应涂刷防潮剂。在现场及运输过程中，车厢内板材的堆置高度不应大于1m，堆垛间要有空隙，垫木间距不应大于60cm。

(7) 隔墙安装施工顺序。

隔墙安装施工顺序：墙位放线→墙基（导墙）施工→安装沿地、沿顶、沿墙龙骨或贴石膏板条→安装竖龙骨、横撑龙骨或贯通龙骨→黏钉一面石膏板→安装水暖、电气钻孔、下管穿线→填充隔声、隔热材料→安装钢门窗框木门窗框→黏钉另一面石膏板→接缝及护角处理→安装水暖、电气设备预埋件的连接固定件→饰面装修→安装踢脚板。

如是四层石膏板墙，则应参照上述顺序，在黏钉完两面石膏板后，再黏钉外层两面石膏板。

(8) 面板固定。

面板固定的方式根据龙骨的不同而有所变化。安装轻钢龙骨石膏板隔断时，先将整张板材铺在龙骨架上，对正缝位后，用 $\phi 3.2mm$ 或 $\phi 4.2mm$ 的麻花钻头将板材与轻钢龙骨一并钻孔，再用 $M4 \times 25$ 或 $M5 \times 25$ 的十字平头自攻螺钉进行固定。对于四层或四层以上的石膏板隔墙，应相应选择较长的螺钉。双层石膏板及四层石膏板的面板四边螺钉间距为200mm，中间间距为300mm。四层石膏板的底层板的螺钉间距可为500mm，固定后的螺钉头要沉入板材 $2\sim 3mm$，但不得破坏面纸。板材应尽量整张使用，不够整张时可以切割，切割石膏板可使用墙纸刀、小钢锯、手板锯、手提电锯。石膏龙骨的石膏板隔墙安装，要用胶黏剂均匀涂抹在石膏龙骨上，再粘贴石膏板，全层应找平、黏牢。木龙骨石膏板隔墙安装时，可用8分圆钉将石膏板直接钉固在木龙骨上，钉距为200mm。

2. 石膏板墙饰面

墙面装饰主要有喷涂、油漆和贴壁纸、墙布等几种做法。

（1）喷涂。墙面喷涂饰面的施工顺序：基层处理→接缝处理→涂刷防潮剂→满刮腻子两道→打磨平整→喷涂。

（2）油漆。墙面油漆饰面的施工顺序：基层处理→接缝处理→涂刷防潮剂→满刮腻子两道→打磨平整→刷油漆或乳胶漆。

（3）贴壁纸、墙布。贴壁纸、墙布饰面的施工顺序：基层处理→接缝处理→涂刷防潮剂→满刮腻子两道→打磨平整→刷107胶（或乳胶）稀液→贴壁纸或墙布。

5.3.2 纤维石膏板隔断墙安装施工

纤维石膏板是以建筑石膏为主要原料，加入适量的有机和无机纤维作为增强材料，经打浆、铺浆、脱水、成型、烘干等工序制成的一种无面纸纤维石膏板。它具有质量轻、强度高、耐火、隔声、韧性强等优点，并可进行锯、刨、钻加工，湿作业少、施工方便，可广泛地用于隔断工程中。

由于纤维石膏板无面纸，因此一般都要进行面层处理，如涂裱、彩喷等。

纤维石膏板隔断墙的安装施工方法，可参考5.3.1节的内容。在安装固定之后，可进行批腻处理（包括板缝处理）、砂纸打磨处理，然后裱糊墙纸或墙布、涂刷涂料或油漆，弹涂或喷涂，甚至可进行软包处理。

5.3.3 石膏空心条板安装施工

石膏空心条板是以建筑石膏为主要原料，掺加适量粉煤灰、水泥、增强纤维，经料浆拌和、浇注成型、抽芯、干燥等工艺制成的轻质板材。它具有质量轻、强度高、隔热、隔声、防火等特点，可进行锯、刨、钻等处理，施工方便。

按原材料分类，石膏空心条板可分为石膏珍珠岩空心条板、石膏粉煤灰硅酸盐空心条板、磷石膏空心条板、石膏空心条板。

1. 一般构造

石膏空心条板一般采用单层板做隔断、隔墙，也可用两层空心条板，中设空气层或矿棉组成隔墙。墙板和梁（板）的连接，一般采用下楔法，即下部用木楔楔紧后灌填干硬性混凝土，其上部有两种固定方法：一种为采用软连接，另一种为直接顶在楼板或梁下。为保证施工方便，多数采用后一种方法。墙板之间、墙板与顶板之间，以及墙板侧边与柱、外墙之间均用107胶水泥砂浆黏结，若墙板宽度小于板宽，可根据需要将其锯开再拼装黏结。门洞两边要各加一道通天框，采用纸面石膏板或纤维石膏板将门框上部固定在木龙骨上。

2. 隔墙施工

（1）运输与堆放。

石膏空心条板宜场外运输，垂直码放装车，板下距板两端500～700mm处应加垫方木，雨雪天气运输应盖防雨布。现场堆放应选择地势较高且平坦的场地，板下用方木垫平，板上应加盖防雨布。

（2）施工顺序。

隔墙安装施工顺序：墙位放线→立墙板→墙底缝隙填塞混凝土→批腻嵌缝。

（3）施工要点。

① 墙位放线：安装墙板时，从门洞口通天框旁开始放线，最好使用定位木架。安装方法与纸面石膏板隔断墙相似。安装前应在板的顶面和侧面涂107胶水泥砂浆。先推紧侧面，再顶牢顶面，板下两侧1/3处各垫两

组木楔，并用靠尺检查，然后在下端浇筑豆石混凝土。或者先在地面上浇筑或放置混凝土条块，也可砌砖，再黏立石膏空心条板。为防止安装时石膏空心条板底端吸水，应先涂刷甲基硅醇钠溶液做防潮处理。

② 板缝处理：不留明缝的做法是在涂刷防潮涂料前，先刷水湿润两遍，再抹石膏膨胀珍珠岩腻子，然后勾缝、刮平。

③ 踢脚线施工：先用稀释过的107胶水刷一层，再用107胶水泥砂浆刷至踢脚线部位，待初凝后再用107胶水泥砂浆抹实、压光。

3. 饰面施工

（1）墙面装饰。

墙面可做喷浆、油漆、贴墙纸等饰面。墙面要满刮腻子，待腻子干后磨平，再做饰面层，如刷漆或贴壁纸、墙布。或者用107胶水泥砂浆刷涂一道，涂刷厚度为5mm，用纸筋灰抹平，再喷涂面层色浆或涂料。由于某些墙面对防潮要求较高，因此应在打磨、找平墙面后，刷防潮涂料。

（2）防潮处理。

目前，珍珠岩石膏空心条板主要有两种防潮处理方法：一种是以纯石膏为胶凝材料；另一种是在石膏中掺入10%的水泥。两种石膏空心条板浸水0.5h，都基本饱和，前者吸水率在40%左右，后者吸水率在30%左右。

无纸面石膏空心条板的防潮，是直接对石膏进行防潮处理，一般采用稀释的甲基硅醇钠溶液。对纸面石膏板防潮效果较好的防潮涂料（如中和甲基硅醇钠），对无纸面石膏空心条板几乎无防潮效果。甲基硅醇钠防潮涂料显强碱性，防潮效果优于中和甲基硅醇钠，且在干燥状态下对板材的抗弯强度无明显削弱。不难看出，厨房、厕所的隔墙应采用掺水泥的珍珠岩石膏空心条板，并用含固量3%的甲基硅醇钠溶液做防潮处理。一般房屋的隔墙用珍珠岩石膏空心条板，可不做防潮处理。防潮涂料的配制与涂刷见表5-4。

表5-4 防潮涂料的配制与涂刷

防潮涂料名称	配制方法	涂刷工艺
甲基硅醇钠	甲基硅醇钠显强碱性，在潮湿状态下（空气相对湿度>70%）对石膏空心条板的抗弯强度有一定影响。因此，在使用含固量30%的甲基硅醇钠溶液时应用水将其稀释为含固量3%的甲基硅醇钠溶液	① 大面积施工时，宜用喷浆器喷涂；小面积施工时，可用排笔刷涂。 ② 应连续涂刷两遍，以见湿不流为宜。 ③ 适用于无纸面石膏空心条板
中和甲基硅醇钠	由于甲基硅醇钠显强碱性，对石膏板的护面纸有破坏作用，因此使用时应先用工业硫酸铝中和。配制时先把硫酸铝溶于水中，配成含固量10%的硫酸铝溶液。在10kg含固量10%的硫酸铝溶液中，边搅拌边倒入甲基硅醇钠，直至pH值为8。按甲基硅醇钠用量的10倍减10kg水，配合含固量3%左右的中和甲基硅醇钠溶液	① 石膏空心条板隔墙安装完毕，在将作饰面的一面，用喷浆器喷涂，或用排笔刷涂。 ② 通常在墙面刮腻子前涂刷，一般涂刷一遍，要求涂刷均匀，以见湿不流为宜。 ③ 应当天配制，当天使用，如存放时间过长会影响防潮效果

5.3.4 石膏板复合墙板隔断施工

1. 石膏板复合墙板隔断构造

通常可以采用单层板，也可以在两层复合板中间设空气层。

2. 石膏板复合墙板隔断施工

（1）施工顺序：墙位放线→墙基施工→安装定位架→安装复合板，并立门窗洞口→墙底缝隙填塞干硬性豆石混凝土。

（2）施工要点

① 在墙基施工之前，先对楼地面进行凿毛处理，并用水湿润，再现浇混凝土墙基。

② 安装复合板时，宜从墙的一端开始排列，按顺序安装。剩余墙宽若不足整板，需

现量尺寸进行补板；若补板宽度大于450mm，板中应增立一根龙骨；补板时应先在墙的四周粘贴石膏板条，再在其上粘贴石膏板。

③ 设有门窗的墙面，应先安装门窗口一侧较短的墙板，随即立口，再安装门窗口另一侧墙板。一般情况下，门口两侧及拐角两侧的墙板均应使用边角方正的整板。

④ 安装复合板时，应先除去板的顶面、侧面和门窗外侧面的浮土，均匀涂抹胶黏剂，再将复合板上下顶紧，侧面缝隙要严密，缝内胶黏剂要饱满（凹进板面5mm左右）。接缝宽度为35mm，板底空隙不大于25mm；板下所塞木楔上、下接触面应涂抹胶黏剂，木楔一般不撤除，但不得外露于墙面。

⑤ 第一块复合板安装好后，要检查其垂直度，继续安装时，必须上、下横靠检查尺，并与相邻的板面找平。若板面接缝不平，应注意及时纠正。

⑥ 对于双层复合板中间留空气层的墙体，应先安装一道复合板，露明于房间一侧的墙面必须平整，在空气层一侧的墙板接缝处须用胶黏剂密封。安装另一侧复合板前，应插入电气设备管线，两层墙面上的板缝应错开，并保证露明于房间一侧的墙面平整。

5.4 木质隔断

木质隔断一般采用木龙骨作骨架，以木拼板、胶合板、纤维板、刨花板、富丽板、贴塑板为罩面板安装而成。它具有施工速度快、现场湿作业少（无）、自重轻、保温、隔热、隔声等特点，目前较为常见。

由于木材是一种易燃物，因此木质隔断耐火性能较差。在防火要求较高的建筑中应尽量不采用或少采用木材，即使采用也应通过刷防火涂料等措施来提高其耐火能力，其罩面板应尽量采用防火贴塑板。

此外，木质材料防腐能力较差，靠近地面、墙面等易泛潮的地方的木龙骨应做防腐、防潮处理。而刨花板一般较厚，强度、刚度高，既可以按胶合板隔断的安装方法施工，又可以参照石膏空心条板的安装方法施工。本书将着重介绍木拼板隔断、胶合板隔断及纤维板隔断的安装施工方法。

5.4.1 木拼板隔断安装施工

1. 构造

木拼板隔断由木方骨架、木拼板罩面板组成，有时隔断上还有门窗。门窗框须与骨架连接或合为一体。

木龙骨应采用榫结构连接。板与龙骨的连接可以采用螺钉，也可以将板插入龙骨的企口槽。板与板的拼缝形式有平直缝、企口缝、错口缝3种。其中企口缝是最好的拼缝形式，但施工麻烦。板与板之间可用胶黏接、销钉连接、企口插接、钉钉连接等。

2. 施工要点

（1）制作木隔断的木料，应采用松木，其含水量不得超过规定值。

（2）必须按设计图纸规定的位置及有关尺寸的要求安装。

（3）木隔断必须用钉子与墙柱内的防腐木砖钉牢，要保证隔断平直、稳定、牢固、完整。

（4）面层装饰应符合设计图纸的要求。

5.4.2 胶合板隔断安装施工

胶合板隔断多以木方为龙骨、以胶合板为罩面板安装而成。木方的含水率应在允许的范围内，以保证不变形，同时还应做相应的防潮、防腐处理。三合板可以用三胶板，也可以用五胶板，胶结的层数越多，胶合板的强度越高。

1. 构造

胶合板隔断装饰施工构造详解见图5.7。

2. 安装施工

先立墙筋（龙骨），墙筋间距应与板材规格配合，一般为400～600mm，钉成方框。沿地龙骨应做防腐处理，如刷热沥青、刷水柏油或铺油毡。可以用射钉、膨胀螺栓固定。龙骨与龙骨之间多用螺钉固定，在钉固之前最好在连接缝处刷些胶（如乳白胶等）。

墙筋安装好后，即可安装其中一面胶合板，胶合板多以钉子钉固，也可以用压条固定或直接以胶黏固，在胶结硬之前应一直施加压力使板与龙骨黏牢。待隔断内电线穿管等设施安装完毕，再安装另一面胶合板。板缝表面处理根据设计要求来定，若要求做明缝，在安装隔断胶合板之前应将边刨光。

（1）施工要点。

① 胶合板罩面安装前应对基体进行处理，其表面如采用油毡、油纸做防潮处理，应将油毡、油纸铺设平整，不得有褶皱、裂缝和透孔等。

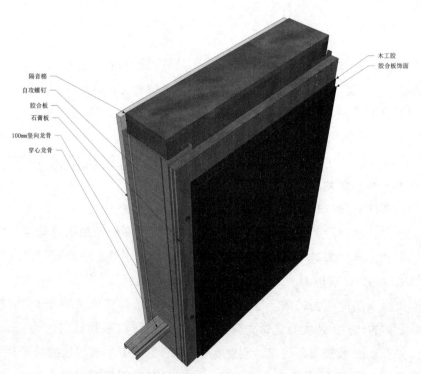

图5.7　胶合板隔断装饰施工构造详解

② 安装时应先按分块尺寸弹线，安装顶棚应由中间向两边对称进行。

③ 湿度较大的房间，不得使用未经防水、防腐处理的胶合板。

④ 生活电器等的底座应装嵌牢固，其表面应与胶合板罩面的底面齐平。

⑤ 门框或筒子板与胶合板罩面相接处应齐平，并有贴脸板覆盖。

⑥ 墙与柱的胶合板罩面下端，如用木踢脚板覆盖，胶合板罩面应离地面20～30mm；用大理石、水磨石踢脚板时，胶合板罩面下端应与踢脚板上口齐平、接缝严密。

（2）施工注意事项。

① 胶合板面层如做清水漆，施工前应先挑选板材，相邻面的木纹、颜色应接近，以保证安装后美观。

② 用钉子固定时，胶合板钉距为80～150mm，钉长为25～35mm，钉帽应打扁并钉入板面0.5～1.0mm，钉眼应用油性腻子抹平，这样才可防止板面空鼓翘曲、钉帽生锈。

③ 用木压条固定胶合板时，钉距不应大于200mm，钉帽也应打扁钉入木压条面0.5～1.0mm，但选用的木压条应干燥无裂纹，打扁的钉帽应顺木纹打入，以防开裂。

④ 墙面用胶合板，在阳角处应做护角，以防使用时损坏墙角。

5.4.3　纤维板隔断安装施工

纤维板是由碎木加工成纤维状，除去有害杂质，经纤维分离、喷胶成型，干燥后在高温下用压力机压缩制成。这种板材可节省木材，无缝无节，材质均匀，纵横方向强度相同。与胶合板相比，纤维板生产成本低廉。纤维板分为硬质和软质两种，具有密度小、强度高、防水性能好、在高温条件下变形小、耐腐蚀、耐酸、耐碱、易加工等特点。

1．纤维板隔断构造

木质纤维板隔断构造与胶合板隔断构造一致，其做法是先立墙筋，根据纤维板大小确定墙筋间距，然后在墙筋的一面或两面钉木质纤维板。由于木质纤维板板边较毛，板接缝处一般用木压条盖住，有时也可把木质纤维板（胶合板）镶到木筋中间（木筋四面刨光），并将其四周用木压条夹牢。但采用这种做法，不能使板与龙骨形成一个整体，且隔断的刚度与强度都较差。为了保证隔断的刚度和强度，一般对龙骨的材质与截面尺寸有较高要求。纤维板隔断装饰施工构造详解见图5.8。

2．安装施工技术

（1）施工要点。

① 纤维板隔断的立筋间距应与板材的规格相配合，一般在40～60cm。

② 水平横撑要水平钉接，且钉接间距要与板材的规格相匹配。

③ 纤维板与板的接头宜做成坡棱，或留3～7mm的缝隙，并应用压条或不易锈蚀的垫圈钉牢。

（2）施工注意事项。

① 用钉子固定时，硬质纤维板钉距为80～120mm，钉长为20～30mm，钉帽打扁后钉入板面0.5mm，钉眼宜用油性腻子抹平。这样才可防止板面空鼓、翘曲，防止钉帽生锈。

② 如用木压条固定，钉距不应大于200mm，钉帽应打扁，并钉入木压条0.5～1.0mm。钉眼应用油性腻子抹平。

③ 硬质纤维板应用水浸透，晾干后安装，才可保证工程质量。

起鼓、翘曲是纤维板安装施工中常见的质量问题，特别是硬质纤维板。其产生原因主要有以下两点。

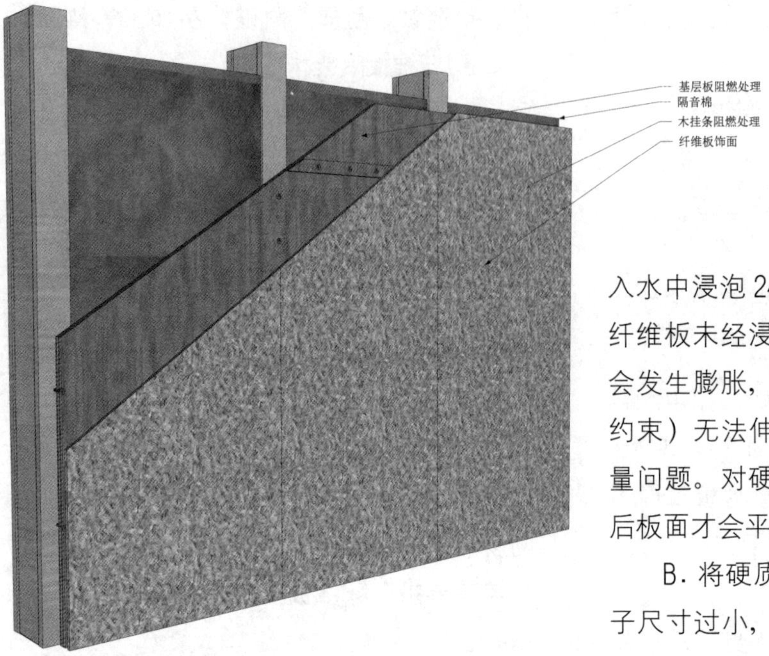

图5.8 纤维板隔断装饰施工构造详解

（基层板阻燃处理／隔音棉／木挂条阻燃处理／纤维板饰面）

A. 安装前未将硬质纤维板用水浸泡，由于这种板材有湿胀、干缩的特性，故易产生质量问题。实测结果显示，将硬质纤维板放入水中浸泡24h，可使其伸胀0.5%左右。如纤维板未经浸泡，安装后吸收空气中的水分会发生膨胀，但因其四周已有钉子固定（受约束）无法伸胀，故会造成起鼓、翘曲等质量问题。对硬质纤维板进行浸泡处理，安装后板面才会平整，才可保证工程质量。

B. 将硬质纤维板用钉子固定时，如果钉子尺寸过小，则长度不够，会导致固定不牢固。如每块板面上钉子的间距过大，则会造成板面起鼓、翘曲。

④ 可用硬质纤维板作钻孔板。硬质纤维板价格低廉、质量轻，可锯、刨、钉，加工简便，且钻孔可组成各种图案，美观大方。

5.5 玻璃隔断

玻璃隔断是以玻璃为主要板材，再配以其他骨架、装饰架安装而成的隔断，这种隔断虽然限制人的活动范围，但不限制人的视线，能创造出独特的内部空间。

5.5.1 玻璃隔断安装施工

1. 玻璃隔断

（1）玻璃材料：玻璃隔断所用的玻璃应按设计要求选用，常用的有平板玻璃、磨砂玻璃、压花玻璃、彩色玻璃等。

（2）构造：玻璃隔断构造下部的做法按设计要求主要有墙裙罩面板、砖墙抹灰，也有将玻璃隔断直接落到地面的做法。

2. 施工技术要点

（1）按照图纸在墙上弹出垂线，并在地面及顶棚弹出隔断的位置。

（2）按照设计要求，在已弹出的位置线上做出下半部（罩面板墙裙或砌砖），并与两端的结构（砖墙或柱）锚固。

(3)做玻璃隔断时,先检查砖墙上木砖或地面上木楔是否已按规定埋设,然后根据弹出的位置线,先立靠墙立筋,并用钉子与墙上木砖钉牢,再钉上、下槛及中间棱木。木龙骨玻璃隔断装饰施工构造详解见图5.9。

图 5.9　木龙骨玻璃隔断装饰施工构造详解

5.5.2　防烟隔断安装施工

1. 防烟隔断

建筑物发生火灾时,往往会产生大量的烟雾,为隔断烟流,必须设置防烟隔断。由防烟隔断划分的区域内,都必须设置排烟装置。

(1)玻璃材料。

为了防止玻璃破损后掉落,防烟隔断的玻璃应采用夹层玻璃或夹丝玻璃。

①夹层玻璃:一种安全玻璃。主要采用玻璃纤维,增强夹层玻璃和石棉纤维增强夹层玻璃都有很好的耐火性。

②夹丝玻璃:一种把金属网(线)嵌入玻璃内部的平板玻璃。火灾时,夹丝玻璃即使破损也不会形成大的孔洞,所以它有防止火势蔓延的作用。夹丝玻璃有花纹玻璃和磨光玻璃两种。

(2)构造。

挡火、挡烟隔断装饰施工构造详解见图5.10。

2. 安装施工技术

(1)认清区域划分线。

(2)虽然现代的防烟隔断采用的是专用的铝合金框,但都是在顶棚基层的吊筋承梁

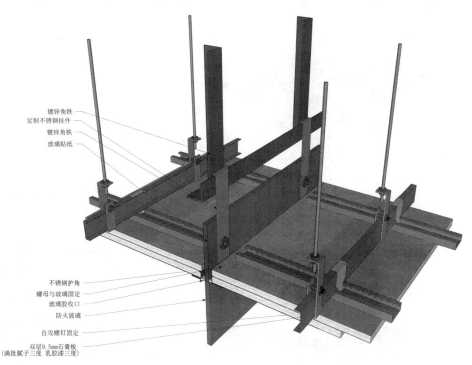

图 5.10　挡火、挡烟隔断装饰施工构造详解

上用吊杆安装的,所以安装时必须检查有无吊筋承梁,以及是否需要进行补强。

(3) 如果吊筋承梁的安装和补强已结束,在铺设吊顶罩面板前,应先安装吊杆,再安装铝合金框。

(4) 所有的顶棚工程结束后,应确认其他工程对挂玻璃无妨碍,再安装玻璃。

(5) 玻璃的固定有摩擦衬垫型和密封材黏结型两种方式。为防止脱落,还需利用玻璃之间的缝隙安装不锈钢吊具,这样更加保险。

(6) 玻璃之间的缝隙中应填硅酮胶。

(7) 玻璃上应贴"注意保护玻璃"字样,使其更加醒目。

5.5.3 铝合金玻璃隔断安装施工

铝合金玻璃隔断较木质隔断有许多优点,如耐火、耐腐蚀、不易变形、施工简便等,所以铝合金玻璃隔断在装饰工程中常被大量采用。铝合金玻璃隔断安装施工要点如下。

(1) 施工时,先按图纸在墙上弹出垂线,再在地面及顶棚上弹出隔断的位置线。

(2) 根据已弹出的位置线,按照设计规定的下部做法(砌砖、板条、单面板)完成下半部,并与两端的砖墙锚固。如无此项则直接进入下一步工序。

(3) 安装铝合金骨架。铝合金骨架(多为铝合金扁通或铝合金方通,有70系列和90系列)应借助木砖、膨胀螺栓、拉铆钉等固定到墙面、地面、顶面上。铝合金骨架之间的连接多用自攻螺钉、拉铆钉、铸铝连接件等来固定。

(4) 安装玻璃。玻璃与铝合金的连接固定方法很多,此处不再赘述。

5.5.4 玻璃隔墙安装施工

玻璃隔墙包括木筋玻璃隔墙、铝合金玻璃隔墙。玻璃隔墙装饰施工构造详解见图5.11。

5.5.5 玻璃砖隔断安装施工

玻璃砖隔断装饰施工构造详解见图5.12。

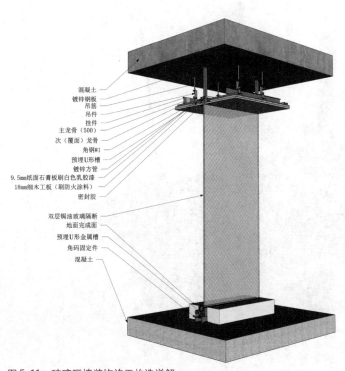

图5.11 玻璃隔墙装饰施工构造详解

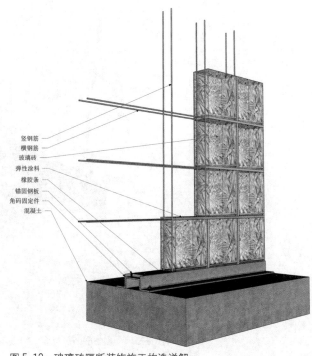

图5.12 玻璃砖隔断装饰施工构造详解

5.5.6 全玻璃隔断

玻璃隔断主要采用玻璃材料,既不做木筋,也不需要铝合金骨架。玻璃本身就是承受诸多外力的构件,这种隔断较一般隔断更简洁、大方,在酒店、咖啡厅、饭店、宾馆的装饰工程中常被使用。

1. 材料

玻璃隔断一般采用 8mm、10mm 或 12mm 浮法玻璃、钢化玻璃作原材料。在按尺寸要求裁割好玻璃后,应将其边缘磨光。

其他材料根据设计要求来定,如有的玻璃边角需用不锈钢槽卡住,有的玻璃之间需设一些装饰性立柱等。

2. 施工程序

定位弹线→沿地处理→临时支撑→安装主柱→安装玻璃→拆除临时支撑→清理。

3. 施工要点

(1) 定位弹线必须准确,且符合设计要求。

(2) 沿地处理必须牢固,一般要求其能承受玻璃的作用力,而且其面层处理必须符合设计要求。

(3) 立柱的安装应符合设计要求,且应该有一定的强度与刚度。某些立柱如不锈钢管,玻璃是穿插固定在其上的,应在安装之前做好裁口处理。

(4) 在裁割玻璃时一定要使其符合设计的尺寸与形状要求,如玻璃表面要进行刻花等处理,应在安装之前处理好,而且要妥善保护。

(5) 玻璃的安装必须牢固、方法正确、符合设计要求。玻璃在安装中常借助临时支撑,在胶黏剂(如玻璃胶等)结硬之前不得随意拆除临时支撑。

(6) 不锈钢等材料表面的保护胶纸应在竣工后撕除。玻璃及其他材料表面的污染物在交付使用之前应由施工单位清理干净。玻璃隔断与顶棚装饰施工构造详解见图 5.13。

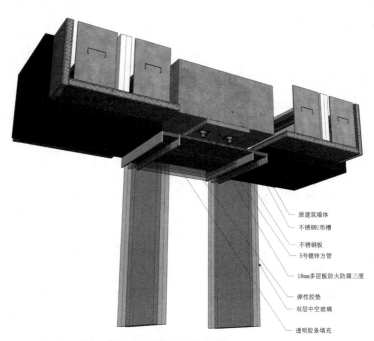

图 5.13 玻璃隔断与顶棚装饰施工构造详解

5.6 其他隔断

隔断的种类繁多，用作隔断的材料更是五花八门。下面再介绍一下TK板现装隔断墙、水泥刨花板隔断、铝合金压型条板隔断墙、吸声隔墙。此外，隔断面层也会采用一些新型卷材（如镭射及时贴、墙绒、墙纸等）、块材等材料来装饰。

5.6.1 TK板现装隔断墙

TK板现装复合隔断墙，通常以石膏龙骨、木龙骨、轻钢龙骨为骨架，两面各覆盖一层TK板。TK板现装隔断墙的构造及施工方法与纸面石膏板隔断墙类似。

5.6.2 水泥刨花板隔断墙

1．水泥刨花板隔断墙的构造

（1）水泥刨花板可制成预制复合板墙板，采用预制复合板作为隔断墙板时，其施工方法与纸面石膏板隔断墙类似。

（2）水泥刨花板现装隔断墙，是以轻钢龙骨、水泥刨花板黏接龙骨或木龙骨做骨架，两面各黏钉一层水泥刨花板。

2．水泥刨花板隔断墙的施工

（1）施工顺序（现装隔断墙）：墙位放线→安装门窗框及龙骨→安装两面水泥刨花板→接缝处理→饰面处理。

（2）施工方法。

① 安装墙板时，将龙骨按一定距离直线或错开排列，两面各黏钉一层水泥刨花板，板材与龙骨可采用107胶水泥砂浆或其他胶黏剂黏接，并用自攻螺钉定位。

② 板材现场切割加工，一般采用有齿硬质合金锯片圆盘锯，小量边角加工可使用手工钢锯或齿距较小的木工手锯。

③ 内墙面接缝处理，可用塑料管填缝，龙骨与楼板、地面的连接，可用膨胀螺栓或其他方法固定。

④ 内隔墙饰面，通常在接缝处用塑料管作填缝或嵌缝处理，并喷涂涂料或粘贴墙纸。水泥刨花板隔断墙装饰施工构造详解见图5.14。

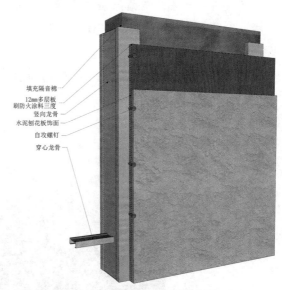

图5.14 水泥刨花板隔断墙装饰施工构造详解

5.6.3 铝合金压型条板隔断墙

1．铝合金压型条板隔断墙的构造

铝合金压型条板可作为隔断墙面，通常可以用螺钉直接固定在骨架上，也可以采用悬挂或嵌卡的方法，用锚固件将板固定在轻钢龙骨上。

2. 铝合金压型条板隔断墙的施工

（1）施工顺序：墙位放线→安装固定骨架→安装铝合金板→嵌缝处理。

（2）施工安装。

① 铝合金隔断墙主要由铝合金板和骨架组成，施工时首先要在骨架的位置放线，放线最好一次放完，如发现差错，可随时调整。

② 骨架安装要牢固，位置要准确，安装完毕，应对中心线、表面标高等做全面检查，以保证安装精度。

③ 板的安装应以安全、牢固为第一原则。通常可以将板条卡在龙骨的顶面，注意龙骨与板条应配套使用。

④ 安装板时，两块板之间应留20mm的间隙，可以用一条挤压成形的橡胶带进行密封处理。安装时应用一块铝合金压住连接件的两端，然后用螺钉拧紧，螺钉的间距为300mm左右。

5.6.4 吸声隔墙

吸声隔墙是根据声学原理设计安装的一种隔墙。它能有效地吸收室内的噪声，在一些大型的室内空间常被采用，如会议室、多功能厅、舞厅、教室等。

1. 钻孔罩面板吸声原理

室内装饰施工常使用胶合板等罩面板，并在板面上钻许多小孔，目的是吸声。孔的排列一般十分整齐并能组成图案，有良好的装饰效果。

为什么要在板面上钻孔？因为对于低频噪声，吸声材料的吸声效果欠佳；若用厚罩面板，则很不经济。故在罩面板上钻孔，并在板后设置空腔，组成共振吸声结构，可以很好地吸收低频噪声。

吸声原理：当声波传到穿孔板所组成的共振吸声结构上时，在大气压的作用下，声波进入小孔，从空腔中传到墙面或顶棚结构上，又从小孔中返回。这样，声波就像活塞一样，在小孔中往复运动，由于孔壁存在摩擦和阻尼，因此声能转变为热能从而被消耗掉。

从吸声效果和实用意义两方面试验，在穿孔板共振吸声结构中，板的穿孔率$p=0.5\%$～5%、孔径ϕ为2～$15mm$、板厚t为1.5～$10mm$、空腔D为100～$250mm$时，效果较好。如在空腔中填入多孔吸声材料，如玻璃纤维布等，声波在多孔吸声材料中往复运动，经摩擦和阻尼吸收或减弱，声能会被大量消耗，效果更好。

钻孔板的孔径不宜太大，过大不仅会使声波进出时的摩擦和阻尼减小，而且会影响板面的抗夸强度。由于顶棚的板是水平铺打的，如孔钻在板的中心，无论管板四周的支承情况如何，最大夸矩恰在板的中心，会使钻孔板的挠度增大。因此，应该避免把孔钻在板的中心。

用胶合板作钻孔板，加工简便，钻孔可组成各种图案，美观大方。在高级宾馆、饭店、候机楼及其他各类公共建筑的顶棚、墙面中，都常用到钻孔板。

此外，也可以用石膏板来制作钻孔吸声板，市场上也有穿孔石膏板成品销售。因其耐火性能较胶合板好，故在装饰设计与施工中常被优先采用。

2. 安装施工要点

（1）可以手工钻孔，也可以借助工厂机械设备钻孔。钻孔时既要根据设计要求，保证穿孔率，又要注意钻孔均匀，还要注意图案美观的要求。手工钻孔时可以先弹出孔位线，钻孔完毕，应用砂纸将钻屑等打磨干净。如采用市场上购买的穿孔板，一般无须这样做。

（2）面板处理：面板涂油漆、刷涂料时应注意避免堵塞穿孔。尤其是进行喷涂、弹涂时更要小心。

（3）某些工程中还常在穿孔板面层贴一层海绵，再以织物面料进行软包。吸声隔墙装饰施工构造详解见图5.15。

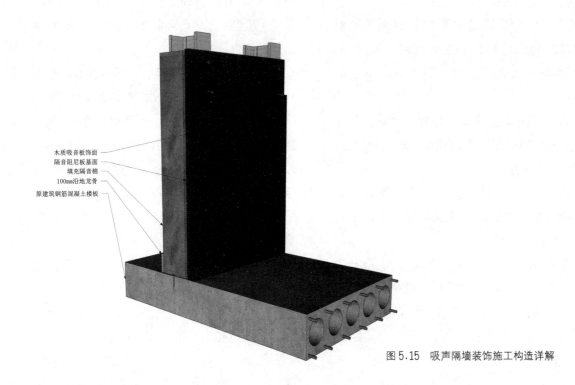

图5.15 吸声隔墙装饰施工构造详解

5.6.5 墙面软包

1. 施工准备

（1）材料要求。

① 软包墙面木框、龙骨、底板、面板等木材的树种、规格、等级、含水率和防腐处理，必须符合设计图纸要求和《木结构工程施工质量验收规范》（GB 50206—2012）的规定。

② 软包面料及其他填充材料必须符合设计要求，并应符合建筑内装修设计防火的有关规定。

③ 龙骨料一般用红白松烘干料，含水率不大于12%，厚度应符合设计要求，不得有腐朽、节疤、劈裂、扭曲等疵病，并应预先做防腐处理。

④ 面板一般采用胶合板（五合板），厚度不小于3mm，颜色、花纹要尽量相似，用原木板材作面板时，一般采用烘干的红白松、椴木和水曲柳等硬杂木，含水率不大于12%。其厚度不小于20mm，且要求纹理顺直、颜色均匀、花纹近似，不得有节疤、扭曲、裂缝、变色等疵病。

⑤ 外饰面用的压条、分格框和木贴脸等，一般采用工厂加工的半成品烘干料，含水率不大于12%，外观无明显瑕疵，厚度应符合设计要求，并应预先做防腐处理。

⑥ 辅料有防潮纸或油毡、乳胶、钉子（钉子长应为面层厚的2~2.5倍）、木螺钉、木砂纸、氟化钠（纯度应在75%以上，不含游离氟化氢，它的黏度应能通过120号筛）、石油沥青（一般采用10号、30号建筑石油沥青）等。

⑦ 如设计采取轻质隔墙做法，其基层、面层和其他填充材料必须符合设计要求。

⑧ 罩面材料和做法必须符合设计图纸要求，并符合建筑内装修设计防火的有关规定。

（2）主要机具。

木工工作台、电锯、电刨、冲击钻、手枪钻、切裁织物布革工作台、钢板尺（1m长）、裁织革刀、毛巾、塑料水桶、塑料脸盆、油工刮板、小辊、开刀、毛刷、排笔、擦布或棉丝、砂纸、长卷尺、盒尺、锤子、木工凿子、线锯、铝制水平尺、方尺、多用刀、弹线用的粉线包、墨斗、小白线、笤帚、拖线板、线坠、红铅笔、工具袋等。

（3）作业条件。

① 混凝土和墙面抹灰已完成，基层按设计要求已埋设木砖或木筋，水泥砂浆找平层已抹完灰并刷冷底油，且经过干燥，含水率不大于8%。木材制品的含水率不得大于12%。

② 水电、相关设备、顶墙上的预埋件已设置完成。

③ 房间里的吊顶分项工程基本完成，并符合设计要求。

④ 房间里的木护墙和细木装修底板已基本完成，并符合设计要求。

⑤ 对施工人员进行技术交底时，应强调技术措施和质量要求。大面积施工前，应先做样板间，经质检部门鉴定合格后，方可组织班组施工。

2. 操作工艺

（1）工艺流程：基层或底板处理→吊直、套方、找规矩、弹线→计算用料、套裁面料→粘贴面料→安装贴脸或装饰边线、刷镶边油漆→软包墙面。原则上，房间内的地面、顶面装修已基本完成，墙面和细木装修底板做完，开始做面层装修时，可插入软包墙面的镶贴装饰和安装工程。

（2）基层或底板处理：凡做软包墙面装饰的房间基层，步骤大致是：在结构墙上预埋木砖，抹水泥砂浆找平层，刷喷冷底子油，铺贴防潮层，安装50mm×50mm木墙筋（中距为450mm），上铺五层胶合板。此基层或底板实际是该房间的标准做法。如采取直接铺贴法，基层必须做认真的处理，方法是先将底板拼缝用油腻子嵌平密实，满刮腻子1～2遍，待腻子干燥后用砂纸磨平，粘贴前，在基层表面满刷清油一道。如有填充层，此工序可以简化。

（3）吊直、套方、找规矩、弹线：根据设计图纸要求，通过吊直、套方、找规矩、弹线等工序，把实际设计的尺寸与造型落实到墙面上。

（4）计算用料、套裁填充料和面料：首先根据设计图纸的要求，确定软包墙面的具体做法。一般有两种做法，一是直接铺贴法，此法操作比较简便，但对基层或底板的平整度要求较高。二是预制铺贴镶嵌法，此法有一定的难度，要求基层或底板平直、无歪斜、尺寸准确。首先需要做定位标志以利于对号入座，然后按照设计要求进行用料计算和底衬（填充料）、面料套裁工作。注意，同一房间、同一图案必须用同一卷材料（含填充料）套裁面料。

（5）粘贴面料：如采取直接铺贴法施工，待墙面细木装修基本完成、边框油漆达到交活条件，方可粘贴面料。如果采取预制铺贴镶嵌法，则不受此限制，可事先粘贴面料。首先按照设计图纸和造型的要求粘贴填充料（如泡沫塑料、矿棉、木条、五合板等），按设计用料（黏结用胶、钉子、木螺钉、电化铝帽头钉、铜丝等）把填充垫层固定在预制铺贴镶嵌底板上，然后按照定位标志找好横竖坐标，把面料上下摆正，把上部用木条加钉子临时固定，把下端和二侧位置找好，便可按设计要求粘贴面料。

（6）安装贴脸或装饰边线：根据设计选择和加工好贴脸或装饰边线，按设计要求把油漆刷好（达到交活条件），便可安装预制铺贴镶嵌的装饰板。经过试拼达到设计要求后，便可将其与基层固定，安装贴脸或装饰边线，最后修刷镶边油漆成活。

（7）修整软包墙面：如果软包墙面施工安排靠后，则修整软包墙面的工作比较简单。如果施工安排靠前，则修整工作量较大，包括除尘清理、钉黏保护膜的钉眼和处理胶痕等工作。

3．主控项目

（1）软包墙面木框或底板所用材料的树种、等级、规格、含水率和防腐处理，必须符合设计要求和《木结构工程施工质量验收规范》（GB 50206—2012）的规定。软包面料及其他填充材料也必须符合设计要求，并符合建筑内装修设计防火的有关规定。

（2）软包木框构造做法必须符合设计要求，钉粘严密、镶嵌牢固。

4．施工要点

（1）面料平整，经纬线顺直，色泽一致、无污染，压条无错台、错位。同一房间、同种面料的花纹图案位置相同。

（2）面料单元尺寸正确，松紧适度，棱角方正，周边弧度一致，填充饱满、平整，无褶皱、无污染，接缝严密，图案拼花端正、完整、连续、对称。

软包墙面装饰工程的允许偏差和检验方法参见《建筑装饰装修工程质量验收标准》（GB 50210—2018）的规定。墙面软包隔墙装饰施工构造详解见图5.16。

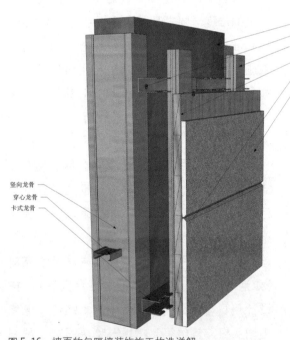

图5.16 墙面软包隔墙装饰施工构造详解

【隔断工程施工质量验收】

思考题

1．试述隔断龙骨结构形式、材料分类和施工工艺。

2．试述石膏板隔断施工材料、施工准备及施工方法。

3．试述玻璃隔断安装施工工序、施工准备及施工方法。

4．试述墙面软包施工工序、施工准备及施工方法。

第6章
墙面装饰工程施工

【学习目标】

知识要点	具体内容
墙面装饰工程概述	墙面装饰工程的材料；墙面装饰工程的种类
一般抹灰工程	抹灰工程施工准备及施工方法；不同基体的抹灰及分层做法
装饰抹灰工程	砂浆装饰抹灰和石碴装饰抹灰施工准备及施工方法
石材饰面施工	墙面挂贴板块施工工序

墙面装饰工程是在墙体结构上进行表层装饰的工程，分为内墙面装饰工程和外墙面装饰工程。墙面是人们经常观赏和接触的部位，因此在建筑装饰工程中，人们非常重视墙面的装饰工程。

6.1 概述

6.1.1 墙面装饰工程及其作用

墙面装饰工程的作用主要有以下几个方面。

（1）墙面装饰工程具有保护墙体的作用：墙面装饰敷设于墙体结构的表面，除起到装饰的作用外，还有保护墙体不直接受外界环境影响的作用，可以延缓墙体结构的老化，避免被腐蚀或破坏。

（2）墙面装饰工程为室内提供良好的使用功能：墙面装饰工程可以根据需要，对人们生活和工作的房间提供保温、隔热、吸声和防火的功能；对于受水、汽和特殊介质作用的房间，可以提供防潮、防水、防霉和防腐蚀的功能；对某些工作间和实验室，可以提供防静电、防磁、防菌等功能。

（3）墙面装饰工程可美化室内环境、建筑物外观：按照建筑设计方案要求，选用装饰材料和施工工艺，可使墙面装饰工程具有不同的质感、色彩和线条，达到美化工作环境的目的，使房间内部美观、整洁，使建筑物具有不同的格调，形成一个城市特有的建筑风格。

6.1.2 墙面装饰工程的材料

墙面装饰工程的材料按其性质和施工方法可分为抹灰砂浆、石碴、装饰石材、陶瓷锦砖、壁纸、装饰板材、建筑涂料、玻璃及其制品等。

6.1.3 墙面装饰工程的种类

墙面装饰工程的种类很多，按其结构形式、使用材料和施工工艺，常见的墙面装饰工程分为下面几种类型。

（1）抹灰类墙面：如水泥砂浆墙面、混合砂浆墙面、石灰砂浆墙面等，均为一般抹灰墙面。

（2）石碴类墙面：如水刷石墙面、水磨石墙面、剁假石墙面等，均为装饰抹灰墙面。

（3）镶贴块材墙面：如镶贴大理石墙面、干挂大理石墙面、镶贴花岗岩墙面、镶贴人造石墙面、碎拼大理石墙面、镶贴瓷砖墙面、镶贴陶瓷锦砖墙面、镶贴玻璃马赛克墙面等。

（4）刷（喷）涂墙面：如刷（喷）涂料油漆墙面、弹涂涂料墙面、喷塑涂料墙面等。

(5)裱糊壁纸墙面：如裱糊壁纸墙面、裱糊锦缎和丝绒墙面、铺挂高级织物墙面、铺挂壁毯墙面等。

(6)龙骨镶贴面板墙面：木龙骨镶贴石膏板墙面、复合石膏板墙面、岩棉板墙面、石棉板隔声墙面；钢骨架镶电化铝装饰板墙面、镁铝板墙面；木骨架贴金丝绒墙面、木骨架夹板贴墙面；铝合金墙、铝合金玻璃幕墙等（包括墙裙、墙面和柱面等部分）。

6.2 一般抹灰工程施工

一般抹灰工程一般指建筑物的内外墙、楼地面及天棚部位抹灰工程的施工，或泛指适用于石灰砂浆、水泥砂浆、混合砂浆、麻刀石灰、纸筋石灰、石膏灰等抹灰材料的施工。

墙面工程中的一般抹灰工程主要包括内外墙、踢脚板、墙裙、屋檐、女儿墙、窗台、腰线、勒脚等部分的抹灰。

一般抹灰工程的等级及操作要求见表6-1。

表 6-1 一般抹灰工程的等级及操作要求

级别	适用范围	工序要求	操作要求
普通抹灰	（1）抹灰等级的选定，以设计为准，以质量要求和主要工序作为划分抹灰等级的主要依据 （2）普通抹灰一般用于仓库、车库、地下室、锅炉房或高级建筑的附属工程，以及临时建筑等	分层赶平、修整、表面压光	一遍底层，一遍面层
中级抹灰		阳角找方，设置标筋，分层赶平、修整、表面压光	一遍底层，一遍中层，两遍面层
高级抹灰		阴、阳角找方，设置标筋，分层赶平、修整、表面压光	一遍底层，一遍中层，两遍面层

6.2.1 施工准备

1. 机具选择

(1) 常用施工机械。

① 砂浆拌和机：用来拌和各种砂浆混合物的机械。

② 纸筋拌和机：用来粉碎拌制抹灰用的纸筋纤维掺和物的机械。

③ 粉碎淋灰机：用来淋制抹灰、粉刷及砌筑砂浆用的石灰膏的机械。

④ 灰浆泵：输送灰浆用的机械。

⑤ 灰气联合泵：能输送灰浆，又能产生压缩空气。

⑥ 电动自控喷浆机：用于喷各种塑料浆、大白浆、水泥浆、石灰浆等。

(2) 常用抹灰工具。

常用抹灰工具包括铁抹子、压子、木抹刀、塑料抹刀、八字靠尺、木杠、水壶、笤帚、刮子、筛子、尼龙线等。

2．材料

一般抹灰材料包括水泥砂浆、石灰砂浆、混合砂浆等。

3．基体处理

（1）处理前的检查与交接。

抹灰工程施工，必须在结构或基体质量检验合格且工序交接完成后进行。对其他配合工种项目也必须进行检查，这是确保抹灰工程质量合格的关键步骤。

（2）基体的表面处理。

抹灰前应根据具体情况对基体表面进行必要处理。

① 墙上的脚手眼、各种管道穿过的墙洞和楼板洞、剔槽等应用水泥砂浆填嵌密实或堵砌好。

② 门窗框与立墙交接处应用水泥砂浆或水泥混合砂浆分层嵌塞密实。

③ 基体表面的灰尘、污垢、油渍、碱膜、沥青渍等均应清除干净，并用水喷洒湿润。

6.2.2 施工方法

1．内墙抹灰

（1）找规矩。

要保证墙面抹灰垂直平整，达到装饰目的，抹灰前必须找规矩。

① 做标志块（贴灰饼）：先用拖线板全面检查砖墙表面的垂直、平整程度，根据检查的实际情况和抹灰总的平均厚度规定，决定墙面抹灰厚度。接着在2m左右高度，离墙两阴角10~20cm处，用底层抹灰砂浆各做一个标志块，厚度为抹灰层厚度，尺寸为5cm×5cm。以标志为依据，再用拖线板靠、吊垂直，确定墙下部对应的两个标志块的厚度，其位置在踢脚板上口，使上、下两个标志块在一条垂直线上。做好标准标志块后，再在标志块附近砖墙缝内钉上钉子，拴上小线挂水平通线，然后按间距1.2~1.5m，加做若干标志块。对于窗口、垛角等处则必须做标志块。

② 标筋：标筋又称冲筋、出柱头，就是在上、下两个标志块之间先抹出一长条梯形灰埂，其宽约10cm，厚与标志块相同，作为墙面抹底子灰填平的标准。做法是在上、下两个标志块中间先抹一层，再抹第二层，要求第二层凸出成八字形，且比灰饼凸出1cm左右，然后用木杠紧贴灰饼进行沿左上、右下方向搓，直至把标筋搓得与标志块持平。

③ 阴、阳角找方：中级抹灰要求阳角找方。方法是先在阳角一侧墙做基线，用方尺将阳角规方，然后在墙角弹出抹灰准线，并在准线上、下两端挂通线做标志块。高级抹灰要求阴、阳角都要找方，阴、阳角两边都要弹基线。

④ 门窗洞口做护角：护角应抹水泥砂浆，一般所抹高度由地面起不低于2m，护角每侧宽度不小于50mm。抹护角时，以墙面标志块为依据，首先要将阳角用方尺规方，靠门框一边，以门框离墙面的空隙为准，另一边以标志块厚度为依据。最好在地面画好准线，按准线黏好靠尺板，并用托线吊直，用方尺找方，然后在靠尺板的另一边墙角面分层抹水泥砂浆，护角线的外角与靠尺板外口平齐；一边抹好后，再把靠尺板移到已抹好护角的一边，用钢筋卡子稳住，用线锤吊直靠尺板，把护角的另一面分层抹好。然后，轻轻地将靠尺板拿下，待护角的棱角稍干后，用阳角抹子和水泥浆抒出小圆角。最后在墙面用靠尺板沿角留出50mm，将多余砂浆以40°斜面切掉（切斜面的目的是在为墙面抹灰时，便于与护角接搓），墙面和门框

等处的落地灰应清理干净，窗洞口一般不要求做护角，但同样也要求棱角分明、平整光滑。操作方法与做护角相同，窗口正面应按大墙面标志块抹灰，侧面应根据窗框所留灰口确定抹灰厚度。同样也应用八字靠尺找方吊正，分层涂抹，阳角处也应用阳角抹子捋出小圆角。

(2) 抹灰。

① 抹底层及中层灰：底层与中层抹灰在标志块、标筋及门窗口做好护角后即可进行，这道工序也叫作装挡或刮糙。方法是将砂浆抹于墙面两标筋之间，底层要低于标筋，待收水后再进行中层抹灰，抹灰厚度以垫平标筋为准，并应略高于标筋。

中层砂浆抹后，即用中、短木杠按标筋刮平。使用木杠时，用力要均，自下往上移。凹陷处补抹砂浆，然后再刮，直至平直。紧接着用木抹子搓磨一遍，使表面平整密实。

② 抹面层：一般室内砖墙面层抹灰常用纸筋石灰、麻刀石灰、石灰砂浆及刮大白腻子等。面层抹灰应在底灰稍干后进行，底灰太湿会影响抹灰面平整度，还可能导致"咬色"；底灰太干，易使面层脱水太快而影响黏结，造成面层空鼓。

A. 纸筋石灰或麻刀石灰面层：纸筋石灰抹面层，一般应在中层砂浆六至七成干后进行。如果底层砂浆过干，可先洒水湿润，再抹面层。抹灰操作一般使用钢抹子，两遍成活，厚度不大于 2mm，一般由阴角或阳角开始，自左向右进行，两人配合操作，一人先横向（或竖向）薄薄抹一层，使纸筋石灰与中层紧密结合，另一人竖向（或横向）抹第二层，并压平溜光。压平后，用排笔或茅苕帚蘸水横刷一遍，使表面色泽一致，再用钢抹子压实、揉平、抹光一次。阴、阳角分别用阴、阳角抹子捋光，随手用毛刷子蘸水将门窗边口阳角、墙裙、踢脚板上口刷净，纸筋石灰罩面的另一种做法是：两遍抹后，稍干就用压子式塑料抹子顺抹子纹压光。过一段时间后，再进行检查，将起泡处重新压平。麻刀石灰面层抹灰的操作方法与纸筋石灰面层抹灰相同。纸筋纤维容易被捣烂，会呈纸浆状，故制成的纸筋石灰比较细腻，用它做罩面灰可以达到厚度不超过 2mm 的要求。而麻刀纤维比较粗，且不易捣烂，用它制成的麻刀石灰抹面厚度不易达到不超过 3mm 的要求，如果过厚，则面层易产生收缩裂缝，影响工程质量。为此应采取上述的两人配合操作的方法。

B. 石灰砂浆面层：石灰砂浆抹面层，应在中层砂浆五至六成干时进行。如中层较干，须洒水湿润后再进行。操作时，先用铁抹子抹灰，再用刮尺由下向上刮平，然后用木抹子搓平，最后用铁抹子压光成活。

C. 刮大白腻子：内墙面面层有时不抹罩面灰，而是刮大白腻子。大白腻子配合比：大白粉：滑石粉：聚乙酸乙烯乳液：羧甲基纤维素溶液（浓度 5%）=60：40：(2~4)：75（质量比）。调配时，大白粉、滑石粉、羧甲基纤维素溶液应提前按配合比搅匀。面层刮大白腻子一般不少于两遍，总厚度 1mm 左右。操作时，使用钢片或胶皮刮板，每遍按同一方向往返刮。头道腻子刮后，在基层已修补过的部位应进行复补找平，待腻子平后，用砂纸磨平，扫净浮灰。待头遍腻子干燥后，再刮第二遍。要求表面平整，纹理均匀一致。阴、阳角找直的方法是在角的两侧平面满刮找平后，用直尺格检查，当两个相邻的面被刮平并相互垂直后，角也就不会有碎弯了。

(3) 不同基体的抹灰及分层做法。

根据基体的不同，内墙抹灰分层做法及施工要点见表 6-2。

表 6-2 内墙抹灰分层做法及施工要点

项目	适用范围	分层做法（体积比）	厚度/mm	施工要点与注意事项
石灰砂浆抹灰	砖墙基体	① 1:2:8（石灰膏:砂:黏土）砂浆（或 1:3 石灰黏土草秸灰）抹底、中层。 ② 1:(2～2.5)石灰砂浆面层压光（或纸筋石灰）	13 (13～15) 6 (2)	应待前一层七八成干后，方可涂抹后一层
		① 1:2.5 石灰砂浆抹底层。 ② 1:2.5 石灰砂浆抹中层。 ③ 在中层还潮湿时刮石灰膏	7～9 7～9 1	① 分层抹灰方法如前所述。 ② 中层石灰砂浆用木抹子搓平，待稍干后，立即用铁抹子来回刮石灰膏，达到表面光滑平整、无砂眼、无裂纹。 ③ 石灰膏刮后 2h，未干前再压实、压光一次
		① 1:2.5 石灰砂浆抹底层。 ② 1:2.5 石灰砂浆抹中层。 ③ 刮大白腻子	7～9 7～9 1	① 中层石灰砂浆用木抹子搓平，再用铁抹子压光。 ② 满刮大白腻子两遍，砂纸打磨
		① 1:3 石灰砂浆抹底层。 ② 1:3 石灰砂浆抹中层。 ③ 1:1 石灰木屑（或谷壳）抹面	7 7 10	① 锯木屑过 5mm 孔筛，使用前将石灰膏与木屑拌和均匀，经钙化 24h，使木屑纤维软化。 ② 适用于有吸声要求的房间
		① 1:3 石灰砂浆抹底层、中层。 ② 待中层灰稍干，用 1:1 石灰砂浆随抹随搓平压光	13 6	
	加气混凝土条板基体	① 1:3 石灰砂浆抹底层。 ② 1:3 石灰砂浆抹中层。 ③ 刮石灰膏	7 7 1	墙面浇水湿润，刷一道 107 胶:水 = 1:(3～4)溶液，随即抹灰
水泥混合砂浆抹灰	砖墙基体	① 1:1:6 水泥白灰砂浆抹底层。 ② 1:1:6 水泥白灰砂浆抹中层。 ③ 刮石灰膏或大白腻子	7～9 7～9 1	① 刮石灰膏和大白腻子，用石灰砂浆抹灰。 ② 应待前一层抹灰凝结后，再涂抹后一层
		1:1:3:5（水泥:石灰膏:砂子:木屑）分两遍成活，用木抹子搓平	15～18	① 适用于有吸声要求的房间。 ② 木屑处理同石灰砂浆抹灰。 ③ 抹灰方法同上
	用于做油漆墙面抹灰	① 1:0.3:3 水泥石灰砂浆抹底层。 ② 1:0.3:3 水泥石灰砂浆抹中层。 ③ 1:0.3:3 水泥石灰砂浆罩面	7 7 5	如为混凝土基体，要先刷水泥浆（水灰比 0.37～0.40）或洒水泥砂浆处理，随即抹灰
水泥砂浆抹灰	砖墙基体（如墙裙、踢脚板）	① 1:3 水泥砂浆抹底层。 ② 1:3 水泥砂浆抹中层。 ③ 1:2.5 或 1:2 水泥砂浆罩面	5～7 5～7 5	应待前一层抹灰层凝结后，方可抹第二层
	混凝土基体（石墙基体）	① 1:3 水泥砂浆抹底层。 ② 1:3 水泥砂浆抹中层。 ③ 1:2.5 水泥砂浆罩面	5～7 (9～13) 5～7 (9～13) 5 (7～9)	① 混凝土表面先刮水泥浆（水灰比 0.37～0.40）或洒水泥砂浆处理。 ② 抹灰方法同砖墙基体
聚合物水泥砂浆抹灰	加气混凝土基体	① 1:1:4 水泥石灰砂浆用含 7% 聚乙烯醇缩甲醛胶水溶液拌制聚合物砂浆抹底层、中层。 ② 1:3 水泥砂浆用含 7% 聚乙烯醇缩甲醛胶水溶液拌制聚合物水泥砂浆抹面层	10 8	加气混凝土表面先清理干净，再刷一遍 107 胶:水 = 1:(3～4)的溶液，随即抹灰

续表

项目	适用范围	分层做法（体积比）	厚度/mm	施工要点与注意事项
纸筋石灰或麻刀石灰抹灰	砖墙基体	①1:2.5石灰砂浆抹底层。 ②1:2.5石灰砂浆抹中层。 ③纸筋石灰或麻刀石灰罩面	7～9 7～9 2或3	①纸筋石灰配合比是石灰膏：纸筋＝100:1.2（质量比）。 ②麻刀石灰配合比是石灰膏：麻刀＝100:1.7（质量比）
		①1:1:6水泥石灰砂浆抹底层。 ②1:1:6水泥石灰砂浆抹中层。 ③纸筋石灰或麻刀石灰罩面	7～9 7～9 2或3	纸筋石灰和麻刀石灰配合比同上
	混凝土基体	①1:0.3:3水泥石灰砂浆抹底层。 ②用上述配合比抹中层。 ③纸筋石灰或麻刀石灰罩面	7～9 7～9 2或3	基层处理及分层抹灰方法同水泥砂浆抹灰
	混凝土大板或大模板建筑内墙基体	①聚合物水泥砂浆或水泥混合砂浆喷毛打底。 ②纸筋石灰或麻刀石灰罩面	1～3 2或3	
	加气混凝土砌块或条板基体	①1:3:9水泥石灰砂浆抹底层。 ②1:3石灰砂浆抹中层。 ③纸筋石灰或麻刀石灰罩面	3 7～9 2或3	基体处理与聚合物水泥砂浆相同
	加气混凝土砌块或条板基体	①1:0.2:3水泥石灰砂浆喷涂成小拉毛。 ②1:0.5:4水泥石灰砂浆找平（或采用机械喷涂抹灰）。 ③纸筋石灰或麻刀石灰罩面	3～5 7～9 2或3	①基层处理与聚合物水泥砂浆相同。 ②小拉毛完成后，应喷水，养护2～3天。 ③待中层六七成干时，喷水湿润，然后进行罩面
	加气混凝土条板	①1:3石灰砂浆抹底层。 ②1:3石灰砂浆抹中层。 ③纸筋石灰或麻刀石灰罩面	4 4 2或3	
	板条、苇箔、金属网墙	①麻刀石灰或纸筋石灰砂浆抹底层。 ②麻刀石灰或纸筋石灰砂浆抹中层。 ③1:2.5石灰砂浆（略掺麻刀）找平。 ④纸筋石灰或麻刀石灰抹面层	3～6 3～6 2～3 2或3	
石膏灰抹灰	高级装修的墙面	①(1:3)～(1:2)麻刀石灰抹底层。 ②同上配合比抹中层。 ③13:6:4（石膏粉：水：石灰膏）罩面分两遍成活，在第一遍未收水时即进行第二遍抹灰，随即用铁抹子修补压光两遍，最后用铁抹子溜光至表面密实光滑	6 7 2～3	①用于底层，中层抹灰的麻刀石灰，应提前20天准备，其中麻刀为白麻丝，石灰宜用2:8块灰，配合比为麻刀：石灰＝7.5:1300（质量比）。 ②石膏一般宜用乙级建筑石膏，结硬时间为5min左右，4900孔筛余量不大于10%。 ③基层不宜用水泥砂浆或混合砂浆打底，亦不得掺用氯盐，以防泛潮面层脱落
水砂面层抹灰	高级建筑内墙面	①(1:3)～(1:2)麻刀石灰砂浆抹底层、中层（要求表面平整）。 ②水砂抹面分两遍抹成，应在第一遍砂浆略有收水时抹第二遍。第一遍竖向抹，第二遍横向抹（抹水砂前，底子灰如有缺陷应修补完整，待墙面完全干燥方能进行水砂抹面，否则将导致其表面颜色不均。墙面要均匀洒水，充分湿润，门窗玻璃必须装好，防止面层水分蒸发过快而产生龟裂）。 ③水砂抹完后，用钢皮抹子压两遍，最后用钢皮抹子先横向后竖向溜光至表面密实光滑	13 2～3	①水砂，即沿海地区的细砂，其平均粒径为0.15mm，容重为1050kg，使用时用清水淘洗除去污泥杂质，以含泥量小于2%为宜。石灰必须是洁白块灰，不允许有灰沫子，应使用氧化钙含量不小于75%的二级石灰。 ②水砂灰浆拌制：块灰随淋浆（用3mm径筛子过滤），将淘洗清洁的砂沥浆过滤的热灰浆拌和，拌和后以水砂砂浆呈淡灰色为宜，热灰浆：水砂＝1:0.75（质量比），每立方米水砂砂浆约用水砂750kg，块灰300kg。 ③使用热灰浆拌和的目的是使砂内盐分尽快蒸发，防止墙面产生龟裂。水砂拌和后置于池内消化3～7天，方可使用

2. 外墙抹灰

(1) 找规矩。

外墙抹灰与内墙抹灰一样要挂线、做标志块、标筋。由于外墙抹灰看面大，门窗、阳台、明柱、腰线等看面都要横平竖直，抹灰操作必须按步架往下抹，因此外墙抹灰找规矩要在四角先挂好自上至下的垂直通线（多层及高层房屋，应用钢丝线），然后根据大致决定的抹灰厚度，每步架大角两侧最好弹上控制线，再拉水平通线，并弹水平线做标志块，竖向每步架做一个标志块，然后做标筋。

(2) 黏分格条。

为了使墙面美观，一般会设分格线（条）。粘贴分格条要在底层灰抹完成后进行（底层灰要求用刮尺赶平）。按已弹好的水平线和分格尺寸用墨斗或粉线包弹出分格线，竖向分格线用线锤或经纬仪校正垂直，横向分格线用水平线校正水平。分格条在使用前要用水泡透，这样既便于粘贴又能防止分格条使用时变形，另外分格条因本身水分蒸发而收缩也较易起出，应使分格条两侧的灰口整齐。根据分格线的长度将分格条尺寸分好，然后用铁抹子将素水泥浆抹在分格条的背面。水平分格线应粘贴在水平线的下口，垂直分格线应粘贴在垂线的左侧，这样便于观察。粘贴完一条竖向或横向的分格条后，应用直尺核正其平整，并将分格条两侧用素水泥浆抹成八字形斜角（若是水平线应先抹下口）。当天抹面的分格条，两侧八字形斜角可抹成45°；当天不抹面的"隔夜条"，两侧八字形斜角可抹成60°。

面层抹灰与分格条平，然后按分格条厚度刮平、搓实，并将分格条表面的余灰清除干净，以免起条时因表面余灰与墙面黏结而损坏墙面。当天黏的分格条在面层交活后即可起出。起分格条一般从分格线的端头开始，用抹子轻轻敲动，分格条会自动弹出。如果起条较困难，可在分格条端头钉一小钉，轻轻地将其向外拉出。"隔夜条"不宜当时起条，应在罩面层达到强度之后再起。起出分格条后应将其清理干净，收存待用。分格线处应用素水泥浆勾缝，不得有错缝或缺棱掉角，缝宽及深浅应均匀一致。

若外墙面采用喷涂、滚涂、喷砂等饰面层，由于饰面层较薄，墙面分格条可采用黏条法或划缝法。

① 黏条法：在底层，根据设计尺寸和水平线弹出分格线后，用聚乙烯醇缩甲醛胶粘贴胶条，然后做面层，待面层初凝，把胶布慢慢扯掉，露出分格缝，然后修理分格缝两边的飞边。

② 划缝法：饰面做完后，待水泥砂浆初凝，弹出分格线。沿着分格线按贴靠尺板，用划缝工具沿靠尺板边进行划缝，深度4~5mm。

(3) 外墙一般抹灰饰面做法。

① 水泥混合砂浆：外墙的抹灰层要求有一定的防水性，一般采用水泥混合砂浆（水泥∶石子∶砂子＝1∶1∶6）打底和罩面。在基体处理、四大角与门窗洞口护角线、墙面的标志块、标筋等完成后即可进行。外墙的底层、中层抹灰方法同内墙面。在刮尺赶平、水泥砂浆收水后，应用木抹子圆圈打磨。如面层太干，应一手用茅笤帚洒水，一手用木抹子打磨，不得干磨，否则会造成颜色不一致，经打磨的饰面须表面平整、密实，抹纹顺直，色泽均匀。

② 外墙抹水泥砂浆：外墙抹水泥砂浆一般配合比为水泥∶砂＝1∶3。抹底层时，必须把水泥砂浆压入灰缝内，并用木抹子压实刮平，然后用笤帚在底层上扫毛，并要浇水

养护。底层水泥砂浆抹后第二天，先弹分格线，黏分格条。抹时先用水泥砂浆薄薄刮一遍，再抹第二遍，先抹平分格条，然后根据分格条厚度用木杠刮平，再用木抹子搓平，用钢抹子压光，最后用刷子蘸水按同一方向轻刷一遍，然后起出分格条，并用素水泥浆把缝勾齐。"隔夜条"需在水泥砂浆达到强度之后再起出来。如果底灰较干，罩面灰纹不易压光，用劲过大又会造成罩面灰与底层分离空鼓，应洒水后再压。如底层灰较湿，面层收水较慢，应撒上 1:2 干水泥砂黏在面灰上，待干水泥砂吸水后，将这层水泥砂浆刮掉再压光，一般水泥砂浆首层做好后 24h，需要再浇水养护 2 天。

6.3　装饰抹灰工程施工

装饰抹灰工程主要包括砂浆装饰抹灰施工和石碴装饰抹灰施工。

6.3.1　砂浆装饰抹灰施工

砂浆装饰抹灰施工主要指拉毛灰、甩毛灰、搓毛灰、扫毛灰、拉条抹灰、装饰线条抹灰等抹灰施工。

1. 拉毛灰施工

拉毛灰是用铁抹子、木蟹将罩面灰轻压后顺势轻轻拉起，形成一种质感较强的装饰层。

拉毛灰按其施工方法和所用工具不同，可分为拉毛和搭毛两种：拉毛是在面层涂抹水泥砂浆，用铁抹子或木蟹轻压，顺势轻轻拉起所形成的饰面层。搭毛是用棕刷蘸灰浆锤击在墙面上，并随手拉起所形成的饰面层，如个别毛头不均匀，可随时补拉 1～2 次。

拉毛灰施工工具：木抹子、棕刷、钢抹子、笤帚等。

拉毛灰一般做法见表 6-3。

2. 甩毛灰施工

甩毛灰施工是用竹丝刷等工具将罩面灰浆甩洒在墙面上的一种饰面做法，也有先在基层上刷水泥色浆，再甩上不同颜色的罩面灰浆并用抹子轻轻压平形成两种颜色的套色做法。

施工工具主要为木抹刀、钢抹刀、竹丝刷、笤帚等。

甩毛灰一般做法见表 6-4。

表 6-3 拉毛灰一般做法

项目	分层做法（体积比）	厚度/mm	操作要点
吸声要求装饰墙面拉毛	第一层：1:0.5:4 水泥石灰砂浆打底，分2遍抹成。 第二层：纸筋灰罩面，随即拉毛	13	①罩面前，先将底子灰湿润，一人抹底子灰，一人紧跟在后面随毛棕刷往墙面上垂直拍拉，要拉得均匀一致。 ②拉毛长度决定纸筋灰罩面厚度，一般为4~20mm，抹时应保持厚薄一致
	第一层：1:0.5:4 水泥石灰砂浆打底，分2遍抹成。 第二层：刮素水泥浆一遍。 第三层：1:0.5:1 水泥石灰砂浆拉毛	13	①待底子灰六七成干时浇水。 ②拉毛用麻刷子，将砂浆向墙面一点一带，带出毛疙瘩，要带得均匀一致
	第一层：1:1:6 水泥石灰砂浆打底。 第二层：1:0.5:1 水泥石灰砂浆拉毛（用硬毛棕刷拉细毛面）。 第三层：用特制刷子蘸1:1 水泥石灰浆刷出条筋（比拉毛面凸出2~3mm，稍干后用铁抹子压一下）。 第四层：刷色浆	13 3~4	①条筋拉毛类似树皮拉毛。 ②刷条筋前宜先在墙面上每隔40cm左右弹一道垂直线，以便刷条筋时有所依据，做到垂直一致。 ③条筋宽约2cm，条间距3cm，刷时宽窄不要一致，应自然带点毛。 ④可以根据条筋间距和宽窄把刷条筋用的刷子上的棕毛剪成3条，以便一次刷出3道条筋
墙面抹灰	第一层：1:3 水泥砂浆打底。 第二层：水泥石灰浆罩面拉毛。 水泥石灰浆系1份水泥，按拉毛粗细掺入适量的石灰膏。 ①拉粗毛时掺5%石灰膏和石灰膏质量3%的纸筋。 ②拉中等毛时掺10%~20%石灰膏和石灰膏质量3%的纸筋。 ③拉细毛掺25%~30%石灰膏和适量砂子	15 4~5	①罩面前应先将基层洒水湿润。 ②拉细毛时，用棕刷蘸着水泥砂浆拉成花纹。 ③拉粗毛时，在基层抹4~5mm厚的水泥砂浆，用铁抹子轻触表面用力拉回，要做到快慢一致。 ④在一个平面上，应避免中断留搓，以便做到色泽一致，不露底

表 6-4 甩毛灰一般做法

项目	分层做法（体积比）	厚度/mm	操作要点
墙面甩毛（撒云片）	第一层：1:3 水泥砂浆打底，表面找平。 第二层：1:2 水泥砂浆罩面甩毛	15	①洒水湿润底层，用竹丝刷浸在水泥砂浆内，将水泥砂浆洒在墙面上。洒甩时云朵必须大小相称。 ②甩洒后用钢抹子轻轻压平。 ③云朵与垫层的颜色要协调，互相衬托。 ④水泥砂浆的稠度以能黏在刷子上，并洒在墙面上不流为宜，砂子应用细砂
	第一层：1:3 水泥砂浆打底。 第二层：刷水泥色浆1遍。 第三层：1:1 水泥砂浆或石灰砂浆甩毛	15	

3. 搓毛灰施工

搓毛灰是罩面灰初凝时用硬木抹子由上至下搓出一条细而直的纹路，也可水平方向搓出一条L形细纹路，当纹路明显搓出后即停。搓毛灰工艺要求与操作方法较简单，易掌握，但装饰效果不如拉毛灰工艺和甩毛灰工艺，适用于一般的外装饰墙面。其底层和中层抹1:1:6 水泥石灰砂浆，并使用同样水泥石灰砂浆罩面搓毛。抹灰方法与砖墙抹水泥砂浆相同，搓毛时，如墙面过干应边洒水边用木抹子搓毛，不允许干搓，否则颜色会不一致。搓毛时由上向下进行，搓时抹纹要顺直，不要乱搓，应搓得均匀一致。

4. 扫毛灰施工

扫毛灰是用竹丝笤帚把按设计组合分格的面层水泥砂浆扫出不同方向的条纹。扫毛灰可做成假石以代替天然石饰面，其工序简单、施工方便、造价低，适用于影剧院、宾馆的内墙饰面和庭院的外墙饰面。

扫毛灰一般做法：打底前应将墙面冲洗湿润，操作时贴灰饼、抹标筋。底层和中层用水泥石灰混合砂浆，厚度与分格条平，分格条按照设计要求弹线，用素水泥浆嵌黏，分格条把抹灰面分割为假石面层。面层同样使用水泥石灰混合砂浆。用木抹子搓平罩面灰，待稍吸水后，用短竹丝笤帚顺扫方格长度，将面层扫出条纹。扫出的条纹要横平竖直、纹理均匀、质感良好。扫毛罩面砂浆稠度要根据试验来确定，稠度低者扫毛条纹细，稠度高者条纹不整齐。分格块与块之间条纹方向交叉，一块横一块竖，相互垂直，墙面、柱面的分格，大块和小块要搭配好，使其符合环境、层高、墙面的大小及使用要求。待扫毛完毕，即可起出分格条。待面层干燥后，扫去浮砂、灰尘，即可涂刷面漆。面漆采用涂料或乳胶漆。分格块之间也可刷不同颜色。

5. 拉条抹灰施工

拉条抹灰一般有细条形、粗条形、半圆形、波形、梯形、方形等多种形式，是一种较新的施工工艺。拉条抹灰是采用条形模具上下拉动，使墙面抹灰呈规则的形状。它可以代替拉毛、甩毛等传统吸声墙面，具有美观大方、不易积灰、成本低等优点。

(1) 施工工具。

① 条形模具：拉条抹灰根据设计要求的条形，用木板做成条形模具。为便于上下拉动，在模具口处可包以镀锌铁皮，此外还有一种特制的条形滚压模具。用这种工具可以很方便地在墙面上滚压拉出清晰的条纹，而且操作比较简便。

② 其他工具：木抹子、墨斗线、木灰托、毛刷、笤帚、小线模等。

(2) 施工方法。

① 材料及砂浆配合比：拉条抹灰的基层处理及底、中层抹灰与一般抹灰相同，黏结层和面层则根据所拉条形采用不同的砂浆。如拉细条，黏结层和罩面可采用1:2:0.5（水泥:细砂:细纸筋石灰）的混合砂浆；如做粗条，黏结层用1:2.5:0.5（水泥:中粗砂:细纸筋石灰）的混合砂浆，罩面用1:0.5（水泥:细纸筋石灰）砂浆。

② 操作要点：在底层砂浆上先划分竖格，竖格宽度可根据条形模具宽度确定，弹上墨线。按线粘贴靠尺板，作为拉条的导轨。导轨靠尺板可一侧粘贴，也可在模具两侧粘贴。靠尺板应垂直，表面要平整，在底层砂浆达到七成干时，浇水湿润底灰后抹黏结层砂浆，用模具由上至下沿导轨拉出线条，然后薄薄抹上一层罩面灰，再拉线条。

拉条抹灰时，每一竖线必须一次成活，以保证线条垂直、平整、密实光滑、深浅一致、不显接槎。为避免拉条抹灰操作时产生断裂等质量通病，黏结层和面层砂浆的稠度要适宜，以便于操作。另外，可在砂浆中掺入适量的107胶，以改善砂浆的性能。

6. 假面砖施工

假面砖是用彩色砂浆抹成的相当于外墙面砖分块形式与质感的装饰抹灰面。

(1) 材料及砂浆配合比。

假面砖抹灰用的彩色砂浆，应按照设计要求的色调调配数种，做出样板，确定标准配合比。

(2) 施工工具。

靠尺板：在普通靠尺板上画出假面砖大小的刻度。

铁梳子：将2mm厚钢板一端剪成锯齿形。

铁钩子：将$\phi 6$号钢筋砸成扁钩。

(3) 操作方法。

墙面基体处理，涂抹底层、中层砂浆

等工序与一般抹灰工程相同,面层砂浆涂抹前,浇水湿润中层,先弹水平线(每步架为一个水平工作段,上、中、下弹3条水平线,以便控制面层划沟平直度),然后抹水泥砂浆垫层,厚度为3mm,接着抹面层砂浆3～4mm厚。待面层稍收水后,用铁梳子沿靠尺板由上向下划纹,深度不超过1mm。然后根据面砖的宽度用铁钩子沿靠尺板横向划沟,深度以露出垫层灰为准,划好后将飞边砂粒扫净。操作时,关键是要按面砖尺寸分格划线后再划沟。划沟要求水平成线,沟的间距、深浅要一致。竖向划纹,也要求垂直成线、深浅一致,水平接缝要平直。

7. 外墙喷涂抹灰施工

外墙喷涂抹灰,是用挤压式砂浆泵或喷斗将聚合物水泥砂浆喷涂在墙面基层或底灰上形成饰面层。

喷涂做法按材料分,有白水泥喷涂和普通水泥掺石灰膏喷涂;按质感分,有表面灰浆饱满,呈波纹状的波面喷涂和表面布满点状颗粒的粒状喷涂。白水泥喷涂可以掺入少量着色颜料或靠骨料的颜色形成浅色饰面,一般装饰效果好。普通水泥喷涂颜色暗,装饰效果差,故用普通水泥喷涂应掺入石灰膏以改善其装饰效果。

与各种普通水泥砂浆饰面相比,喷涂装饰抹灰饰面的性能有所改进,但它毕竟还是以水泥为主的饰面,故只能用于一般民用建筑的外墙。

(1) 材料及砂浆的配制。

基本材料及配合比为白水泥:骨料=1:2或普通水泥:石灰膏:骨料=1:1:4。普通水泥不应低于325号。骨料最好采用浅色石屑或洁净并具有一定色彩的中砂,含泥量不大于3%。石灰膏应用钙质石灰块淋成膏状,并在沉淀池中挖取上部的优质石灰膏。石屑使用生产大、中、小八厘石粒的下脚料,其粒径在3mm以下。再掺入水泥量10%～20%的107胶,0.3%的木质素磺酸钙。掺疏水剂时,还应掺入4%～6%的甲基硅醇钠,同时还应掺入适量颜料(如氧化铁黄、氧化铁红等)。外墙喷涂砂浆配合比见(质量比)见表6-5。

表6-5 外墙喷涂砂浆配合比(质量比)

饰面做法	普通水泥	白水泥	颜料	细骨料	甲基硅醇钠	木质素硫酸钙	107胶	石灰膏	砂浆稠度/cm
波面	—	100	适量	200	4～6	0.3	10～15	—	13～14
波面	100	—	适量	200	4～6	0.3	20	100	13～14
粒状	—	100	适量	200	4～6	0.3	10	—	10～11
粒状	100	—	适量	400	4～6	0.3	20	100	10～11

应先将水泥与颜料按配合比干拌均匀,装纸袋备用。整个工程材料应一次配齐。使用前先配制中和甲基硅醇钠溶液,即把硫酸铝溶于水中配成浓度为10%的硫酸铝溶液,再在10kg浓度为10%的硫酸铝溶液中,用甲基硅酸钠中和,使其pH值为8～9,再加水配成含甲基硅醇钠固体量3%左右的中和液。中和时甲基硅醇钠需计量,中和后的加水量为甲基硅醇钠量的10倍减10kg。拌和砂浆时,先将干拌均匀的水泥颜料与骨料干拌均匀,再边搅拌边顺序地加入中和甲基硅醇钠溶液、木质素磺酸钙溶液(粉末状的木质素磺酸钙溶于少量水中)、107胶与水。如拌制水泥混合砂浆,应先将石灰膏用少量水消解,

再加入水泥与骨料的拌和物中。搅拌砂浆用砂浆搅拌机或手持式搅拌器。应注意避免将中和甲基硅醇钠溶液与107胶直接混合，否则107胶将凝聚，从而丧失作用。

（2）主要机具。

空气压缩机（排气量0.6m/min、工作压力0.4～0.6MPa）；挤压式砂浆输送泵；喷枪（喷嘴口径5mm），见图6.1；喷斗（喷嘴口径5～8mm），见图6.2；管径25mm的胶管；气焊用小胶管；小台秤；砂浆稠度测定仪；其他工具。

图6.1 喷枪

图6.2 喷斗

（3）施工方法及操作要点。

喷涂抹灰的基体处理和底层、中层砂浆做法与一般抹灰相同。喷涂前，应遮挡门窗和不喷涂的部位，以防止污染。然后按设计要求分格，并在分格线位置用107胶水溶液粘贴胶布条。为了使喷涂层黏结牢固，基层吸水趋于一致，颜色均匀，喷涂前墙面需喷1:(2～3)的107胶水溶液一遍。

用挤压式喷浆泵喷涂时，工作压力为0.1～0.15MPa，空气压力机压力为0.4～0.6MPa。枪头垂直墙面、距墙面30～50cm（粒状）或50～100cm（波面），须连续喷至全部出浆不流为止。喷涂下一块时，已喷涂完的饰面应遮挡。粒状喷涂应连续3遍成活，以表面布满水泥砂浆颗粒、不使局部成片出浆、颜色均匀为原则。粒状喷涂也可用喷斗喷涂，喷涂层总厚在3mm左右。对于粒状喷涂，应根据粒状粗细疏密要求、水泥砂浆稠度和空气压力的不同而有所区别，喷粗、疏、大点时砂浆要稠，气压要小；喷细、密、小点时水泥砂浆要稀，气压要大。

喷涂层的接槎分块要根据作业时间事先计算好，做到做一块完一块，不留施工缝，也不多剩水泥砂浆。

8. 外墙滚涂抹灰施工

外墙滚涂抹灰是将聚合物水泥砂浆抹在墙体表面，用滚子滚出花纹，再喷罩甲基硅醇钠疏水剂形成的饰面层。

（1）材料及配合比。

滚涂所用材料与喷涂基本相同。以往滚涂面层外罩甲基硅醇钠，现在改用硫酸铝中和后掺入聚合物砂浆，其掺入拌和方法与喷涂砂浆相同。

水泥砂浆配合比为白水泥:砂=1:2或普通水泥:石灰膏:砂=1:1:4，再掺入水泥量10%～20%的107胶和适量的矿物颜料。水泥砂浆稠度一般要求在11～12cm。

（2）施工工具。

除一般工具外，还应有滚涂用滚子，滚子长一般为15～25cm，可由橡胶油印滚子外包不同形状和材料的面层制成，见图6.3。

（3）施工方法。

墙面底层、中层抹灰与一般抹灰相同。

图6.3 滚子

中层用水泥砂浆，表面搓平密实（对于混凝土墙面和预制阳台栏板等，如偏差太大，可不打底）。然后根据设计要求，分格弹线，再贴分格条。

滚涂有干滚和湿滚之分。干滚为滚子不蘸水的滚法。湿滚要掌握底层干湿度，吸水较快时要适当洒水湿润，洒水量以滚涂时砂浆不流为宜。操作时一人在前面涂抹灰浆，抹子紧压刮一遍，再用抹子顺平，另一人拿滚子滚拉，并紧跟涂抹。用滚子注意运行不要太快，用力要均匀，上下、左右滚匀，要随时对照试样调整花纹，保证花纹一致。滚拉要求上下顺直、一气呵成。需经常清洗滚筒，保持干净，使之不黏砂浆。操作时一定要由上往下拉，使滚出的花纹有一自然向下的流水坡度，以免日后积尘，污染墙面。待饰面砂浆收水后揭下分格条，并按设计要求刷涂色浆。在涂完24h后，待面层干燥，喷涂有机硅水溶液一次，使面层表面均匀湿润。

（4）施工注意事项。

滚涂时若水泥砂浆过干，不得在面层上洒水，应在灰桶内加水拌和，保持前后稠度一致。使用时发现水泥砂浆沉淀要拌匀再用，否则面层会产生"花脸"现象。

每日分格、分段施工，不能留接槎缝，不得事后修补，否则会产生面层花纹和颜色不一致的现象。

9. 外墙弹涂抹灰施工

外墙弹涂抹灰是在墙体表面涂刷一道聚合物水泥色浆后，通过一种电动（或手动）筒形弹力器分几遍将各种水泥色浆弹到墙面上，形成直径1～3mm、大小近似、颜色不同、互相交错的圆粒状色点。深浅色点相互衬托，形成一种彩色的装饰面层。

（1）材料及配合比。

弹涂所用材料以白水泥为主，刷涂层及弹涂层的颜色及颜料用量应根据设计要求和样板试配而定，外墙弹涂砂浆配合比（质量比）见表6-6。

（2）主要施工工具。

弹涂器是弹涂做法的主要工具，分为手动及电动两种，手动弹涂比较灵活，适用于局部或小面积操作；电动弹涂器速度快、工效高，适用于大面积施工。

表6-6 外墙弹涂砂浆配合比（质量比）

项目	水泥	白水泥	水	颜料	107胶
刷底色浆	—	100	80	适量	13
刷底色浆	100	—	90	适量	20
弹花点	—	100	45	适量	10
弹花点	100	—	55	适量	14

(3) 施工程序及操作要求。

① 弹涂施工程序：基层打底修补找平→调配色浆、喷刷色浆→弹第一道色点→弹第二道色点→弹点局部找均匀→喷刷罩面材料。

② 操作要求：除砖墙基体应先用1:3水泥砂浆打底，并用木抹子压实搓平外，一般混凝土等表面比较平整的基体，可直接涂刷底色浆后弹涂。基体必须干燥、平整、棱角规矩。弹涂抹灰前，先涂刷一遍刷底色浆，大面积施工时采用喷浆器喷涂，主要是使墙身水分均匀，以增加水泥色点的附着力，还可防止弹第一遍色浆时露底多，影响美观。刷底浆后弹分格线，粘贴分格架。将按配合比调好的弹涂色浆，按不同颜色分别装入弹涂器内，弹点时把色浆分色，每人操作一种色浆，进行流水作业。几种色浆均要弹得均匀，应相互衬托，弹出的色浆点应近似圆粒状。弹点时，若出现色浆拉丝、流坠等现象，应停止操作，调整胶浆水灰比。待第一遍弹点稍干后可进行第二遍弹涂，覆盖第一遍弹涂时弹点不匀处，最后再进行个别修弹。待弹涂层干后再罩面，罩面层要求均匀，不宜过厚。

6.3.2 石碴装饰抹灰施工

石碴装饰抹灰，主要指水刷石、斩假石、水磨石、彩色瓷粒、喷石及彩釉砂等抹灰工程的施工。石碴装饰抹灰具有明亮、鲜艳的色彩效果。

石碴类装饰抹灰主要用于外墙。由于现制水磨石外墙不便施工，现已基本不用，而改用预制水磨石板贴面。

石碴类装饰抹灰材料主要有两种，即水泥和石碴，水泥可用普通水泥和白水泥。石碴包括大八厘（粒径20mm、15mm、8mm）、中八厘（粒径6mm）、小八厘（粒径4mm）等。另外还有破碎八厘石碴的干脚料，即石屑。石碴灰内用的其他材料有砂子、石灰膏、107胶和木质素磺酸钙，但此材料要结合施工物法而定。做法不同，用料也不同。

1. 水刷石

水刷石是石碴类材料饰面的传统做法。其特点是采取适当的艺术处理，加分格分色、凹凸线条等，就能使饰面达到极好的艺术效果。水刷石饰面造价不高，而耐久性和装饰效果都较好，因此在我国被广泛采用。水刷石一般用于建筑物墙面，在檐口腰线、窗楣、窗套、门套、壁柱、阳台、雨篷、勒脚、花台等部位也有应用。

(1) 分层做法。

水刷石可用于砖、混凝土等墙体饰面，常见的水刷石分层做法见表6-7。

(2) 基体处理。

水刷石装饰抹灰的基体处理方法同一般抹灰类似。但水刷石装饰抹灰层总的厚度较一般抹灰更厚，若基体处理不好，抹灰层极易产生空鼓或坠裂，因此应认真将基体表面松散部分去掉，再洒水润湿。抹好的中层砂浆要划毛，并在其上弹线分格，黏分格条，具体操作方法与一般抹灰相同。

表6-7 常见的水刷石分层做法

基体	分层做法（体积比）	厚度/mm
砖墙	①1:3水泥砂浆抹底层	5~7
	②1:3水泥砂浆抹中层	5~7
	③刮水灰比为0.37~0.40水泥浆一遍	
	④水泥石粒浆或水泥石灰膏石粒浆面层 1:1水泥大八厘石粒浆（或1:0.5:1.3水泥石灰膏石粒浆） 1:1.25水泥中八厘石粒浆（或1:0.57:1.5水泥石灰膏石粒浆） 1:1.5水泥小八厘石粒浆（或1:0.5:2.0水泥石灰膏石粒浆）	20 15 10
混凝土墙	①刮水灰比为0.37~0.40水泥浆或洒水泥砂浆	5~7
	②1:0.5:3水泥混合砂浆抹底层	5~6
	③1:3水泥砂浆抹中层	
	④刮水灰比为0.37~0.40水泥浆一遍	
	⑤水泥石粒浆或水泥石灰膏石粒浆面层 1:1水泥大八厘石粒浆（或1:0.5:1.3水泥石灰膏石粒浆） 1:1.25水泥中八厘石粒浆（或1:0.5:1.5水泥石膏石粒浆） 1:1.5水泥小八厘石粒浆（或1:0.5:2水泥石灰膏石粒浆）	20 15 10
加气混凝土墙	①涂刷一遍（1:4）~（1:3）的107胶水溶液	7~9
	②2:1:8水泥混合砂浆抹底层	5~7
	③1:3水泥砂浆抹中层	
	④刮水灰比为0.37~0.40水泥浆一遍	
	⑤水泥石粒浆或水泥石灰膏石粒浆面层 1:1水泥大八厘石粒浆（或1:0.5:1.3水泥石灰膏石粒浆） 1:1.25水泥中八厘石粒浆（或1:0.5:1.5水泥石灰膏石粒浆） 1:1.5水泥小八厘石粒浆（或1:0.5:2水泥石灰膏石粒浆）	20 15 10

（3）面层操作方法。

① 抹水泥石碴浆：中层砂浆终凝之后，根据中层抹灰的干燥程度浇水湿润，再用铁抹子满刮水灰比为0.37~0.40的水泥浆一遍，随即抹面层水泥石碴浆。面层抹灰厚度也要根据粒径大小而变化，通常应为石碴粒径的2.5倍。水泥石碴浆或水泥石灰膏石碴浆的稠度应为5~7cm，石碴在用前要认真过筛并用清水洗净。抹面层时要用铁抹子一次抹平，随抹随用铁抹子压紧、揉平，但不要把石碴压得太死，每一块分格内应从下边抹起，抹完一块用直尺检查平整度，不平处应及时增补，并把露出的石子轻轻拍平。同一平面的面层要求一次完成，不宜留施工缝，如留施工缝应在分格条位置上。抹阳角时，先抹的一侧不宜用八字靠尺，需将石碴浆稍抹过转角，然后再抹另一侧。在抹另一侧时需用八字靠尺将角靠直找齐，这样可避免因两侧都用八字靠尺而在阳角处出现明显接槎痕迹。

② 修整：待罩面后水分稍干，墙面无水光时，先用铁抹子溜一遍，将小孔洞压实、挤严，分格条边的石粒要略高1~2mm，然后用软毛刷蘸水刷去表面灰浆，阳角部位要往外刷，并用铁抹子轻轻拍平石碴，再刷一遍，然后再压，以保证石碴分布均匀、紧密。

③ 喷刷：待罩面灰浆凝结后，用刷子刷石碴不掉时开始喷刷。喷刷分两遍进行，第一遍用软毛刷子蘸水，刷掉面层水泥浆，露出石碴；第二遍紧跟用手压喷浆机（采用大八厘石碴浆或中八厘石碴浆）或喷云器

（小八厘石碴浆）将四周相邻部位喷湿，然后由上往下喷水。喷射要均匀，喷头离墙10～20cm，不仅要把表面的水泥浆冲掉，而且要将石碴间的水泥浆冲出，使石碴露出表面1/2粒径，达到清晰可见、分布均匀。然后用清水从上往下将水泥浆全部冲净。喷水要快慢适度，过快则混水浆冲不净，表面易显呈花斑，过慢则会出现塌坠现象。喷水时，要及时用软毛刷将水吸去，防止石碴脱落。分格缝处也要及时吸去滴挂的浮水，以防止分格缝不干净。如果水刷石面层过了喷刷时间，开始硬结，可用3%～5%盐酸稀释溶液洗刷，然后用清水冲净，否则会腐蚀面层，导致面层出现黄色斑点。冲刷时要做好排水工作，不能让水直接顺墙面往下流，一般应将罩面分为几段，每段都抹上阻水的水泥浆挡水，在水泥浆上粘贴油毡或牛皮纸将水外排，使水不直接往下淌。冲洗大面积墙面时，应遵守先罩面先冲洗、后罩面后冲洗的原则，罩面时由上往下操作。

④ 起分格条：喷刷后，即可用抹子柄敲击分格条，并用小鸭嘴抹子扎入分格条上下活动，轻轻起出。然后用小溜子找平，用鸡腿刷子刷光、理直缝角，并用素灰浆将缝格修补平直，保持颜色一致。

（4）白水泥、白石碴水刷石施工。

在高级装饰工程中，多采用白水泥、白石碴水刷石，这样的石碴浆一般不掺石灰膏，少数掺石灰膏，其掺量不应超过水泥用量的30%，否则将影响石碴浆的强度。白水泥水刷石的操作方法与普通水泥水刷石基本相同。应注意的是使用工具要洁净，以防止污染。冲洗石子时，水流应比普通水泥水刷石慢些，喷刷要仔细。为防止掉粒，最后还要用稀草酸溶液洗一遍，再用清水冲净。

2. 斩假石

斩假石又称剁斧石，是在水泥砂浆基层上，涂抹水泥石碴浆，待硬化后，用剁斧、齿斧和凿子等工具剁成有规律的石纹，类似天然花岗岩。斩假石装饰效果好，多用于外墙面、勒脚、室外台阶等。

（1）斩假石专用工具。

斩假石除一般抹灰常用的工具外，还有专用工具，如剁斧、剁刀、花锤、扁凿、齿凿、弧口凿、尖锥等。

（2）分层做法。

斩假石在不同基体上的分层做法，与水刷石基本相同。区别是斩假石中层抹灰应用1:2水泥砂浆，面层应用1:1.25的水泥石碴浆（内掺30%石屑），厚度为10～11cm。

（3）操作方法。

① 面层抹灰：在基体处理后，即涂抹底层、中层砂浆。砖墙基底、中层砂浆用1:2水泥砂浆。底层与中层表面应划毛。涂抹面层砂浆前，应浇水湿润中层抹灰，并满刮水灰比为0.37～0.40的素水泥浆一道，按设计要求弹线分格、黏分格条。面层砂浆一般用2mm的白色米粒石内掺30%粒径为0.5～1mm的石屑。材料应统一配料，干拌均匀备用。罩面时一般分两次进行。先薄薄地抹一层砂浆，待稍收水后再抹一层砂浆，与分格条平。用刮尺赶平，待收水后用木抹子打磨压实，上下顺势溜直，最后用软质笤帚（芦花帚）顺着剁纹方向清扫一遍，面层完成后应进行养护。常温下养护2～3天，其强度应控制在5MPa，以水泥强度不大、易剁得动而石粒又剁不掉为宜。

② 面层斩剁：在斩剁面层时，应先进行试斩，以石碴不脱落为准。斩剁前，应先弹顺线，相距约10cm，按线操作，以免剁纹跑斜。斩剁时必须保持墙面湿润，如墙面过于干燥，应予蘸水，但斩剁完的部分，不得蘸水，以免影响外观。为了美观，一般剁棱角

及分格缝周边留15~20mm不剁。

斩剁方法：

A. 斩剁应由上到下、由左到右进行，先剁转角和四周边缘，后剁中间墙面。转角和四周剁水平纹，中间剁垂直纹。若墙面有分格条，每制一行应随即将上面和竖向分格取出，并及时用水泥浆将分块内的缝隙、小孔修补平整。

B. 斩剁时，先轻剁一遍，再盖着前一遍的斧纹剁深痕，用力须均匀，移动速度须一致，不得有漏剁。

C. 墙角、柱子边棱宜横剁出边缘横斩纹或留出窄小边条（从边口进30~40mm），剁边缘时应用锐利小斧轻剁，防止掉角、掉边。

D. 用细斧剁斩一般墙面时，各格块体的中间部分均应剁成垂直纹，纹路应相应平行，上下各行之间应均匀一致。

E. 用细斧剁斩墙面雕花饰时，剁纹应随花纹走势而变化，不允许留下横平竖直的斧纹，花饰周围的平面应剁成垂直纹。

（4）拉假石。

斩假石的另一种做法是面层用石英砂（白云石屑）抹8~10mm厚，面层收水后用木抹子搓平，然后用压子压实、压光。水泥终凝后，用抓耙依着靠尺按同一方向抓，称为拉假石。

抓耙的齿为锯齿形，用5~6mm厚铁皮制作，齿距的大小和深浅可按实际要求确定，这种方法操作简单，成活后表面呈条纹状，纹理清晰，劳动强度大大降低，工效明显提高。

当采用彩色斩假石施工时，水泥中应掺加适量的矿物颜料，材料应二次备齐，并与水泥按比例预先全部干拌均匀备用，其他施工方法与上文所述的斩假石相同。

3. 干粘石

在素水泥浆或聚合物水泥砂浆黏结层上黏备好骨料，再拍平、拍实，即可获得干粘石。这种做法与水刷石相比，不仅节约水泥、石粒（硫）等原材料，减少了湿作业，而且明显提高了工效，但在较长一段时间里，存在石硫黏结不够牢固、用手摸和被雨水冲刷易掉粒的现象。

（1）分层做法。

干粘石与水刷石一样，常用于砖、混凝土或加气混凝土等墙体饰面。干粘石常见分层做法见表6-8。

表6-8 干粘石常见分层做法

基体	分层做法（体积比）	厚度/mm
砖墙	① 1:3水泥砂浆抹底层	
	② 1:3水泥砂浆抹中层	5~7
	③ 刷水灰比为0.40~0.50水泥浆一遍	5~7
	④ 抹水泥：石膏：砂子：107胶=100:50:200:（5~15）聚合物水泥砂浆黏结层	4~5
	⑤ 小八厘彩色石粒（或中八厘彩色石粒）	5~6
混凝土墙	① 刮水灰比为0.37~0.40水泥浆或洒水泥砂浆	
	② 1:0.5:3水泥混合砂浆抹底层	
	③ 1:3水泥砂浆抹中层	3~7
	④ 刷水灰比为0.40~0.50水泥浆一遍	5~6
	⑤ 抹水泥：石灰膏：砂子：107胶=100:50:200:（5~15）聚合物水泥砂浆黏结层	4~5
	⑥ 小八厘彩色石粒（或中八厘彩色石粒）	5~6

续表

基体	分层做法（体积比）	厚度/mm
加气混凝土墙	① 涂刷一遍107胶：水=1：（3~4）溶液	
	② 2：1：8水泥混合砂浆抹底层	7~9
	③ 2：1：8水泥混合砂浆抹中层	5~7
	④ 刷水灰比为0.40~0.50水泥浆一遍	
	⑤ 抹水泥：石灰膏：砂子：107胶=100：50：200：（5~15）聚合物水泥砂浆黏结层	4~5
	⑥ 小八厘彩色石粒（或中八厘彩色石粒）	5~6

（2）基体处理。

干粘石的基体处理方法与水刷石相同。

干粘石分格条要求与水刷石相同，其宽度一般不小于20mm，只起线型作用时可以适当窄一些。

（3）面层操作方法。

① 抹黏结层：黏结层涂抹前，应根据中层砂浆的干湿程度，先洒水润湿，接着刷水泥浆一遍。随即涂抹黏结层砂浆，黏结层砂浆的稠度不应大于8cm。黏结层砂浆一定要抹平，且不显抹纹。按分格大小，一次抹一块或数块，避免在块中甩搓。

② 甩石碴：黏结层抹好后，待干湿情况适宜，即可用手甩石碴。甩石碴时一手拿规格为40cm×35cm×6cm的底部钉有16目筛网的木框，内盛洗净晾干的石碴（干粘石一般采用小八厘石碴，过4mm筛子，去掉粉末杂质），一手拿木拍，用拍子铲起石碴，并使石碴均匀分布在拍子上，然后反手往墙上甩，甩射面要大，用力要平稳，使石碴均匀地嵌入黏结层砂浆中。如发现有不匀或过稀现象，应用抹子或手直接补贴，否则会使墙面出现孔坑或裂缝。在黏结砂浆表面均匀地黏一层石碴后，用抹子或油印橡胶辊轻轻压一下，使石碴嵌入砂浆的深度不少于1/2粒径，拍压后石碴表面应平整坚实。拍压时用力不宜过大，否则会把灰浆拍出，造成翻浆糊面，影响美观；用力也不宜过小，否则石子或砂黏结不牢，容易导致掉粒。甩石碴时，未黏上墙的石碴到处飞溅，会造成浪费。操作时，可用规格为1000mm×500mm×100mm的木板框下钉16目筛网的接料盘，放在操作面下接散落的石碴。也可用φ6mm钢筋弯成长方形框，装上粗布作为盛料盘，直接将石碴装入，紧靠墙边，边甩边接。

③ 起分格条修整：待干粘石墙面表面平整、石碴饱满时，即可将分格条取出，注意不要掉石碴。如局部石碴不饱满，可立即刷107胶水溶液，再用石碴补齐。分格条取出后，应随手用小溜子和素水泥浆将分格缝修补好，达到顺直清晰。

（4）机喷石粒施工。

干粘石系人工甩石碴，劳动强度大，效率低。近年来多采用机喷石，即用压缩空气带动喷斗喷射石粒代替手工甩石粒，使部分工序实现了机械化操作，提高了工效，降低了劳动强度，石粒也黏得更牢固。近年来在机喷石的基础上又发展出了机喷石屑、机喷砂等新工艺。

① 机喷石。

A. 施工工具：喷枪，见图6.4；空气压缩机（排气量0.6m³/min、工作压力为0.6~0.8MPa），一台空气压缩机可带两个喷石粒斗；喷气输送管采用内径为8mm的乙炔胶管（长度按需确定）；装石粒簸箕、油印橡胶滚、接石粒的钢筋粗布盛料盘。

图6.4 喷枪

B. 机喷石的施工顺序：基层处理→浇水湿墙→分格弹线→刮素水泥浆黏布条→涂抹黏结层砂浆→喷石→滚压→揭布条→修整。

C. 机喷石操作方法：在墙面基层处理完成后，以弹好的线为准，抹素水泥浆，然后将浸泡湿透的布条平直地粘贴在已抹平、压光的素水泥浆上，并按分格布条分出的区格，先满刮素水泥浆一遍（水灰比0.37～0.40），接着涂抹黏结层砂浆［水泥：砂：107胶＝100：50：（10～15）或水泥：石灰膏：砂子：107胶＝100：50：（100～200）：（10～15）］。为了有充裕的时间操作，砂浆中还应接入水泥量0.3%的木质素磺酸钙。砂浆厚度为4～5mm。抹好的黏结砂浆，应尽量不留抹子痕迹，黏结砂浆抹完一个区格后，即可喷射石粒。一人手持喷枪，一人不断向喷枪的漏斗装石粒，先喷边角，后喷大面。喷大面时应自下而上，以免砂浆流坠，喷枪应垂直于墙面，喷嘴距墙面15～25cm。喷完石粒，在砂浆刚收水时，用油印橡胶滚子从上往下轻轻滚压一遍。阳角处，为防止出现黑边及不规则现象，可采用滚压的方法，以保证阳角质量。滚压完，即可揭掉布条，然后修理分格缝两边的飞粒，并随手勾好分格缝。

② 机喷石屑。

A. 机喷石屑：机喷石屑是机喷石做法的发展。机喷石虽然初步实现了机械操作，但石粒由喷斗嘴喷出有一定的分散角度，上墙后分布密度不如手甩粘石密集，另外手持式喷斗受重量限制，装用石料数量很少，因此需有一人配合不断向斗内装石粒。而机喷石屑解决了上述两个问题。机喷石屑所用机具为空气压缩机（排气量0.6m³/min，工作压力0.4～0.6MPa），挤压式砂浆泵、喷斗（喷嘴口径8mm）、小型砂浆搅拌机或携带式砂浆搅拌器；所用材料为石屑（使用破碎大、中、小八厘石粒的下脚料，粒径为2～3mm）、粒结砂浆［较重要工程用白水泥：石粉：107胶：木质素磺酸钙：甲基硅醇钠＝100：（100～150）：（7～15）：0.3：（4～6），砂浆稠度为12cm左右，一般工程用普通水泥：石粉或砂子：107胶＝100：150：（5～15），稠度为12cm左右］。

B. 机喷石屑操作方法：先喷或刷107胶水溶液作基层处理（当基体为砂浆或混凝土时，107胶：水＝1：3；当基体为加气混凝土时，107胶：水＝1：2）。然后根据设计要求弹线分格，黏钉分格条。黏结砂浆可用手抹或机喷，按预先分格逐块喷抹，厚度应为2～3mm。再用挤压式砂浆泵喷涂黏结砂浆，两遍成活，手抹时应尽量不留抹子痕迹。在喷抹黏结砂浆后，适时用喷斗从左到右、自下而上喷黏石屑。注意喷嘴应与墙面垂直，距离30～50cm，空压机压力、气量要适当，墙面要均匀密实，满黏石屑，如黏结砂浆层表面干燥，应补抹砂浆，切忌刷水。

6.4 石材饰面施工

石材饰面有大理石、花岗岩石、青石、人造石及预制水磨石板等。饰面的安装工艺主要有"镶、贴、挂"3种，石材饰面的施工部位常为墙面、柱面、地面、楼梯等的表面。地面的饰面石材常用水泥粘贴安装。墙柱面石材安装，可根据具体情况决定施工方法。一般来说，小规格的饰面石材，其边长不大于400mm。安装高度在1m以下时，可采用粘贴的方法。大规格的饰面板一般采用挂贴法或干挂法安装。

6.4.1 墙面挂贴板块施工

1. 作业条件

（1）工程结构经检查验收，水电、通风安装等已安装完毕，并接好加工饰面板所需的电源和水源。

（2）弹室内外墙面水平线，室外弹±0.000线，室内弹+500mm线。

（3）提前搭设操作架，横竖杆离窗口或墙壁面约200mm，架子高度应满足施工操作要求。

（4）有门窗的墙面必须把门窗框立好，使其位置准确且牢固，安装大理石时有足够的留量。同时应用1∶3水泥砂浆将缝隙塞严实。

（5）石材进场应堆放于室内，下垫好方木，核对确认数量、规格；铺贴前应预铺、配花、编号，以备正式铺贴时按号取用。

（6）大面积施工前应先放出施工大样，并做好样板，经质检和监理确认合格，报业主、设计认可后，方可按样板组织大面积施工。

（7）进场的石材应派专人进行验收，颜色不均匀时，应进行挑选，必须试拼选用。

2. 施工准备

由于饰面板造价较高，大部分用于装饰标准较高的工程，因此石材饰面板安装施工要求准确、细致，施工前应做好准备工作。

（1）检查饰面尺寸、确定板材规格：饰面板安装前，应按照要求认真核实结构面实际偏差情况。应先检查基体墙面垂直度和平整度，偏差较大的应剔凿或修补、找平。超出允许偏差的，则应在保证基体与饰面板表面距离不小于50mm的前提下，重新排列分块。柱面应先测量出实际高度和柱子中心线，以及柱与柱之间上、中、下部水平通线。确定好柱饰面板明面边线，才能决定饰面板分块规格尺寸。对于复杂墙面（如楼梯、墙裙、圆形及多边形墙面等），则应实测后放足尺大样校对，并将饰面板间的接缝宽度考虑在内，来计算板块的排列方式，并按安装顺序编上号。最好绘制出墙面分块排列的大样图，有些装饰立面上已规定了墙面石板块的规格，需核查墙面尺寸和结构，确认能否按图纸要求规格进行施工。饰面板块间的接缝宽度，通常都有要求，如设计无规定，石材板的接缝宽度如表6-9所示。

表 6-9 石材板的接缝宽度

项目	名称		接缝宽度 /mm
1	天然石	光面、镜面	1
2		麻面、粗磨面、条纹面	5
3		天然面	10
4	人造石	水磨石	2
5		水刷石	10
6		大理石、花岗岩	1

（2）基体处理：饰面板安装前，将混凝土墙面的污垢、灰尘清理干净，用碱水将墙面油污刷掉，然后用清水把碱液冲净；对墙（柱）等基体进行认真处理，是防止饰面板安装后产生空鼓、脱落的关键一环。基体应有足够的稳定性和刚度。基体表面应平整、粗糙，光滑的基体表面应进行凿毛处理，凿毛深度应为 5～15cm，间距不应大于 3cm。基体表面残留的砂浆、尘土和油渍等应用钢丝刷满刷一遍，清理干净后浇水冲洗。待混凝土墙面干燥，将掺加建筑胶的水泥细砂砂浆用笤帚甩到墙上，待其终凝后洒水养护，使水泥砂浆有较高的强度，与混凝土墙面黏结牢固。

（3）墙（柱）面弹线：首先按照设计要求，确定地平面标高位置，将线弹到墙立面上。再以这条地面标高线为基准，安排板块的排列分格，并把分格线弹在墙立面和柱面上。如果需按安装顺序对石板块编号，号码可直接写在墙面的分格线内，并与分块大样图相对应。

（4）板材检验和修补：对饰面石板进行拆包后，应将破碎、变色、局部污染和缺边掉角的板块挑出另行堆放。对符合外观要求的板块，应进行边角垂直测量、平整度检验、尺寸误差检验，以便控制安装后的实际尺寸，以及对缝的垂直度、平整度。板材破裂后，可用环氧树脂黏结剂黏结。黏结时，首先应清理待黏断面，并用酒精擦拭。黏结面必须清洁干燥，两个黏结面涂胶厚度应为 0.5mm 左右，在 15℃ 以上的环境下粘贴，粘贴剂应在 1h 内用完。拼合黏结后要在 15℃ 以上正温环境下室内养护 3h。板块表面缺边少角、坑洼、麻点可用环氧树脂腻子来修补。修补时，先刮抹平整缺陷处，并在 15℃ 以上正温条件下养护 1h，用 0 号砂纸轻轻抹平，再养护 2～3h，最后打蜡出光。

另外对检验好的成品石材应入库收放，并按品种规格编号堆放，要立码而不能平码，避免雨水等的污染。

3．大理石、花岗岩饰面板镶贴安装

大理石、花岗岩饰面板分镜面、光面和细琢面。其安装方法主要是挂贴式和改进式。

（1）传统挂贴安装法：大理石、花岗岩饰面板镶贴安装施工程序为绑扎钢筋网→预拼排号→在板材上固定不锈钢丝→安装→临时固定→灌浆→嵌缝。

① 绑扎钢筋网：装饰工程的墙面一般没有预埋钢筋，绑扎钢筋网之前需要在墙面用 M10～M16 的膨胀螺栓来固定铁件。膨胀螺栓的间距为板面宽，也可用冲击电钻在基层（常为混凝土基层）打出 $\phi 6\sim 8$mm、深度大于 60mm 的孔，再向孔内打入 $\phi 6\sim 8$mm 的短钢筋，应外露 50mm 以上并弯钩。短钢筋的间距为板面宽度，上下两排膨胀螺栓或插筋的距离为板的高度减去 100mm，将同一标高的膨胀螺栓或插筋上连接水平钢筋，水平钢筋可绑扎固定或点焊固定。

② 预拼排号：为了使石材安装时能颜色花纹一致、纹理通顺、接缝严密吻合，安装前必须按大样图预拼排号。一般先按图排出品种、规格、颜色与纹理一致的块料，按设计尺寸在地面上进行试拼，校正尺寸及四角套方，使其合乎要求。凡阳角处相邻两块应磨边卡角。预拼好的大理石板应编号，编号一般由下板向上板编排，然后分类竖向堆好备用。对有缺陷的大理石，一般应予以剔除或改成小料使用，否则应用于阴角或靠近地面的不显眼部位。板材阳角磨边装饰施工构造详解见图6.5。

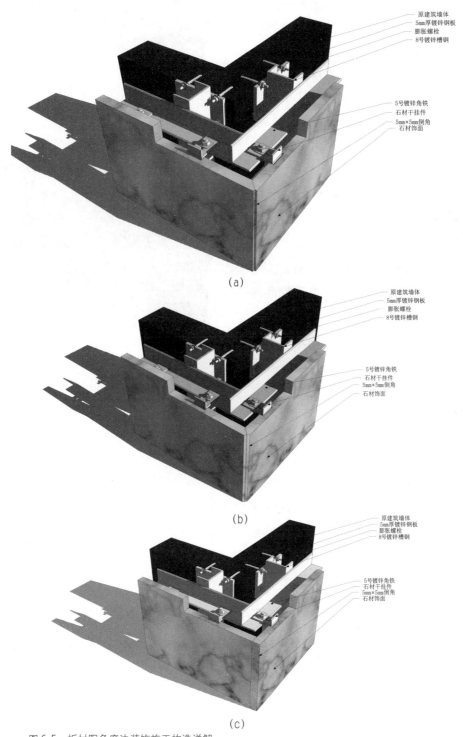

图6.5 板材阳角磨边装饰施工构造详解

③ 钻孔、剔槽：安装前先将饰面板用台钻钻眼。钻眼前先将石材预先固定在木架上，使钻头直对板材上端面，在板的上、下两个面打眼，孔的位置打在距板宽两端1/4处，每个面各打两个眼，孔径为5mm，深度为12mm，孔位（孔中心）距石板背面8mm为宜。如板材宽度较大，可增加孔数。钻孔后用金刚石錾子把石板背面的孔壁轻轻剔一道槽，深5mm左右，连同孔眼形成牛鼻眼，以备埋卧钢丝之用。板材采用防锈金属丝绑扎固定。大规格的板材，中间必须增设锚固点，如下端不好拴绑金属，可在未镶贴饰面板的一侧，用手提轻便小薄砂轮（4~5mm），按规定在板高的1/4处上、下各开一槽（槽长30~40mm，槽深12mm，与饰面板背面打通，竖槽一般在中，也可偏外，但以不损坏外饰面为宜），将绑扎丝卧入槽内，便可与钢筋网（ϕ6 钢筋）拴绑固定。板材开槽钻孔装饰施工构造详解见图6.6。

④ 固定不锈钢丝：目前石板材的钻孔打眼方法已被逐步淘汰，而采用工效高的四道槽或三道槽扎钢丝方法。施工步骤：先用电动手提式石材无齿切割机的圆锯片，在需绑扎钩丝的部位上槽，在板块背面的边角处开两条竖槽，其间距为30~40mm，在板块侧边处的两条竖槽上部开一条横槽，再在板块背面的两条竖槽下部开一条横槽。板块开好槽后，把备好的18号或20号不锈钢丝或铜丝剪成约20cm，并弯成U形。一端用木楔子黏环氧树脂将绑扎丝楔进孔内固定牢固。将U形不锈钢丝套入板背横槽内，U形的两条边从两条竖槽内通出后，在板块侧边横槽处交叉。然后通过两竖槽将不锈钢丝在板块背面扎牢。但注意不应将不锈钢丝拧得过紧，以防止把不锈钢丝拧断或将大理石槽口弄断裂。

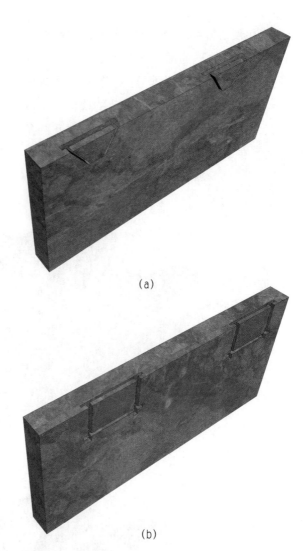

图6.6 板材开槽钻孔装饰施工构造详解

⑤ 试拼：饰面板材颜色应一致，无明显色差。经精心预排试拼，并根据颜色深浅对进场石材分别进行编号，使相邻板材颜色相近，无明显色差，纹路相对应形成图案，达到令人满意的效果。

⑥ 石板块安装：安装一般由下向上，每层由中间或一端开始。先将墙面最下层的板块，按地面标高线布置好，如果地面未做出，就需用垫块把板块垫高至地面标高线位置。然后使板材上口外仰，把下口不锈钢丝绑扎在水平横筋上，再绑扎板材上口不锈钢丝，绑好后用木楔垫稳。随后用靠尺板检查调整，再系紧不锈钢丝。最下一层定位后，再拉出

垂直线和水平线来控制安装质量。上口水平线应到灌浆完再拆除。柱面可按顺时针安装，一般先从正面开始，第一层就位后，要用靠尺板找垂直，用水平尺找平整，用方尺找好阴阳角。如发现板材规格不准确或板材间隙不匀，应用铅皮加垫，使板材之间缝隙均匀一致，以保持每一层板材上口平直，为上一层板材安装打下基础。

⑦ 临时固定板块：板材安装就位后，用纸或熟石膏（调制石膏时，可掺加20%水泥，以增加强度，防止石膏裂缝。但白色大理石容易污染，不要掺水泥），将两侧缝隙堵严，上下口临时固定，较大的块材及门窗碹脸饰面板应另加支撑。为了矫正视觉误差，安装门窗碹脸时应按1%起拱。对临时固定的板块，用角直尺检查板面是否平直，重点保证板与板的交接处四角平直，发现问题，立即校正，待石膏硬固后方可进行灌浆。

⑧ 灌浆：用水泥砂浆分层灌注。灌注时不要碰板块，并应从几处分别向缝隙中灌注，同时要检查板块是否因灌浆而外移。灌浆高度一般不超过150mm，最多不得超过200mm。一块石板材通常分3次灌浆来完成粘贴。每次灌浆都需待上次水泥浆初凝后进行。若是多层石板材安装，则每层离上口50～100mm处即应停止灌浆，留待上层石板灌浆时来完成，以使上下连成整体。但必须注意防止临时固定石板的石膏块掉入砂浆内，避免因石膏膨胀导致外墙面泛白、泛浆。而安装白色或浅色大理石板，灌浆应用白水泥和白石屑，以防透底影响美观。

⑨ 擦缝：板材安装前宜在板材背面刮一道素水泥浆（内掺5%建筑胶），这样可以使板材背面形成一道防水层，防止雨水渗入板内。石板安装完毕，必须在擦缝前清理干净缝隙，尤其注意固定石材的石膏渣不得留在缝隙内，然后用与板色相同的颜色调制纯水泥浆擦缝，使缝隙密实、干净、颜色一致。也可在缝隙两边的板面上粘贴一层胶带纸，用密封胶嵌板缝隙，扯掉胶带纸后会形成一道凸出板面1mm的密封胶线缝，使缝隙既美观又防水。

⑩ 柱子贴面：安装柱面石材板，其基层处理、弹线、钻眼、绑扎钢筋和安装等施工工序与镶贴墙面方法相同。但在灌浆前，应用木方钉出槽形木卡子卡住石板，以防灌浆时石板外胀。

⑪ 清理嵌缝：第3次灌浆完毕，待砂浆初凝后，即可清理板材上口余浆，并用棉丝擦干净。隔天再清理板材上口木楔和有碍安装上层板材的石膏，并应加强养护，避免曝晒、碰撞等问题。全部大理石板安装完毕，应将表面清理干净，并按板材颜色调制水泥色浆嵌缝，边嵌边擦干净，使缝隙密实干净、颜色一致。板材饰面应用酸液洗去后用清水充分冲洗干净，以达到美观的效果。对于安装固定后的板材，如其面层光泽受到影响，应重新打蜡上光，并采取临时措施保护楼角。

（2）楔固法安装：实为传统湿作业改进安装工艺，与传统挂贴法的区别在于：传统挂贴法是把固定板块的钢丝绑扎在预埋钢筋上，而楔固法安装是将固定板块的钢丝直接楔紧在墙体或柱体上。楔固法安装工序如下。

① 石板块钻孔：将大理石饰面板直立固定于木架上，用手电钻在距两端1/4处钻孔，孔径6mm，深35～40mm。若板宽小于500mm，则打直孔2个；若板宽大于500mm则打直孔3个；若板宽大于800mm，则打直孔4个。然后将板旋转90℃固定于木架上，在板两边分别打直孔一个，孔径6mm，孔深35～40mm，上下直孔都用合金錾子在板背面剔槽，槽深7mm，以便安装U形钢条。

② 基体钻斜孔：板材钻孔后，按基体放线分块位置临时就位，并在对应板材上下直孔的基体位置，用冲击钻钻出与板材孔数相等的斜孔，孔径6mm，孔深40～50mm。

③ 板材安装与固定：基体钻孔后将大理石板安放就位，根据板材与基体相距的孔距，用克丝钳现制直径5mm的不锈钢U形钉，将钉一端勾进大理石板直孔内，随即用硬木小楔楔紧。将另一端勾进基体斜孔内，并拉小线或用靠尺板和水平尺校正板的上、下口，以及板面垂直和平整度，并检查相邻板材之间接合是否严密，随后将基体斜孔内不锈钢U形钉用硬木楔或水泥钉楔紧，接着用大头木楔紧板材与基体，以紧固U形钉。校正准确石面板位置并临时固定后，可进行灌浆施工，方法与前述相同。大理石、花岗岩饰面板镶贴装饰施工构造详解见图6.7。

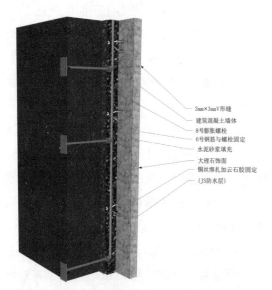

图6.7 大理石、花岗岩饰面板镶贴装饰施工构造详解

（3）立柱饰面的聚酯砂浆固定法：聚酯砂浆有凝结快、黏结牢和不易在灌浆时松动等特点。其施工方法为：在灌浆前用聚酯砂浆固定板材四角并填满板材之间的缝隙，待聚酯砂浆固化并能起到固定拉紧作用后，再进行一般大理石施工。灌注砂浆也应分3次灌注，并在其上口处留50mm余量。聚酯砂浆的胶与砂之比通常为1∶4.5，固化剂的掺量视使用要求而定。在用聚酯砂浆固定方柱或长方柱的板材时，需用木卡框来定位。木卡框要等灌注的水泥浆凝结后再取下，用于第二层板材安装。

（4）树脂胶黏结法：对一些小面积的镶贴部位或与木结构相结合的部位，常采用树脂胶黏结法，施工步骤如下。

① 基体处理：基层的平整性对用黏结法施工来说尤为重要，其允许尺寸偏差为：表面平整偏差±2mm，阴、阳角垂直偏差±2mm，立面垂直偏差±2mm。基层应平整但不应压光。应用水泥砂浆将基面抹平，再检查尺寸的偏差值，对超出尺寸应修平整。

② 根据安装设计要求，进行弹线作业。

③ 逐块检查、编号，并按施工顺序码好。

④ 板材黏结剂用量应针对使用部位的受力情况，以黏牢为原则。先将胶液分别刷抹在墙柱面和板块背面，尤其是一些悬空板材胶量必须饱满。带黏结剂的板材就位时要准确，就位后马上挤紧、找平、找正，并进行顶卡固定，对于挤出补缝外的黏结剂应随时清除。若板块安装位置不平、不直，可用扁而薄的木楔来调整，小木楔应涂上胶液再插入板缝。

⑤ 通常采用环氧树脂作为板块粘贴用胶。在一些小规格的板块粘贴中，也可采用进口的立时得万能胶，环氧树脂的配合比与上述石材修补的配合比相同。

⑥ 应在黏结剂固化2天后，拆除顶、卡的固定支架。拆除支架后，应检查板材接缝处的胶结情况，不足的进行勾缝处理，多余的清除干净。

（5）质量标准。

① 主控项目。

A. 材料的品种、规格、颜色、图案必须

符合设计要求和满足现行的质量标准。

B. 饰面板镶贴或安装必须牢固、方正、棱角整齐，不得有空鼓、裂缝等缺陷。

② 一般项目。

A. 表面平整、洁净、颜色一致，图案清晰、协调。

B. 接缝嵌填密实、平直、宽窄一致、颜色一致，阴、阳角处板的压向正确，非整板的使用部位适宜。

C. 整板套割吻合，边缘整齐；贴面、墙裙等处上口平顺、凸出墙面厚薄一致。

4. 大理石、花岗岩饰面板干挂安装

(1) 作业条件。

① 结构已经检查和验收，隐检、预检手续已办理，水电、通风设备安装完毕。

② 石板按设计图纸的规格、品种、质量标准、物理力学性能、数量备料，并进行表面处理工作。

③ 外门窗已安装完毕，经检验符合规定的质量标准。

④ 已备好不锈钢锚固件、嵌固胶、密封胶、胶枪、泡沫塑料条及手持电动工具等。

⑤ 对施工操作者进行技术交底，应强调技术措施、质量标准和成品保护。

先做样板，经质检部门自检，报业主和设计鉴定合格后，方可组织人员进行大面积施工。

(2) 施工工艺。

① 验收石材：应由专人负责验收石材，按设计要求认真检查石材规格、型号是否正确，与料单是否相符，如发现颜色明显不一致的要单独码放，以便退还厂家。

② 搭设脚手架：采用钢管扣件搭设双排脚手架，要求立杆距墙面净距不小于500mm，短横杆距墙面净距不小于300mm，架体与主体结构连接锚固牢固，架子上下满铺跳板，外侧设置安全防护网。

③ 测量放线：先将要干挂石材的墙面、柱面、门窗套用特制大线坠或经纬仪，从上至下找出垂直方向。同时应该考虑石材厚度及石材内皮距结构表面的间距，一般以60～80mm为宜。根据石材的高度用水准仪测定水平线并标注在墙上，一般板缝为6～10mm。弹线要从外墙饰面中心向两侧及上下分格，误差要匀开。

④ 钻孔开槽：安装石板前先测量准确位置，然后再进行钻孔开槽，对于钢筋混凝土或砖墙面，先在石板的两端距孔中心80～100mm处开槽钻孔，孔深20～25mm，然后在墙面相对于石板开槽钻孔的位置钻直径8～10mm的孔，将不锈钢膨胀螺栓一端插入孔中固定，另一端挂好锚固件。对于钢筋混凝土柱梁，由于构件配筋率高，钢筋面积较大，在某些部位很难钻孔开槽，在测量弹线时，应该先在柱或墙面上躲开钢筋位置，准确标出钻孔位置，待固定好膨胀螺栓锚固件后，再在石板的相应位置钻孔开槽。

⑤ 底层石板安装：应根据固定的墙面上的不锈钢锚固件位置安装底层石板，具体操作是将石板孔槽和锚固件固定销对位安装好，利用锚固件的长方形螺栓孔，调节石板的平整，并用方尺找阴、阳角方正，拉通线找石板上口平直，然后用锚固件将石板固定牢固，用嵌固胶将锚固件填堵固定。

⑥ 上行石板安装：先往下一行石板的插销孔内注入嵌固胶，擦净残余胶液后，将上行石板按照安装底石板的操作方法就位。检查安装质量，符合设计及规范要求后进行固定。对于檐口等不易固定部位的石板，可用同样方法进行固定。

⑦ 密封填缝：待石板挂贴完毕，进行表面清洁，清除缝隙中的灰尘，先用直径8～10mm的泡沫塑料条填板内侧，留5～6mm深缝，在缝两侧的石板上，靠缝粘贴

10~15mm宽塑料胶带，以防打胶嵌缝时污染板面，然后用打胶枪填满密封胶，若密封胶污染板面，必须立即擦净。最后揭掉胶带，清洁石板表面，打蜡抛光，达到质量标准后，拆除脚手架。

（3）施工方法。

① 石材准备：用比色法对石材的颜色进行挑选分类，安装在同一面的石材颜色应一致，按设计图纸及分块顺序将石材编号。

② 基层准备：清理预做饰面石材的结构表面，同时进行结构套方，找规矩，弹出垂直线和水平线，并根据设计图纸和实际需要弹出安装石材的位置线和分块线。

③ 挂线：根据设计图纸要求，石材安装前要事先用经纬仪打出大角两个面的竖向控制线，最好弹在离大角20cm的位置上，以便随时检查垂直挂线的准确度，保证顺利安装，并在控制线的上、下作出标记。

④ 支底层饰面板托架：把预先安排好的支托按上平线支在将要安装的底层石板上面。支托要支承牢固，相互之间要连接好，也可和架子接在一起。支托安好后，顺支托方向钉铺通长50mm的厚木板，木板上口要在同一水平面上，以保证石材上、下面处在同一水平面上。

⑤ 上连接铁件：用设计规定的不锈钢螺栓固定角钢和平钢板。调整平钢板的位置，使平钢板的小孔正好与石板的插入孔对上，固定平钢板，用扳子拧紧。大理石、花岗岩饰面板干挂装饰施工构造详解见图6.8。

⑥ 底层石板安装：把侧面的连接铁件安好，便可把底层面板靠角上的一块就位。

⑦ 调整固定：将面板暂时固定后，调整水平度，如板面上口不平，可在板底的一端下口的连接平钢板，上垫一相应的双股铜丝垫。调整垂直度，并调整面板上口的不锈钢连接件的距墙空隙，直至面板垂直。

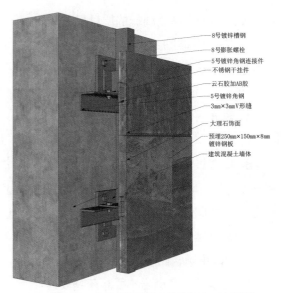

图6.8 大理石、花岗岩饰面板干挂装饰施工构造详解

⑧ 顶部面板安装：顶部最后一层面板除需要符合一般石板安装要求外，安装调整好后，还应在结构与石板的缝隙里吊一通长的20mm厚木条，木条上平为石板上口下去250mm，吊点可设在连接铁件上。可采用铝丝吊木条，木条吊好后，即在石板与墙面之间的空隙里放填充物，并填塞严实，防止灌浆时漏浆。

⑨ 清理大理石、花岗石表面：把大理石、花岗石表面的防污条掀掉，用棉丝把石板擦净。

（4）成品保护。

① 科学地安排施工顺序，对水、电、暖设备，通风设备等应提前安装好，以防止损坏、污染外挂石材饰面板。

② 要及时、认真地清擦干净残留在门窗框、玻璃和金属饰面板上的密封胶、尘土、胶黏剂、油污、手印、水等杂物，最好粘贴保护膜，预防污染、锈蚀。

③ 在拆架子或上料时，严禁碰撞干挂石板饰面。

④ 饰面完活后，易破损的棱角处要用木板做护角，严防配合其他工种操作时划伤漆面。

⑤ 在室外刷罩面剂未干时，严禁往下倒垃圾、碴土，严禁翻脚手板。

⑥ 已完工的外挂石材饰面，应派专人看管，防止出现在饰面板上乱写、乱画等危害成品的行为。

⑦ 施工注意事项。

A. 颜色不一：为了防止外饰面石材颜色不一致，施工时应事先对石材板进行认真的挑选和试拼。

B. 线角不直、缝格不匀：为防止线角不顺直，缝隙格不匀、不直，施工前应认真按设计图纸尺寸核对结构施工实际尺寸，分段、分块弹线要精确细致，并经常拉水平线和吊垂直线检查校正。

(5) 质量标准。

① 主控项目。

A. 石材墙面工程所用材料的品种、规格、性能和等级，应符合设计要求及国家现行产品标准和工程技术规范的规定。

B. 石材墙面的造型、立面分格、颜色、光泽、花纹和图案应符合要求。

C. 石材孔、槽的数量、深度、位置、尺寸应符合设计要求。墙角的连接节点应符合设计要求和技术标准的规定。

② 一般项目。

A. 石材墙面表面应平整、洁净，无污染、缺损和裂痕。颜色和花纹应协调一致，无明显色差，无明显修痕。

B. 石材接缝应横平竖直、宽窄均匀；阴、阳角石板压向应正确，板边合缝应顺直；凹凸线出墙厚度应一致，上下口应平直；石材面板上的洞口、槽边应套割吻合，边缘应整齐。

C. 石材饰面板安装的允许偏差应符合《建筑装饰装修工程质量验收标准》(GB 50210—2018) 的规定。

立面垂直度：2mm。

表面平整度：2mm。

阴、阳角方正：2mm。

接缝直线度：2mm。

墙裙、勒脚上口直线度：2mm。

接缝高低差：0.5mm。

接缝宽度：1mm。

6.4.2 青石板饰面板安装

因青石板的规格较小，一般可采取粘贴的方法安装。其规格尺寸、颜色搭配及排块组合应按设计要求确定。

青石板粘贴前，应先清扫干净，然后放入清水中浸泡，待板材浸透后，取出阴干备用。其基体处理和砂浆找平的方法与前述大理石饰面板相同。

小规格面板的粘贴，应采用聚合物水泥砂浆，即 1∶2 水泥砂浆，掺入水泥用量 5%～10% 的 107 胶。黏结砂浆不宜过厚，板面较平整的，可控制在 4～5mm，板面平整度较差的，应不少于 5mm。全部青石板粘贴完后，应将板表面清理干净，并按板材颜色调制水泥色浆嵌缝。边嵌边擦净，要求缝隙密实、颜色一致。青石板饰面板湿贴装饰施工构造详解见图 6.9。

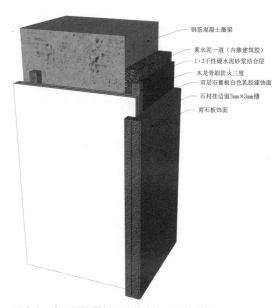

图 6.9 青石板饰面板湿贴装饰施工构造详解

6.4.3 预制水磨石饰面板安装

预制水磨石饰面板,可用于室内外饰面,因其尺寸规格较大,其安装方法与大理石饰面板基本相同。为避免预制水磨石饰面板安装前用电钻钻孔,可在预制时,在板背面预埋铁环或预埋铁件,以备安装时与绑扎钢筋网片连接。预制水磨石饰面板安装时,绑扎钢筋网、预排编号、安装、临时固定、灌浆、清理嵌缝等的方法同青石板饰面板安装。预制水磨石饰面板湿贴装饰施工构造详解见图6.10。

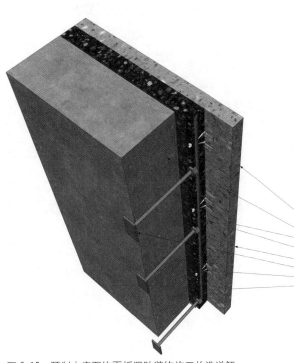

图6.10 预制水磨石饰面板湿贴装饰施工构造详解

6.4.4 合成石饰面板安装

合成石饰面板的安装,一般采用粘贴法。其施工操作方法与室内粘贴釉面砖的方法基本相同。因其吸水率较小,粘贴前板材浸水后,一定要阴干至表面无明水,再进行粘贴。若板厚10mm以下,宜用聚合物水泥砂浆,即掺入水泥重量10%的107胶。若黏结砂浆厚度不大于3mm,板厚大于10mm,可用四道槽挂贴法或楔固安装方法,饰面板表面去污可用洗衣粉,禁用去污粉擦洗,最好用汽车上光蜡抛光。合成石饰面板粘贴装饰施工构造详解见图6.11。

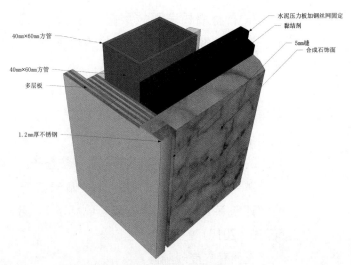

图6.11 合成石饰面板粘贴装饰施工构造详解

6.4.5 小规格饰面板镶贴

小规格饰面板,如踢脚板、勒脚、窗台板等,可采取水泥砂浆粘贴的方法安装。

1. 踢脚板粘贴

粘贴时用 1∶3 水泥砂浆打底、找规矩,水泥砂浆厚约 12mm,用刮尺刮平、划毛。待底子灰凝固后,将经过湿润的饰面板背面,均匀地抹上厚 2~3mm 的素水泥浆,随即将其贴于墙面,用木锤轻敲,使其与基层有较好的黏结。用靠尺、水平尺找平,使相邻各块饰面板接缝齐平,高差不超过 0.5mm,并将边口和挤出拼缝的水泥浆擦干净。踢脚板粘贴装饰施工构造详解见图 6.12。

2. 窗台板安装

安装窗台板时,应先校正窗台的水平度,确定窗台的找平层厚度,在窗口两边按图纸要求的尺寸在墙上剔槽。多窗口的房屋剔槽时要拉水平线,并将各窗台找平。

清除窗台上的杂物,洒水润湿,再用 1∶3 的干硬性水泥砂浆或细石混凝土抹找平层,用刮尺刮平,均匀地撒上干水泥粉,再将湿润后的板材平稳地安上,用木锤轻击,使其平整并与找平层有良好的黏结。在窗口两侧墙上的剔槽处要先浇水润湿,板材伸入墙面的尺寸(进深与宽度)要相等,板材放稳后,应用水泥砂浆或细石混凝土将嵌入墙的部分塞密堵严。窗台板接槎处应注意平整,与窗下槛保持同一水平。

如窗台板在横向排出墙面尺寸较大,应先在窗台板下预埋铁件,以便对窗台板进行绑扎固定。安装时,先在后面端将窗台板绑扎在预埋铁件上,然后在窗台面抹水泥砂浆,并留出其前面的预埋件位置,待窗台板就位固定后,将预埋件用水泥浆填满找平。窗台板粘贴装饰施工构造详解见图 6.13。

3. 碎拼大理石

大理石的边角料,经加工可分为多种块料。矩形块料:即锯割整齐、大小不等的正方体、立方体等;冰裂状块料:锯割整齐的各种多边形;毛边形块料:不规则的毛边碎块。这些块料应采用不同的方法进行粘贴。大理石碎拼粘贴装饰施工构造详解见图 6.14。

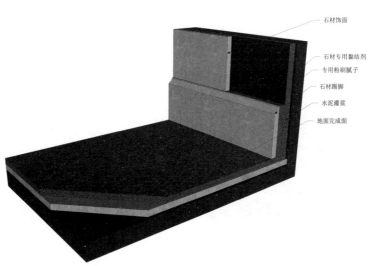

图 6.12 踢脚板粘贴装饰施工构造详解

（1）矩形块料，可大小搭配镶拼在墙面上，缝隙间距1~1.5mm，镶贴完用同色水泥色浆嵌缝，可嵌平缝或凸缝，擦净后上蜡打光。

（2）冰状块料，可大小搭配做成各种图案。缝隙可做成凹凸缝，也可做成平缝，用同色水泥色浆嵌抹，擦净后上蜡打光。平缝的间隙可以稍小，凹凸缝的间隙可在10~12mm。

（3）毛边碎料因不能密切吻合，故镶拼的接缝比以上两种块料大，应注意碎料大小搭配，做到乱中有序。

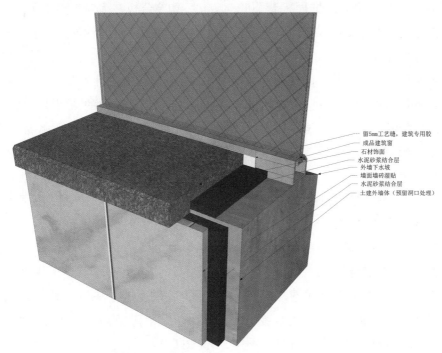

图6.13 窗台板粘贴装饰施工构造详解

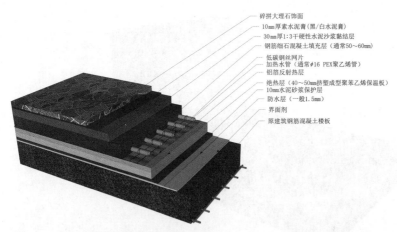

图6.14 大理石碎拼粘贴装饰施工构造详解

6.5 陶瓷饰面施工

陶瓷自古以来就是建筑物的装饰材料之一。用它粘贴墙面，也是一项传统的装饰工艺，本节主要介绍釉面砖、外墙贴面砖、陶瓷锦砖、玻璃锦砖的粘贴。

6.5.1 陶瓷饰面材料及施工机具

1. 材料

（1）基础材料。

① 水泥：325号普通硅酸盐水泥或矿渣硅酸盐水泥。水泥应有出厂证明或复试单，若出厂超过3个月，应根据试验结果决定是否使用。

② 白水泥：325号白水泥。

③ 砂子：粗砂或中砂，用前过筛。

④ 瓷砖、陶瓷砖：应表面平整，颜色统一、规格一致、尺寸正确、边棱整齐、一次进场。其中面砖的脱纸时间不得大于40分钟。

⑤ 石灰膏：应用块状生石灰淋制，淋制时必须用孔径不大于3mm的筛过滤，并贮存在沉淀池中。对于熟化时间，常温下一般不少于15天，用于罩面时，不应少于30天。使用时，石灰膏内不得含有未熟化的颗粒或其他杂质。

⑥ 生石灰粉：抹灰用的石灰膏可用磨细生石灰粉代替，其细度应通过4900孔/m^2筛。用于罩面时，熟化时间不应小于3天。

⑦ 纸筋：白纸筋或草纸筋。使用前3周应用水浸透捣烂，使用时宜用小钢磨磨细。

⑧ 聚乙烯醇缩甲醛（即界面剂）和矿物颜料等。

（2）釉面砖。

釉面砖又称瓷砖、瓷片、釉面陶土砖，有白色、彩色、印花等多个品种。釉面砖表面光滑、美观，一般用于室内装饰面，很少用于室外。

（3）外墙面砖。

外墙面砖为用于建筑物外墙装饰的块状陶瓷建筑材料，分有釉和无釉两种。有釉面砖，是在已烧成的素坯上施釉，再经焙烧而成。无釉面砖是将破碎成一定粒度的陶瓷原料筛分，在半干时压成型，放入窑内焙烧而成。

外墙面砖的种类与规格见表6-10。

表6-10 外墙面砖的种类与规格

名称	规格/mm	说明
表面无釉外墙釉面砖（又称墙面砖）	200×100×12 150×75×12	白、浅黄、红、深黄、绿色等可选
表面有釉外墙釉面砖（又称彩釉砖）	75×75×8 108×108×8	黄白、粉红、绿、金沙釉、棕色等可选
外墙立体面砖（又称立体彩釉砖）	100×100×10	表面有釉，可选各种立体颜色
线砖	100×100×15 100×100×10	表面有突起线纹，有釉并有多色可选

(4) 陶瓷锦砖。

陶瓷锦砖又称"马赛克",是由优质瓷土烧制的片状小瓷砖拼成的饰面材料,分为挂釉和不挂釉两种。它质地坚硬、经久耐用、色泽多样、耐酸、耐碱、耐火、耐磨、不渗水,抗压力强,吸水率小,在±20℃温度下无开裂现象。

(5) 玻璃锦砖。

玻璃锦砖又称"玻璃马赛克",是由玻璃烧制而成的小块贴于纸上的饰面材料,有乳白色、灰色、蓝色、紫色、肉色等多种颜色。它质地坚硬、性能稳定、耐热、耐寒、耐酸碱、表面光滑。其适用于外墙饰面,内墙也可采用。其背面呈凹形,带有棱线条,四周呈斜角面,铺贴的灰缝呈楔形,与基层黏结较好。

2. 施工机具

陶瓷贴面施工,除一般抹灰常用的手工工具外,还根据饰面的不同,分别有下列专用手工工具:磅秤、铁板、孔径5mm的筛子、窗纱筛子、手推车、大桶、小水桶、平锹、木抹子、钢板抹子（1mm厚）、开刀或钢片（20mm×70mm×1mm）、铁制水平尺、方尺、靠尺板、底尺［（3000～5000）mm×40mm×（10～15）mm］、大杠、中杠、小杠、灰槽、灰勺、毛刷、鸡腿刷子、细钢丝刷、笤帚、大小锤子、粉线包、小线、擦布或棉丝、胡桃钳、老虎钳子、小铲、小型台式砂轮、勾缝溜子、勾缝托灰板、线坠、盒尺、钉子、红铅笔、铅丝、工具袋、切砖刀、橡皮锤、钢錾、手锤等。

其中,切砖刀:用于切割瓷片;胡桃钳:可对釉面砖进行钳剥加工;橡皮锤:用来对铺贴后的瓷砖进行敲实校平;钢錾与手锤:用来修整墙面;开刀:镶贴饰面砖拨缝用。

机具主要有手动切割器,用于切割饰面砖,包括打眼器、电热切割器、手电钻、电动手提角磨机等。

6.5.2 作业条件

(1) 根据设计图纸要求,按照建筑物各部位的具体做法和工程量,事先挑选出颜色一致、同规格的陶瓷锦砖,分别堆放并保管好。

(2) 预留孔洞及排水管等应处理完毕,门窗框、扇要固定好,并用1:3水泥砂浆将缝隙堵塞严实。铝合金门窗框边缝所用嵌缝材料应符合设计要求,且堵塞严实,并事先粘贴好保护膜。

(3) 脚手架或吊篮应提前支搭好,最好选用双排架子（室外高层宜采用吊篮,多层可采用桥式架子）,其横竖杯及拉杆等应距离门窗口150～200mm。架子的步高应符合施工要求。

(4) 墙面基层应清理干净,脚手眼应堵好。

(5) 大面积施工前应先做样板,样板完成,经质检部门鉴定合格后,还要设计方、甲方、施工单位共同认定合格,方可组织班组按样板要求施工。

6.5.3 陶瓷贴面施工准备

1. 基体处理

镶贴饰面的基体表面应有足够的稳定性和刚度,光滑的基体表面应进行凿毛处理,凿毛深度应为0.5～1.5cm,间距3cm左右。基体表面残留的砂浆、尘土和油渍等应用钢丝刷刷洗干净,基体表面凹凸明显部位,应事先剔平或用1:3水泥砂浆补平。不同基体材料相接处,应铺钉金属网,与抹灰饰面做法相同。门窗口与主墙交接处应用水泥砂浆嵌填密实。为使基体与找平层黏结牢固,可洒水泥砂浆（水泥:细砂＝1:1,拌成稀水泥砂浆）或聚合物水泥浆（107胶:水＝1:4的胶水拌水泥）处理。

2. 抹找平层

陶瓷面砖镶贴在砖墙、混凝土墙体和加气混凝土内墙上，其找平层砂浆的涂抹方法与装饰抹灰的底、中层砂浆施工操作方法相同。

加气混凝土外墙应在基层清理干净后，先刷107胶水溶液一遍，然后满钉孔径32mm、丝径0.7mm的镀锌机织钢丝网，钉距（φ6扒钉）纵横不大于600mm，然后抹1:1:4水泥混合砂浆黏结层及1:2.5水泥砂浆的找平层。檐口、腰线、窗台、雨篷等处，在抹找平层时，应将流水坡及滴水线留出。找平层砂浆抹完后，要根据气温情况，及时浇水养护。

3. 选砖

釉面砖和外墙砖应进行选砖。即根据设计要求，挑选规格一致，形状平整方正，不缺棱掉角、不开裂、不脱釉，无凹凸扭曲，颜色均匀的砖块和各种配件。选砖可采取自制的套板，即根据釉面砖或外墙面砖的标准长宽尺寸，做一个U形木框，钉在木板上，按大、中、小分类，先将釉面砖从U形的木框开口处塞入检查，然后转90°再塞入开口处检查，如此分出"合乎标准尺寸""大于标准尺寸""小于标准尺寸"三类，分类堆放。同一类尺寸应用于同一层间或同一面墙上，以做到接缝均匀一致。对于长宽尺寸不同的外墙面砖，可制作两个U形木框进行选砖，分出大、中、小三类。

陶瓷锦砖应按设计图案要求，事先挑选好，并统一编号，便于镶贴时对号入座。

4. 浸水

釉面砖和外墙面砖，镶贴前要先清扫干净，放入清水中浸泡。釉面砖要浸泡到不冒泡为止，且不少于2h；外墙面砖则要隔夜浸泡。然后将浸泡的面砖取出阴干备用。没有浸水的饰面砖吸水性较大，铺贴后会迅速吸收砂浆中的水分，影响粘贴质量。而浸透没阴干的饰面砖，由于表面存有水膜，铺贴时会产生面砖浮滑现象，不仅操作不便，且会因水分散发引起饰面砖与基层分离自坠。阴干的时间视气温和环境温度而定，一般为半天左右，以饰面砖表面有湿感，但手按无水迹为阴干标准。

5. 预排

饰面砖镶贴前应预排，注意同一墙面的横竖排列，均不得有一行以上的非整砖。非整砖行应排在次要部位或阴角处，可以用接缝宽度调整砖行。室内镶贴釉面砖，如设计无规定，接缝宽度可在1~1.5mm。在管线、灯具、卫生设备支承等部位，应用整砖套割吻合，不得用非整砖拼凑镶贴。

对于外墙面砖应按设计要求进行排砖分格，并绘制大样图，一般要求水平缝与磴脸、窗台齐平，竖向要求阳角及窗口处都是整砖，分格按整块分均，并根据已确定的缝隙大小做分格条、划出皮数杆。

陶瓷贴面砖有多种排列方法，如无缝镶贴、划块留缝镶贴、单块留缝镶贴等。质量好的砖，可以适应任何排列形式。外形尺寸偏差大的饰面砖，不能大面积无缝镶贴，否则不仅会导致缝口参差不齐，而且贴到最后无法收尾，交不了圈。这样的砖可采取单块留缝镶贴的排列方法，用砖缝来调节砖块大小不一的问题。如果砖外形尺寸出入不大，可采取划块留缝镶贴的排列方法，可调节留缝尺寸，以弥补砖尺寸的偏差。陶瓷面砖粘贴装饰施工构造详解见图6.15。

6. 质量标准

（1）主控项目。

① 饰面砖的品种、规格、图案、颜色和性能应符合设计要求。

② 饰面砖、粘贴工程的找平、防水、粘贴和勾缝材料及施工方法应符合设计要求及国家现行产品标准和工程技术标准的规定。

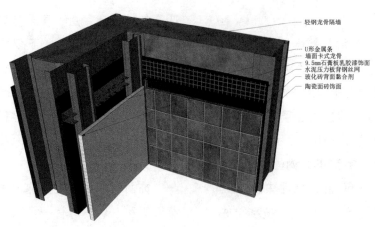

图 6.15 陶瓷面砖粘贴装饰施工构造详解

③ 饰面砖粘贴必须牢固。

④ 采用满黏法施工的饰面砖工程应无空鼓、裂缝。

(2) 一般项目。

① 饰面砖表面应平整、洁净、色泽一致、无裂痕或缺损。

② 阴、阳角处搭接方式，非整砖使用部位应符合设计要求。

③ 墙面突出周围的饰面砖应整砖套割吻合，边缘应整齐。墙裙、贴脸突出墙面的厚度应一致。

④ 饰面砖接缝处应平直、光滑，填嵌应连续、密实。

⑤ 有排水要求的部位应做滴水线（槽）。滴水线（槽）应顺直，流水坡向应正确，坡度应符合设计要求。

⑥ 饰面砖粘贴的允许偏差和检验方法应符合《建筑装饰装修工程施工质量验收标准》（GB 50210—2018）的规定。

立面垂直度：2mm。

表面平整度：3mm。

阴、阳角方正：3mm。

接缝直线度：2mm。

接缝高低差：0.5mm。

接缝宽度：1mm。

7. 成品保护

(1) 镶贴好的瓷砖、墙面，应有切实可靠的防污染措施，同时要及时清擦干净残留在门窗框、门窗扇上的砂浆。特别是铝合金门窗框、门窗扇，事先应粘贴好保护膜，避免受污染。

(2) 各抹灰层在凝结前应避免风干、暴晒、水冲、撞击和振动。

(3) 少数工种（水电、通风、设备安装等）的各种活应做在陶瓷锦砖镶贴之前，避免损坏面砖。

(4) 拆除架子时注意不要碰撞墙面。

8. 应注意的质量问题

(1) 基层表面偏差较大，基层处理不当，如每层抹灰跟得太紧；陶瓷锦砖勾缝不严，又没有洒水养护，各层之间的黏结强度低，面层产生空鼓、脱落。应严格按照设计要求施工，同时注意洒水养护。

(2) 砂浆配合比不准，稠度控制不好，砂子含泥量过大；在同一施工面上，采用几种不同配合比的砂浆。这都会造成不同程度的干缩，也会造成空鼓。应严格按照工艺标准操作，重视基层处理和自检工作，发现空鼓应随即返工重贴。整间或独立部位宜一次完成。

(3) 墙面不平整、分格缝不匀。墙面不平整主要是因为施工前没有认真按图纸尺寸去核对结构施工的实际情况，施工时对基层处理不够认真，贴灰饼控制点也较少。分格缝不匀是由于弹线排砖不细，每块陶瓷锦砖的规格尺寸不一致，施工中选砖不细、操作不当等。应把选好的相同尺寸的陶瓷锦砖镶贴在一面墙上。非整砖甩活应设专人处理。

（4）阴、阳角不方正。主要是由于打底子灰时，不按规矩去吊直、套方、找规矩。

（5）墙面污染。主要是由于勾完缝后没有及时擦净砂浆。其他工种和工序也可能造成墙面污染。可用棉丝蘸稀盐酸刷洗，然后用清水冲净。

6.5.4 釉面砖镶贴

1. 墙面镶贴方法

在清理干净的找平层上，依照室内标准水平线，找出地面标高，按贴砖的面积，计算纵横的皮数，用水平尺找平，并弹出釉面砖的水平和垂直控制线。如用阴阳三角镶边，则应将镶边位置预先分配好。横向不足整块的部分，应留在最下一皮与地面连接处。釉面砖的排列方法有"直线"排列和"错缝"排列两种。

釉面砖墙裙一般比抹灰面突出5mm。

铺贴釉面砖时，应先贴若干块废釉面砖作为标志块，上下用拖线板挂直，作为粘贴厚度的依据，横向每隔1.5m左右做一个标志块，用拉线靠尺校正平整度。在门洞口或阳角处，如有阴三角条镶边，则应留出先铺贴一侧的墙面的尺寸，并用拖线板校正靠直。如无镶边，应双面校正靠直。

按地面水平线嵌上一根八字靠尺或直靠尺，并用水平尺校正，作为第一行釉面砖铺贴的依据，铺贴时，釉面砖的下口坐在八字靠尺或直靠尺上，这样可防止釉面砖因自重而向下滑移，以确保其铺贴得横平竖直。墙面与地面的相交处有阴三角条镶边时，将阴三角条的位置留出，方可放置八字尺或直靠尺。

镶贴釉面砖宜从阳角处开始，并由下往上进行。铺贴一般用1:2水泥砂浆，为了改善砂浆的和易性，便于操作，可掺入不低于水泥用量的15%的石灰膏，用铲刀在釉面砖背面刮满刀灰，厚度为5～6mm，最大不超过8mm，砂浆用量以铺贴后刚好满浆为准，贴釉面贴时应用力按压，使之紧密黏于墙面，再用靠尺按标志块将其校正平直。贴完整行釉面砖后，用长靠尺横向校正一次。对高于标志块的釉面砖应轻轻敲击，使其平齐；对低于标志块的釉面砖，应重新抹满刀灰再铺贴。然后，依次按上述方法往上铺贴。如釉面砖的尺寸不等，应及时作出调整。当贴到最上一行时，上口须平直。

铺贴时，在有脸盆镜箱的墙面，应按脸盆下水管轴线往两边排砖。如墙面留有孔洞，应将釉面砖按孔洞尺寸与位置用陶瓷铅笔标好，放在一块平整的硬物体上，用小锤和合金钢钻子轻轻敲凿，先将面层凿开，再凿内层，使之符合要求。铺贴完毕应用清水将釉面砖表面擦洗干净，接缝处用与釉面砖相同颜色的白水泥浆擦嵌密实，并将釉面砖表面擦净。在镶贴墙面时，应先贴大面，后贴阴、阳角及凹槽、边条等处。镶边条一般按照先墙面，后阴、阳三角条，再墙面的顺序进行。釉面砖粘贴装饰施工构造详解见图6.16。

图6.16 釉面砖粘贴装饰施工构造详解

2. 107胶砂浆粘贴釉面砖施工

(1) 聚合物水泥(砂)浆镶贴法。

在粘贴釉面砖的水泥砂浆中掺入占水泥质量2%～3%的107胶，可使水泥砂浆有较好的和易性和保水性，并有一定的缓凝作用，可用来缓贴釉面砖，保证其具有足够的黏结力。具体优点表现在以下几个方面。

① 采用水泥砂浆粘贴时，釉面砖上墙后水分被墙体和底层吸收，时间稍长要压平校正就比较困难，因此操作必须熟练，对操作者技术水平要求较高。掺107胶的砂浆具有较好的和易性和保水性，釉面砖上墙后砂浆仍然较为柔软，具有一定的可塑性，因此对操作者的技术水平和熟练程度的要求较低。

② 在水泥砂浆中掺入107胶后，其凝结时间见表6-11。这样操作时就有充分的时间对粘贴的釉面砖进行拨缝调整，使压平、对线工作做得更好，不致因拨动釉面砖而出现脱壳。

表6-11 掺107胶的水泥砂浆凝结时间

107胶掺量（占水泥质量）	初凝时间	终凝时间
0	3h16min	8h26min
2%	3h30min	8h57min
4%	4h59min	9h10min

③ 水泥砂浆容易沉淀析水，操作者应一边粘贴釉面砖，一边搅拌桶内的待用砂浆。掺入107胶后，由于改善了保水性，使砂浆可以在2～3h内连续使用，因此无须重新搅拌，提高了工效。

④ 水泥砂浆的保水性改善后，还可减少溢出，使墙面干净卫生，减轻墙面洗刷的工作量。

⑤ 掺用107胶可改善砂浆的性能，改善工人的操作条件，但是如掺量过多，则会降低水泥砂浆的抗压强度，这样不但不能节约水泥用量，而且会影响工程质量。

采用聚合物水泥砂浆施工方法，配合比为水泥：砂＝1：2（体积比），另外掺加水泥质量2%～3%的107胶。先将107胶用两倍的水稀释，再将其加在搅拌均匀的水泥砂浆中，继续搅拌至充分混合为止。其稠度为6～8cm。镶贴时，用铲刀将聚合物水泥砂浆均匀涂抹在釉面砖背面，厚度不大于5mm，四周刮成斜面，按线就位，用手轻压，然后用橡皮锤轻轻敲击，使其与底层贴紧，并注意确保釉面砖四周砂浆饱满，接着用靠尺找平。随手拭净溢出墙面的砂浆，保持墙面的整洁和灰缝的密实。

此外，采用聚合物水泥浆镶贴，其优点同聚合物水泥砂浆。聚合物水泥浆镶贴多属于硬底薄层，刮灰厚度在3mm以下，适用于底灰较平整的墙面，不仅改善了砖面平整度，而且对工人的技术要求较低，低级工也可操作。它的施工方法是将水泥：107胶：水＝100：5：26的聚合物水泥浆满刮砖背面，贴于墙上，用手轻压并用橡皮锤轻轻敲击，并随时用棉丝或干布将缝中挤出的浆液擦净。镶贴好的釉面砖不要碰撞，以免错动。注意聚合物水泥浆应随拌随用，并在收工前全部用完。

(2) 工具式镶贴法。

采用107胶水泥浆镶贴釉面砖，可以采用工具式镶贴法，其操作方法简单易学，初级工也可以镶贴。

工具式镶贴法是根据制图原理，设想待贴釉面砖的墙面为一图板，在墙面的下端钉一水平木条，另备一木质直尺搁置在水平木条上并沿其滑动，木条上的分格条移动的轨迹必须与水平木条平行,直尺每移动一次的距离,等于一块釉面砖的宽度加缝宽度,这样直尺垂直方向的铅垂线与分格条之水平轨迹线相交成与釉面砖尺寸相当的方格,从而保证釉面砖在墙面上的正确位置。所用直尺,可用硬木(采用铝合金更好)制成,要求变形小、质地硬、制作尺寸准确,特别是在釉面砖分格条的一面,当直尺竖立时,必须与铅垂线水平。直尺上的分格条用铅板或铜板胶合于直尺上,厚度视设计的接缝宽度而定,宽度10mm,伸出尺面长度以20~25mm为宜。伸出尺面长度过短则釉面砖难以固定于正确位置,过长则起尺时易将釉面砖拉脱离位,两分格条之间的间隔应较釉面砖宽度略大一些。

6.5.5 外墙面砖镶贴

1. 外墙面砖排列

外墙面砖镶贴排缝种类很多,原则上按设计要求进行。

(1)矩形外墙面砖分为长边垂直镶贴(图6.17)和长边水平镶贴(图6.18)。按接缝宽度又分为密缝排列(图6.19)和离缝排列(图6.20)。

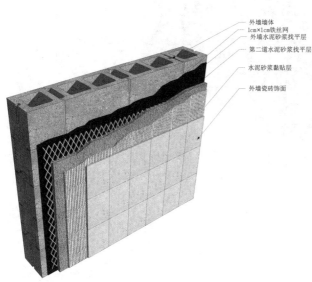

图6.17 矩形外墙面砖长边垂直镶贴排列装饰施工构造详解

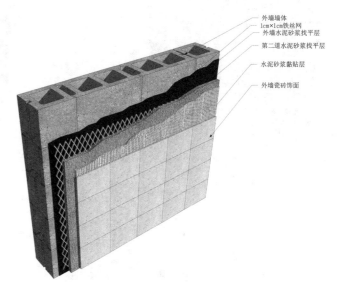

图6.18 矩形外墙面砖长边水平镶贴排列装饰施工构造详解

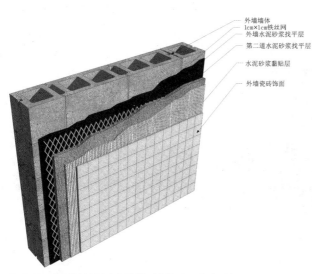

图6.19 矩形外墙面砖密缝排列装饰施工构造详解

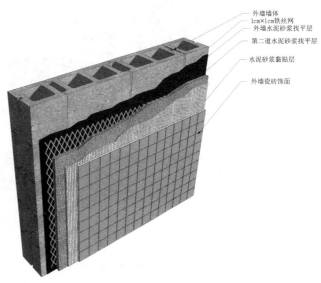

图6.20 矩形外墙面砖离缝排列装饰施工构造详解

(2）同一墙面齐缝排列，可采取密缝镶贴、离缝分格的排缝方式，以取得立面装饰效果的水平离缝排列（图6.21）和垂直离缝排列（图6.22）等。

(3）凡阳角部位都应是整砖，且阳角处的砖一般应将拼缝留在侧边，但也有采取整砖对角粘贴法的。

(4）突出墙面的如窗台、腰线阳角及滴水线，可按图6.23所示的方法处理，注意正面面砖要往下突出3mm左右，底面面砖要留有流水坡度。

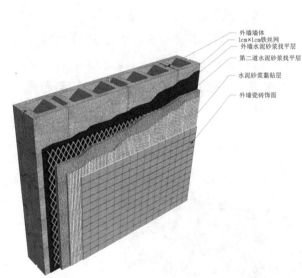

图6.21 外墙面砖水平离缝排列装饰施工构造详解

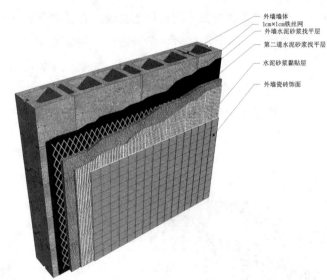

图6.22 外墙面砖垂直离缝排列装饰施工构造详解

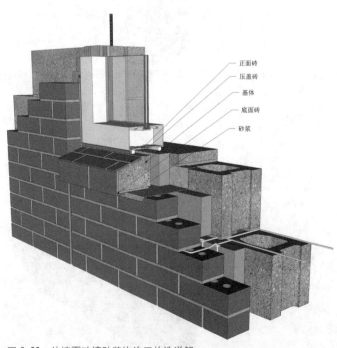

图6.23 外墙面砖镶贴装饰施工构造详解

2. 施工准备

（1）外墙面砖镶贴施工前，应根据施工图尺寸，认真核实结构实际偏差情况，决定外墙面砖铺贴找平层、黏结层砂浆厚度，以及排砖模数，制订外墙面砖排列方案，然后绘出施工大样图。外墙面砖横缝应与门窗碹脸和窗台相平，竖向要求门窗口阳角处都是整砖，窗侧墙应按整砖排列分匀，如齐缝排列赶不上整砖模数，应考虑错缝排列，以便于非整砖能对称排列。

（2）外墙面砖镶贴施工前，应根据施工大样图统一弹线分格、排砖。可在外墙阳角用钢丝或尼龙线拉垂线，根据阳角拉线，在墙面上每隔1.5~2m做出标志块。按大样图先弹出分层的水平线，然后弹出分格的垂直线。如是离缝分格，则应按整块砖的尺寸分匀，确定分格缝（离缝）的尺寸，并按离缝实际宽度做分格条，分格条一般是刨光的木条，其宽度为6~10mm。

3. 镶贴操作

（1）镶贴应自下而上、分层分段进行，每段内镶贴也应是自下而上进行，而且要先贴附墙柱面，后贴大墙面，再贴窗间墙。

（2）镶贴时，先按地平线垫平地脚木托板，从木托板开始铺贴。铺贴的砂浆一般为1:2水泥砂浆或掺入不大于水泥质量15%的石灰膏的水泥混合砂浆，砂浆的稠度应一致，避免上墙后流淌。刮满刀灰厚度一般为6~10mm。贴完一行后，须将每块面砖上的灰浆刮净。如上口不在同一直线上，应在面砖的下口垫小木片，尽量使上口在同一直线上。然后在上口放分格条，既可控制水平缝大小与平直，又可防止面砖向下滑移。

（3）竖缝的宽度与垂直完全靠目测控制，所以在操作中应注意随时检查，除依靠墙面的控制线外，还应该经常用线锤检查。如竖缝是离缝（不是密缝），在粘贴时对挤入竖缝处的灰浆应随手清理干净。分格条应在隔夜后起出（也有当天8h后起出的）。起出后的分格条应洗干净，方能继续使用。

（4）门窗碹脸、窗口及腰线镶贴面砖时，要先将基体分层刮平，表面随手划纹，待七八成干时再洒水抹2~3mm厚水泥浆（最好采用掺水泥质量10%~15%的107胶的聚合物水泥浆），随时镶贴面砖，为了使面砖镶贴牢固，应采用T形托板作临时支撑，隔夜后拆除。窗台及腰线上盖面砖镶贴时，要先在上面用稠度低的砂浆满刮一遍，抹平后，撒一层干水泥灰面（不要太厚），略停一会儿，待见灰面湿润后再铺贴，并按线找直揉平（不撒干水泥灰面，面砖铺后砂浆一收水，砖与黏结层离缝必造成空鼓）。垛角部位，在贴完面砖后，要用方尺找方。

（5）在完成一个层段的墙面并检查合格后，即可进行勾缝。勾缝用1:1水泥砂浆（砂子要过窗纱筛）或水泥浆分两次进行嵌实，头一次用一般水泥砂浆，第二次按设计要求用彩色水泥浆或普通水泥浆勾缝。勾缝可做成凹缝（尤其是离缝分格），深度3mm左右。面砖密缝处用同种颜色的水泥接缝。完工后应将面砖表面清洗干净，清洗工作应在勾缝材料硬化后进行，如有污染，可用浓度为10%的盐酸刷洗，再用水冲净，夏季施工要注意遮挡养护。

6.5.6 陶瓷锦砖镶贴

陶瓷锦砖一般可用于内、外墙面铺贴，因此应该在天棚装饰面完成后才能进行镶贴。

1. 施工工艺

处理基层→弹线、标筋→摊铺水泥砂浆→铺贴→拍实→洒水、揭纸→拨缝、灌缝→清洁→养护。

2. 排砖、分格和放线

陶瓷锦砖施工排砖、分格是按照设计图纸要求,根据门窗洞口,横竖装饰线条的布置,首先明确墙角、墙垛、出檐、线条、分格(或界格)、窗台等节点的细部处理,绘制细部构造详图,然后按排砖模数和分格要求,绘制墙面施工大样图,以保证墙面完整、各部位镶贴顺利。

底子灰抹好、划毛并经浇水养护后,根据节点细部详图和施工大样图,先弹出水平线和垂直线,水平线按每方(30cm×30cm)一道,垂直线最好也是每方(30cm×30cm)一道,也可2~3方一道,垂直线要与房屋大角及墙垛中心线保持一致。如有分格,应按施工大样图规定的留缝宽度弹出分格线,按缝宽备好分格条。

3. 铺贴

铺贴陶瓷锦砖时,一般由下而上进行,按已弹好的水平线安放八字靠尺或直靠尺,并用水平尺校正垫平。一般由两人协同操作,一人在前洒水润湿墙面,先刮一道素水泥浆,随即抹上2mm厚的水泥浆为黏结层,另一人将陶瓷锦砖铺在木垫板上,纸面向下,锦砖背面朝上,先用湿布把底面擦净,用水刷一遍,再刮素水泥浆,将素水泥浆刮至陶瓷锦砖的缝隙中,在砖面不要留砂浆,再将一张张陶瓷锦砖沿尺粘贴在墙上。

另外一种操作方法是:一人在润湿后的墙面上抹纸筋混合砂浆(其配合比为纸筋:石灰:水泥=1:1:8,制作时先把纸筋与石灰膏搅匀,过3mm筛,再与水泥浆搅匀)2~3mm厚,用靠尺板刮平,然后用抹子抹平整;另一人将陶瓷锦砖铺在木垫板上,底面朝上,缝里灌细砂,用软毛刷刷净底面,再用刷子稍刷一点水,抹上薄薄一层灰浆。

上述工作完成后,即可在黏结层上铺贴陶瓷锦砖,铺贴时,双手执在陶瓷锦砖上方,使下口与所垫的八字靠尺(或靠尺)齐平,由下往上贴,缝子要对齐,并注意使每块之间的距离基本与小块陶瓷锦砖缝相同,不宜过大或过小,以免造成明显的接槎痕迹,影响美观。控制接槎缝宽度一般用目测,也可借助薄铜片或其他金属片,将铜片放在接槎处,在陶瓷锦砖贴完后,取下铜片。如设分格条,其方法同外墙面砖。

4. 揭纸、拨缝

陶瓷锦砖贴于墙面后,一手将硬木拍板放在已贴好的陶瓷锦砖面上,一手用小木锤敲击木拍板,将所有的陶瓷锦砖满敲一遍,使其平整。然后将陶瓷锦砖的护面纸用软刷子刷水润湿,等护面纸吸水泡开(注意立面铺贴纸面不易吸水,可往盛清水的桶中撒几把干水泥并搅匀,再用刷子蘸水润纸,纸面较易吸水,可提前泡开),即开始揭纸。揭纸时要仔细、有顺序地、慢慢地撕,如发现有小块陶瓷锦砖随纸带下,在揭纸后要重新补上。如随纸带下数量较多,说明护面纸还未充分泡开,胶水尚未溶化,这时应用抹子将其重新压紧,继续刷水润湿护面纸,直到撕纸无掉粒为止。

揭纸后检查缝的大小,不合要求的缝必须拨正。调整砖缝的工作,要在黏结层砂浆初凝前进行。拨缝的方法是:一手拨缝时将开刀放于缝间,一手用抹子轻敲开刀,将缝按要求逐条拨匀、拨正,使陶瓷锦砖的边口以开刀为准排齐。拨缝后用小锤敲击木拍板,将其拍实一遍,以增强与墙面的黏结。

5. 擦缝

待全部铺贴完黏结层终凝后,用白水泥稠浆将缝嵌平,并用力推擦,使缝隙饱满密实,随即拭净面层。如果湿度太大,可用棉丝或锯末拭洗干净,有灰尘痕迹处,可用浓度5%盐酸溶液刷洗,再用清水洗净。陶瓷锦砖铺贴装饰施工构造详解见图6.24。

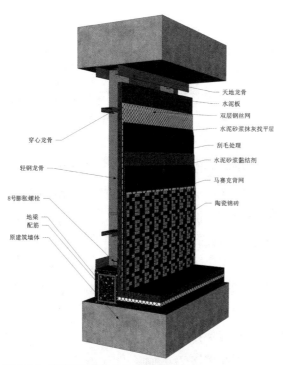

图 6.24 陶瓷锦砖铺贴装饰施工构造详解

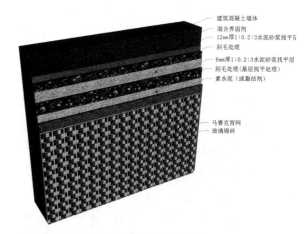

图 6.25 玻璃锦砖装饰施工构造详解

6.5.7 玻璃锦砖镶贴

玻璃锦砖表面光滑且不吸水，其粘贴施工方法与陶瓷锦砖有所不同，尤其是有的玻璃锦砖外露明面大，黏结面小，且四面呈八字形，会给粘贴带来一定困难。另外，玻璃锦砖施工选材很重要，应由专人负责，逐张挑选，按颜色、规格、棱角等分类装箱，其余准备工作与陶瓷锦砖相同。

施工工艺：处理基层→弹线、标筋→摊铺水泥砂浆→铺贴→拍实→洒水、揭纸→拨缝、灌缝→清洁→养护。玻璃锦砖装饰施工构造详解见图 6.25。

1. 排砖

依照设计图纸要求，对横竖装饰线、门窗洞等凹凸部分，以及墙角、墙垛、雨篷面等细部应进行全面规划，按整张锦砖排出分格线。分格横缝要与窗台、门窗逊脸等相齐，并要校正水平，竖缝要在阳台、门窗口等阳角处以整张排列。这就要根据建筑施工图及结构的实际尺寸，精确计算排砖模数，并绘制排砖大样图。

2. 弹线与镶贴

弹线前，应抹好底灰，其做法同抹灰工程中的水泥砂浆做法。底灰应平整并划毛，阴、阳角要垂直方正。根据排砖大样图在底灰上从上到下弹出若干水平线，在阴、阳角及窗口边上弹出垂直线，在窗间墙、砖垛处弹出中心线、水平线和垂直线。镶帖时，对着水平线稳住水平尺板，然后在已湿润的底灰上刷素水泥浆一道，再抹 2~3mm 厚 1:0.3 水泥纸筋灰或 1:1 水泥砂浆，作为黏结层，并用靠尺刮平。同时将锦砖铺放在可放 4 张锦砖纸的木垫板上，底面朝上，向缝里撒满 1:2 干水泥砂，并用软毛刷子刷净表面浮砂，再薄涂一层 1:0.3 水泥纸筋灰黏结浆。然后逐张拿起，清理四边余灰，按齐在水平尺板上口，由下往上粘贴。或者直接将水泥砂浆作为黏结浆抹在纸板上，用抹子初步抹平至 2~3mm 厚，随黏随贴。贴完一组后，将分格条放在上口继续第二组。粘贴后的锦砖，用拍板紧靠其上，然后用小锤敲击拍板，促使其黏结牢固。再用软毛刷浸水，在锦砖纸上刷水湿润。

3. 揭纸

湿润后约 0.5h 即可揭纸。揭纸时应按顺序用力往下揭，切忌向外猛揭。揭纸后检查锦砖黏结平直情况，用开刀拨正调直，并用小锤敲击拍板一遍。

4. 擦缝

粘贴后约2天，起分格条并擦缝。擦缝时用橡皮刮板，把与镶贴时同品种水泥砂浆在锦砖面上满刮一道，使缝隙饱满。擦缝后应及时清洗墙面。

5. 质量标准

（1）主控项目。

① 饰面砖的品种、规格、图案、颜色和性能应符合设计要求。

② 饰面砖粘贴工程的找平、防水、粘贴和勾缝材料及施工方法应符合设计要求及国家现行产品标准和工程技术标准的规定。

③ 饰面砖粘贴必须牢固。

④ 满黏法施工的饰面砖工程应无空鼓、裂缝。

（2）一般项目。

① 饰面砖表面应平整、洁净、色泽一致，无裂痕或缺损。

② 阴、阳角处搭接方式，非整砖使用部位应符合设计要求。

③ 墙面突出周围的饰面砖应整砖套割吻合，边缘应整齐。墙裙、贴脸突出墙面的厚度应一致。

④ 饰面砖接缝应平直、光滑，填嵌应连续、密实，宽度和深度应符合设计要求。

⑤ 有排水要求的部位应做滴水线（槽）。滴水线（槽）应顺直，流水坡向应正确，坡度应符合设计要求。

⑥ 饰面砖粘贴的允许偏差和检验方法应符合《建筑装饰装修工程施工质量验收标准》（GB 50210—2018）的规定。

立面垂直度：2mm。

表面平整度：3mm。

阴、阳角方正：3mm。

接缝直线度：2mm。

接缝高低差：0.5mm。

接缝宽度：1mm。

6.6 塑料饰面施工

塑料装饰板材饰面，常用的有聚氯乙烯塑料板（PVC）、三聚氰胺塑料板、塑料贴面复合板等。

6.6.1 聚氯乙烯塑料板安装施工

聚氯乙烯塑料板是以聚氯乙烯树脂与稳定剂、色料等混合后，经捏合、混炼、拉片、切料、挤出或塑化压延、层压成型而制成的一种装饰板材。这种板材具有板面光滑，光亮、色泽鲜艳，有花纹图案，质轻、耐磨、防燃、防水、硬度大、吸水性小、耐化学腐蚀等特点。其适用于室内墙面、柱面、吊顶、家具台面的装饰。常用的规格有：1750mm×850mm×（1.5~2.0）mm、1000mm×850mm×2.0mm、1000mm×2000mm×（1.5~2.0）mm。

1. 基层处理

（1）基体必须垂直平整，基层抹灰的质量是保证翼面板质量的重要一环。

（2）在水泥砂浆基层上粘贴时，基层表面不应有水泥浮浆，也不宜过光，以防止滑动。

2. 粘贴方法

（1）粘贴前，基层表面应按分块分寸弹线预排。

（2）涂胶时应同时在基层表面和罩面板背面涂刷，胶液不宜太稀或太稠，应涂刷均匀。用手触拭胶液，感到黏性较大时，即可进行粘贴。

（3）胶黏剂宜用聚醋酸乙烯、环氧树脂等，也可用氯丁胶黏剂。

（4）硬厚型的硬聚氯乙烯装饰板，用木螺钉和垫圈或金属压条固定时，木螺钉的钉距应比胶合板、纤维板大，一般为400~500mm。在固定金属压条时，应先用钉将装饰板临时固定，然后加盖金属压条。

（5）粘贴后应采取临时措施固定，同时将挤压在板缝中的多余的胶液刮除。聚氯乙烯塑料板装饰施工构造详解见图6.26。

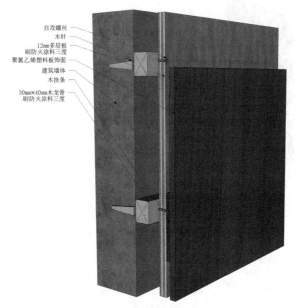

图6.26 聚氯乙烯塑料板装饰施工构造详解

6.6.2 三聚氰胺塑料板安装施工

三聚氰胺塑料板是用3层三聚氰胺树脂浸渍纸和10层酚醛树脂浸渍纸，经高温热压而成的热固性层积塑料。它是一种用于贴面的硬质薄板，具有耐磨、耐热、耐寒、耐溶剂、耐污染等特点，常用的规格：1750mm×950mm×（0.8~1.0）mm、1800mm×950mm×（0.8~1.0）mm、2137mm×915mm×0.8mm、2440mm×1220mm×1.0mm。一般用作装饰面板，用于粘贴在胶合板、刨花板、纤维板、细木板等基层板上。

1. 基层处理

墙面基层抹灰必须平整。先除去基层表面浮灰、污垢，再用水准仪、经纬仪定出水平和垂直基线，确定抹灰层厚度及水平、垂直位置，然后用（1:2）~（1:3）的水泥砂浆分3~4遍抹成厚2.0~2.5cm的基层。在水泥砂浆基层达75%强度后，用砂轮打磨墙面，磨去表面的水泥浮浆，磨平凸出部分，并在凹面处做记号，以便涂胶时补平。打磨后，用湿布擦净墙面灰土。

2. 加工准备

（1）按照设计尺寸在墙面上分格划线，要求横平竖直，尺寸准确。墙面尺寸如有误差可调整到两侧。

（2）按照墙面划分的尺寸进行编号，然后锯裁贴面板。加工好贴面板后，按墙面编号备用。

（3）搭设贴面板用的支架，准备加压用的支撑、立柱、木楔、高凳等。

（4）配制环氧树脂胶：先用热水使其溶化，加入溶剂搅拌，均匀后再加入增塑剂（邻苯二甲酸二丁脂），搅拌均匀后，则可存入密闭容器中备用。固化剂为二乙烯三胶，使用时按比例边用边加。

3. 贴饰面板

（1）用橡皮刮板或短毛板刷，同时在墙

面和贴面板背面涂胶，要求刷得厚薄适度、均匀，无砂粒等杂物。

（2）按墙面分格线对号粘贴饰面板，先粘贴一边再扩大到面，必须排尽空气，然后用棉纱上下挤压，使其与墙面黏牢。接着加木压板压在贴面板上，在压板和加压支架之间，用横撑支紧。各支撑受力必须均匀，且与墙面垂直，以保证压力均匀、适度地加在饰面板上。同层贴面板，粘贴时最好间隔一块，以免在加压或卸压过程中碰伤已贴好的板，且便于及时清除板缝间的多余胶液。

（3）而室温在15℃以上时，一般自然养护16h即可拆除支撑压板。

4. 表面清理和修整、嵌缝处理

（1）用铲刀铲除贴面板上残留的胶液，然后用甲苯擦洗掉污痕；留在板缝的多余胶液，可用小凿子除去。

（2）不符合质量标准处，应进行局部修整。板缝不正，可用特制小边刨修整；中间空鼓，可在离鼓泡边缘1~2cm处钻3mm直径小孔两个，将稀释的环氧树脂胶液滴入医用注射器，用注射针注满鼓泡（从一孔进，另一孔用于排气），并堵住小孔，将胶液挤向四周，再将多余胶液挤出，然后垫板加压。压板应事先在相应位置钻两个小孔，加压时对准贴面板小孔，以便横撑顶紧时，将空气和多余胶液从小孔排出。卸压后，将板面小孔用环氧腻子堵上，并在表面涂上与饰面板颜色相同的环氧清漆。边缘翘起，是由于对边缘加压不足，或墙面不平整，或胶液刷不到，修整办法是重新涂胶加压。用环氧树脂配制腻子，分3次镶嵌，然后用砂纸打磨，不平处再找补腻子，直到平整无隙。表面用毛笔蘸环氧清漆涂刷罩面，最好打蜡，使板缝既平整又光滑。三聚氰胺塑料板装饰施工构造详解见图6.27。

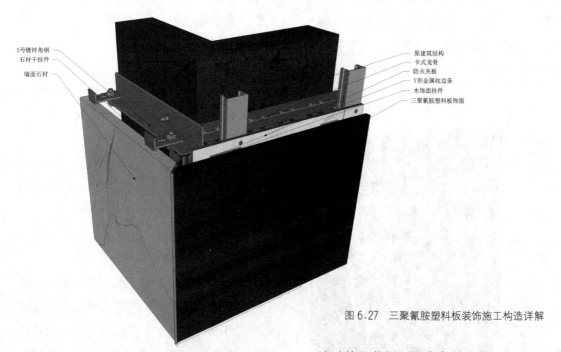

图6.27 三聚氰胺塑料板装饰施工构造详解

6.6.3 塑料贴面装饰板安装施工

塑料贴面板的面层为三聚氰胺甲醛树脂浸渍过的印花纸，具有各种色彩、图案，里面各层都是酚醛浸渍过的牛皮纸，经干燥后叠合在一起，面上覆盖不锈钢模板，在热压机中热压而成。此种装饰板材具有耐湿、耐磨、耐烫、耐燃烧、耐酸碱等特点，外表面光滑，略有凹凸，极易清洗。其施工要点如下。

1. 板材加工

（1）用木工锯、刨、钻加工。锯裁时应正面向上，板边可留3～5mm余量，以便胶贴到其他基材上后用刨子修整。如板面需钉钉子，应从正面钻出孔洞。

（2）板边的毛刺，除用刨子刨光外，还可用砂纸磨光。

2. 胶黏

装饰板厚度小于2mm的，应将它胶贴在胶合板、细木工板、碎木板上，以增大幅面刚度，便于使用。在胶贴时应按下列程序操作。

（1）胶贴材料的选择：被胶贴的材料应胀缩性小，并具有一定厚度。当胶贴后组成轻细木工板时，其厚度应为3mm；当胶贴后的板材投入使用时，其最小厚度应为7mm。其通常应用的厚度应为15～22mm。为减少贴面后变形，在背面应同时贴一层没有装饰层的贴面板。

（2）胶黏准备：因塑料装饰板质硬、渗透率低，不易吃胶，必须将其背面预先搓毛，再行涂胶。同时被贴面的板材表面也必须加工搓毛，以便于胶合。

（3）胶压：一般使用的胶料为脲醛树脂或在脲醛树脂中加入适量的聚醋酸乙烯树脂，涂胶量为150～250g/m²。其胶压方法主要为冷压。首先将涂胶的塑料板与胶贴材料摆正，小量生产时，在两面加木垫板，用卡子夹紧；大量生产时可装同一规格的板材一次加压。加压时室温应在15℃以上，持续加压12h以后才能解除压力，放置24h后才可继续加工。

3. 安装

安装方法有以下两种。

（1）压条法：胶贴厚度在8mm以下的塑料板安装可采用此法。压条可用铝条、木条或同样的塑料板条，所用木螺钉应为镀铬半圆头，以免锈蚀后影响美观。

（2）对缝法：胶贴厚度在16mm以上的塑料板材安装可采用此法。采用此法拼板无明显的接缝，故适用于高级装饰。

4. 封边

已胶贴的塑料板作为各种台面使用时，为避免日后边缘开胶，需进行封边处理。有以下3种方法。

（1）木条镶边，即将板边与镶边木条刨成需要的形状后，在接合面涂胶，然后以扁帽钉将镶边钉于板框上。

（2）贴边，即将塑料或刨制的单板，胶贴在板框的周边。

（3）金属及塑料镶边，即将铝板或薄钢板压制成槽型或成型的塑料条，并在底边钻小孔，以钉或木螺钉安装在板边上。塑料贴面装饰板装饰施工构造详解见图6.28。

5. 使用与维护

用于台面时，其钻孔处如有积水，应及时擦干，以免积水沿胶缝渗入，使板边胀起。如边缘有局部开缝，应及时处理。对板面污物也要及时清除干净，使用时不要与暖气、炉灶等过热设施紧靠。

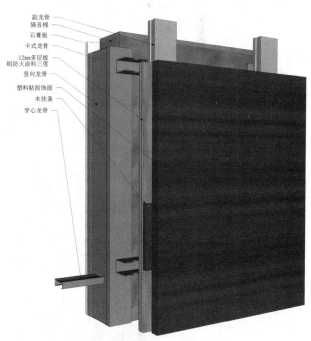

图6.28 塑料贴面装饰板装饰施工构造详解

6.7 木质饰面施工

6.7.1 装饰防火板安装施工

装饰防火板分无机和有机两种。无机轻质板由水玻璃、珍珠岩粉和一定比例的填充剂泡合后压制成型，可按用户要求加工成特殊规格。装饰防火板具有装饰和防火两种功能，有许多品种、花纹，如木纹、云石、凹凸皮面及铜面等。装饰防火板的特点为抗火、不易磨损，具有良好的装饰效果。

施工材料：装饰防火板、木方、底板（即6mm厚胶合板）、硬木压条等。

施工工具：电锯、割刀、锣木机、电钻、射钉枪、锤子等。

1. 施工要点

（1）砌砖墙时，在设计规定的木墙裙位置上，预埋入经过防腐处理的木砖。如未埋木砖，也可用小钢钉直接将木栅格墙筋钉在墙上。

（2）木栅格用20mm×40mm木方条，分格档距以300mm×300mm为宜。木栅格应直接与每一块木砖钉牢，每一块木砖应钉两枚钉子，钉子以上、下斜角错开。

（3）装饰防火板面层如需打蜡、拼缝、裁口，应按设计进行。

2. 施工方法

（1）安装墙裙时，先在墙面上弹线分档，木栅格墙筋用圆钉与木砖钉牢，墙裙钉上木栅格墙筋时，横向设标筋拉通线找平，竖向吊线坠找直。根部和转角处用方尺找规矩，所楔木垫块必须与木栅格钉牢。

（2）用6mm厚胶合板作底层，在底板和木栅格接触面涂胶，然后将底板钉在木栅格上。墙裙木栅格在阴、阳角处的两面墙面30cm范围内必须加钉木楞。

（3）装饰防火板、柚木装饰板背面和底板面层应均匀涂刷一道薄木胶液，然后紧密粘贴，板子上口应齐平，并用小木条加钉小圆钉暂时固定，待胶液固化后，拔除圆钉和木条。

（4）木墙裙的顶部钉压条时要拉通线找平，木压条要挑选厚薄均匀、颜色相似的木料加工制作，阴角接缝处需采用上半部45°斜搓、下半部平顶的接法。装饰防火板装饰施工构造详解见图6.29。

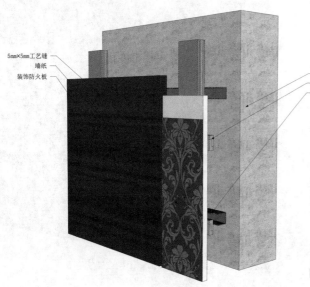

图6.29 装饰防火板装饰施工构造详解

6.7.2 印涂木纹人造板安装施工

印涂木纹人造板（人造饰面板）是一种新型饰面板材，是在人造板材（胶合板、纤维板和刨花板）的表面刷各种木纹或彩色涂料饰面，色调品种有花色、素色、木纹色。此板具有花纹美观逼真、色泽鲜艳协调、层次丰富清晰，表面耐水、耐磨、耐冲击、耐化学侵蚀、耐温度变化和附着力高等特点，适用于较高级的室内装饰。

此板施工方法较简单，采用框架、压条固定；由于板材具有一定的握钉力，也可采用圆钉固定，或采用胶黏的方法固定。施工时应注意保护饰面，避免硬物碰撞或擦伤。印涂木纹人造板装饰施工构造详解见图6.30。

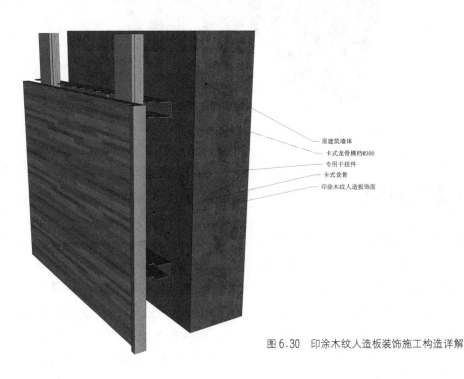

图6.30 印涂木纹人造板装饰施工构造详解

原建筑墙体
卡式龙骨横档@300
专用干挂件
卡式龙骨
印涂木纹人造板饰面

6.7.3 微薄木贴面板安装施工

微薄木贴面板是一种新型建筑装饰材料，是利用珍贵树种，如柚木、水曲柳等通过精密刨切，制得厚度为0.2～0.5mm的微薄木，以胶合板为基材，采用先进的胶黏工艺制成。它花纹美丽，具有真实感和立体感，且具有自然美。常用规格有1830mm×915mm×（3～6）mm、2135mm×915mm×（3～6）mm、2135mm×1220mm×（3～6）mm、1830mm×1220mm×（3～6）mm等。

微薄木贴面板施工要点如下。

（1）微薄木贴面板的胶层耐潮、耐水，但若长期在潮湿的环境中使用，应加强表面的油饰处理。

（2）板材表面已经磨光，使用时可根据油漆质量要求做适当处理。油漆前如果要打水粉子，应涂刷均匀。

（3）手工拼缝处，如遇大量水分会膨胀，在局部会有轻微凸起，用砂纸磨平即可。

（4）在装饰立面时，应根据花纹区别上下。一般情况下，可按花纹区分树根和树梢，使用时，树根方向应朝下。

（5）要求开沟槽的产品，沟槽形状分为V形、U形、L形3种。为突出板面花纹的立体感，沟槽应涂深色油漆。微薄木贴面板装饰施工构造详解见图6.31。

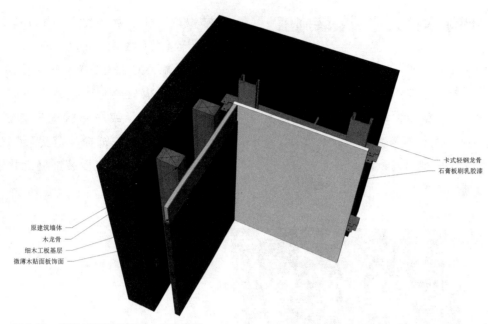

图 6.31 微薄木贴面板装饰施工构造详解

6.7.4 免漆板安装施工

免漆板（三聚氰胺板），它的基材包括刨花板、中纤板、胶合板等，由基材和表面黏合而成。其表面贴面主要有国产和进口两类。免漆板经过防火、抗磨、防水浸泡处理，使用效果类似复合木地板。"三聚氰胺"是制造此种板材的一种树脂胶黏剂。将带有不同颜色和纹理的纸在树脂中浸泡，待其干燥到一定固化程度，将其铺装在木工板或者实木板上，会形成一种装饰板，规范的名称是三聚氰胺浸渍胶膜纸饰面人造板，称其三聚氰胺板实际上是单独指出其某一饰面成分。

三聚氰胺浸渍胶膜纸制作工艺：制胶→配胶（加入固化剂、脱模剂等）→第一次浸渍（三聚氰胺甲醛树脂和脲醛树脂混合）→第一次干燥→第二次浸渍（三聚氰胺甲醛树脂）→第二次干燥→冷却裁剪。

免漆板具有天然质感，木纹清晰，媲美原木，且产品表面无色差，具有离火自熄、耐洗、耐磨、防潮、防腐、防酸、防碱、不黏灰尘等特点。此外，免漆板施工方便，易锯易割、不易破裂。修口修边时可配套使用免漆线条，用胶黏合无须为打钉后补灰而烦恼，且不必刷油漆，可节省施工后刷油漆的人工及漆料成本，不但节约保养护理的费用，且能缩短施工时间。

由于免漆板具有环保免漆的特点，能够满足现代人快速、环保、方便装修的要求，因此可以用在衣帽间、壁柜、吊顶、衣柜、书柜、桌椅、鞋柜、浴室柜、酒柜等多个地方。免漆板装饰施工构造详解见图 6.32。

（1）免漆板性能。

① 可以任意仿制各种图案，色泽鲜明；可用作各种人造板和木材的贴面，硬度大，耐磨、耐热性好。

② 耐化学药品性能一般，能抵抗一般的酸、碱、油脂及酒精等溶剂的磨蚀。

③ 表面平滑光洁，容易维护清洗。

（2）常用规格：2440mm×1220mm，厚 1.5～1.8cm。

（3）优点：表面平整，不易变形；颜色鲜艳；表面耐磨、耐腐蚀；价格经济。

（4）缺点：不能锣花只能直封边，且封边易崩边。

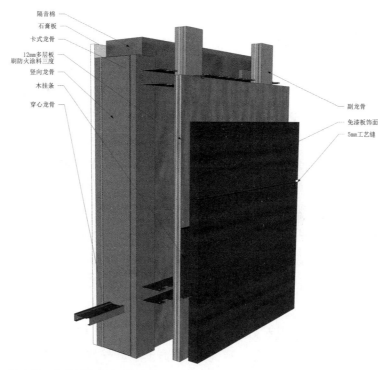

图 6.32 免漆板装饰施工构造详解

6.8 金属饰面施工

在现代建筑装饰中，金属制品被广泛使用，如柱子外包不锈钢板或铜皮、楼梯扶手采用不锈钢或铜管等。金属饰面质感好，简洁而挺拔。最常见的金属饰面是金属外墙板，具有坚固、质轻、耐久、易拆卸等特点。

金属外墙板按材料可分为单一材料（即只有一种质地的材料，如钢板、铝板、不锈钢板等）和复合材料（即由两种或两种以上质地的材料组成，如铝合金板、镀锌板、搪瓷板、烤漆板、彩色塑料膜板、金属夹心板等）。按板面的形状可分为光面平板、纹面平板、波形板、压型板、立体盒板等。

6.8.1 铝合金板墙面

1. 铝合金板的应用情况

铝合金板是金属制品中应用较为普遍的一种饰面板，在墙面装饰中十分常见，目前已经成为一种高档次的饰面材料。究其原因，主要是铝合金板较之不锈钢、铜价格便宜，易于成型，表面经阳极氧化或喷涂处理，可以获得不同颜色的氧化膜或漆膜。这道膜不仅保护铝材不受侵蚀，增加其耐久性，同时也为装饰提供了更多的选择余地。

铝合金板用于墙面装饰，主要有以下几种应用情况。

（1）同玻璃幕墙或大玻璃窗配套使用。玻璃幕墙的单方工程造价远高于铝合金板，因此建筑立面在采用大面积玻璃幕墙的同时，也需在适当部位用铝合金板装饰。至于玻璃幕墙的伸缩缝、水平部位的压顶处理，都可采用铝合金板。在一些易碰撞或断面比较复杂的部位，利用铝合金板材质轻、不怕碰撞、易于成型等特点，可使墙面顺利过渡。大面积的通长玻璃窗，在窗下墙部位用铝合金板装饰，不但可在色彩上做到同玻璃近似，而且可在光泽度方面做到与玻璃相差不多。采用铝合金板可使建筑物立面效果一致，因此应用得较多。

（2）在商业建筑中，入口处的门脸、柱面、招牌的衬底等部位，用铝合金板装饰，也是目前常用的一种饰面做法。铝合金板多使用古铜色氧化膜，材料本身就醒目，再加上醒目的标志，更能体现建筑物的风格。

（3）铝合金板可用于内墙装饰，装饰效果好，施工简便。同其他类型的饰面材料相比，铝合金板在某些方面更能满足功能及艺术上的要求。如大型公共建筑的墙裙，要求饰面材料具有良好的耐磨性及抗污染性，同时也要易于安放吸声材料，并能满足防火的要求，采用铝合金板就十分合适。此外，铝合金板耐磨、易清理，如果表面穿孔，内放吸声材料，可以满足吸声的要求。有些室内饰面材料，虽然也能做到这一点，但是往往达不到防火要求。如目前常用的木质装饰板材，其装饰效果虽然也很好，但是易燃，如果不采取特殊处理，应用会受到一定限制。

铝合金板的应用是多方面的，除了上文提到的几个方面外，还可用于老建筑物的外墙改造等。总之，作为一种饰面材料，铝合金板有其本身的特点，但不能取代所有饰面材料，因为不同的材料有不同的风格，所产生的装饰效果也各不相同。

2. 铝合金板的种类与规格

铝合金板种类多样，如果从表面处理方法上分类，大致可分为阳极氧化处理和喷涂处理。这两种表面处理办法，不仅解决了铝合金板耐腐蚀的问题，而且丰富了铝合金板外表面的色彩。

铝合金板如果从几何尺寸上分类，有条形板和方形板之分。条形板，指板条宽度在150mm以下的比较长的板条；方形板包括正方形板、长方形板和其他异形板。铝合金板的厚度因使用要求及安装部位不同而有所区别。比如用在高层建筑的外墙板，单块面积往往比较大，且要求耐久、变形小，故板厚要适当大些。有时为了加强板的刚度，还要加设肋条。条形板的长度一般在6m左右，宽度多为80～100mm，厚度为0.5～1.5mm。因其本身刚度较差，若太薄，墙板表面平整度也会受到一定的影响。有些部位的铝合金墙面，不仅能满足装饰要求，同时还具备保暖、隔热、隔音等功能，故有断面加工成蜂窝状空腔的铝合金墙板。铝合金幕墙板装饰施工构造详解一见图6.33。

如果考虑吸声的要求，铝合金板表面有穿孔和不穿孔之分。在室内多用穿孔板，而室外一般不用穿孔板。穿孔的面积应根据声学设计确定。孔的布置应能组成图案，以达到吸声和装饰的双重目的。

从装饰效果分，有铝合金花纹板、铝质浅花纹板、铝及铝合金波纹板、铝及铝合金压型板等。

（1）铝合金花纹板：以防锈铝合金为坯料，由特制的花纹轧辊轧制而成。板筋高度

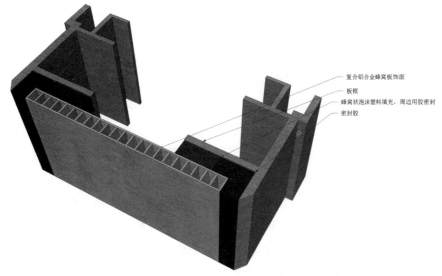

图 6.33 铝合金幕墙板装饰施工构造详解一

适中、不易磨损、防滑性好、耐腐蚀、易冲洗,通过表面处理可以得到不同的颜色。

(2) 铝质浅花纹板:花饰精巧、色泽美观;除具有普通铝板的优点外,刚度较普通铝板提高 20%;抗划伤、擦伤能力较强;对白光的反射率达 75%～90%,热反射率达 85%～95%;外观有小橘皮、小豆点、大棱形、小棱形、月季花等图案;花纹深度为 0.05～0.70mm。

(3) 铝及铝合金波纹板:有很强的光反射能力,耐久性可达 20 年,具有很好的装饰效果。

(4) 铝及铝合金压型板:具有质轻、美观、耐腐蚀、易安装等优点。

板的断面设计多与板的固定方式一同考虑,采用什么方式固定、如何隐蔽钉头、如何展现立面效果等问题应在设计板的断面时就得到圆满解决,否则无法发挥铝合金板的优越性能。

3. 铝合金板的固定

铝合金板的固定既要牢固,又要操作简便。当然牢固应是第一原则,在任何情况下,都不应发生安全问题。

实践证明,只有便于工人操作的构造,才是合理的构造,才能更好地保证安全。

铝合金板的固定有很多方法,断面不同、所处部位不同,固定方法也不同。如果从固定原理上分类,常用的固定办法主要有两大类型:一种是将板条或方板用螺钉拧到型钢或木骨架上;另一种是将板条卡在特制的龙骨上。采用螺钉固定板条耐久性好,因此,多用于室外墙面,将板条卡在特制龙骨上的办法多用于室内,板的类型一般是较薄的板条。下面就介绍一些常用的板固定构造。

铝合金板条是宽 122mm、厚 1mm、长 6m 的长板条,表面是古铜色氧化膜。铝合金板条同骨架连接,如果是型钢一类的材料焊成的骨架,可先用电钻在拧螺钉的位置钻一个孔,孔径应根据螺钉的规格决定,再将铝合金板条用自攻螺钉拧牢。如果骨架是木骨架,则可用木螺钉将铝合金板条拧在骨架上。

骨架可用角钢或槽钢焊成,也有用方木钉成的骨架。骨架同墙面基层之间多用膨胀螺栓连接,也可预先在基层预埋铁件。施工现场用膨胀螺栓比较多,因为比较灵活。骨架除了考虑同基层固定牢固,还要考虑适应板的固定。如果面积较大,宜采用横竖杆件焊成骨架,使固定板条的杆件垂直于板条布置。因为固定板条的螺钉间距宜在50cm左右,故要求板条固定的螺钉间距与龙骨的间距同步。固定的特点是螺钉头不外露,板条的一端用螺钉固定,另一根板条的另一端伸入一部分,恰好将螺钉盖住。在立面的装饰效果方面,由于板条之间有6mm宽的间隙,形成了一条竖向凹进去的线角,因此丰富了建筑物的立面,打破了单调的感觉。

铝合金墙板是固定在骨架上的,骨架采用方钢管,通过角钢连接件与结构连成整体。方钢管的间距应根据板的规格而定。其骨架断面尺寸及连接板的尺寸,应根据计算选定。这种固定方法安全性高,较适宜在高层建筑外墙中使用。铝合金幕墙板装饰施工构造详解二见图6.34。

蜂窝铝合金板的特点是:用于固定与连接的连接件,在铝合金板制造过程中,同板一起完成。周边用封边框进行封堵,封边框同时也是固定板的连接件。安装施工时,对两块板之间的20mm缝隙,用一条挤压成型的橡胶带进行密封处理。用一块5mm的铝合金板压住连接件的两端,然后用螺钉拧紧,螺钉的间距为30cm左右。

铝合金板可用于柱子外包,考虑到柱子高度不高,室内受风影响小,故其安装固定工序较简单。在板的上、下各留两个孔,与骨架上焊牢的钢销钉相配,安装时,将板穿到销钉上即可。上、下板之间应放聚乙烯泡沫,并在外面注胶。

铝合金板条同上述介绍的几种板在固定办法上截然不同。龙骨由镀锌钢板冲压而成,安装板条时,应将板条卡在龙骨的顶面,与基层固定牢固。

龙骨有多种形式,板条也有多种断面,但无论何种板条,均需与龙骨配套使用。既可以将龙骨与结构直接固定,又可将龙骨固定在构架上。

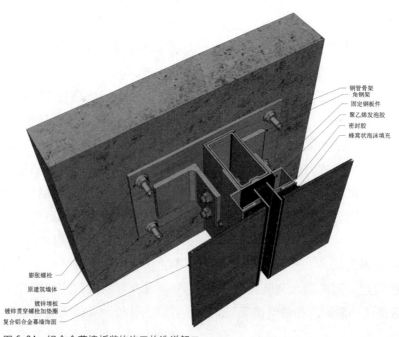

图6.34 铝合金幕墙板装饰施工构造详解二

4. 铝合金板墙面施工

铝合金板墙面施工对工程质量要求高，施工难度也比较大。因此，在施工前应认真查阅图纸，领会设计意图，并应进行详细的技术交底，使操作者能够做好每一道工序。铝合金板固定办法较多，建筑物的立面也不尽相同，故介绍铝合金板墙面施工，只能就工程中的基本程序及应注意的问题加以讨论。

铝合金板墙面安装施工程序：放线→固定骨架的连接件→固定骨架→安装铝合金板→收口构造处理。

(1) 放线。

铝合金板墙面，基本上由铝合金板和骨架组成，骨架一般由横竖杆件拼成，其断面应经过计算确定。骨架可以是铝合金型材，也可是型钢。其中型钢用得较多，因为型钢较铝合金便宜、强度高、安装方便，大部分工程都是采用角钢或槽钢一类的型材作骨架。

固定骨架，首先要将骨架的位置弹到基层上，只有放线才能保证骨架施工的准确性。放线前要检查结构的质量，如果发现结构误差较大，应及时提请设计单位审查。骨架是固定在结构上，如果结构垂直度与平整度误差较大，势必影响骨架的垂直与平整。放线最好一次放完，如有差错，可随时进行调整。

(2) 固定骨架的连接件。

骨架的横竖杆件是通过连接件与结构固定的。而连接件与结构之间，可以同结构的预埋件焊牢，也可在墙上打膨胀螺栓固定。两种办法相比较，打膨胀螺栓用得较多，因为这种办法比较灵活，尺寸误差较小，易保证位置的准确性。

连接件施工应保证牢固，操作过程中要加强自检、互检，并将检查结果作隐蔽记录。对于焊缝的长度、高度，膨胀螺栓的埋入深度等都应严格把关。对于关键部位，如大门入口的上部膨胀螺栓，最好做拉拔试验，看其是否符合设计要求。型钢一类的连接件，其表面应镀锌，焊缝处应刷防锈漆。

(3) 固定骨架。

骨架均应做防腐处理，骨垫安装要牢固，位置要准确。安装完毕，应对中心线、表面标高等影响板安装的因素，做全面的检查。对多层或高层建筑外墙，应用经纬仪对横竖杆件进行贯通测量，从而进一步保证板的安装精度。应特别注意对变形缝的处理，使之满足使用要求。

(4) 安装铝合金板。

铝合金墙板安装的要求是安全、牢固，板与板之间一般应留出一段距离，常用的间隙为10～20mm。对于缝的处理，有的用橡胶条锁住，有的注有机硅密封胶，总之宜用弹性的材料处理。在操作中要注意安全，当用吊栏操作时，若刮大风应停止操作。如果使用外墙脚手架，应设安全网。

铝合金板材的线膨胀系数较大，在施工中一定要留足排缝。墙脚处铝型材应与板块、地面或水泥类抹面相交，不可直接插在土壤中。铝合金板安装完毕，在易于污染或易于碰撞的部位应加强保护。

(5) 收口构造处理。

各种材料的饰面都面临收口的问题。对水平部位、端部、伸缩缝、沉降缝等的处理是饰面装饰施工的重点，处理结果直接影响装饰效果。在铝合金板墙面装饰施工中，多用特制的铝合金成型板，进行上述部位的处理。

① 转角处收口处理：这是转角部位常用的构造处理手法。转角处收口处理构造比较简单，将一条1.5mm厚的直角形铝合金板与外墙板用螺栓连接即可。若破损，更换也较

容易。直角形铝合金板表面的色彩一般宜同外墙板一致。铝合金板转角节点装饰施工构造详解见图6.35。

② 墙面边缘部位收口处理：墙面边缘部位收口处理，是用铝合金成型板将墙板端部及龙骨部位封住。铝合金板边缘收口装饰施工构造详解见图6.36。

③ 墙面下端收口处理：铝合金板墙面下端

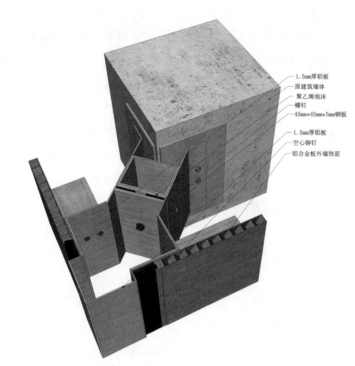

图6.35 铝合金板转角节点装饰施工构造详解

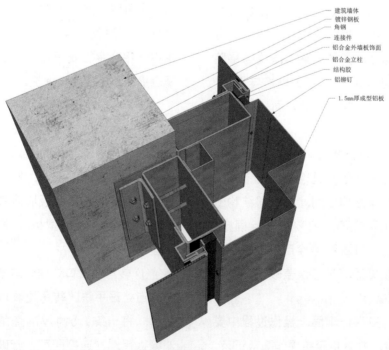

图6.36 铝合金板边缘收口装饰施工构造详解

的收口处理是用一条特制的披水板将板的下端封住,同时也将板与墙之间的间隙盖住,防止雨水从此部位渗入室内。铝合金板墙面下端收口装饰施工构造详解见图6.37。

④ 窗台处理、女儿墙的上部处理,均属于水平部位的压顶处理,对于铝合金板墙面,压顶的材料宜采用铝合金成型板,铝合金板女儿墙的上部装饰施工构造详解见图6.38。可根据部位的具体尺寸做合适的处理,而总的原则是用铝合金板盖住需处理的部位,使之能遮挡从不同方向来的风雨。水平盖板固定办法较多,一般先在基层焊上钢骨架,然后用螺栓将盖板固定在骨架上。板的接长部位宜留出5mm左右的间隙,然后用胶密封。

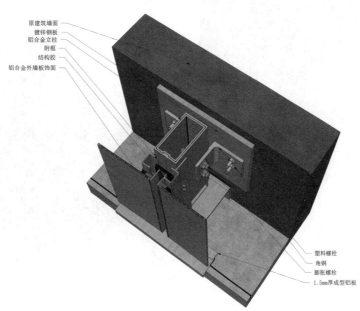

图6.37 铝合金板墙面下端收口装饰施工构造详解

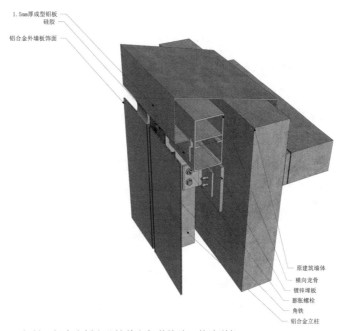

图6.38 铝合金板女儿墙的上部装饰施工构造详解

⑤ 伸缩缝、沉降缝的处理：既要满足建筑物伸缩、沉降的功能要求，又要考虑装饰效果，另外还要考虑防水性。将特制的氯丁橡胶带卡在凹槽内可起到连接、密封的作用，拆、装均比较方便。铝合金板伸缩缝、沉降缝及压板装饰施工构造详解见图6.39。

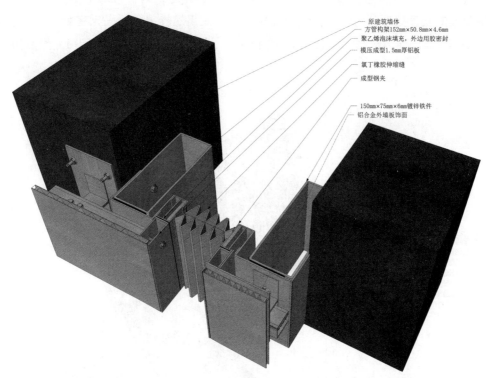

图6.39　铝合金板伸缩缝、沉降缝及压板装饰施工构造详解

6.8.2　彩色涂层钢板安装施工

彩色涂层钢板的原板通常为热轧钢板和镀锌钢板。在原板上覆以0.2～0.4mm软质或半硬质聚氯乙烯塑料薄膜或其他树脂（有单面覆层和双面覆层），称为彩色涂层钢板或塑料复合钢板。有机涂层钢板可配制成不同的色彩和花纹，故通常称为彩色涂层钢板。此板具有绝缘、耐磨、耐酸碱、耐油及乙醇的侵蚀等特点，用途广泛。

彩色涂层钢板是以横竖向骨架（即墙筋）固定在承重结构上。当骨架与墙体连接时，在墙体内要先埋件，再立筋，最后进行板材安装和板缝处理。

1. 施工方法

（1）预埋连接件。

在砖墙体中可埋带有螺栓的木砖或混凝土块。在混凝土墙体中可埋入38～100mm的钢筋套扣螺栓，其预埋件应按墙筋间距埋入。

（2）立墙筋。

在墙筋表面拉水平线、垂直线，确定预埋件的位置。墙筋可选角钢、槽钢、木条等为原材料，其间距竖向为900mm，横向为500mm。竖向布板时可不设竖向墙筋；横向布板时可不设横向墙筋，而将竖向墙筋缩小至500mm。施工时要保证墙筋与预埋件连接牢固，连接方法为钉、拧、焊、接。在墙角、窗口等部位必须设墙筋，以免端部板悬空。

(3) 安装墙板。

安装墙板要依据设计节点详图进行，安装前要检查墙筋的位置，计算板材及缝隙宽度，进行排板、划线定位。要特别注意异形板的使用，在窗口和转角处使用异形板可简化施工程序，增加防水效果。

墙板与墙筋用铁钉、螺钉、木卡条连接。安装板的原则是按节点连接做法，沿一个方向顺序安装，因为方向相反不便于施工。如墙筋或墙板过长，可用切割机切割。

(4) 板缝处理。

尽管在加工彩色涂层钢板的形状时已考虑了防水性能，但若遇到材料弯曲、接缝处高低不平的情况，钢板可能失去防水作用，在边角部分这种情况则更为明显。因此，在一些板缝中填防水材料是必不可少的工序。彩色涂层钢板墙板装饰施工构造详解见图 6.40。

2. 施工注意事项

施工前应检查金属板是否符合设计要求，规格是否齐全，颜色是否一致，支承骨架应进行防火、防锈、防腐等处理。预埋件及墙筋位置一定要与金属板尺寸一致，施工的墙体表面应平整、密实，无卷边等现象。

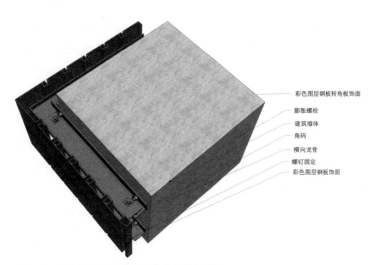

图 6.40 彩色涂层钢板墙板装饰施工构造详解

6.8.3 铝塑板墙面

1. 施工准备

(1) 材料：根据设计要求选择铝塑板，确定龙骨间隔尺寸；选择合适的龙骨断面及尺寸。铝材进场后需妥善保管，避免其变形。

(2) 施工机具：切割机、手枪钻、冲击电钻、射钉枪、水平尺、角尺、粉线袋、螺丝刀、划线铁笔等。

2. 施工工艺

龙骨布置与弹线→安装与调平龙骨→安装铝塑板→修边封口。

3. 操作要点

(1) 龙骨布置与弹线。

① 弹线：确定标高控制线和龙骨布置线，如果吊顶有标高变化，应将变截面部分的相应位置确定，接着沿标高线固定角铝。

② 确定龙骨位置线：根据铝塑板的尺寸规格及吊顶的面积尺寸安排吊顶骨架的结构尺寸，要求板块组合的图案完整。四周留边时，留边尺寸要均匀且对称。安排好的龙骨架位置线应画在标高线的上边。

③ 安装与调平龙骨：根据纵横标高控制

线，从一端开始，边安装边调平，然后再统一精调一次。

（2）块板安装：铝塑板与龙骨架主要有吊钩悬挂式固定与自攻螺钉固定两种固定方法，也可采用钢丝扎结。安装时按弹好的板块安排布置线，从一个方向开始依次安装。注意吊钩应先与龙骨固定，再钩住板块侧边的小孔。铝塑板在安装时应轻拿轻放，保护板面不受碰撞或刮蹭。用M5自攻螺钉固定时，应先用手电钻打出直径为4.2mm的孔位再上螺钉。

（3）端部处理：若四周靠墙边缘部分不符合方板的模数，在取得设计人员和监理的批准后，可不采用以方板和靠墙板收边的方法，而改用条板或纸面石膏板等作吊顶处理。

6.8.4 铝板幕墙施工工艺

1. 施工准备

（1）确定施工工艺流程：安装预埋件→测量放线→安装固定铁码→钢型材安装→铝板安装→注密封胶→清洁→工程验收。

（2）施工准备。

① 铝板幕墙施工前应按设计要求准确提供所需材料的规格及各种配件的数量，以便进行加工。

② 施工前，对照铝板幕墙的骨架设计，复检主体结构的质量。因为主体结构质量的好坏，对幕墙骨架的排列位置影响较大。特别是墙面垂直度、平整度的偏差，将会影响整个幕墙的水平位置。

③ 详细核查施工图纸和现场实测尺寸，以确保设计加工的完善。

（3）作业条件。

① 现场单独设置库房，防止进场材料受到损伤。构件进入库房后应按品种和规格堆放在垫木上。构件安装前均应进行检验和校正，构件应平直、规整，不得有变形和刮痕。不合格的构件不得安装。

② 铝板幕墙依靠脚手架进行施工，应根据幕墙骨架设计图纸规定的高度和宽度，搭设施工双排脚手架。

③ 安装施工前将铝板及配件用塔吊运至各施工面层上。

（4）测量放线。

① 将所有预埋打出，并复测其位置尺寸。

② 根据基准线在底层确定墙的水平宽度和出入尺寸。

③ 用经纬仪向上引数条垂线，以确定幕墙转角位和立面尺寸。

④ 根据轴线和中线确定立面的中线。

⑤ 测量放线时应控制分配误差，避免误差积累。

⑥ 测量放线应在风力不大于4级的情况下进行。放线后应及时校核，以保证幕墙垂直度及立柱位置的正确性。

2. 幕墙型材加工和安装

（1）幕墙型材骨架加工。

① 各种型材下料长度尺寸允许偏差为 ±1mm；横梁的允许偏差为 ±0.5mm；竖框的允许偏差为 ±1mm；端头斜度的允许偏差为 ±15mm。

② 各加工面须去除毛刺、飞边，截料端头不应变形，毛刺不应大于0.2mm。

③ 制作螺栓孔应包括钻孔和扩孔两道工序。

④ 螺孔尺寸要求：孔位允许偏差 ±0.5mm；孔距允许偏差 ±0.5mm。累计偏差不应大于 ±1mm。

⑤ 钢型材应在车间进行加工，并在型材成型、切割、打孔后，进行防腐处理。

（2）幕墙型材骨架安装。

① 铝板幕墙骨架的安装，应依据放线的具体位置进行。安装工作应从底层开始，逐层向上推移进行。

② 安装前，应先清理预埋铁件。测量放线前，应逐个检查预埋铁件的位置，并把铁件上的水泥灰渣剔除，对于不能满足锚固要求的位置，应该把混凝土剔平，以便增设埋件。

③ 清理工作完成后，可开始安装连接件。铝板幕墙所有骨架外立面，要求同在一个垂直、平整的立面上。因此，施工时所有连接件与主体结构铁板焊接或膨胀螺栓锚定后，才能保证其外伸端面处在同一个垂直、平整的立面上。具体做法：以一个平整立面为单元，从单元的顶层两侧竖框锚固点附近，定出主体结构与竖框的适当间距，上下各设置一根悬挑铁桩，用线锤吊垂线，找出同一立面的垂直、平整度。调整合格后，各拴一根铁丝绷紧，定出立面单元两侧，各设置悬挑铁桩，并在铁桩上按垂线找出各楼层的垂直平整点。各层设置铁桩时，应在同一水平线上。然后，在各楼层两侧悬挑铁桩所刻垂直点上，栓铁丝绷紧，按线焊接或锚定各条竖框的连接铁件，使其外伸端面垂直、平整。连接件与埋板焊接时应符合操作规程，电焊所采用的焊条型号、焊缝的高度及长度均应符合设计要求，并应做好检查记录。现场焊接或螺接、螺栓紧固的构件定位后，应及时进行防锈处理。

④ 连接件固定好后，可开始安装竖框。竖框的安装质量，影响整个铝板幕墙的安装质量，因此竖框的安装是铝板幕墙安装施工的关键工序之一。铝板幕墙的平面轴线与建筑物外平面轴线距离的允许偏差应控制在2mm以内。竖框与连接件应用螺栓连接，螺栓应采用不锈钢件，同时应保证有足够的长度，螺母紧固后，螺栓要长出螺母3mm以上。连接件与竖框接触处要加设尼龙衬垫隔离，防止电位差腐蚀。尼龙垫片的面积不能小于连接件与竖框接触的面积。第一层竖框安装完后，可进行上一层竖框的安装。在安装过程中，应随时检查竖框的中心线。如有偏差，应立即纠正。竖框的尺寸准确与否，将直接影响幕墙的质量。竖框安装的标高偏差不应大于3mm；轴线前后偏差不应大于2mm，左右偏差不应大于3mm；相邻两根竖框安装的标高偏差不应大于3mm；同层竖框的最大标高不应大于5mm；相邻两根竖框的距离偏差不应大于2mm。竖框调整固定后，就可以进行横梁的安装了。

⑤ 要根据弹线所确定的位置安装横梁。安装横梁时最重要的是保证横梁与竖框外表面处于同一立面上。横梁竖框间应采用角码进行连接，角码用镀锌铁件制成。角码的一肢固定在横梁上，另一肢固定在竖框上，固定件及角码的强度应满足设计要求。横梁与竖框间也应设置伸缩缝，待横梁固定后，用硅酮密封胶将伸缩缝密封。安装横梁时，相邻两根横梁的水平标高偏差不应大于1mm。当一幅铝板幕墙的宽度大于或等于3mm时，同层标高偏差不应大于5mm；当一幅铝板幕墙的宽度大于35m时，同层标高偏差不应大于7mm。横梁的安装应自下而上进行。安装完一层后，应进行检查、调整、校正，使其符合质量标准。

3. 铝板幕墙的安装

（1）铝板与副框组合完成后，可开始在主体框架上进行安装。

（2）板间接缝宽度按设计而定，安装板前要在竖框上拉出两根通线，定好板间接缝的位置，按线的位置安装板材。拉线时应使用弹性小的线，以保证板缝整齐。

（3）副框与主框接触处应加设一层胶垫，不允许刚性连接。

（4）板材定位后，应将压片的两脚插到板上副框的凹槽里，再将压片上的螺栓紧固。压片的个数及间距应根据设计而定。

（5）铝板与铝板之间的缝隙一般为10～20mm，用硅酮密封胶或橡胶条等弹性材料封堵。垂直接缝内应放置衬垫棒。

（6）注胶封闭。铝板固定以后，板间接

缝及其他需要密封的部位应采用耐候硅酮密封胶进行密封。注胶时，需将该部位基材表面用清洁剂清洗干净，再注入密封胶。

（7）耐候硅酮密封胶的施工厚度应控制在3.5~4.5mm，如果注胶太薄对保证密封质量及防止雨水渗漏不利。但也不能注胶太厚，当胶受拉力时，太厚的胶容易被拉断，导致密封受到破坏，防渗漏失效。耐候硅酮密封胶的施工宽度应不小于厚度的2倍，或可根据实际接缝宽度而定。

（8）耐候硅酮密封胶在接缝内要两面黏结，不要三面黏结。否则，胶在受拉力时，容易被撕裂，将失去密封和防渗漏作用。因此，对于较深的板缝应采用聚乙烯泡沫条填塞，以保证耐候硅酮密封胶的设计施工位置，防止形成三面黏结。对于较浅的板缝，在耐候硅酮密封胶施工前，应将无黏结胶带放置于缝隙底部，将缝底与胶分开。

（9）注胶前，应将需注胶的部位用丙酮、甲苯等清洁剂清理干净。使用清洁剂时应准备两块抹布，用第一块抹布蘸清洁剂轻抹，使污物发泡，然后用第二块抹布用力拭去污物和溶物。

（10）注胶工人应熟练掌握注胶技巧。注胶时，应从一面向另一面单向注，不能两面同时注胶。垂直注胶时，应自下而上注。注胶后，在胶固化之前，应将节点胶层压平，不能有气泡和空洞，以免影响胶和基材的黏结。注胶应连续进行，胶缝应均匀饱满。

（11）周围环境的湿度及温度等气候条件符合耐候硅酮密封胶的施工条件时，方可进行注胶。

待耐候硅酮密封胶完全固化后，将铝板表面的保护膜拆下，使可得到一幅美丽的铝板。铝塑板墙板装饰施工构造详解见图6.41。

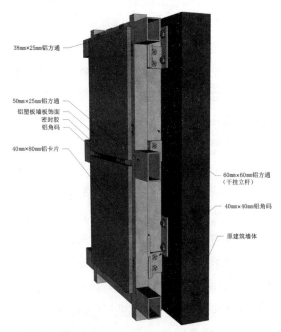

图6.41　铝塑板墙板装饰施工构造详解

6.9　玻璃饰面板施工

6.9.1　镜面玻璃墙面的构造

玻璃固定有以下几种方法。

（1）在玻璃上钻孔，用镀铬螺钉、铜螺钉把玻璃固定在木骨架和衬板上。

（2）用硬木、塑料、金属等材料的压条压住玻璃。

（3）用环氧树脂把玻璃黏在衬板上。

6.9.2 镜面玻璃墙面施工工艺

施工工艺：清理基层→立筋→铺钉衬板→镜面安装。

（1）清理基层：在砌筑墙、柱时，应先埋入木砖，其位置应与镜面的竖向尺寸和横向尺寸相对应，木砖间距以500mm为宜。基层的抹灰面上要刷热沥青或其他防水材料。也可在木衬板与玻璃之间加一层防水层，防止潮气使木衬板变形或使镜面镀层脱落。

（2）立筋：墙筋为40m或50m的小木方，应用铁钉固定在木砖上。安装小块镜面多双向立筋，安装大块镜面可以单向立筋，横、竖墙筋的位置与木砖一致，应做到横平竖直，以便于衬板与镜面的固定。应用长靠尺检查立筋的平整度。

（3）铺钉衬板：衬板为15mm厚木板或5mm胶合板，将其钉在墙筋上，钉头应没入板内。板与板的间隙应设在立筋处，板面应平整、清洁，无翘曲、起皮。

（4）镜面安装：镜面按设计尺寸和形状裁切好后，要进行固定。常用的方法有螺钉固定、嵌钉固定、黏结固定、托压固定和黏结支托固定5种。镜面玻璃装饰施工黏结固定构造详解见图6.42。

6.9.3 注意事项

（1）镜面玻璃厚度应为5～8mm。

（2）安装时严禁锤击和撬动镜面玻璃，若不合适，可取下重新安装。

思考题

1．试述陶瓷饰面材料、施工机具及施工工序。

2．试述木质饰面施工材料、施工准备及施工方法。

3．试述金属外墙板施工结构形式、材料分类和施工工艺。

4．试述墙面装饰工程施工质量验收标准。

【墙面装饰工程施工质量验收】

图6.42 镜面玻璃装饰施工粘结固定构造详解

第 7 章
玻璃工程施工

【学习目标】

知识要点	具体内容
玻璃栏河安装	玻璃栏河的材料选择;玻璃栏河施工注意事项
玻璃幕墙施工	玻璃幕墙的组成材料;玻璃幕墙的结构构造类型
玻璃镜安装	玻璃镜施工材料;玻璃镜施工工具;玻璃镜施工工艺;玻璃镜施工注意事项
玻璃砖墙施工	玻璃砖墙施工材料;玻璃砖墙施工工具;玻璃砖墙安装方法;玻璃砖墙施工工艺

现代建筑装饰工程中玻璃的品种很多，玻璃类工程的施工方法也很多。玻璃易碎，因此玻璃类工程的施工重点是保证玻璃安装稳固。

7.1 玻璃裁割与加工

进行玻璃类工程的施工，首先要裁割玻璃，这一环节做得好，不仅能减少玻璃的损耗，而且能提高玻璃类工程施工质量。下面简单介绍一下玻璃的裁割与加工。

7.1.1 施工准备

(1) 材料与工具。

① 材料：玻璃（根据设计要求确定玻璃品种，并按材料计划组织进场）、煤油。

② 工具：玻璃刀、靠尺、钢卷尺、直尺、毛笔、棉丝、钢丝钳、工作台，以及搬运玻璃用的手动吸盘、电动真空吸盘。

(2) 存放玻璃的库房温度与作业面温度相差不能过大。如从过冷或过热环境中将玻璃运入操作地点，应待玻璃与室内温度相近后方可进行安装。

7.1.2 裁割玻璃操作方法

(1) 应根据要求的尺寸与玻璃尺寸进行计算、配料。

(2) 2~3mm厚的平板玻璃裁割：裁割薄玻璃，可用12mm×12mm细木条直尺。先用折尺量玻璃门窗框尺寸，再在直尺上定出所划尺寸。此时，要考虑留3mm空档和2mm刀口。操作时将直尺上的小钉紧靠玻璃一端，将玻璃刀紧靠直尺的另一端，一只手掌握小钉挨住的玻璃边口不能松动，另一手掌握刀刃端直向后退划，不能有较严重弯曲。

(3) 4~6mm厚的厚玻璃裁割：裁割4~6mm厚的厚玻璃，可按下述方法进行。采用5mm×40mm直尺，在划口上预先刷上煤油，使划口渗油，易于扳脱。用绒布垫在操作台上，使玻璃受压均匀。裁割后双手握紧玻璃，同时向下扳脱。裁制大规格玻璃时，可一人趴在玻璃上，身体下面垫上麻袋布，一只手掌握玻璃刀，另一只手扶好直尺；另一人在后拉动麻袋布后退，刀子顺尺拉下，中途不宜停顿，中途停顿会导致找不到缝口。

(4) 夹丝玻璃裁割：夹丝玻璃高低不平，裁割时刀口容易滑动，因此要看清刀口，握稳刀头。裁割时用力要比一般玻璃大，速度相应要快，这样才不致出现弯曲。裁割后应双手紧握玻璃，同时用力下扳，使玻璃沿裁口线裂开。如有夹丝未断，可在玻璃缝口内夹一细长木条，再用力往下扳，即可扳断夹丝。然后用钳子将夹丝划倒，以免搬运时划破手掌，裁割边缘宜刷防锈涂料。

(5) 压花玻璃裁割：裁割压花玻璃时，

应使压花面向下，裁割方法与夹丝玻璃相同。

（6）磨砂玻璃裁割：裁割磨砂玻璃时，应使毛面向下，裁割方法与平板玻璃相同。但向下扳时用力要大而均匀，向上回时要在裁开的玻璃缝处压一木条。

（7）玻璃镜裁割：裁割玻璃镜时，镜膜面应朝上，裁割方法与磨砂玻璃相同。

（8）玻璃条（窄条）裁割：玻璃条（宽度8～12mm，水磨石地面嵌条用）的裁割可用5mm×30mm直尺，先把直尺的上端用钉子固定在台面上（不能钉死、钉实，要能转动又能上下升降）。再在台面上距直尺右边2～3mm处，钉上两只小钉，用于挡住玻璃，然后在贴近直尺下端的左边台面上钉一小钉，作为靠直尺用。用玻璃刀紧靠直尺右边，裁割出所要求的玻璃条，取出玻璃条后，再把大块玻璃向前推到碰住钉子为止，靠好直尺后可连续进行裁割。

裁割各种矩形玻璃，要注意对角线长短必须一致，划口要齐直不能弯曲；划异形玻璃，最好事先划出样板或做出套板，然后进行裁割，以求准确。

7.1.3 玻璃加工方法

（1）玻璃打眼。

先定出圆心，用玻璃刀划出圆圈并从背面将其敲出裂痕，再在圆内正反两面画上几条相互交叉的直线和横线，同样敲出裂痕。用一块尖头铁器轻轻地把圆圈中心处击穿，再用小锤逐渐向外轻敲圆圈内玻璃，待玻璃破裂后取出即成毛边洞眼。最后用金刚石或油石磨光圈边即可。此法适用于加工直径大于20mm的洞眼。

（2）玻璃钻眼。

定出圆心并点上墨水，将玻璃垫实平放于台钻平台上，不得移动。再将内掺煤油的280～320目金刚砂点在玻璃钻眼处，然后将安装在台钻上的平头工具钢钻头对准圆心墨点轻轻压下，不能摇晃，旋转钻头，不断上下运动钻磨，边磨边点金刚砂。钻磨时用力要轻而均匀，尤其是在即将磨穿时，用力更要轻，要有耐心。此法适用于加工直径小于10mm的洞眼。直径在11～20mm的洞眼，采用打眼和钻眼均可，但以钻眼为佳。另外也可以直接用金刚砂钻头（或玻璃钻头）进行钻眼。

（3）玻璃打槽。

先在玻璃上根据槽的长、宽尺寸画出墨线，将玻璃平放于固定在工作台上的手摇砂轮机的砂轮下，紧贴工作台，使砂轮对准槽口的墨线，选用边缘厚度稍小于槽宽的细金刚砂轮，倒顺交替摇动摇把，使砂轮来回转动，转动弧度不大于周长的1/4，转速不能太快，边磨边加水，注意控制槽口深度，直至打好槽口。

（4）玻璃磨边。

须先加工一个槽形容器。在长约2m、边长40mm的等边角钢两端焊以薄板，封口即成。将槽口朝上置于工作凳上，槽内盛清水和金刚砂。将玻璃立放于槽内，双手紧握玻璃两边，使玻璃毛边紧贴槽底，用力推动玻璃来回移动，即可磨去毛边棱角。磨时勿使玻璃同角钢碰撞，防止玻璃缺棱掉角。另外，可用砂轮机或手握砂轮进行磨边，用力要均匀，不能用力过猛，同时还应边磨边加水或油。

（5）玻璃磨砂。

常用手工研磨，即将平板玻璃平放在垫有棉毛毯等柔软物的操作台上。将280～300目金刚砂堆放在玻璃面上并用粗瓷碗反扣住，双手轻压碗底，推动碗底打圈研磨；或将金刚砂均匀地铺在玻璃上，再将一块玻璃覆盖在上面，一手拿稳上面一块玻璃的边角，一手轻轻压住玻璃的另一边，推动玻璃打圈研磨。也可在玻璃上放置适量的广砂或石英砂，再加少量的水，用磨砂铁板研磨，或者手握砂轮蘸水,直接在玻璃上打圈研磨。研磨从四角开始,逐步推向中间,直至玻璃呈均匀的乳白色,达到透光不透明的状态。研磨时用力要适当,速度可放慢一些,避免压裂玻璃或使玻璃缺棱掉角。

(6) 玻璃车边。

玻璃车边常是将镜面玻璃的边缘磨成一个斜面,这样就使得车边的部分与镜面中部的反射角度不同,从而给每块玻璃镜加了一条或亮或暗的宽边,大大增加了镜面的装饰感。镜面玻璃一般是借助机械设备在加工厂进行车边的,玻璃镜不能太薄,一般都是用5~6mm厚的玻璃镜。

(7) 玻璃刻花。

玻璃刻花是在普通平板玻璃上,用化学腐蚀方法或机械加工的方法制出带有图案或花纹的玻璃。化学腐蚀的方法是在玻璃的表面刷上蜡,然后将要刻痕的地方的蜡刮掉,再涂上氢氟酸。刻痕深的地方可先涂酸,时间宜长一点,浅的地方时间宜短。待刻痕达到要求,将余酸收集起来,用清水或稀碱性溶液清洗,除去表面蜡层,清洁、干燥后即成。至于机械加工方法,这里介绍一种简单易行的办法,将玻璃需刻花的一面用胶布粘贴起来,将需刻制的图案复写或拷贝到胶布上,按拷贝的图案,将需刻花的部分的胶布刻除。用装有金刚砂的空气喷枪喷出金刚砂于刻除胶布的地方。先喷刻痕深的地方,再喷刻痕浅的地方。喷出的金刚砂可用刷子扫拢收集再重复使用。待刻痕达到要求后,再撕除胶布,清理玻璃后操作完成。

这种刻花玻璃图案透光不透明,有明显的立体层次感,装饰效果高雅,多用于商场、宾馆、酒楼等商业场所。

7.1.4 注意事项

(1) 安装所需的玻璃应根据装箱玻璃规格合理套裁、集中裁割,套裁时应按"先裁大,后裁小;先裁宽,后裁窄"的顺序进行。

(2) 玻璃裁割留量,一般按其实际长、宽各缩小2~3mm。

(3) 裁割玻璃时严禁在划过的刀路重划第二遍,必要时,只能将玻璃翻过面来重划。钢化玻璃严禁裁划或用钳扳,应按设计规格和要求,预先订货加工。

(4) 裁割玻璃应一气呵成,不得中途停顿,并且持刀要稳,用力要均。

7.2 门窗玻璃安装

7.2.1 金属门窗玻璃安装

金属门窗玻璃安装包括铝合金门窗、钢门窗、涂色镀锌钢板门窗的玻璃安装等。

1. 铝合金门窗玻璃安装

(1) 基层处理:除去附着在玻璃、铝合金表面的尘土、油污等污染物及水膜,并将玻璃槽口内的灰浆渣等异物消除干净,疏通排水孔，复查框、扇开关的灵活性。使用密封胶时，应先调整好玻璃本身的垂直及水平位置，且密封胶与玻璃和槽口黏结处必须干燥、洁净。

（2）玻璃就位准备：将玻璃下部用约3mm厚的氯丁橡胶垫块垫于凹槽内，避免玻璃就位后下部直接接触框、扇。

（3）玻璃就位：将已裁割好的玻璃在铝合金框、扇中进行玻璃就位。如玻璃尺寸较小，可用双手夹住就位；如单块玻璃尺寸较大，可采用玻璃吸盘使玻璃就位。就位的玻璃要摆在凹槽的中间，并应保证有足够的嵌入量，四周应磨钝。内外两侧间隙应不少于2mm，也不能大于5mm，以保证玻璃不与框、扇直接接触，防止框、扇因玻璃胀缩发生变形。

（4）胶条固定：采用橡胶条固定时，先将橡胶条在玻璃两侧挤紧，再在胶条上面注入硅酮系列密封胶。应将胶均匀、连续地在周边填满，不得漏胶。采用橡胶块固定时，先用1cm左右的橡胶块将玻璃挤住，再在其上注入硅酮系列密封胶。采用橡胶压条固定时，先将橡胶压条嵌入玻璃两侧密封，然后将玻璃挤紧，上面不再注胶。选用橡胶压条时，所选规格要与凹槽的实际尺寸相符，其长度不得短于玻璃长度，所嵌胶条要和玻璃、玻璃槽口紧贴，不得有松动，安装不得偏位。不应强行填入胶条，否则会造成玻璃严重翘曲。反射玻璃的严重翘曲会导致严重的形象畸变。使用胶枪注胶时，要注得均匀、光滑，注入深度不应小于5mm。

（5）玻璃安装：安装中空玻璃和面积大于0.65m²的位于竖框中的玻璃时，应将玻璃搁置在两块相同的定位垫块上。搁置点离玻璃垂直边缘距离不应小于玻璃宽度的1/4，且不宜小于150mm。位于扇中的玻璃，可按开启方向确定定位垫块的位置，其定位垫块的宽度应大于所支撑玻璃件的厚度，长度不应小于25mm。定位垫块下面可设铝合金垫片。垫块和垫片均应固定在框、扇上。不得采用木质的定位垫块、隔片。安装迎风面的玻璃，在将玻璃镶入框内后，要及时通长镶嵌条在玻璃两侧挤紧或用垫片固定，防止遇到较大阵风时玻璃破损。平开门窗的玻璃外侧，要采用玻璃胶填封，以便使玻璃与铝框连成整体。胶面应向外倾斜30°～40°角。安装工作完成后应检查垫块、镶嵌条等的位置是否合适，防止出现排水通道受阻、泄水孔堵塞现象。

2. 钢门窗玻璃安装

（1）将钢框、扇裁口内的污垢（灰尘、碎屑、杂物等）清除干净。

（2）钢框、扇如有压弯翘曲，经修整合格后方可安装玻璃。

（3）试安玻璃，使玻璃每边都能压住裁口宽的3/4。但每个窗扇的裁口略有差异，同一规格的玻璃也有些差异，故应先试后安，不合适应及时调换，直到合适。

（4）用油灰刀在裁口内抹油灰打底。抹灰要均匀，抹厚1～3mm，并将裁口内高低补平。5mm及以上厚度的大片玻璃应用橡皮条或毡条嵌垫，但嵌垫材料尺寸要略小于裁口，安好后才不会露边。

（5）安上玻璃并挤压油灰，使玻璃四边略有油灰挤出。安装时应先放下口，再推入上口。

（6）将钢丝卡卡入扇的边框小眼内固定。用长卡头压住玻璃，但不得使其露出油灰外，每边不少于两个卡头，其间距不得大于300mm。

（7）在四边抹上油灰，并用油灰刀或扁铲切成三角斜面，使四角呈八字形。油灰表面要光滑，不得有中断、起泡、麻点、凹坑等。油灰与玻璃的交线要平直，且应与裁口线平行，使人在外看不见裁口，从里看不见油灰。

（8）采用铁压条固定时，应先取下压条，

安装玻璃后,使压条入框,用螺钉拧紧固定。

(9)采用玻璃橡胶压条粘贴施工时,先将钢刷处、框粘贴处擦净,清除油污,再在钢扇、框上均匀涂刷一些胶黏剂(氯丁胶),安上玻璃。然后将准备好的橡胶压条刷上黏结剂安装上,10分钟后用手指均匀地按压压条,使压条贴合。压条的两个粘贴面都必须平直,在任一粘贴面都不能有缺陷。

(10)擦净玻璃上的油灰印痕,关好门窗,以免风吹震碎玻璃。

3. 涂色镀锌钢板门窗玻璃安装

涂色镀锌钢板框、扇玻璃一般在工厂安装,无须现场安装。其安装方法大致与铝合金框、扇玻璃相同。如在现场安装,应注意检查涂色镀锌钢板框、扇是否平直,有无弯翘现象。如有缺陷应调整好再安装玻璃,以免造成安装困难甚至损坏玻璃。

7.2.2 塑料门窗玻璃安装

塑料门窗玻璃安装施工工序如下。

(1)去除附着在玻璃、塑料表面的尘土、油污等污染物及水膜,并将玻璃槽口内的灰浆渣等异物清除干净,疏通排水孔。

(2)将裁割好的玻璃在塑料框、扇中就位,玻璃要摆在凹槽的中间,内外两侧的间隙不应少于2mm,也不得大于5mm。

(3)用橡胶压条固定。先将橡胶压条嵌入玻璃两侧密封,然后将玻璃挤紧。橡胶压条规格应与凹槽的实际尺寸相符,所嵌的压条要和玻璃、玻璃槽口紧贴,安装不能偏位。不能强行填入压条,防止玻璃承受较大的安装应力,造成玻璃严重翘曲。

(4)检查橡胶压条设置的位置是否合适,防止出现排水通道受阻、泄水孔堵塞等现象。

(5)擦净玻璃表面的污染物,关好框、扇,以免风吹将玻璃震碎。

7.2.3 木门窗玻璃安装

(1)安装玻璃前,应将企口内的污垢清除干净,沿企口均匀涂抹1~3mm厚底灰,并推压单板玻璃至油灰溢出为止。

(2)木框、扇玻璃安好后,用钉子或钉木条固定,钉距不得大于300mm,且每边不得少于两颗钉子。

(3)如用油灰固定,应再批上油灰,并沿企口填实、抹光,使新油灰和原来铺的油灰融为一体。将油灰面沿玻璃企口切平,并用刮刀抹光油灰面。

如用木压条固定,应在木压条上涂刷干性油。钉木条的钉帽应砸扁。安装压条前,把先铺的油灰充分抹进去,使其下无缝隙,再用钉或木螺钉把压条固定,钉子不得倾斜,压条四角应平直合缝。

7.2.4 玻璃安装施工注意事项

(1)拼装彩色玻璃、压花玻璃时,拼缝应吻合,不得错位。

(2)冬季施工,若从寒冷处将玻璃运到暖和处,应待其变暖后再进行裁割与安装。

(3)磨砂玻璃的磨砂面、压花玻璃的压花面易脏且遇水会变得透亮,所以压花、磨砂面应装在室内侧,且要根据使用场所的条件酌情选用。

(4)夹丝玻璃的线网表面是经过特殊处理的,不易生锈,但其切口部分未经处理,所以遇水易生锈。严重时,由于体积膨胀,切口部分可能产生裂化现象。若降低边缘的强度(切口部分的强度约为普通玻璃的1/2),则易产生热断裂现象。

(5)中空玻璃朝室外一面(一般用钢化玻璃)采用硅橡胶树脂加有机物配成的有机硅胶黏结剂与窗框、扇黏结;朝室内一面衬垫橡胶皮压条，用螺钉固定，这样既可防玻璃松动，又可防窗框与玻璃之间的缝隙漏水。中空玻璃的中间是干燥的空气或真空，作窗用时，中间不会产生水汽或水露，具有良好的保温、隔热和隔声作用。因此，安装过程中应特别注意不得损坏玻璃，以防影响其功能。

玻璃原片厚度和最大使用规格，主要取决于使用状态的风压荷载。对于四周固定、垂直安装的中空玻璃，其厚度及最大尺寸的选择条件是：

① 玻璃最小厚度所能承受的平均风压（双层中空玻璃所能承受的风压为单层玻璃的1.5倍）。

② 玻璃最大尺寸所能承受的平均风压。

③ 最大平均风压不超过玻璃的使用强度。

7.3 玻璃栏河安装

玻璃栏河，俗称玻璃栏板或玻璃扶手，它是将大块的透明安全玻璃固定在地面的基座上，上面加设不锈钢、铜质或木质扶手。从立面效果来看，通长、透明的玻璃栏河给人一种通透、简洁的感觉。因此，在公共建筑的主楼梯、大厅、天井等部位用得较多。

7.3.1 栏河材料选择

1. 玻璃材料

玻璃栏河应选用安全玻璃。因为玻璃栏河除了具有一定的装饰效果外，本身还是受力构件，起着防护、推靠、拉压等功能作用。目前使用较多的是钢化玻璃、夹丝玻璃，也有使用夹层钢化玻璃、夹层夹丝玻璃等安全玻璃的。

2. 扶手材料

扶手是玻璃栏河的收口，其材料的质量不仅对使用功能影响较大，而且对整个玻璃栏河的立面效果有较大影响。因此，扶手的造型与材质，一般应与室内设计一同考虑。目前常用的材料有不锈钢圆管、黄铜圆管和高级木料3种。

（1）不锈钢扶手：根据表面光泽效果的不同，分为镜面抛光和一般抛光两种。不锈钢圆管外圆的直径在50～100mm不等，管壁厚度可根据计算确定。

（2）铜扶手：铜扶手包括黄铜管扶手和表面电镀扶手。断面有矩形、圆形等形式。

（3）木扶手：用于玻璃栏河木扶手的木材材质要好，纹理要美观，可用柚木、水曲柳等。木扶手相比不锈钢扶手、铜扶手使用得较少，因为高质量的大块木料较稀缺，所以常用金属材料代替。

此外，还有铝合金扁通扶手、塑料扶手等。玻璃栏河装饰工程扶手构造详解见图7.1。

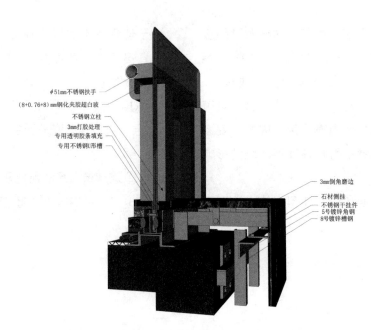

图 7.1 玻璃栏河装饰工程扶手构造详解

7.3.2 玻璃栏河施工

1. 栏河立柱的设置与安装

（1）楼梯玻璃栏河的设置。

玻璃栏河的栏板，常采用的是钢化玻璃、钢化夹层玻璃或夹丝玻璃，其本身是装饰构件，同时也可承受使用的荷载。因此，普通楼梯的玻璃栏河中间一般不设立柱。

考虑到楼梯的装饰风格，以及保护栏板和加固扶手的作用，有时也在楼梯玻璃栏河的第一块玻璃或最后一块玻璃上安装立柱，立柱多同扶手材质相同。

（2）多层跑马廊玻璃栏河的设置。

对于多层跑马廊玻璃栏河，是否设置栏河立柱，应根据使用材料、使用环境，经过计算后确定。玻璃栏河经常有许多人扶、靠、拉、推，特别是音乐喷泉等景观四周的玻璃栏河，扶栏观望者众多。为避免意外事故发生，应在较长的玻璃栏河部位，视玻璃长度每隔数块（3～5 块）加设一根与扶手材质相同的立柱。立柱的间距要相等，根数要对称。

（3）玻璃栏河的安装。

玻璃栏河的结构件主要包括扶手、玻璃、栏河底座与立柱。扶手一般是固定在锚固点上，锚固点应牢固，可通过预先在锚固点埋入铁件或装上膨胀螺栓来与扶手连接（多为焊接）。扶手的材料可以拼接，但接缝处应打磨、修平、抛光。考虑到经济因素，铜或不锈钢扶手一般不会做得太厚。为了确保扶手的强度，常在管内加设型钢，并将型钢与外表圆管焊成整体。金属圆管扶手，有的在成型时将镶嵌玻璃的凹槽一次加工成型。但大多数还是后来借助机械设备开槽的。在打密封胶时，所选用的胶应为非醋酸型硅酮胶，以免腐蚀金属扶手。

玻璃的固定多采用角钢焊成的连接铁件。两条角钢之间，应留出适当的间隙，一般在玻璃厚度的基础上加上每侧 3～5mm 的填缝间距。铁件的高度不宜大于 100mm，中距不宜大于 450mm。玻璃不能直接接触金属，而应用氯丁橡胶垫块将玻璃垫起。玻璃两侧的间隙处应用氯丁橡胶块夹紧，上面注入硅酮密封胶。对于设有立柱的栏河，玻璃与立柱可以采用螺钉、胶黏剂、压条,或者在立柱上安装单槽进行固定,甚至可以在立柱两边开槽进行固定。玻璃应插入柱中进行固定。立柱与其上、下结构的固定多采用焊接或套接的方法。玻璃栏河装饰工程施工构造详解见图7.2。

2. 施工注意事项

(1)扶手安装完毕,要注意保护。玻璃栏河的扶手,由于焊接工作量较大,施工往往比较早,而玻璃安装则是在土建施工基本完成的情况下才进行。在安装扶手与安装玻璃的间隔时间内,由于工种之间互相干扰,可能会造成扶手变形或表面破损,因此要对扶手表面进行保护。若扶手较长,应考虑扶手的侧向弯曲,在适当的部位加设临时立柱,缩短其长度,减少其变形。若变形较大,一般较难调直。

(2)多层跑马廊部位的玻璃栏河,入靠时由于居高临下,会给人一种不安全感。因此,该部位的扶手应比楼梯扶手高一些。高度宜设置在1.1~1.2m。

(3)不锈钢、铜管扶手的表面往往粘有各种油污和杂物,其光泽度会受到一定的影响。所以,在交工前除需进行清洁外,一般还要进行抛光处理。

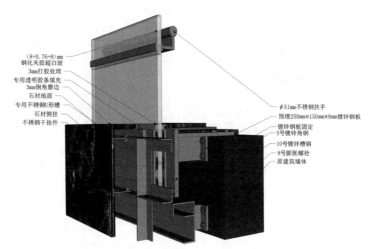

图7.2 玻璃栏河装饰工程施工构造详解

7.4 玻璃幕墙施工

玻璃幕墙施工主要是将玻璃这种饰面材料覆盖在建筑物的表面,看上去好像罩在建筑物表面的一层薄帷。若使用热反射玻璃,可将建筑物周围的景物都映衬到建筑物的表面,从而使建筑物的表面产生丰富的变化。

7.4.1 玻璃幕墙的组成材料

玻璃幕墙由骨架、玻璃、封缝材料三部分组成。

1. 骨架

骨架是玻璃幕墙的承重结构,包括各种型材、连接件、紧固件。

(1) 型材:型材如果采用钢材,多为角钢、方钢管、槽钢等;如果采用铝合金,多为经特殊挤压成型的幕墙。

(2) 紧固件:主要有膨胀螺栓、铝拉钉(铝铆钉)、射钉等。

(3) 连接件:多采用角钢、槽钢加工而成。之所以用这些金属材料,主要是因为它们易于焊接、加工方便,较其他金属材料强度高、价格便宜。至于连接件的形状,可因所处部位、幕墙结构的不同而有所不同。

2. 玻璃

玻璃常用5～6mm厚热反射玻璃,其他如吸热玻璃、浮法透明玻璃、夹层玻璃、夹丝玻璃、中空玻璃、钢化玻璃等,也用得比较多。

3. 封缝材料

封缝材料包括填充材料、密封材料与防水材料。

(1) 填充材料:填充材料主要用于凹槽两侧间隙的底部,以避免玻璃与金属之间的硬性接触,起填充、缓冲作用。填充材料上部多用橡胶密封材料和硅酮系列的防水密封胶覆盖。填充材料目前用得比较多的是聚乙烯泡沫胶系,有片状、圆柱条状等多种形状。也有用橡胶压条作为填充材料的,将橡胶压条折断,在玻璃两侧挤紧,起到防止玻璃移动的作用。

(2) 密封材料:在玻璃装配中,密封材料不仅起到密封作用,同时也起到缓冲、黏结的作用,使脆性的玻璃与硬性的金属之间形成柔性缓冲接触。橡胶是目前应用较多的密封、固定材料。其断面形式很多,规格主要取决于凹槽的尺寸及形状,选用的橡胶应与凹槽的实际尺寸相符。

(3) 防水材料:防水材料,目前用得较多的是硅酮密封胶。此种胶一般采用管装,使用时用特制的胶枪将胶注入间隙内,操作较为简单,储存也很方便。

① 硅酮密封胶有多个品种可供选择。目前常用的是醋酸型硅酮密封胶和中性硅酮密封胶,可根据基层的材质进行选择。例如,醋酸型硅酮密封胶对金属有一定的腐蚀作用,所以对未做任何处理的金属面,应慎重使用醋酸型硅酮密封胶。另外,醋酸型硅酮密封胶对中空玻璃的胶黏剂有影响,因此不宜用于中空玻璃的密封。

② 硅酮密封胶模数的大小,表示其对活动缝隙的适应能力。模数越低,对活动缝隙的适应性越好,有利于抗震。模数的大小,用高、中、低来表示,一般在产品说明中有注明。

③ 硅酮密封胶是目前较为高档的密封、黏结材料。其性能优良,耐久性能好,一般可耐 $-60\sim200℃$ 的温度,抗断裂强度可达 1.6MPa。

④ 硅酮密封胶在玻璃装配中,常与橡胶密封条配套使用,下部用橡胶密封条密封,上部用硅酮密封胶密封。

7.4.2 玻璃幕墙的结构构造类型

目前,玻璃幕墙的结构构造主要分为单元式(工厂组装)、元件式(现场安装)和结构玻璃(无金属框架的纯大块玻璃,一般用于1～2层,高度可达12m)3种。前两种主要由饰面玻璃和固定玻璃的骨架两部分组成,只有将玻璃与骨架连接,玻璃才能成为幕墙。骨架支撑玻璃、固定玻璃，然后通过连接件与主体结构相连，将玻璃自身的质量荷载、墙体所受到的风荷载及其他荷载传给主体结构，使之与主体结构成为一体。

由骨架支撑玻璃这种结构，是目前大部分玻璃幕墙所采用的结构形式，但也有一些特殊结构形式例外。如玻璃本身具有承受自身质量荷载及其他荷载的能力，可不用骨架支撑。这种类型的玻璃，称为"结构玻璃"。安装玻璃时，不用骨架支托，而是直接将结构玻璃与主体结构固定。这种不用骨架的玻璃幕墙，除了玻璃本身经特殊处理（如钢化玻璃、中空玻璃、夹丝玻璃）并且较厚（如玻璃砖、夹层玻璃等）外，单块玻璃面积往往比较大，否则就失去了大玻璃的通透感。

玻璃幕墙在具体构造上，可根据立体结构形式的不同选用不同的骨架及玻璃材料，这样可能导致构造节点不同。玻璃的安装，既要安全牢固，又要简便易行。若构造方法在现场难以掌握，则构造安全性将受到影响。

通常采用的玻璃幕墙的结构构造类型，主要有型钢骨架体系、铝合金型材骨架体系、不露骨架结构体系及无骨架玻璃幕墙体系。

1. 型钢骨架体系

基本构造：采用型钢作玻璃幕墙的骨架，将玻璃镶嵌在铝合金框内，然后再将铝合金框与骨架固定。这种构造可以充分利用钢结构强度高、比其他有色金属价格便宜的优点，使得固定骨架的锚固点间距增大，能够适应比较宽敞的空间，如门厅、大堂等。

（1）对于型钢骨架，有的用成型铝合金板进行外包装饰，有的则进行刷漆处理。

（2）用型钢组合的框架，其网格尺寸可适当加大。但对主要受弯构件，其截面不能太小，挠度最大处应控制在5mm内。否则，将影响铝合金窗的玻璃安装，也会影响幕墙的外观。

（3）如果单块玻璃面积较小，可只用方钢管固定竖向杆件，将铝合金窗直接固定于竖向杆件上。竖向杆件是骨架的主要受力杆件，通过连接件固定在结构上。

2. 铝合金型材骨架体系

基本构造：特殊断面的铝合金型材是玻璃幕墙的骨架，将玻璃镶嵌在骨架的凹槽内，不用另外安装其他配件。这样做的优点是节约金属型材，简化玻璃安装及骨架安装步骤，易于施工，运输与搬运费较低。安装一根杆件，可以同时满足两个方面的要求。

铝合金型材骨架断面，一般分为立柱和横档。断面尺寸有多种规格，可按使用部位进行选择。常用的断面高度为115mm、130mm、160mm、180mm。断面尺寸大，抗风压的能力强，但相应价格也要贵一些。若断面尺寸过大，则在挤压成型过程中，需要较大的挤压设备，一般工厂难以实现。所以，若经结构计算需较大断面型材，宜作结构方案比较后再确定。对于转角部位安装转角型材需采用148°、126°等的转角断面，铝合金型材骨架断面（横档及立柱）构造详解见图7.3。

（1）玻璃幕墙的立柱与主柱之间用连接板固定。一般使用两根角钢，将角钢的一条肢与结构固定，另一条肢用不锈钢螺栓与立柱拧牢，玻璃幕墙装饰工程立柱固定构造详解见图7.4。

（2）安装玻璃时，先在立柱的内侧安上铝合金压条，然后将玻璃放入凹槽内，再用密封材料密封。玻璃幕墙装饰工程通用构造详解见图7.5。

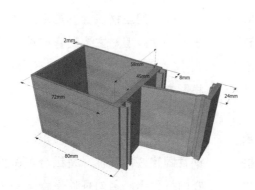
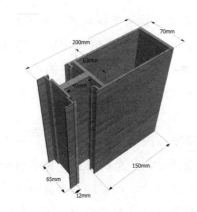

图7.3 铝合金型材骨架断面（横档及立柱）构造详解

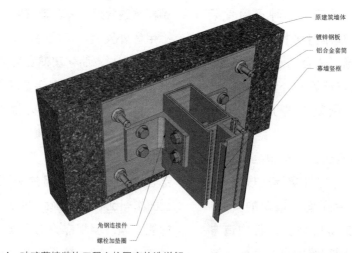

图7.4 玻璃幕墙装饰工程立柱固定构造详解

（3）横档装配玻璃与立柱在构造上有所不同。横档装配玻璃的支承部位略有倾斜，目的是排除因密封不严而流入凹槽内的雨水。外侧用一条盖板封住。玻璃幕墙装饰工程横档装配玻璃构造详解见图7.6。

3. 不露骨架结构体系

基本构造：玻璃直接与骨架连接，外面不露骨架，也不见窗框，属隐蔽式装配幕墙。骨架、窗框隐蔽在玻璃内侧的幕墙称为全隐幕墙，目前是一种新式玻璃幕墙。

玻璃幕墙能做到在立面看不见骨架及铝合金框，玻璃的加工制作是关键。此种幕墙玻璃的安装方法与传统的安装方法有所不同，不是将玻璃镶到窗框的凹槽内，而是用一种高强胶黏剂将玻璃粘到铝合金的封框上。从立面上看不到封框，因为它在玻璃的背后。

将玻璃直接固定在骨架上，而不用封闭的框，这是对玻璃幕墙安装技术的较大改革，将玻璃幕墙的安装技术及加工技术推向一个新的高度。安装构造用特制的铝合金连接板，其周边与骨架用螺栓连接，这样不仅简化了玻璃安装的程序，而且增强了玻璃固定的牢固性。

骨架所使用的材料，既可以是铝合金型材，也可以是型钢。玻璃幕墙装饰工程隐框结构体系构造详解见图7.7。

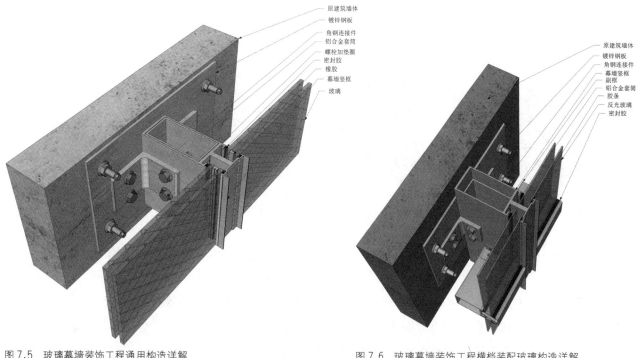

图 7.5 玻璃幕墙装饰工程通用构造详解

图 7.6 玻璃幕墙装饰工程横档装配玻璃构造详解

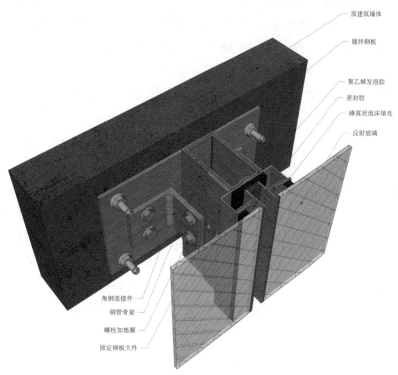

图 7.7 玻璃幕墙装饰工程隐框结构体系构造详解

4. 无骨架玻璃幕墙体系

没有骨架的玻璃幕墙，玻璃本身既是饰面构件，又是承受自身质量荷载及风荷载的承力构件。这类玻璃幕墙，除了设有大面积的面部玻璃外，一般还需加设与面部玻璃垂直的肋玻璃，用来加强面部玻璃的刚度，从而保证整体玻璃幕墙在风压作用下的稳定性。面部玻璃与肋玻璃相交部位的处理，有3种构造形式。玻璃幕墙面部玻璃与肋玻璃相交部位处理详解见图7.8。至于采用何种形式，

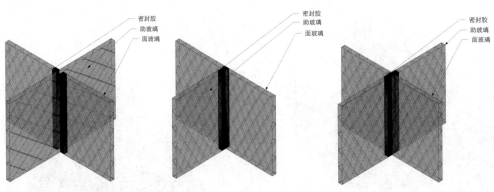

图 7.8 玻璃幕墙面部玻璃与肋玻璃相交部位处理详解

主要根据使用的具体情况与整体的外观要求而定。

这种类型的玻璃幕墙，多用钢化玻璃和夹层钢化玻璃。单块面积的大小可根据具体的使用条件决定。在玻璃幕墙高度已定的情况下，玻璃的厚度、单块面积的大小、肋玻璃的宽度及厚度，均应经过计算确定。

也可用悬吊的吊钩将肋玻璃及面部玻璃固定，这种固定方式多用于高度较高的单块玻璃。室内的玻璃隔断多采用此种方式。还可不设置玻璃，而用金属竖框加强玻璃幕墙的刚度。

7.4.3 玻璃幕墙安装施工

1. 施工准备

(1) 技术准备。

① 对照玻璃幕墙的骨架设计，复查主体结构的质量。因为主体结构的质量对骨架的位置影响较大。特别是墙面的垂直度、平整度偏差，将影响整个幕墙的水平位置。另外，对主体结构的预留孔洞及表面的缺陷，应做好检查记录，及时提请有关单位审查。

② 根据主体结构的质量，调整主体结构与玻璃幕墙之间的间隔距离，以保证安装工作顺利进行。

(2) 放线定位。

放线是指将骨架的位置弹到主体结构上。

① 放线工作应根据土建单位提供的中心线及标高控制点进行。玻璃幕墙的设计一般以建筑物的轴线为依据，玻璃幕墙的布置应与轴线取得一定的联系。因此，放线前应弄清建筑物的轴线。对于标高控制点，应进行复校。

② 对于由横竖杆件组成的幕墙骨架，一般应先弹出竖向杆件的位置，再确定竖向杆件的锚固点。横向杆件一般固定在竖向杆件上，它与主体结构并没有直接关系。应待竖向杆件通长布置完毕，再将横向杆件弹到竖向杆件上。

③ 如果是直接将玻璃与主体结构固定，那么应首先将玻璃的位置弹到地面上，再根据外缘尺寸确定锚固点。

④ 放线是玻璃幕墙施工中技术难度较大的一项工作，作业人员除了需要充分了解设计要求外，还需具备丰富的工作经验。

2. 骨架安装施工

根据放线的具体位置，进行骨架安装。骨架固定通常是采用连接件将骨架与主体结构相连。

(1) 连接件与主体结构的固定。

连接件与主体结构的固定，通常有两种方法：一是在主体结构上预埋铁件，将连接件与铁件直接焊牢；二是在主体结构上钻孔，用膨胀螺栓将连接件与主体结构相连。

(2) 骨架安装。

固定连接件后，便可安装骨架。一般先

安装竖向杆件，再安装横向杆件。

① 准备工作。

A. 骨架本身的处理：如用钢骨架，要涂刷防锈漆，涂刷遍数应符合设计要求。如果是铝合金骨架，应注意对骨架氧化膜的保护。在与混凝土直接接触的部位，应对氧化膜进行防腐处理。

B. 大面积的玻璃幕墙骨架，都存在骨架接长问题，特别是骨架中的竖向杆件。对于型钢一类的骨架接长，一般比较容易处理。而铝合金骨架是空腹薄壁构件，其连接不能是简单地对接，而应使用连接件分别穿进上、下杆件的端部，然后再用螺栓拧紧。

② 安装骨架。

A. 先安装竖向骨架。竖向骨架的安装是靠连接件与主体结构连接固定起来。

B. 横向杆件的安装，宜在竖向杆件安装后进行。如果横、竖杆件均是型钢一类的材料，可以采用焊接，或采用螺栓连接等。若采用焊接，由于大面积的骨架需焊接的部位较多，如果受热不均，可能会引起骨架变形，因此应注意焊接的顺序及操作。若采用螺栓连接，应将横向杆件用螺栓固定在竖向杆件的铁码上。

C. 也可使用特制的穿插件，分别插入横向杆件的两端，将横向杆件担住。此种安装办法简便，固定牢靠。将横杆件担在穿插件上，横、竖杆件之间会有微小的间隙，因为横向杆件不能产生错动，所以于伸缩和安装都很有利。穿插件是用螺栓固定在立柱上的。

D. 如果横、竖杆件都是铝合金型材，一般用角铝或角钢作为连接件。角铝的一条肢固定横向杆件，另一肢固定竖向杆件。

骨架安装完毕应进行全面检查，特别是横竖杆件的中心线。对于某些通长的竖向杆件，若高度较高，应用仪器进行中心线校正。对于不太高的幕墙竖向杆件，也可用吊垂线的办法进行检查，这样做是为了保证骨架的安装质量。

3. 安装玻璃

因玻璃幕墙的结构类型不同，固定玻璃的方法也有所不同。如果是钢骨架，因为型钢没有镶嵌玻璃的凹槽，所以多用窗框过渡。先将玻璃安装在铝合金窗框上，再将窗框与骨架连接。可以将几个窗框并联在一个网格内，也可以使用独立窗框。铝合金型材的幕墙框架，在成型的过程中，已经将固定玻璃的凹槽随同整个断面一次挤压成型，所以安装玻璃很方便。将玻璃安装在铝合金型材上，是目前应用最多的方法，为了确保工程质量，应注意以下几个问题。

（1）正确选用封缝材料。

玻璃与硬性金属之间应避免直接接触，要用弹性的材料过渡，这种材料即为封缝材料。

① 不能将玻璃直接搁置在金属下框，须先在金属框内衬垫氮丁橡胶一类的弹性材料，起到缓冲作用，以防止玻璃因温度变化发生胀缩。

② 胶垫宽度以不小于玻璃厚度为标准，胶垫长度由玻璃质量决定。单块玻璃质量越大，胶垫承受的压力也越大。氯丁橡胶垫表面承受的压力不宜超过 0.1MPa。胶垫应有一定硬度，不宜使用松软的泡沫材料。

③ 凹槽两侧的封缝材料，一般由两部分组成。第一部分是填缝材料，兼具固定作用。这种填缝材料常用橡胶压条，也可将橡胶压条剪成一小段，然后在玻璃两侧挤紧，起到防止玻璃移动的作用。不过，在安装玻璃时应少用这种做法，而多用长的橡胶压条。第二部分是防水密封胶，应注射在填缝材料上面。由于硅酮密封胶耐久性能好，因此目前

用得较多。硅酮密封胶应注得均匀、饱满，一般注入深度在5mm左右。另外要注意保持骨架外表清洁，不可让胶污染上，否则会影响美观。

④目前，幕墙玻璃多为镜面玻璃，而显酸性的玻璃胶易与镜膜产生化学反应，导致镜面玻璃变色，因此要正确选用玻璃胶。

（2）玻璃吊装就位。

①玻璃吊装：玻璃的吊装，可根据结构类型的不同，采用不同的吊装方法。

A. 对于单块面积较大的玻璃，一般需借助吊装机械才能完成。

B. 对于层数不高、单块面积小的玻璃，可通过人工抬、运安装就位。

C. 施工中，常利用提升设备进行垂直搬运，而楼层的水平方向运输，则用轻便小车，结合手工、吸盘、外脚手架、吊篮机具，选择最佳吊装方案。施工时，应注意大风的影响。

②玻璃就位：玻璃直接与主体结构固定，玻璃吊装要根据玻璃的位置弹线，根据锚固点的标志就位。

A. 玻璃吊装就位后，应及时用填缝材料进行固定与密封，其他构造需要的封口压板或封口压条，应一同安装完毕，切不可临时固定。

B. 玻璃安装完毕，要注意保护，在易被碰撞的部位，应采取必要的措施，如用木棍阻拦。特别要注意，电焊的火花落在玻璃表面会使玻璃产生擦不掉的痕迹，如在玻璃附近电焊要对玻璃进行遮盖。

4. 玻璃幕墙节点构造处理

节点构造是玻璃幕墙设计的重点，也是安装的一个难点。玻璃幕墙的节点构造设计应非常细致，这是出于安全考虑，以防因构造不合理而发生玻璃脱落的现象。另外，构造上所需的连接板、封口及其他配件，统统可在工厂加工，甚至可在加工制作单块玻璃的同时，使配件在工厂就位，减少施工现场的拼装工作量。

（1）转角部位的处理。

①直角转角：转角有多种形式，玻璃幕墙装饰工程90°内转角节点构造详解见图7.9。两根立柱呈平行布置，外侧用密封胶将两根立柱之间的10mm间隙密封。室内一

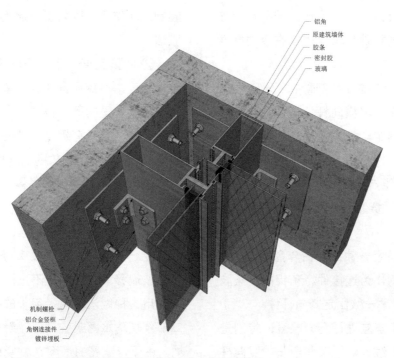

图7.9 玻璃幕墙装饰工程90°内转角节点构造详解

侧，用成型的铝板进行饰面。

如图 7.10 所示的节点构造，是对玻璃幕墙与其他饰面材料在转角部位的处理。将玻璃幕墙的最后一根立柱与其他饰面材料脱开一小段距离，然后用铝合金板和密封胶连接使两种不同的材料保持过渡。这种脱开的做法，是对玻璃幕墙与其他饰面材料相交处的常用处理办法。这样做，一是可以调整尺寸，因为幕墙的立面设计与原土建的墙体尺寸未必完全符合玻璃的模数，有些玻璃并不受尺寸限制，切割下料时随意性很大，但是在立面排块时，总会在尾端留下一点余量；另外，考虑到施工误差，设计时应给安装单位留出一定尺寸。二是考虑到墙体饰面两种不同材料的收缩值不一样，这种做法也是结构设计的需要。

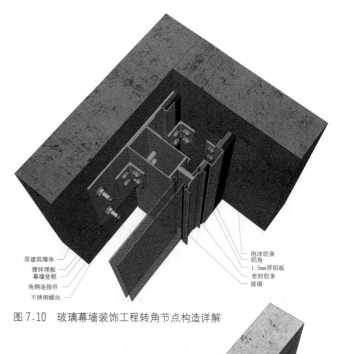

图 7.10 玻璃幕墙装饰工程转角节点构造详解

② 钝角转角：如图 7.11 所示的节点构造是对外墙在钝角情况下的构造处理。在转角部位，先分别用立柱在两个方向固定，再用铝合金板收口。

玻璃幕墙骨架的立柱，除了垂直布置的，还有斜向布置的，这就需要对立柱进行转角处理。立柱是经特殊挤压制成的铝合金幕墙型材，本身就有装配玻璃的凹槽。在横档的选择上，应使用有特殊断面的横档，将斜向安装的玻璃与竖向安装的玻璃固定牢固。

图 7.11 玻璃幕墙装饰工程墙面钝角转角节点构造详解

如果是型钢一类的骨架，转角处理会简单一些，将两根不同方向的立柱焊牢即可。横向杆件一般焊接两根，在水平方向分别将铝窗固定。至于内外面因焊接水平横杆而产生的间距，可按立柱或外立面的统一做法处理。

③ 外直角的转角：如图 7.12 所示

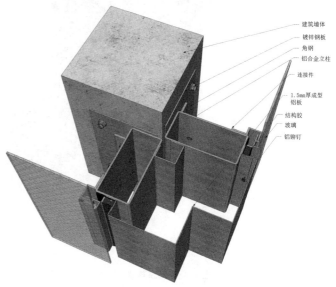

图 7.12 玻璃幕墙装饰工程 90° 转角节点构造详解

节点构造，是对玻璃幕墙 90° 外转角部位的处理。这种情况多出现在建筑物的转角部位，两个不同方向的幕墙垂直相交，用通长的铝合金板过渡。铝合金板是常用的饰面板。铝合金板的形状应根据建筑物立面要求的不同而有所不同。直角处理也可用曲线铝板连接两个方向的幕墙。90°转角节点构造虽然也属于直角封板处理，但在直角的端部要将角端切下，然后用两条铝合金板分别固定在幕墙的骨架上。铝合金板的表面处理，应与幕墙骨架外露部分相同。

外转角的处理方法较多，采用铝合金处理是常用的方法，这种方法除了易成型，更重要的是易于同幕墙整个立面取得一致的外观效果。

（2）变形缝部位处理。

变形缝包括沉降缝、伸缩缝、防震缝，属于主体结构设计的一部分。玻璃幕墙在此部位的节点构造不仅要适应主体结构沉降、伸缩及防震的要求，还要符合建筑装饰和防水的要求。图 7.13 所示的是沉降缝构造大样。在沉降缝的左右分别固定两根立柱，使幕墙的骨架在此部位分开，形成两个独立的幕墙骨架体系。防水处理采用内外进行两道防水的做法，分别用铝板固定在骨架的立柱上，而且在铝板的相交处，应用密封胶做封闭处理。

（3）收口处理。

这里所说的收口，是指对幕墙本身一些部位的处理，使之能对幕墙的结构进行遮挡。收口有时是对幕墙在建筑物的洞口、两种材料交接处的衔接处理，如建筑物女儿墙的压顶、窗台板、窗下墙等部位，都存在收口处理的问题。

① 最后一根立柱侧面收口：图 7.14 所示为幕墙最后一根立柱的小侧面的封固处理。该节点采用 1.5mm 厚铝合金板，将幕墙骨架全部包住，这样从侧面看只是一条通长的铝合金板。在饰面铝板与立柱及墙的相接处，应用密封胶处理。

② 幕墙与主体结构之间缝隙收口：幕墙与主体结构的墙面之间，一般宜留出一段

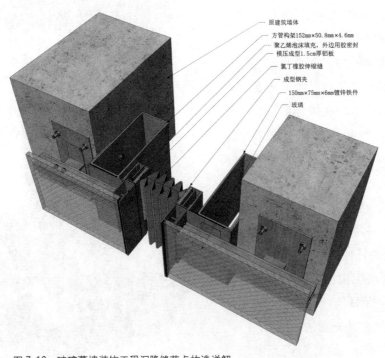

图 7.13　玻璃幕墙装饰工程沉降缝节点构造详解

距离。这个空隙无论从使用还是从防水的角度出发，均应采取适当的措施。特别是在防火方面，因幕墙与结构之间有空隙，而且是上、下悬穿，一旦失火，将成为烟火的通道，因此必须作妥善处理。如图 7.15 所示的节点大样，为目前较常用的一种处理方法。先将一条 L 形镀锌铁皮固定在幕墙的横档上，然后在铁皮上铺放防火材料。目前常用的防火材料有矿棉（岩棉）、超细玻璃棉等。铺放的高度应根据建筑物的防火等级，结合防火材料的耐火性能，经过计算后确定。

③ 幕墙顶部收口：幕墙装饰工程顶部收口节点构造详解如图 7.16 所示。将一条铝合金板罩在幕墙上端的收口部位，并在压顶板的下面加铺一层防水层，防止压顶板接口处发生渗水现象。有些玻璃幕墙的水平部位压顶，虽然在成型的铝合金板上有形状差异，但在构造上大多数采用双道防水线，所用的防水层一般具有较好的抗拉性能。目前用得较多的是三元乙丙橡胶防水带。铝合金压顶板可以侧向固定在骨架上，也可在水平面上用螺丝固定。

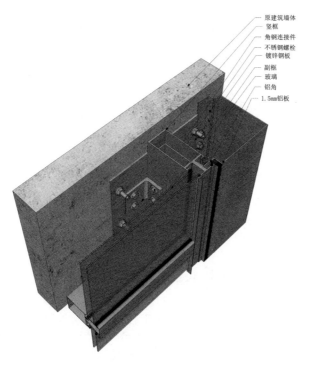

图 7.14 玻璃幕墙装饰工程立柱收边处理节点构造详解

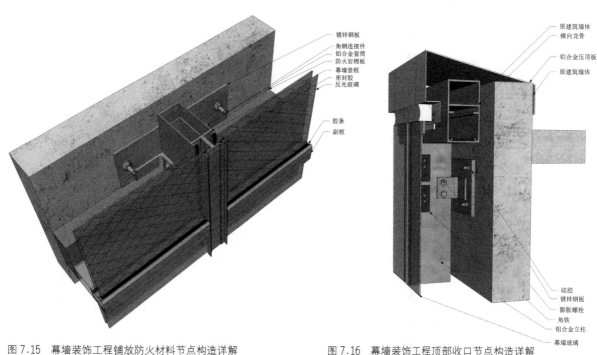

图 7.15 幕墙装饰工程铺放防火材料节点构造详解　　图 7.16 幕墙装饰工程顶部收口节点构造详解

7.5 玻璃镜安装

在建筑物内部的墙面、柱面上，常以玻璃和镜面进行装饰。表面光洁的玻璃，可使墙面显得规整、清洁；同时，各种颜色的镜面能起到扩大空间、反射景物、营造环境气氛的作用。目前，采用玻璃镜来装饰外墙面的做法十分流行，玻璃镜能给人以典雅、明快、清新的感觉。

镜面固定的方法大致可分为4种：螺钉固定、嵌钉固定、黏结固定和托压固定。每种做法都有各自的特点和适用范围，可根据镜面的大小、排列的方法、使用场所等因素，选择其中一种单独使用或几种安装方法组合使用。

7.5.1 施工准备

1. 施工材料

（1）镜面材料：贴墙面、柱面的材料很多，除了常用的镜面材料，还有其他装饰玻璃。

① 普通平镜、深浅不同的茶色镜、带有凹凸线脚或花饰的单块制镜等。平镜和茶色镜可现场切割成需要的规格尺寸，小尺寸镜面厚度在3mm左右，大尺寸镜面厚度在5mm以上。为了减少玻璃镜的安装损耗，加工时需要将玻璃镜的边缘磨圆，这样拼装以后，显示的线条才更为美观。

② 将彩色玻璃、压花玻璃、磨砂玻璃、喷漆玻璃、釉面玻璃、光致变色玻璃等按镜面做法装于墙柱上，也可取得与玻璃镜相似的效果。

（2）衬底材料：可选用木墙筋、胶合板、沥青、油毡等，也可选用特制的橡胶、塑料等。

（3）固定用材料：螺钉，铁钉，玻璃胶，环氧树脂胶，盖条（木材、铜条、铝合金型材等），橡皮垫圈等。

2. 施工工具

玻璃刀、玻璃钻、玻璃吸盘、水平尺、托尺板、玻璃胶筒及固钉工具（如锤子、螺丝刀）等。

7.5.2 施工工艺

镜面安装的基本施工程序：基层处理→立筋→铺钉衬板→镜面安装。

1. 基层处理

在砌筑墙体或柱子时，要在墙体中埋入木砖，木砖的横向与镜面宽度相等，竖向与镜面高度相等。大面积镜面安装还应在横、竖向上每隔500mm埋入木砖，墙面要进行抹灰。按照使用部位的不同，要在抹灰面上烫热沥青或贴油毡，也可将油毡夹于木衬板和玻璃之间。这些做法的主要目的是防止潮气使木衬板变形，防止潮气使镀层脱落，导致镜面失去光泽。

2. 立筋

墙筋为40mm×40mm或50mm×50mm的小木方，用铁钉钉于木砖上。安装小块镜面多为双向立筋，安装大块镜面可以为单向立筋。横、竖墙筋的位置与木砖一致，要求立筋横平竖直，以便于衬板和镜面的固定。因此，立筋时要挂水平垂直线，安装前要检查防潮层是否做好，立筋钉好后要用长靠尺检查平整度。

3. 铺钉衬板

衬板为15mm厚木板或5mm厚胶合板，用小铁钉与墙筋钉接，钉头打入板内。衬板的尺寸应大于立筋间距尺寸，这样可以减少剪裁工序，提高施工速度。要求衬板表面无翘曲、起皮现象，且表面平整、清洁。板与板之间的缝隙应在立筋处。

4. 镜面安装

镜面安装的施工程序：镜面切割→镜面钻孔→镜面固定。

（1）镜面切割：安装一定尺寸的镜面时，要在大片镜面上切下一部分，切割时要在台案上或平整地面上进行，上面铺胶合板或地毯，严防划伤镜膜。操作时，将大片镜面置于台案或地面上，镜膜面朝下，按设计要求量好尺寸，以靠尺板作依托，用玻璃刀一次从头划到尾，将镜面切割线处移至台案边缘，一端用靠尺按住，另一端手持，迅速向下扳。切割和搬运镜面时，操作者要戴手套。

（2）镜面钻孔：如选择以螺钉固定镜面，则要进行钻孔，孔的位置一般在镜面的边角处。首先，将镜面放在台案或地面上，按钻孔位置量好尺寸，用塑料笔标好钻孔点或用玻璃钻钻一小孔；然后，在拟钻孔部位浇水，钻头钻孔直径应大于螺丝直径。钻孔时，要不断往镜面浇水，直至钻透。注意，在即将钻透时要减轻力量。

（3）镜面固定：安装镜面时，固定方式通常有螺钉固定、嵌钉固定、粘结固定和托压固定4种方式。

① 螺钉固定：这是采用开口螺丝固定的方式，适用于1m^2以下的小镜。若墙面为混凝土基底，应先插入木砖、埋入锚塞，或在木砖、锚塞上设置木墙筋，再用3～5mm的镀锌平头或圆头螺钉、玻璃螺钉，透过玻璃上的钻孔将玻璃固定在墙筋上。

安装一般从下向上、从左向右进行，有衬板时，可在衬板上按每块镜面的位置弹线安装。将钻好孔的镜面放到安装部位，在孔中穿入螺钉，套上橡皮垫圈，用螺丝刀将螺钉逐个拧入木筋，注意不要拧得太紧。

全部镜面固定后，先用长靠尺靠平，再将稍高出其他镜面的部位拧紧，以全部调平为准。螺丝如果紧固不均匀，容易导致映像失真，最好能与双面胶带并用。

将镜面之间的缝隙用玻璃胶嵌缝，用打胶筒将玻璃胶压入缝中，要求填嵌密实、饱满、均匀且不得污染镜面。之后，用软布揩净镜面。如果所用的螺钉是玻璃螺钉，最后还应将精制的套帽装上。镜面装饰工程玻璃螺钉固定节点结构详解见图7.17。

② 嵌钉固定：嵌钉固定是把嵌钉钉在墙筋上，将镜面玻璃的4个角压在平整的木衬板上的固定方法。镜面装饰工程玻璃嵌钉固定节点构造详解见图7.18。

在平整的木衬板安装固定好后先铺一层油毡，油毡两端用木压条临时固定，以保证油毡平整、紧贴于木衬板上。在油毡表面按镜面玻璃分块弹线。安装时从下往上进行。安装第一排时，嵌钉应临时固定，装好第二排后再拧紧，以此类推。

③ 粘结固定：粘结固定是将镜面玻璃用环氧树脂、玻璃胶粘结于木衬板（镜垫）上的固定方法，在柱子上进行镜面装饰施工时，用此法比较简便。镜面装饰工程玻璃粘结固定节点构造详解见图7.19。

安装时，先要检查木衬板的平整度和固定牢靠程度，因为粘结固定时，镜面本身的质量荷载是通过木衬板传递的，如果木衬板不牢靠将导致整个镜面固定不牢。

在十分干燥、平滑的基底上，也可同时采用镜面胶粘剂和镜面垫块（镜面积的20%以上）加压粘贴。

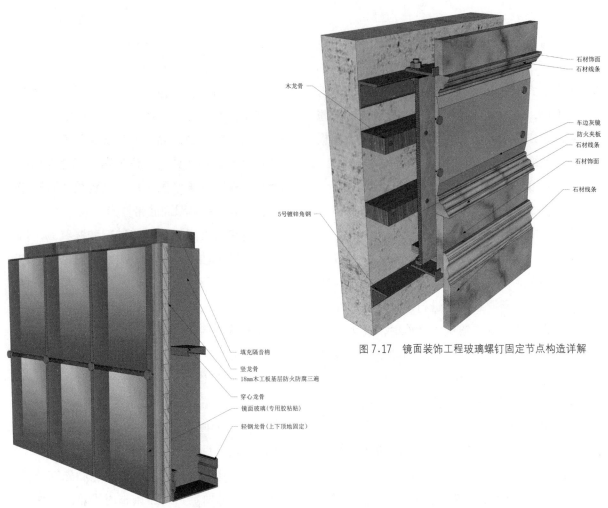

图 7.17　镜面装饰工程玻璃螺钉固定节点构造详解

图 7.18　镜面装饰工程玻璃嵌钉固定节点构造详解

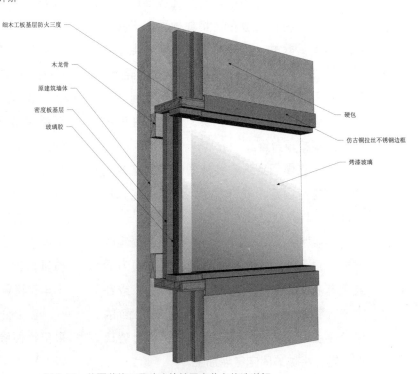

图 7.19　镜面装饰工程玻璃粘结固定节点构造详解

安装时，应先清除木衬板表面污物和浮灰，以增强粘结牢固程度。在木衬板上按镜面尺寸分块弹线。刷胶黏结玻璃时，环氧树脂应涂刷均匀，不宜过厚，每次刷胶面积不宜过大，而且随刷随粘贴，并及时把从镜面缝中挤出的胶浆擦净。粘结应按弹线分格自下而上进行，待底下的镜面粘结达一定强度后，再进行上一层的粘结。

采用以上3种方法固定的镜面，还可在周边加框，起到封闭端头（封口）和装饰的作用。

④ 托压固定：托压固定主要靠压条压和边框托将镜面托压在墙上。压条和边框有木材、塑料和金属型材（如专门用于镜面安装的铝合金型材），也可用支托五金件的方法固定。托压固定适用于约 $2m^2$ 的镜面，镜面上不开孔，用五金件支托重量，这是最安全的方法。为了防止下面的支托五金件上积水，导致镜面镀银变色，必须设置排水孔。如果能与双面胶粘带并用最好。

安装时先在平整的木衬板上铺一层油毡，油毡两端用木压条临时固定，以保证油毡平整、紧贴木衬板上，然后在油毡表面按镜面玻璃分块弹线，并开始固定压条。固定压条自下而上进行，用压条压住两镜面间的接缝处。先用竖向压条固定最下层镜面，再固定横向压条，并继续安装竖向压条，安装上一层镜面，直至固定到最上层镜面和最上根压条。压条为木材时，一般宽为 30mm，长度与镜面相同，表面应画出装饰线并刷好底漆。在嵌条上每隔 200mm 钉一颗钉子，钉头应压入压条中 0.5～1.0mm，用腻子补平钉眼和接缝后再刷面漆。因为钉子要从镜面玻璃缝中钉入，所以两镜面之间要预留 6mm 左右的缝宽，弹线分格时就应注意这个问题。安装完毕，用平绒布拭揩镜面，使其保持亮洁。镜面装饰工程玻璃托压固定节点构造详解见图 7.20。

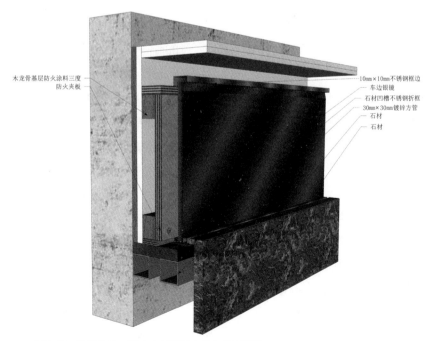

图 7.20　镜面装饰工程玻璃托压固定节点构造详解

需要强调的是，如果玻璃安装在室外的墙面，则无论采用以上何种方法，都应用玻璃胶密嵌镜面接缝，以防雨水流入或渗入镜面背面，造成衬板腐蚀、镜膜腐蚀，从而影响固定的强度。因此，应正确选用玻璃胶，以防腐蚀镜膜，影响美观。

7.5.3 施工注意事项

（1）一定要按设计图纸施工，选用的材料规格、品种、颜色应符合设计要求。

（2）玻璃镜可用作室内装饰，如装在浴室或易积水处，应选用防水性能好、耐酸碱腐蚀的镜子。镜面玻璃可用于室内装饰，也可用于室外装饰。

（3）在同一墙面上安装同色玻璃时，最好选用同一批产品，以防镜面颜色深浅不一，影响装饰效果。

（4）为确保镜子或玻璃的耐久性，面积较大的应固定在有足够承受能力的干燥且平整的墙面上。

（5）冬季施工时，从寒冷的室外运入较暖的室内后，应待其适应一段时间后再进行切割，以防止碎裂。

（6）安装中使用胶时，要及时将污染镜面的胶迹处理干净，以免影响美观。

7.6 玻璃砖墙施工

玻璃砖是一种新型的高档装饰材料，有空心玻璃砖与实心玻璃砖之别，适合作高级宾馆、陈列馆、酒吧、饭店、商场等砌筑透明或半透明墙之用。

7.6.1 实心玻璃砖

实心玻璃砖又称特厚玻璃、玻璃砖，它是采用机械压制的方法制成的，具有无色、透明度高、内在质量好、加工精细等特点。实心玻璃砖一般厚度在20mm以上，长宽尺寸可按需加工。

1. 施工准备

（1）施工材料。

① 玻璃砖：常用实心砖，其规格多为100mm×100mm×100mm和300mm×300mm×100mm。

② 胶结材料：一般宜选用325号或425号普通硅酸盐水泥。某些场合也可选用其他透明胶黏剂。

③ 细骨料：宜选择筛余的白色砾砂，粒径应在0.1~1.0mm，不得含泥或其他杂质。

④ 掺合料：石灰膏或石膏粉及少量胶粘剂。

⑤ 其他材料：墙体水平钢筋、玻璃纤维毡或聚苯乙烯、槽钢等。

（2）施工工具。

一般备有大铲、拖线板、线坠、小白线、2m卷尺、铁水平尺、皮数杆、小水桶、储灰槽、笤帚、透明塑料胶带、橡皮锤等。

（3）作业条件。

① 做好防水层及保护层（外墙）。

② 用素混凝土或垫木找平，并控制好标高。

③ 在玻璃砖墙四周弹好墙身线。

④ 固定好墙顶及两端的槽钢或木框。

⑤ 弹好摆底玻璃砖墙线，按标高立好皮数杆，皮数杆的间距以15～20m为宜。

2．安装方法

玻璃砖的安装方法有单块砌筑和预砌砖板安装两种。

（1）单块砌筑安装：单块砌筑时，采用胶结材料（或胶黏剂）向上堆砌。玻璃砖砌体采用十字缝立砖砌法。

（2）预砌砖板安装：直接装预砌的玻璃砖板应固定在支托上，或采用压条固定。

3．单块砌筑施工工艺

（1）操作方法。

施工程序：选砖→排砖→挂线→砌砖。

① 选砖：应挑选棱角整齐、规格相同的玻璃砖，砖的对角线尺寸应基本一致，表面无裂痕、无磕碰。

② 排砖：根据弹好的玻璃砖墙位置线，认真核对玻璃墙长度是否符合排砖模数。如砖墙长度不符合排砖模数，可调整砖墙两端的槽钢、木框的厚度及砖缝大小，因为玻璃砖一般不能在现场裁割。砖墙两端调整的宽度要保持一致，同时，砖墙两端调整后的槽钢或木框的宽度应尽量与砖墙上部槽钢调整后的宽度保持一致。因此，在排砖的时候应根据玻璃砖墙的实际尺寸全面考虑。

③ 挂线：砌筑之前，应双面挂线。如果玻璃砖墙较长，则应在中间多设几个支线点，并用盒尺找好线的高度，使线尽可能保持在一个高度。每皮玻璃砖砌筑时要挂平线，并穿线看平，使水平灰缝均匀一致、平直通顺。

④ 砌砖：砌玻璃砖采用整跨度分皮砌的方法。

A．首皮摆底玻璃砖要按弹好的墙线砌筑。

B．在砌筑墙两端的第一块玻璃砖时，将玻璃纤维毡或聚苯乙烯放入两端的边框内。玻璃纤维毡或聚苯乙烯根据砌筑的高度放置，一直到顶对接。

C．每砌筑完一皮后，先用透明塑料胶带将玻璃砖墙立缝贴封，然后往立缝内灌入砂浆并捣实。

D．玻璃砖墙皮与皮之间应放置ϕ6mm双排钢筋梯网，钢筋搭接位置应在玻璃砖墙中。

E．最上一皮玻璃砖砌筑在墙中间收头，顶部槽钢内放置玻璃纤维毡或聚苯乙烯。

F．水平灰缝和竖向灰缝厚度一般为8～10mm。立缝灌好砂浆后便可进行划缝，划缝深度为8～10mm，必须深浅一致、清扫干净。划缝2～3h后，即可勾缝，勾缝砂浆内应掺入水泥质量2%的石膏粉。

G．砌筑砂浆应根据砌筑量随时拌和，且存放时间不得超过3h。

（2）施工注意事项。

① 砌筑施工时，随时保持玻璃砖表面的清洁，遇脏即处理。

② 玻璃砖墙砌筑完后，应在距玻璃砖墙两侧各100～200mm处搭设木架，木架尺寸以遮挡住玻璃砖墙为准，以防止磕碰砌好的玻璃砖墙。

③ 立皮数杆要保持标高一致，挂线时小线要拉紧，防止出现灰缝不均的情况。

④ 水平砂浆要铺得稍厚一些，慢慢挤揉，立缝灌浆要捣实，勾缝要严，以保证砂浆饱满度，防止出现空隙。

4．预砌砖板安装施工工艺

（1）先用槽钢等材料焊制边框，再在边框内参考单块砌筑的方法砌筑玻璃砖，做成砖板。注意，砖板面积不宜太大，以便于吊装。

(2)将预砌玻璃砖板的边框用螺钉或焊接法直接固定在支托或结构体上,也可采用压条固定。

(3)在玻璃砖墙板边框与支托或结构体的缝隙中填充密封材料。

7.6.2 空心玻璃砖

空心玻璃砖也称玻璃组合砖,它是两面厚度为7~10mm的中空玻璃砖块,由压床和箱式模具压制成型的两块盒状玻璃对接而成,与中空玻璃不同(中空玻璃用胶粘剂与密封条粘接而成)。空心玻璃砖是由高温加热熔接密封然后逐渐冷却至常温的制品,内部含有减压70%的干燥状态空气。空心玻璃内部成型为三棱状,使透过的光线具有指向性,分为扩散型、简单指向型和选择指向型等品种。

1. 施工准备

空心玻璃砖墙的施工准备,基本同实心玻璃砖墙。

2. 安装方法

玻璃组合砖的安装方法分为单块砖砌筑和预拼砖板块安装。

3. 施工要点

(1)单块砌筑。

① 在混凝土墙上安装玻璃组合砖时,开口部应比玻璃组合砖砌筑完的尺寸大30~50mm。

② 根据玻璃组合砖的尺寸分缝,缝的尺寸以100mm为准。面积较大时,应按适当间距设置伸缩缝。

③ 在框或开口部的两侧和上部的内侧安装缓冲材料。

④ 承力钢筋间隔应小于650mm,伸入纵缝和横缝,并固定在框或结构体上。

⑤ 把砂浆或防水砂浆分别涂在玻璃组合砖的纵缝和横缝上,不能有空隙,也不要错缝,应边涂抹边堆砌。

⑥ 砂浆缝应从玻璃组合砖面凹进8mm左右并抹光。

⑦ 在玻璃组合砖块与框或结构体等接触的部位填充密封材料。

(2)预拼砖板安装。

① 用螺钉或焊接法将预拼砖板边框固定在铁框或结构体上。

② 在预拼砖板的缝和边框周围填充密封材料。

思考题

1. 试述玻璃栏河材料、施工机具及施工工序。

2. 试述玻璃幕墙工程结构构造类型及幕墙节点构造处理方法。

3. 试述玻璃砖墙施工结构形式、材料分类和施工工艺。

4. 试述玻璃工程施工质量验收标准。

【玻璃工程施工质量验收】

第8章
涂料与裱糊饰面工程施工

【学习目标】

知识要点	具体内容
油漆施工	木质表面涂饰施工；金属表面涂饰施工；混凝土和抹灰表面涂饰施工
涂料施工	内墙、顶棚涂料施工；外墙涂料施工；地面涂料施工
裱糊饰面工程施工	裱糊工程施工准备工作；作业条件；基层处理；主要操作工序

涂料与裱糊一般是建筑装饰工程中的最后一道工序。涂料是涂敷于物体表面能与基层材料很好黏结，并形成完整且坚韧保护膜的物料。壁纸是室内装饰中常用的一种装饰材料，它色彩鲜艳丰富、图案变化多样，具有极佳的装饰效果。裱糊面装饰就是把壁纸（墙布）用胶黏剂裱糊在内墙（或其他部位）表面的一种装饰。这两种装饰是建筑装饰工程重要的组成部分。

8.1 概述

8.1.1 涂料工程

涂料工程包括两个方面：一是油漆，二是涂料。实际上，二者是同一概念，油漆是人们沿用已久的习惯名称，现在的新型人造漆已经趋向于少用油甚至完全不用油，或以水代油，或改用有机合成的各种树脂，已统称"涂料"。因此，广义上的涂料工程包含油漆工程。

1. 油漆工程

（1）油漆工程及其作用。

油漆工程将一种胶体溶液（由主要成膜物质、次要成膜物质和辅助成膜物质三部分组成）涂刷于木质材料、金属材料表面或抹灰、混凝土面层，形成一层很薄的漆膜，以达到装饰与保护基材的目的。

（2）油漆工程材料。

建筑装饰工程中油漆的材料品种数以千计，常用的有清油、厚漆、调和漆、清漆、磁漆、防锈漆等。

① 清油：又名熟油、鱼油、调漆油，可作为原漆和防锈漆调配时用的油料，也可单独使用，油膜柔韧，但易发粘。自配清油是工地上常用的一种打底清油，它是用熟桐油加稀释剂配成的，冬季使用还要加入适量催干剂。自配清油还可根据不同颜色的面层要求加入适量的颜料配成带色清油。

② 厚漆：又名铅油，是用颜料与干性油混合研磨而成的，需要加油、溶剂等稀释后才能使用。其漆膜较软，干燥慢，面漆的黏结性好，故被广泛用作面层漆涂层的打底，也可单独作为面层涂饰。

③ 调和漆：分油脂类调和漆和天然树脂类调和漆两类。

④ 清漆：俗称凡立水，是一种不含颜料、以树脂为主要成膜物的透明涂料，分油基清漆和松脂清漆两类。

⑤ 磁漆：是以清漆为基料，加入颜料研磨制成的，涂层干燥后呈磁光色彩而涂膜坚硬，因此得名。常用的有酚醛磁漆和醇酸磁漆两类。

⑥ 防锈漆：分油性防锈漆和树脂防锈漆两类。

(3) 油漆工程的种类。

按油漆的构件基层属性，油漆工程分为木质表面油漆工程、金属表面油漆工程、混凝土和抹灰表面油漆工程等。

按油漆使用材料，油漆工程分为调和漆、磁漆、防锈漆等油漆工程。

2. 涂料工程

(1) 涂料工程及其作用。

涂饰于物体表面能与基体材料很好黏结并形成完整而坚韧保护膜的物料，称为涂料。涂料相关施工称为涂料工程，它主要起装饰建筑物、保护建筑物，以及防火、防腐蚀的作用。

(2) 涂料工程的材料。

涂料工程的材料主要为装饰涂料。涂料种类很多，主要按以下几个方面进行分类。

① 建筑装饰涂料按化学组成，涂料工程的材料可分为溶剂型涂料、水溶性涂料、水乳型涂料三类。

A. 溶剂型涂料：以有机高分子合成树脂为主要成膜物质，以有机溶剂为稀释剂，加入适量的颜料、填料及辅助材料经研磨而成。溶剂型涂料产生的涂膜细腻而坚韧，有一定耐水性。使用这种涂料的施工温度可低至0℃。其主要缺点是有机溶剂价格昂贵、易燃，挥发后有损人体健康。

B. 水溶性涂料：以水溶性合成树脂为主要成膜物质，以水为稀释剂并加入适量颜料、填料及辅助材料经研磨而成。

C. 水乳型涂料：将合成树脂以$0.1\sim0.5\mu m$的极细微粒分散在水中构成乳液，以乳液为主要成膜物质，并加入适量颜料、填料、辅助原料研磨而成。

② 按使用部位，涂料工程的材料分为内墙涂料、顶棚涂料、外墙涂料、地面涂料等。

A. 内墙涂料和顶棚涂料。

水溶性涂料：常用的有聚乙烯醇水玻璃(106)内墙涂料、108内墙涂料、206内墙涂料、SJ-803内墙涂料、聚乙烯腈内墙涂料及以聚乙烯醇缩甲醛胶为基料的涂料等。

水乳型涂料：常用的有X08-1聚酸乙烯内墙乳胶漆、氯-醋-丙高级内墙涂料、RT-171内墙涂料等。

溶剂型涂料：常用的有苯乙烯内墙涂料、过氯乙烯内墙涂料、聚乙烯醇缩丁醛内墙涂料及812建筑涂料等。

B. 外墙涂料。

溶剂型涂料：常用的有聚乙烯醇缩丁醛外墙涂料、涤纶下脚外墙涂料及氯化橡胶外墙涂料等。

水溶性涂料：常用的有794外墙装饰涂料及808外墙彩色涂料等。

水乳型涂料：常用的有苯丙有光乳胶漆、纯丙有光乳胶漆、氯-醋-丙三元共聚乳液涂料、X08-1聚醋酸乙烯外墙乳胶漆、X08-2外用乳胶漆、乙丙乳胶漆及乙丙乳胶液厚涂料等。

C. 地面涂料。

溶剂型涂料：常用的有聚乙烯醇缩丁醛地面涂料、聚氨酯厚质地面涂料及812建筑涂料等。

水溶性涂料；常用的有107胶水泥地面涂料及804彩色水泥地面涂料等。

水乳型涂料：常用的有氯乙烯-偏氯乙烯共聚乳液涂料及改性塑料地面涂料等。

(3) 涂料的选择。

建筑装饰涂料是一种使用较广泛的饰面材料，涂刷在建筑物上主要起装饰和保护的作用。建筑的装饰效果主要由质感、线型和色彩决定，线型主要由建筑结构及饰面方法决定，涂料装饰效果则主要由质感和色彩决定。涂料涂膜是否有变色、沾污、剥落，直接影响装饰效果。因此，在选择建筑涂料时应掌握以下几项基本原则。

① 按不同结构材料选择涂料：金属构件应先涂防锈底漆，再涂配套的面漆；水泥砂浆、混凝土石灰砂浆等无机硅酸盐底材用的涂料，必须具有较好的耐碱性。

② 按装饰部位选择涂料：室内装饰（包括内墙面、柱面、天棚、地面）选择涂料时应对颜色平整度、饱满度等有要求，而且要有一定的硬度，耐干擦和湿擦；外部装饰所用涂料必须有足够的耐水性、耐老化、耐污染和抗冻融性，以及较好的耐久性。

(4) 涂料工程的种类。

涂料工程按所涂部位分为内墙、天棚涂料工程、外墙涂料工程、柱面涂料工程、地面涂料工程等。

涂料工程按所使用材料分为聚乙烯醇类涂料工程、氯乙烯类涂料工程、苯丙类内墙涂料工程、多彩内墙涂料工程、薄质类外墙涂料工程、复层花纹类外墙涂料工程、厚质类外墙涂料工程、107胶彩色水泥浆涂料工程、苯乙烯地面涂料工程等。

涂料工程按其作用分为防水涂料工程、防腐防霉涂料工程、其他特种涂料工程等。

8.1.2 裱糊工程

1. 裱糊工程及其作用

裱糊工程是一种把壁纸、墙布，用胶黏剂裱糊在内墙或天棚基层表面的建筑装饰程序。

裱糊工程不仅能起到保护建筑物表面的作用，而且能美化室内环境。

2. 裱糊工程使用的材料

裱糊工程使用的材料主要是壁纸和墙布。壁纸和墙布大致可分为四大类型。

(1) 纸面纸基壁纸：又称普通壁纸，纸面上可套印成各式图案或压成各种花纹。以纸作基层则可使壁纸具有良好的透气性，使墙体基层中的水分能及时向外散发，不致引起变色或鼓泡现象。这种壁纸价格比较便宜，但某些性能较差，如不耐水、不能擦洗，施工也不方便且容易断裂，因而目前已较少使用，生产也不多。

(2) 塑料壁纸：它是发展最为迅速、应用最为广泛的壁纸，包括普通壁纸、发泡壁纸、特种壁纸等。目前，国内生产的纸基涂塑壁纸是以纸为基层，用高分子乳液涂布面层，再进行印花、压纹等工艺。

(3) 纺织物壁纸：它是用丝、羊毛、棉布、麻纱等天然纤维织成的一种壁纸，质感丰盛，在日光、灯光环境中，会给人不同的感觉，显得柔和舒适、赏心悦目。

(4) 天然材料壁纸：它是一种用草、麻、木材、树叶、草席等制成的壁纸，给人以朴素大方、亲切温柔的感觉，生活气息极为浓厚，多为远离自然环境的人们所喜爱。

3. 裱糊工程的种类

裱糊工程按装饰部位可分为内墙面裱糊工程、天棚裱糊工程、梁柱面裱糊工程等。

裱糊工程按使用材料分为塑料壁纸裱糊工程、玻璃纤维墙布裱糊工程、无纺墙布裱糊工程等。

8.2 油漆施工

8.2.1 木质表面涂饰施工

1. 施工准备

(1) 材料要求。

① 涂料：光油、清油、脂胶清漆、酚醛清漆、铅油、调和漆、漆片等。

② 填充料：石膏、地板黄、红土子、黑烟子、大白粉等。

③ 稀释剂：汽油、煤油、稀释剂、松香水、酒精等。

④ 催干剂。

(2) 主要机具。

油刷、开刀、牛角板、油画笔、掸子、毛笔、砂纸、破布、擦布、腻子板、钢皮刮板、橡皮刮板、小油桶、半截桶、水桶、油勺、棉丝、麻丝、竹签、小色碟、铜丝多、高凳、脚手板、安全带、钢丝钳子、小锤子和小笤帚等。

(3) 作业条件。

① 施工温度均衡，不得突然有较大的变化，通风条件良好，湿作业已完成并具备一定的强度，环境比较干燥。一般油漆工程施工时的环境温度不宜低于10℃，相对湿度不宜大于60%。

② 在室外或室内高于3.6m处作业时，应事先搭设好脚手架，以不妨碍操作为准。

③ 大面积施工前应事先做样板间，经设计师和建设单位确认后，方可组织班组进行大面积施工。

④ 操作前应认真进行交接检查工作，并对遗留问题进行妥善处理。

⑤ 木基层表面含水率一般不大于12%。

2. 木质表面处理

(1) 表面清理。

木质材料本身除了木质素，还有油脂、单宁素等。这些物质会影响涂层的附着力和外观质量，要将其清理掉。油漆对木材制品表面的基本要求是平整光滑、少节疤、棱角整齐、木纹颜色一致。要达到这些要求，必须进行必要的加工和处理，具体如下。

① 去污：木质制品在机械加工过程中，表面难免留下油脂、污垢、胶渍等，如不清除会影响油漆着色的均匀度和干燥度。若木质制品表面粘有砂浆、沥青或灰尘，可先用铲刀刮掉，然后用零号砂纸打磨；若有灰尘，可先用干毛刷清扫，然后用湿布擦净；若黏有沥青，可先用铲刀刮除，为防止日后咬色或影响漆膜黏结，可再用虫胶漆局部涂一遍，起到封底的作用；对于油脂和胶渍可用温水、肥皂水、碱水等清洗，也可先用酒精、汽油或其他溶剂擦洗，然后用清水将其清洗干净。

② 去脂：如果使用油脂较多的木材，在节疤或虫眼处有时会渗出油脂，可用溶剂溶解。对于面积较大、连续渗出油脂的脂囊、虫眼等缺陷，最好先将其挖除，然后在坑处粘贴镶嵌一块同树种、顺纤维、色彩相近的小木块。

③ 漂白：如果木材上出现色斑或不均匀的色泽，对于浅色或本色透明中高级油漆装饰，应采用漂白的方法将其消除；如果是深色透明漆或混色油漆涂刷，则影响不大。漂白一般是在局部色深的部位进行，也可在整个表面进行。漂白处理所用漂白剂有双氧水（过氧化氢）、草酸（乙二酸）、漂白粉等。

这些漂白材料都为强氧化剂涂刷在木材表面，可分解木材中的色素，达到消色的目的，从而使整个木材表面色泽一致。

（2）批腻子。

① 腻子的作用。

A. 填平表面。木料表面虽经砂纸打磨，但由于木材有大量管孔，因此仍不够平整，尤其是粗纹孔的阔叶材表面更为明显。只有经过批、刮填孔材料的工序，才能获得合乎要求的平整度，涂料涂饰后才显得木纹清晰、光泽一致。

B. 适当着色。批腻子与着色工序可合并进行，如在填孔材料中放入适量着色颜料，在批腻子的同时就为整个油漆着色打下了基础。对于中级清漆装饰，在填孔的同时可将颜色基本做好；对于高级清漆装饰，应在批腻子的同时做好底色。

C. 防止渗漆。若木料表面的管孔未经批嵌腻子填塞密实就涂饰油漆，会使大量涂料渗入管孔内，造成涂料浪费。如在粗孔材表面涂刷硝基漆，虽然当时看起来表面平整，但静置一段时间后，涂料渗陷入管孔，表面会出现不平，只能再刷油漆。因此，将表面用腻子批嵌密实，可降低油漆的消耗。

② 腻子的种类。选配腻子时，最好同面漆、底漆配套使用。因为腻子是基层与面层的中介层，既要与基层黏结牢固，又要在填平表面后与面层结合形成良好的整体。施工中常用的腻子有水性和油性两大类：水性腻子主要用水与颜料调配而成；油性腻子分为油粉子与油腻子，前者比后者稀薄，在油性料中掺入适量着色颜料，可用手工涂刷或滚涂机滚涂，后者多用于粗纹孔材表面，可用手工刮涂。

（3）表面磨光。

磨光的目的：一是将表面灰尘或其他浮物清理掉，为下一道工序创造良好的粘结条件；二是将白坯表面的木毛磨损，使基层表面变得光滑平整。

表面磨光的材料为木砂纸。磨光时，一般先用粗砂纸，可提高工效（但粗砂纸易在表面留下磨痕），再用细砂纸细磨，以提升表面的光滑程度。手工磨平时，常将一孔木砂纸撕成2~4份，用手指夹住砂纸，顺着木纹方向打磨。也可将砂纸包住一块木块打磨，这样容易握住，推动时易于使劲，所以现场多用这种打磨方法。打磨时，遇到凹凸线角部位，要使砂纸贴线角形状变形。磨过后，木材表面积有不少粉末，要用湿布擦干净，以免影响下一道工序的质量。磨过的表面，用手触摸，一般应有光滑、不擦手的感觉。砂纸磨平工作在油漆工程中是贯穿深层施工全过程的一道工序，从基层开始，直到涂层完毕，它都起到磨平的作用。

3. 油漆施工工艺

木质表面油漆分混色油漆和清漆。木质表面主要是指门窗、家具、木墙裙、挂镜线、木顶棚等。一般松木等软材类的木质表面，采用调和漆或清漆面的普通或中级油漆较多；硬材类的木质表面则多采用漆片、蜡克面的清漆，属于高级油漆。

（1）清油、铅油（厚漆）、调和漆面。

施工程序：刷清油→嵌批腻子→刷铅油→刷调和漆。

① 刷清油：清油的配合比宜为1:2.5（熟桐油:松香水）。这种清油较稀，故能渗透到木材内部，起到防止木材受潮变形、增强木材防腐能力的作用，并使后道嵌批的腻子、刷的铅油等能很好地与基层黏结。刷清油不宜过厚，宜薄而均匀。

② 嵌批腻子：清油干后应立即嵌批腻子。门窗嵌批时，上、下冒头一定要嵌批好，因为上、下冒头处最容易受雨水侵蚀。洞眼、裂缝、榫头处及门心板边上的缝隙也都要嵌

批整齐。腻子干后，用 80 号木砂纸打磨，要求表面平整清洁，利于涂刷。打磨后应清扫干净。

③ 刷铅油（厚漆）：可使用刷过清油的油刷操作。要顺木纹刷，不能横刷乱涂，线角处不能刷得过厚，以免产生皱纹。里外分色及裹棱分界线处要刷得齐直。待铅油干后，用砂纸轻轻磨光，磨后还要清扫干净，必要时在部分地方用加色腻子找嵌并修补铅油。

④ 刷调和漆：使用刷过铅油的油刷操作。刷调和漆时，油刷的刷毛不宜过长或过短，过长油漆不易刷匀，过短则漆膜上会产生刷痕和漏底等缺陷。调和漆的黏度较大时要多刷多理。

(2) 清油、油色、清漆面。

施工程序：刷清油→批腻子→刷油色→砂纸打磨→刷清漆。

① 刷清油：清油中要适当加入少量颜料，使清油带色，以调整木料的色泽。

② 批腻子：腻子中要加色，与清油颜色保持一致。腻子干后必须把残留腻子磨净。

③ 刷油色：因为油色中的颜料用量较少，又要求涂刷后色泽一致而不盖住全部木纹，所以刷油色时，每个刷面都要一次刷好，不能留有接头。两个刷面交接棱口也不能互相沾油，若沾油要擦掉。整个刷油面的厚度要均匀一致。

④ 砂纸打磨：油色干后忌用新砂纸打磨，只能用旧砂纸打磨，防止磨破漆膜。

⑤ 刷清漆：要求刷两遍清漆时，应将头遍清漆适当加稀，即在清漆中加入 20%～30% 的松香水。待头遍清漆干透，用水砂纸蘸水打磨或用细的木砂纸打磨。一定要把头遍清漆面上的光亮全部打磨掉，这样第 2 遍清漆涂刷后才能达到漆面光亮丰满的效果。

(3) 润粉、漆片、硝基清漆面（蜡光面）。

施工程序：润粉→嵌腻子→刷漆片→理漆片→刷理蜡光→打蜡。

① 润粉：润粉有油粉和水粉之分。油粉是用大白粉、颜料、熟桐油、松香水配成，操作方法是用棉纱团蘸油粉来回多次揩擦物面，有棕眼地方应擦满棕眼。水粉由大白粉、颜料和水胶配成，操作方法与油粉一样，但水粉是用水粉颜料配成的。水粉颜料着色力较强，操作时应仔细，对细小部位要随涂随擦，大面积处要涂快、涂匀，尤其在接头重叠处不能因涂粉不匀而造成颜色深浅不一。水粉颜料虽色彩鲜艳，但不耐晒，只宜用于室内装饰。如用润水粉填棕眼上色，应在刷好一遍稀漆片后进行。

② 嵌腻子：若木材表现需做蜡克上光，则有较高质量要求，不允许有较多的损坏处。如损坏不多，可在刷过 2～3 遍漆片后，用大白粉加漆片拌成腻子嵌补；如损坏较多，可用加色石膏油腻子嵌补。腻子颜色应与油粉色相同，切忌太深或太浅。

③ 刷漆片：先用 5:1（酒精:干漆片）溶剂将干漆片溶解，使用时还要用酒精兑稀到适当稠度才可涂刷。刷漆片动作要快，沾到旁边的漆片要用软布随时揩掉，以免颜色重叠变深。两遍漆片干后，用大白粉、漆片调成的腻子找嵌细小裂缝及损坏处。腻子干后用砂纸磨平，再刷第 3 遍漆片。如发现整个物面颜色不匀或颜色较淡，可采用水色修补，修色后再刷 1～2 遍漆片。

④ 理漆片：先用白布包棉花蘸漆片，再用手挤出多余漆片，顺木纹揩擦几遍，面积较小处需打圈揩擦。在一处只能来回揩两次，以免把底层揩毛。理平用的漆片要逐步调稀至大部分是酒精而只有少量漆片的程度，这样理出来的物面光滑平整。理平用的漆片加色，要根据刷完漆片后的颜色情况而定。若颜色基本达到要求，可少加或不加。

⑤ 刷理蜡光：将蜡克用香蕉水稀释，用刷过漆片后洗净的排笔涂刷，一遍只能一个来回地刷，不能多刷。通常刷4～5遍。第一遍蜡克应较稠，后几遍要用2～3倍的香蕉水兑稀的蜡克来涂刷。每遍之间应用旧砂纸轻磨一遍，理平的揩理遍数一般为8～10遍。最后一遍蜡克面完成并充分干燥后，才能进行退磨，一般要相隔2～3天。

⑥ 打蜡：先上砂蜡。在砂蜡内加入少量煤油，再用干净棉纱或纱布蘸蜡在物面涂擦。只要蜡不出现干燥现象，就可尽量多涂擦，但不要增加蜡的厚度。然后用棉纱或干净软布擦蜡，物面上的蜡要尽量擦尽，要反复用力揩擦，最好擦到漆面有些发热，面上的微小颗粒和纹路都要擦平整。最后上光蜡，要上得薄而均匀，擦蜡要擦到物面发光。

(4) 水色、清油、清漆面。

施工工序：清理、磨砂纸→刷水色→刷清油→满批腻子及嵌补→刷第2遍清油→刷第3遍清油→刷清漆。

① 清理、磨砂纸：磨砂纸工序很重要，每道刷水色的颜色是否均匀一致，都与磨砂纸有关。物面打磨得光滑平整，刷水色后就能保持颜色一致，尤其在低凹处，若木工刨不光，一定要用砂纸磨光。打磨后应清扫干净。

② 刷水色：先用热水泡溶，使颜料充分溶解。颜料与水的比例要视具体要求而定。使用前应做样板。涂刷时，每个面应一次刷完，不能乱涂、漏刷。如刷完后发现颜色不均匀，可在浅色的地方再薄刷一遍，刷后晾干。

③ 刷清油：一般采用熟桐油与松香水按1∶2.5的比例配制的清油，也可用清漆代替熟桐油，即把清漆兑稀到与熟桐油同样的稠度。水色底刷得好、颜色比较一致的，则清油内不必再加色；如底色不理想，可在清油内加色。清油配好后一定要过滤，涂刷时要刷得薄一点，这样干后面层较为平整。

④ 满批腻子及嵌补：腻子最好使用加色的石膏油腻子，也可用清漆代替腻子中的熟桐油，但清漆拌的腻子没有熟桐油拌的腻子好用。先满批腻子，批时一定要刮薄收干净，如收不干净会影响物面色泽。满批腻子后再嵌补洞眼、凹陷处。嵌补腻子不限次数，将物面嵌平即可。腻子干后，再用砂纸打磨，并清扫干净。

⑤ 刷第2遍清油：这遍清油有两个作用，一是物面经满批腻子和嵌补后可能仍有颜色不一致的现象，在这遍清油中加色涂刷能使物面颜色一致；二是这遍清油和下一遍清油能使物面受油饱和，最后上漆时光亮更足。这遍清油只能稀而不能稠。

⑥ 刷第3遍清油：刷这遍清油的作用与要求同刷第2遍清油相同。

⑦ 刷清漆：经过以上多道工序，物面基本上已色泽一致，刷清漆只是使物面显得更光亮，刷清漆时不能草率，要细致、均匀、全面，刷后要多用油刷理通。

(5) 润油粉、聚氨酯清漆面。

施工工序：润粉→刷聚氨酯清漆→抛光打蜡。

① 润粉：润粉用油粉，用醇酸清漆、大白粉、滑石粉、颜料和二甲苯配制。这种油粉涂刷方便，且结合力强。润粉要用麻丝揩擦，要擦到、擦净，填实棕眼，使物面色泽均匀一致，不得有遗漏。

② 刷聚氨酯清漆：配制的聚氨酯清漆需加入适量的稀释剂调稀后使用。稀释剂可用无水二甲苯与无水环己酮按1∶1的比例配置的混合剂。涂刷要刷到、刷匀，无接槎，无遗漏。涂层要薄，第一遍聚氨酯清漆漆膜略干后，用聚氨酯清漆腻子补嵌，然

后用 180 号水砂纸进行全面水磨，磨后将表面揩擦干净。待水分干透即进行第二遍聚氨酯清漆涂刷。漆膜略干后，再进行全面水磨，然后在面层刷聚氨酯清漆。面层涂刷 7 天后，再进行磨退出光。涂刷前后两遍聚氨酯清漆的间隔时间不能过长，否则漆膜会变得坚硬，不易打磨，而且漆膜之间的结合力会变差，会出现分层脱皮现象。环境气温在 15～30℃时，每天可刷一遍，在 30℃以上时，每天可刷两遍，但面层涂刷后，经过 7 天方可使用。

③ 抛光打蜡：聚氨酯清漆多涂刷于硬木地板表面，其纹理及颜色都较理想，第二遍刷完 7 天后，可用砂纸抛光，最后上光蜡。木质清漆装饰施工构造详解见图 8.1。

图 8.1　木质清漆装饰施工构造详解

4. 质量标准

（1）主控项目。

溶剂型涂料涂饰工程所选用涂料的品种、型号和性能应符合设计要求。

① 溶剂型涂料涂饰工程的颜色、光泽、图案应符合设计要求。

② 溶剂型涂料涂饰工程应涂饰均匀、粘贴牢固，不得出现漏涂、透底、起皮和反锈现象。

③ 溶剂型涂料涂饰工程的基层处理应符合《建筑装饰装修工程质量验收标准》（GB 50210—2018）的规定：

A. 木材基层的含水率不大于 12%。

B. 基层腻子应平整、坚实、牢固，无粉化、起皮和裂缝。

（2）一般项目。

① 色漆的涂饰质量和检验方法应符合《建筑装饰装修工程质量验收标准》（GB 50210—2018）的规定：

A. 颜色：均匀一致。

B. 光泽：光泽均匀一致、光滑。

C. 刷纹：无刷纹。

D. 裹纹：不允许。

E. 装饰线、分色线直线度允许偏差：1mm。

② 清漆的涂饰质量和检验方法应符合《建筑装饰装修工程质量验收标准》（GB 50210—2018）的规定：

A. 颜色：均匀一致。

B. 木纹：棕眼刮平、平纹清楚。

C. 光泽：光泽均匀一致、光滑。

D. 刷纹：无刷纹。

E. 裹纹：不允许。

F. 涂层与其他装饰材料和设备衔接处应吻合，界面应清晰。

8.2.2　金属表面涂饰施工

金属表面一般指钢铁表面，因钢铁表面易氧化，影响基层与涂层的黏结，故在建筑装饰中大部分钢铁制品均采用混色油漆涂饰。

1. 基层处理

金属基层面的处理应为涂层牢固地黏结到被涂饰的部件上扫清障碍。

(1)处理方法。

金属面处理程序是先除油污后除锈。方法有手工处理、机械处理、化学处理等。

① 手工处理：对于钢铁表面的铁锈、砂浆等表面附着物，在施工现场，大部分是采用手工打磨的方法处理。手工打磨常用的除锈工具有钢丝刷、砂布、铲刀、刮刀等。施工时可根据打磨的部位选择适当的工具。如为一般浮铁锈，可先用钢丝刷打磨，再用较粗的砂布磨出新的光亮表面，用布或棉纱将打磨下的灰、锈擦干净，然后涂刷第一遍防锈漆；如表面锈蚀严重，可先用铲刀将锈片铲掉，也可用锤子或刮刀清理，然后用钢丝刷清理，最后用砂布打磨。

② 机械处理：机械除锈主要适用于大面积除锈作业，但在建筑装饰中所使用的钢铁制品，大多数是作为装饰构件，所承受的荷载比较小，大面积使用的机会并不多。因此，机械除锈受到工作面及构件造型的限制，应用较少。

③ 化学处理：金属表面处理，有些须经酸洗，有些须经磷化处理。如涂饰镀锌薄钢板制作的屋面、檐沟、天沟、水落管等处，应经风化处理或涂刷专用底漆。薄钢板的两面均应涂刷两遍防锈漆，应按设计要求进行并应符合相关规范。

(2)表面重涂。

① 重涂（间隔）期限：金属表面处理后，需重新涂饰油漆封闭以防止钢铁氧化锈蚀。对同一种金属表面经不同的方法处理后，应涂以相同的底漆和面漆。金属表面的处理及重涂（间隔）期限见表8-1。

表 8-1 金属表面的处理及重涂（间隔）期限

序号	处理方法	涂层重涂（间隔）期限/年
1	钢丝刷清除	3
2	火焰净化	5
3	酸洗、磷酸浸渍	5.5
4	喷砂、抛光	7

② 重涂涂层质量：金属表面重涂涂层质量与其表面处理方法有关。一般要求，在未经除锈前涂层显现锈斑情况占总面积60%，手工除锈占20%，酸性除锈占15%，喷砂、磷化处理个别锈点。

(3)基层处理要求。

① 无论采用何种方法处理金属基层表面，都应使物体表面无油污、无锈垢、无尘土。

② 如用水洗，待干燥后方可涂饰防锈漆。

2．涂饰施工方法

金属表面涂饰油漆，一般指在钢门窗、钢屋架，以及楼梯踏步、栏杆、管道和薄钢板制品等金属制品表面涂饰油漆。这些金属制品暴露在大气中会因氧化而生锈，必须涂防锈漆加以保护。

施工程序：涂防锈漆→涂磷化底漆→涂铅油→涂调和漆。

(1)涂防锈漆：涂刷时，金属表面必须干燥洁净，如有水汽凝聚，必须擦干后再涂饰，要涂满、涂匀。对于在工厂已经涂饰防锈漆的金属构件，若运往工地后放置时间较长，可能会出现剥落、生锈的情况，应再涂一遍防锈漆或补涂剥落、生锈处。防锈漆干后，应用石膏油腻子嵌补拼接不平处，嵌补面积较大时，可在腻子中加入适量厚漆，以增加腻子的干硬性，待腻子干后再打磨清扫。

（2）涂磷化底漆：磷化底漆由底漆和磷化液组成，使用前应将两部分混合均匀，其质量比应为 4∶1（底漆∶磷化液）。磷化剂不是溶剂，用量不能随意增减。

① 调配磷化液时，应先将底漆搅和均匀，再将底漆倒入非金属容器内，一边搅拌，一边加入磷化液。加完搅匀后放置 0.5h 方可使用，并须在 12h 内用完。

② 涂刷时以薄为宜，不能涂刷得太厚，否则会影响装饰效果。漆稠可用乙醇（浓度在 95% 以上）与丁醇配制比为 3∶1 的混合液稀释。乙醇、丁醇的含水量不能太大，否则漆膜易泛白，影响装饰效果。

③ 施工场所要干燥，如环境相对湿度较高（大于 85%），漆膜易泛白。

④ 涂饰磷化底漆 2h 后，即可涂饰其他底漆和面漆。一般情况下，涂饰 24h 后，就可用清水冲洗和用毛板刷除表面的磷化剩余物。待漆干燥后，可做外观检查，如金属表面生成一种灰褐色的均匀的磷化膜，则达到了磷化的要求。

（3）涂铅油：对于薄钢板制品、管道等，可在加工厂刷铅油，安装后再涂饰面层油漆。

（4）涂调和漆：一般将金属构件的表面打磨平整，清扫干净即可涂调和漆。因涂刷面较多，常有漏涂情况，因此要反复检查是否有漏涂。门窗经打磨清扫后才能涂刷调和漆。金属表面涂饰油漆装饰施工构造详解见图 8.2。

3．施工注意事项

（1）防锈漆和第一遍银粉漆，应在设备、管道安装就位前涂饰。最后一遍银粉漆，应在刷浆工程完工后涂饰。

（2）金属构件和半成品安装前，应检查防锈漆漆膜有无损坏，损坏处应补涂。

（3）高级油漆做磨退时，应用醇酸树脂涂饰，并根据漆膜厚度增加 1~3 遍油漆和磨退、打砂蜡、打油蜡、擦亮的工作。

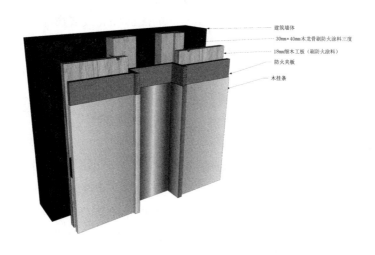

图 8.2 金属表面涂饰油漆装饰施工构造详解

8.2.3 混凝土和抹灰表面涂饰施工

混凝土和抹灰表面主要是建筑物的内墙面和顶棚，也有楼地面、墙裙、踢脚线、柱面等部位。而墙面主要是整体抹灰墙面和各类轻质隔断墙面。整体抹灰墙基层，包括水泥砂浆罩面基层、石灰或纤维灰膏罩面的抹灰基层。各类轻质板墙基层，主要有石膏板隔墙、胶合板隔墙、纤维板隔墙等。

1．材料要求

（1）涂料：乙酸乙烯乳胶漆。涂料应有产品合格证、出厂日期及使用说明。

（2）填充料：大白粉、石膏粉、滑石粉、羧甲基纤维素、地板黄、红土子、黑烟子等。

（3）颜料：各色有机或无机颜料，应耐碱、耐光。

2．主要机具

一般应备有高凳、脚手板、小油桶、铜丝箩、橡皮刮板、钢片刮板、腻子托板、小铁锹、开刀、腻子槽、砂纸、笤帚、刷子、排笔、擦布、棉丝等。

3．作业条件

（1）墙面应基本干燥，基层含水率不得大于10%。

（2）抹灰作业已全部完成，过墙管道、洞口、阴阳角等处应提前处理完毕，为确保墙面干燥，各种穿墙孔洞都应提前抹灰补齐。

（3）门窗玻璃应提前安装完毕。

（4）地面已施工完（塑料地面、地毯除外），管道设备已安装完，试水、试压已完成。

（5）大面积施工前应做好样板间，经有关质量部门检查鉴定合格后，方可组织班组进行大面积施工。

4．基层处理

（1）清理基层。

在被清理基层认为合格的混凝土和抹灰表面涂饰油漆前，应作基层处理。首先清理基层，将灰渣、起皮、沥青、浆水、松散等清理干净。局部油污、油漆应用碱水或清洁剂清理。表面一般应磨一道砂纸，将残存在墙体表面的小颗粒、浮灰及其他杂物清理干净。

（2）满批腻子。

满批腻子的目的是进一步增加基层的平整度，填补不平之处，因为仅靠抹灰去找平，一些细小的不平之处难以找平整，采用刮板批腻子可达到要求。另外，批腻子可增加涂层与基层的黏结力，在基层与面层之间起到桥梁的作用。对于中级油漆，基层平整度较好时，可满刮一遍；对于高级油漆，基层平整度较好时，要满刮腻子两遍。腻子要有一定的厚度，但不宜太厚，因为腻子一般比底层的材料强度低，不但增加施工时间，而且提高了工程造价。高级油漆的第一遍腻子干燥后，可用钢皮刮去不平处，表面可不磨砂纸，以使其与第二遍腻子黏结牢固。刮腻子力求平整、干净，每遍腻子完成后，其表面的灰尘要清除，如在第一遍满刮腻子前涂刷干性油，则应满刮油性腻子，以保证质量。

5．混凝土、抹灰表面涂饰油漆

混凝土、抹灰表面涂饰的油漆一般为无光油漆面、乳胶漆面和过氯乙烯漆面。无光油漆面和乳胶漆面涂饰后漆膜无光，多用于高级建筑中的卧室、会议室等，过氯乙烯漆面则用于有耐酸要求的抹灰墙面上。

（1）涂饰无光油漆。

施工程序：嵌批腻子→涂清油→涂铅油→涂无光油。

① 嵌批腻子：嵌批用的腻子应满足一般调配与使用要求。嵌补较大的缺陷处及裂缝处应用较干硬的腻子，干后用钢皮刮一遍，再满批腻子。腻子一般要批两遍。第一遍腻子干后，再用钢皮横刮一次，刮去不平整处。最好不用砂纸打磨，以免破坏腻子面上的结膜胶质，影响第二遍腻子的附着效果。如在水泥砂浆抹灰面上批腻子，要横向批一遍，再纵向批一遍。一般墙纵向批一遍就可以。

② 涂清油：清油应涂匀、涂到，不应有

流淌和遗漏现象。清油干后应找补腻子。腻子干后，用100号木砂纸打磨，并清扫干净杂质。

③ 涂铅油：一般使用涂过清油的油刷或排笔。第一遍铅油应配得较稀，以便刷开、涂均匀。涂饰的顺序：先从不显眼处涂起，以免接头处有重叠现象。第一遍铅油干后，如还有缺陷处，要用石膏油腻子找补。干后再用100号木砂纸打磨，清扫后即可刷第二遍铅油。注意第二遍铅油要配得油料重、稀料少，使刷后漆膜有较好的光泽。铅油与调和漆宜各半对掺使用。

④ 涂无光油：涂刷无光油动作要快，接头处要用排笔或油刷刷开，涂匀后再轻轻理直。一个涂面全部涂完后，才能涂下一个涂面。由于无光油中松香水较重、气味大、有毒性，因此操作者每次操作不超过1h就需要到通风处稍休息一下。

（2）涂饰乳胶漆。

施工程序：嵌批腻子→刷乳胶漆。

嵌批腻子：嵌批腻子时，使用钢皮或橡皮、硬塑料刮板刮匀即可刷乳胶漆。新抹墙面一般要在两个月后才能刷乳胶漆，否则漆膜会起泡。乳胶漆一般要刷两遍。涂饰时，打开漆桶加水，把漆调至适当稠度即可。加水量不宜超过漆量的20%，若墙面不好涂饰，可适当增加水量，最多可加到漆量的80%（指批腻子前刷的一道底漆），但以后的每遍漆以加漆量的10%～15%的水为宜。第一遍漆涂饰后经过2h干燥，即可刷第二遍漆。施工时的室温应保持在0℃以上，以防乳胶漆冻结。乳胶漆干燥快，大面积涂饰时应有多人配合，流水作业，互相衔接，从一头开始，顺着刷向另一头，以避免出现接头。每个刷面应一次完成。混凝土和抹灰表面乳胶漆饰面装饰施工构造详解见图8.3。

（3）涂饰过氯乙烯漆。

过氯乙烯漆是耐酸、耐腐蚀的特种油漆，施工时应至少涂饰5遍：即一遍底漆、两遍磁漆、两遍清漆。

施工程序：涂底漆→嵌批腻子→涂过氯乙烯磁漆→涂过氯乙烯清漆。

① 涂底漆：过氯乙烯漆干燥得特别快，所以刷时只能一上一下刷两下，不能多刷，更不能横刷乱涂，以免吊起底层。

② 嵌批腻子：腻子要随嵌随刮平，不能多刮，否则会从底翻起。由于至少要刷5遍漆，因此一般不满批腻子。腻子干后，用100号砂纸打磨并扫清灰土，再刷第二遍底漆。如还有不平处应再找补腻子，并打磨、清扫干净。

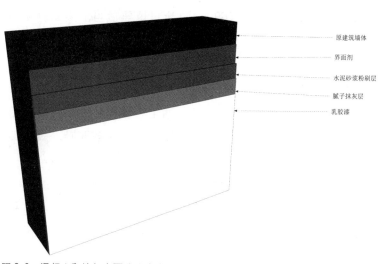

图8.3 混凝土和抹灰表面乳胶漆饰面装饰施工构造详解

③ 涂过氯乙烯磁漆：因底漆易被磁漆吊起，故涂磁漆时要轻、快。如底漆有大量翻起，不易涂刷，可在底漆上先涂一遍清漆，然后再涂磁漆。一般磁漆只涂两遍，如盖不住底漆或颜色不一致，可再涂1～2遍。

④ 涂过氯乙烯清漆：一般涂2～4遍即成。过氯乙烯漆有配套的稀释剂，用于各遍漆的加稀，如无稀释剂，不能用香蕉水代替。过氯乙烯漆气味较大、有毒性，涂饰时要戴口罩，并每隔1h通风一次。

6. 质量标准

(1) 主控项目。

① 水性涂料涂饰工程所用涂料的品种、型号和性能应符合设计要求。

② 水性涂料涂饰工程的颜色、图案应符合设计要求。

③ 水性涂料涂饰工程应涂饰均匀、粘贴牢固，无漏涂、透底、起皮和掉粉。

④ 水性涂料涂饰工程的基层处理应符合《建筑装饰装修工程质量验收标准》(GB 50210—2018)的要求：

A. 木材基层的含水率不得大于12%。

B. 基层腻子应平整、坚实、牢固，无粉化、起皮和裂缝。

(2) 一般项目。

① 涂料的涂饰质量和检验方法应符合《建筑装饰装修工程质量验收标准》(GB 50210—2018)中高级涂刷标准的规定。

A. 颜色：均匀一致。

B. 泛碱、咬色：不允许。

C. 流坠、疙瘩：不允许。

D. 砂眼、刷纹：无砂眼、无刷纹。

E. 装饰线、分色线直线度允许偏差：1mm。

② 涂层与其他装修材料及设备衔接处应吻合，界面应清晰。

7. 成品保护

(1) 涂前应首先清理好周围环境，防止尘土飞扬，影响涂料质量。

(2) 施涂墙面涂料时，不得污染地面、踢脚线、阳台、窗台、门窗及玻璃等已完成的分部、分项工程。

(3) 最后一遍涂料施涂完后，应使室内空气流通，预防漆膜干燥后表面无光或光泽不足。

(4) 涂料未干前，不应打扫室内地面，严防灰尘等沾污墙面涂料。

(5) 涂料墙面完工后要妥善保护，不得磕碰、污染墙面。

8. 应注意的质量问题

(1) 混凝土和抹灰表面施涂水性和乳液薄涂料时，涂料含水率不得大于10%。

(2) 涂料工程使用的腻子，应坚实牢固，不得有粉化、起皮和裂纹。外墙、厨房、浴室及厕所等需要使用涂料的部位和木地(楼)板表面，应使用具有耐水性能的腻子。

(3) 漆膜过薄会产生透底，因此刷涂料时除应注意不漏刷外，还应保持涂料的稠度，不可加水过多。

(4) 涂刷时要上下顺刷，后一排笔紧接前一排笔，若间隔时间过长，就容易显露接头，因此大面积施涂时，应配足操作人员，互相衔接好工序。

(5) 乳液薄涂料的稠度要适中，排笔蘸涂料量要适当，涂刷时要多理、多顺，防止刷纹过大。

(6) 施工前应认真按标高找好并弹划好粉线。刷分色线时要挑选技术好、有经验的油工来操作，油工应会使用直尺，刷时用力要均匀，起落要轻，脚手架要通长搭设，从前向后刷等。

(7) 涂刷带颜色的涂料时，配料要合适，保证每间或每个独立面、每遍都用同一批涂料涂刷，涂料宜一次用完，确保饰面颜色一致。

8.3 涂料施工

8.3.1 内墙、顶棚涂料施工

内墙涂料施工简便、省工省料，饰面外观光洁细腻，颜色丰富，给人以亲切的感觉。内墙涂料也适用于顶棚涂饰，但不适用于外墙。

内墙涂料涂层较薄，宜进行涂刷施工，两遍成活。下面重点介绍水溶型与乳液型涂料施工。

1. 水溶型涂料施工

水溶型涂料，目前以聚乙烯醇类最为常用。聚乙烯醇内墙涂料即聚乙烯醇水玻璃内墙涂料，目前还生产了聚乙烯醇缩甲醛改性内墙涂料。这类内墙涂料的主要优点是不掉粉，有的能经受湿布轻擦，价格不高且施工方便。聚乙烯醇类涂料是介于大白色浆、油漆和乳胶漆之间的一个品种，为内墙涂料提供了新的选择。

（1）涂料性能。

聚乙烯醇水玻璃内墙涂料，又称106内墙涂料。这种涂料价格低廉，且无毒、无味、不燃、施工方便；涂层干燥快，表面光洁平滑；能配成多种色彩；与墙面基层有一定的黏结力，有一定装饰效果。这种涂料储存6个月无变化，黏度（$B_4 25±2℃$）30～40S，细度（刮板法）40～60μm，表干时间（25℃，相对湿度70%）1h，遮盖力（黑白格）350g/m²。

聚乙烯醇缩甲醛改性内墙涂料，又称SJ-803内墙涂料。它无味、不燃、涂层干燥快、可喷可刷、施工方便。由于涂料中加入了一定的耐湿擦剂，因此涂膜有较好的耐湿擦性。其黏度大于75S，含固量为32%～40%，附着力（1m/m划格法）为100%，浸水24h无变化，遮盖力（黑白格）300g/m²；洗涤100次无变化；干燥时间（20℃±2℃）为1h。

（2）基层要求。

墙面基层必须清扫干净，如有麻面孔洞应先用涂料加大白粉配成腻子披嵌。墙面如有旧涂层必须预先清除干净。

混凝土墙面，虽较平整，但存有水汽泡孔，必须满刮滑石粉：羧甲基纤维素：乳液=100：（4～6）：（10～13）（质量比）的乳液腻子两遍，头遍应把水汽泡孔、砂眼、塌陷的地方刮平，刮第二遍腻子要注意找平。

石膏板等墙面因吸水快，会影响涂刷质量且浪费材料，可先刷一道107胶：水=1：3的胶水溶液。白灰墙面如表面已经压实平整，可不刮腻子，但要用0～2号砂纸打磨。磨光时应注意不得破坏原基层。聚乙烯醇内墙涂料能在稍潮湿的墙面上涂刷，但墙面不能太潮湿，否则会造成涂层迟干、遮盖力差，结膜后涂层呈水渍状、色泽不一致等质量问题。同时要注意不要在干湿不匀的墙面上涂刷。干的墙面吸水快，遮盖力强，颜色深；湿的墙面吸水慢，涂料不易附着，颜色浅。若在干湿不匀的墙面上涂刷会导致墙面颜色深浅不一。

（3）涂刷方法。

① 材料准备：用塑料桶装涂料，按颜色分别存放，以免雨淋、日晒、冰冻。使用时必须先将沉淀在桶底的涂料充分搅拌均匀再抹刷。上下层涂料稀稠不一，会导致涂面色

泽不一。在冬期施工若发现涂料有凝冻现象，可隔水加温至凝冻完全消失后再进行施工。若聚乙烯醇内墙涂料因水分蒸发而变稠，切勿单一加清水，可将107胶水与温水按1∶1的比例调匀，适量加入涂料内，以改善涂料的可刷性。可作小块试验，检验涂料的黏结力、遮盖力和结膜强度。工地使用的涂料的颜色应完全一致，施工时应认真检查，若发现涂料颜色深浅不一，应将涂料分别堆放，并分别用于不同单间的涂刷，或另倒入大桶内充分搅拌均匀再进行涂刷。

② 操作要求：涂刷施工温度以10℃以上为宜，涂刷可用排笔或漆刷施工。排笔着力小，涂层厚；漆刷着力大，涂层薄。气温高，涂料黏度小，易涂刷，可用排笔施工；气温低，涂料黏度大，不易涂刷，宜用漆刷施工。也可第一遍用漆刷，第二遍用排笔，使上墙的涂料层薄而均匀、色泽一致。一般工程两遍即可成活，第一遍涂料要稀一些，用原浆，刷时距离不要拉得太长，一般以20～30cm为宜，反复运笔两三次即可。待第一遍涂料干后用砂纸打磨，刷第二遍时要注意，上、下接槎处要严密，一面墙要一次刷完，以免色泽不一致。涂刷顺序为先顶棚后墙面。一般可两人一档，距离不要太远，以免影响接槎处理。涂料结膜后不能用湿布擦拭。涂刷后必须将料桶、漆刷、排笔用清水洗干净，妥善存放，切忌接触油类。聚乙烯醇水溶型涂料装饰施工构造详解见图8.4。

2. 乳液型涂料施工

乙丙乳胶漆、纯丙烯酸乳胶漆都适用于室内涂刷。乳胶漆所形成的涂膜与油漆不同，它是多孔而透气的，且有一定耐碱性，可在已初步干燥、返白的墙面基层上进行涂刷，基层内的少量水分可通过涂膜向外迁移和散发而不致把涂膜破坏。涂膜干燥也较快，施工时两遍之间的时间间隔仅几小时。这些特点对于加快施工进度、缩短工期都十分有利。

（1）基层要求：乳胶漆可喷或刷涂于混凝土、水泥砂浆、石棉水泥板、纸面石膏板、白灰墙面等基层上。要求基层必须有足够的强度，无粉化、起砂、掉皮现象。基层不平处，应用大白∶乳液∶2%浓度羧甲基纤维素＝90∶10∶适量（质量比）的乳液腻子刮平。腻子干后方可喷或刷涂料。

（2）施工工具：喷涂用的机具有空气压缩机，能自动调压；橡胶管，喷斗口径为2～3mm；手压喷浆泵、喷油漆斗；门窗遮挡用塑料布、纤维板；等等。

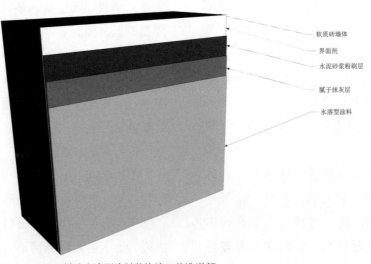

图8.4 聚乙烯醇水溶型涂料装饰施工构造详解

(3) 刷涂工具：排笔、毛刷、小桶。

(4) 操作方法：

① 喷斗喷涂：喷涂的空气压缩机压力应控制在 0.5~0.8MPa，检查并调整好喷斗。用塑料布遮挡好不喷涂的部位。喷涂时手握喷斗要稳，出料口与墙面垂直，喷斗距离墙面 50cm 左右。先喷涂门、窗口，然后横向来回旋转喷墙面。注意搭接处颜色要一致，薄厚要均匀，且要防止漏喷。一般顶棚、墙面喷两遍即可成活，两遍的间隔时间为 2h。

② 手压喷浆泵喷涂：喷出涂料呈雾状。先竖喷，然后横喷。其他步骤与喷斗喷涂相同。

③ 刷涂：刷涂可使用排笔，先刷门窗口，然后竖向、横向涂刷两遍，间隔时间为 2h。饰面接头要接好，流平性要好，颜色应均匀一致。聚醋酸乙烯乳胶漆装饰施工构造详解见图 8.5。

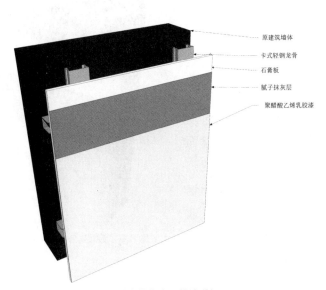

图 8.5 聚醋酸乙烯乳胶漆装饰施工构造详解

8.3.2 外墙涂料施工

1. 无机高分子涂料的施工

目前应用较广的无机高分子涂料主要有碱金属硅酸盐系和胶态二氧化硅系。前一类的代表产品是 JH80-1 型涂料，后一类的代表产品是 JH80-2 型涂料。

(1) 基层处理。

JH80-1 型和 JH80-2 型涂料适用于预制混凝土构件、混凝土墙、砖墙、水泥石棉板、水泥砂浆抹面等基层。基层要求有足够的强度，不得有脱皮、起砂、粉化等现象。混凝土和水泥砂浆表面应凿成小麻面，表面光滑对涂料黏结不利。现抹水泥砂浆的龄期应在 7 天以上，表面含水率要求在 10% 以下，表面酸碱度 pH 值要求在 10 以下。

喷涂前必须将基层表面的灰浆、浮土等清除，并用水冲洗干净。基层表面突起部分应剔平，凡"蜂窝"、孔洞应提前修补填平，轻微的可用乳液腻子刮平，较重的应用水泥砂浆修补。

(2) 料具准备。

① 材料准备：使用涂料前应将其倒入较大容器内搅拌均匀。使用过程中仍需不断搅拌，防止涂料中的添加剂沉底。一般成品涂料所含水分应按比例调整，使用过程中不得

随意加水稀释，否则将影响涂膜强度。涂料如存放时间较长，易出现"增稠"现象，只要充分搅拌，就可使其降低稠度呈流体状态，不影响使用。如稠度太大不易施工，可用生产厂家提供的配套稀释剂稍加稀释，掺量不得超过8%。

② 机具准备：喷涂为空气压缩机、喷斗、直径1～6mm的喷嘴各两个、高压气管100m，挡板或塑料布、棕刷、半截大桶、小提桶、小白铁勺和乳胶手套等；刷涂为油刷、排笔；滚涂为长毛绒滚子。

（3）涂刷方法。

① 喷涂操作要点：外墙喷涂时，门窗洞口应遮挡，以免污染。空气压缩机压力应保持在0.4～0.8MPa。无机涂料喷涂质量的好坏与喷斗距墙面远近、喷斗与墙面的角度有直接关系。近则易成片，造成流坠；远则易虚，造成花脸、漏喷。喷斗距墙面50～70cm为宜，可通过调试确定，以墙面均匀出浆为准。喷嘴必须垂直墙面，上倾、下倾也会造成上述缺陷。喷涂要一道紧挨一道进行，不应漏喷、挂流，漏喷应及时补喷。开喷不要过猛，无料时要及时关掉气门。涂层接槎必须留在分格缝处，以防出现虚喷、花脸。如无法留在分格缝处，第二次喷涂必须进行遮挡。若接槎部位颜色不均匀，应先用砂纸打磨较厚部位，然后在分格缝内满喷一遍。喷涂厚度，以盖底后最薄为宜，一般用量为0.8～0.9kg/m^2，不宜过厚。

② 刷涂施工要点：刷涂前必须用清水冲洗墙面，无明水后才可涂刷。涂料干燥较快，因此应勤蘸短刷，初干后不可反复涂刷。涂刷方向、长短应一致，新旧接槎必须在分格缝处。一般涂刷两遍盖底，可两遍连续涂刷，即涂刷第一遍后随即涂刷第二遍。

③ 刷涂与滚涂结合的做法：先将涂料按刷涂做法涂刷于基层上，随即用滚子滚涂，滚刷上须蘸少量涂料，滚压方向要一致，操作要迅速。JH80-2型涂料，也可采用手压或电动喷浆泵、喷枪进行喷涂，比用喷斗喷涂的工艺简单、工效高。无机高分子涂料装饰施工工艺构造详解见图8.6。

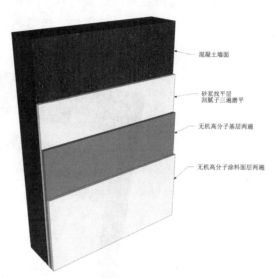

图8.6　无机高分子涂料装饰施工构造详解

（4）施工注意事项。

无机高分子涂料施工后12h内应避免淋雨，风力4级以上时不能喷涂。JH80-1型涂料施工最低温度为0℃，JH80-2型涂料施工最低温度为8℃。

2. 丙烯酸酯类涂料施工

丙烯酸酯类建筑装饰涂料具有优异的耐候性、耐水性、耐碱性和保色性，它将逐步取代一些性能低劣的涂料产品。目前国内有彩砂涂料（仿真石漆）、喷塑建筑涂料、丙烯酸有光凹凸乳胶漆等产品。

（1）彩砂涂料施工。

① 材料准备：彩砂饰面材料由基层封闭涂料、胶黏剂、彩色石粒和罩面涂料四部分构成。

A. 基层封闭涂料：基层封闭涂料是

由 BC-01 型苯丙乳液加 BAC-01 型混合助剂及水混合配制而成。其配合比为 BC-01 乳液：BCA-01 混合助剂：水 = 1：0.1：10，用 BC-01 乳液封闭基层的主要目的是延缓干燥基层从胶黏剂中吸收水分的过程，以便施工。BCA-01 型混合助剂是辅助乳液成膜的一种透明液体，由挥发性强的溶剂和汽油配制而成。

B. 胶黏剂：胶黏剂的构成较为复杂。其中 BC-01 型苯丙乳液是其主要成分，也是胶黏剂中主要的成膜物质；由硫酸钡、滑石粉、轻质碳酸钙和石英砂组成的填料，是胶黏剂中的次要成膜物质；还有成膜助剂（丙二醇或乙二醇）、分散剂（六偏磷酸钠）、增稠剂（羧甲基纤维素）、防腐剂（苯甲酸钠）等多种助剂。胶黏剂是彩砂与墙体表面的连接体，一般由专门厂家生产。

C. 彩色石粒：石粒由花岗岩、大理石等石料制成，粒径在 1.2～3mm 范围内，在饰面中起骨架作用。

D. 罩面涂料由 BC-02 型苯丙乳液加 BCA-02 型混合助剂配制而成。配合比为 BC-02 型苯丙乳液：BCA-02 型混合助剂 = 1：0.1。罩面涂料喷在石粒上能很快形成一个连续、憎水且透明的薄膜层。它可防止雨水浸入饰面层并有抗污染和抗老化的能力。罩面涂料干燥后有一定的光泽。

② 常用机具：空气压缩机（排气量 0.9m³/min）、喷石斗（可用机喷石斗代替）、特制喷胶斗等。

③ 基层处理：混凝土墙面抹灰找平时，先将混凝土面凿毛，充分浇水湿润，用水泥砂浆抹在基层上并拉毛，待拉毛硬结后再用水泥砂浆罩面抹光。对预制混凝土外墙麻面及气泡，需进行修补找平，在常温条件下湿润基层，按水：石灰膏：107 胶 = 1：0.3：0.3 的比例加适量水泥，拌成石灰水泥浆，抹平压实。这样处理过的墙面的颜色与外墙板的颜色近似。

④ 操作要点：

A. 基层封闭乳液刷两遍。第一遍刷完待稍干燥后再刷第二遍，不能漏刷。

B. 基层封闭乳液干燥后即可喷黏结涂料，胶厚在 1.5mm 左右，要喷匀，过薄则干得快，影响黏结力，遮盖能力低，过厚容易流坠。接槎处的涂料应厚薄一致，否则会造成饰面颜色不均匀。

C. 喷黏结涂料和喷石粒工序连续进行，一人在前喷胶，一人在后喷石，不能间断操作，否则会起膜，影响黏结效果并产生明显的接槎痕迹。喷斗一般垂直距墙面 40cm 左右，不得斜喷，喷斗气量要均匀，气压在 0.5～0.7MPa，保持石粒均匀呈面状黏在涂料上。喷石的方法以鱼鳞划弧或横线直喷为宜，以免造成竖向印痕。水平缝内镶嵌的分格条，在喷罩面胶前要起出，缝内的胶和石粒应全部刮净。

D. 喷石后 5～10min 进行辊压施工，与第一遍辊压间隔时间为 2～3min。辊压用力要均匀，不能漏压。第二遍辊压可比第一遍用力稍大。辊压的作用主要是使饰面密实平整，并把悬浮的石粒压入涂料中。

E. 喷罩面胶：在现场按配合比配好后过铜箩筛子，防止粗颗粒堵塞喷枪（用万能喷漆斗）。石粒喷完后隔 2h 左右再喷罩面胶两遍。上午喷石，则下午喷罩面胶；当天喷完石粒，则当天要罩面。喷涂要均匀，不得漏喷。罩面胶喷完后会形成有一定厚度的薄膜，把石碴覆盖住，用手摸会感觉光滑不扎手。

(2) 喷塑涂料施工。

喷塑涂料是以丙烯酸酯乳液和无机高分子材料为主要成膜物质的有骨料的新型建筑装饰涂料，也称"浮雕涂料""华丽喷砖""波昂喷砖"等。它以水为稀释剂，无味、无毒、不污染环境，不燃不爆，适用范围较广。

① 喷塑涂料的涂层结构：按喷塑涂料的施工特点和不同层次的作用，涂层结构可分为底油、骨架、面油三部分。

A. 底油：底油是首先涂布于基层上的涂层。它渗透到基层内部，增强基层的强度，同时又对基层表面进行封闭，并消除基层表面有损于涂层附着的物质，增加骨架与基层之间的结合力。

B. 骨架：骨架是喷塑涂料特有的一层成型层，是喷塑涂料的主要构成部分。骨架由特制大口径喷枪，喷涂在底油上，经过辊压即形成质感丰满、新颖美观的立体花纹图案。骨架具有足够的黏结强度，对建筑物起到补强作用。它增加了喷塑涂层的耐久性、耐水性和强度。

C. 面油：面油是喷塑涂层的表面层。面油内包含各种耐晒彩色颜料，使喷塑涂层带有柔和的色泽，起到美化喷塑涂层外表和增加耐久性的作用。

② 主要施工机具：空气压缩机，工作压力为0.5～0.6MPa，排气量为0.6m³/min；耐压为18MPa的风管；喷壶及配件；油刷；等等。

③ 基层处理：基层应清洁光滑，不得有油污、浮灰，对抹灰层空鼓、起壳、开裂的地方应先修补再喷涂，不得先喷涂再修补。基层应干燥，其含水率宜小于10%。基层碱性不宜过大。

④ 操作要点：喷塑操作时环境温度宜在5℃以上，湿度不宜超过85%，风速应小于5m/s。最佳施工条件为：温度27℃左右，湿度50%，无风。

喷涂程序是：刷底油（底胶水）→喷点料（骨架）→喷点→喷涂面油（漆）。

操作中应将喷点料密封在塑料袋中，将塑料袋装在密封的白铁桶内，并注水保养。调制时按配合比称用桶内保养水，并加入喷点料搅拌成糊状，即可使用。

喷点施工的主要工具是喷壶，喷嘴有大、中、小三种，应按设计要求选择喷嘴。空气压缩机工作风压为0.48～0.52MPa，喷嘴距墙面50～60cm。喷点10～15min后，可用塑料辊或其他光面辊子压平喷点。压平时应在辊子上蘸香蕉水，以免黏料。

⑤ 喷涂面油应在喷点料后12～24h，可辊涂第一道水性面漆。第二道用油性面漆。也可以两道均用水性面漆，但效果不及油性面漆。用羊毛辊或兔毛辊涂刷，用完后及时用稀释剂清洗。喷涂时应注意油性面漆有毒、易燃，施工现场应有良好的通风条件，工人应戴防护用品并注意防火。丙烯酸酯类涂料饰面装饰施工构造详解见图8.7。

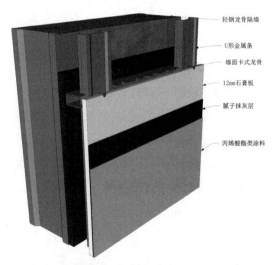

图8.7 丙烯酸酯类涂料饰面装饰施工构造详解

3. 丙烯酸有光凹凸乳胶漆施工

丙烯酸有光凹凸乳胶漆是以有机高分子材料——苯乙烯、丙烯酸酯乳液为主要成膜物，加上不同的颜料、填料和骨料制成的薄涂料和厚涂料。丙烯酸有光凹凸乳胶漆由两个部分组成，一是丙烯酸凹凸乳胶底漆，它是厚涂料；二是各色丙烯酸有光乳胶漆，它是薄涂料。丙烯酸凹凸乳胶底漆经过喷涂，再经过抹、轧后可形成各种凹凸形状，再喷上1～2道各色丙烯酸有光乳胶漆；也可以先在底层上喷一道各色丙烯酸无光乳胶漆，待其干后再喷涂丙烯酸凹凸乳胶底漆，经过抹、轧显出图案，待干后罩上一层苯丙乳液。

（1）施工机具。

空气压缩机排气量为0.6m³，要求装有自动压力控制器，2mm、4mm、8mm的喷枪、喷嘴、铁抹子、遮挡板等。

（2）基层处理。

丙烯酸有光凹凸乳胶漆可以喷涂在混凝土、水泥石棉板等基体表面，也可以喷涂在水泥砂浆或混合砂浆基层上，其基层含水率不大于10%，PH值在7～10。其基层处理要求与前述喷涂无机高分子涂料基本相同。

（3）操作要点。

① 喷涂丙烯酸凹凸乳胶底漆：采用口径6～8mm的喷枪，喷涂压力为0.4～0.8MPa。调整好黏度和压力后，由一人手持喷枪与饰面垂直进行喷涂。可根据施工需要上下或左右行进。花纹与斑点的大小及涂层厚薄，可通过调节压力和喷枪口径的大小去调整。一般底漆用量为0.8～1.0kg/m²。喷涂后，一般在温度25℃±1℃，相对湿度65%±5%的条件下停4～5min后，再由一人用蘸水的铁抹子轻轻抹、轧涂层表面，始终朝着上下方向进行，使涂层呈现立体感图案，且花纹要均匀一致，不得有空鼓、起皮、漏喷、脱落、裂缝及流坠现象。

② 喷涂各色丙烯酸有光乳胶漆：底漆喷后，相隔8h即用1号喷枪喷涂丙烯酸有光乳胶漆。喷涂压力控制在0.3～0.5MPa，喷枪与饰面垂直，与饰面距离40～50cm为宜。喷出的涂料要呈浓雾状，涂层要均匀，不宜过厚，不得漏喷。一般可喷涂两道，一般面漆用量为0.3kg/m²。喷涂时，一定要注意用

遮挡板将门窗等易污染部位挡好。如已污染应及时清理干净。雨天及风力较大的天气不要施工。丙烯酸有光凹凸乳胶漆饰面装饰施工构造详解见图8.8。

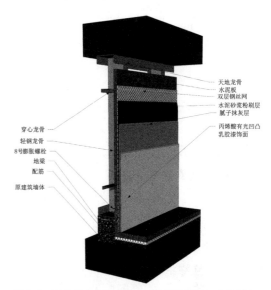

图8.8 丙烯酸有光凹凸乳胶漆饰面装饰施工构造详解

8.3.3 地面涂料施工

1. 107胶彩色水泥浆涂料施工

107胶彩色水泥浆，是以水溶型聚乙烯醇缩甲醛胶为基料，与普通硅酸盐水泥或白水泥和一定量的氧化铁系颜料组成的一种厚质涂料，可用刮涂的方式涂布于水泥地面上，结硬后会形成涂层。

（1）材料要求。

① 水泥标号：普通硅酸盐水泥或白水泥不应低于425号。

② 107胶：含固量10%～12%、比密度1.05、pH值6～7、黏度3.5～4.0Pa·s，应是能与水泥浆均匀混合的合格品。

③ 颜料：应选用耐碱、耐光的矿物颜料。

④ 蜡：可选用液体型、糊型和水乳化型等多种类型的地板蜡。

（2）配合比。

常用地面面层涂料配合比见表8-2。

表 8-2　常见地面面层涂料配合比

颜色	材料（质量比）					
	水泥	107 胶	氧化铁红	氧化铁黄	氧化铁绿	水
铁红色	100	50	10	—	—	适量
橘黄色	100	50	2.5	7.5	—	适量
橘红色	100	50	5	5	—	适量
绿色	100	50	—	—	10	适量

（3）工具。

彩色水泥浆地面面层施工所用工具，除使用前述抹灰用工具外，还应准备盛料用的耐碱塑料或搪瓷小桶等容器、耐碱小勺、小铲、油漆刮刀、胶皮手套，以及80～100目细箩筛、磅秤、排笔、钢刮板、水砂纸、喷壶、钢丝刷、零号铁砂纸、划格用木直尺、涂蜡棉纱及铁拖把等。

（4）涂料配制。

聚乙烯醇缩甲醛胶彩色水泥浆涂料配制前，应将水泥、颜料过细箩筛，先按配合比称取颜料，如果是使用几种颜料，应先将其干拌均匀，放在容器内加入适量水，加水量因颜料而异，使颜料充分润湿。为保证颜色一致，一个工程应一次将料备齐。

按配方称取107胶放入容器内。在搅拌下加入预先润湿的颜料色浆，再经充分搅拌，即成涂料色浆。开始施工前，应按配方称取涂料色浆，放入容器内，在搅拌下将定量的水泥加入色浆内，再充分搅拌成均匀胶泥状，然后用窗纱过滤，除去杂层，并使水泥与涂料浆混合均匀。大面积施工要用小型搅拌机充分拌匀。

由于107胶在10℃以下会冻结变稠，因而冬季施工应预先在室温条件下隔水加热融化再配制涂料浆，但加热温度不能过高，否则会进一步缩聚成不溶于水的物质而报废，解冻的胶如仍能充分溶解于水中，无絮状沉淀物，表明胶未变质，可以使用。施工温度不应低于5℃。

（5）基层处理。

先把地面残留砂浆、浮灰及油渍清除，凹洞或大的裂缝用水泥拌入少量107胶制成腻子嵌平，凸起的地方应铲平。开始施工前先用湿拖布润湿地面，并除去浮灰。如原地面起砂严重，施工时应先用107胶加适量水均匀涂刷一次，待稍干后再进行地面涂刮施工。

（6）涂刮方法。

将配制好的水泥涂料浆倒在待施工的地面上，以刮板用力将其均匀涂刮开，每次涂层厚度约度约0.5mm。待前一层涂层稍干燥（第二遍涂刮时，不会损坏第一遍涂层）后，即可涂刮第二层。一般间隔2h以上，前后两次应纵横交错涂刮，一般需涂刮3～4遍。

（7）面层表面处理。

地面面层施工后，隔天可用零号铁砂纸磨平。打磨后若颜色不匀，要作表面处理。按其装饰要求，可采用以下两种方法。

①地面涂料完全干燥通常需要3天时间，待其干燥后直接上地板蜡，蜡内应加入少量溶剂（如松节油、煤油）及微量颜料。上蜡后的地面光洁美观，耐磨性提高。

②在干燥后的107胶彩色水泥浆涂料地面上，再涂一遍耐磨性较好的水性地面涂层。当前较普遍采用的是氯乙烯—偏氯乙烯共聚乳液加入少量颜料及分散剂组成的薄涂

料。经这种方法处理的地面涂层色彩均匀鲜艳，耐磨性明显提高。在该涂层上，只要涂少量地板蜡便十分光洁，装饰效果良好。107 胶彩色水泥地面装饰施工构造详解见图 8.9。

2．苯乙烯地面涂料施工

苯乙烯地面涂料是以苯乙烯焦油为基料，经选择熬炼处理，加填料、颜料、有机溶剂等原料配制而成的溶剂地面涂料。它与水泥砂浆或混凝土基层间的粘结力较强，涂膜干燥快，有一定的耐磨性和抗水性，并有一定的耐酸、耐碱性能。其生产工艺比较简单，施工方便，价格低廉，可作为化工车间、电子仪表车间和民用住宅建筑的地面涂料。

（1）苯乙烯地面涂料配合比。

① 苯乙烯焦油清漆：苯乙烯焦油清漆配合比（质量比）见表 8-3。

② 苯乙烯地面涂料：苯乙烯地面涂料配合比见表 8-4。

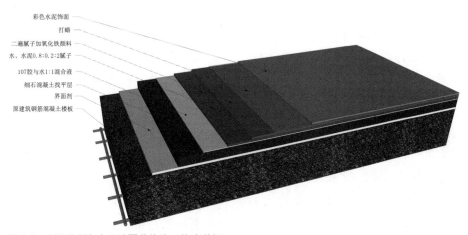

图 8.9　107 胶彩色水泥地面装饰施工构造详解

表 8-3　苯乙烯焦油清漆配合比（质量比）

组成材料	苯乙烯焦油	蓖麻油	松节油或双戊烯
配比表	50～60	3～5	40～50

表 8-4　苯乙烯地面涂料配合比

组成材料	苯乙烯焦油清漆	石英粉	滑石粉	氧化铁红	松节油或双戊烯
配比表	100	10	10	15	10～20

（2）施工方法。

苯乙烯地面涂料施工工具与前述 107 胶彩色水泥浆涂料相同。对于新水泥地面，其含水率小于 6%，才能作基层处理。对于旧水泥地面，应将浮灰及油渍清除，铲平突起部分，用湿拖布清理干净，再用溶剂或碳酸钠溶液擦洗，并用水冲净。待基层洁净干燥后即可进行施工。批刮腻子可将苯乙烯焦油清漆和熟石灰粉按 1∶1 比例配成，一般要涂饰两至三遍，每遍间隔 24h。在施工过程中若发现涂料黏度提高，可适当加入二甲苯、甲苯、松节油等溶剂稀释，不能用松香水或汽油代替。涂料含有苯类溶剂，需要采取安全劳动保护措施，加强室内通风。苯乙烯地面涂料饰面装饰施工构造详解见图 8.10。

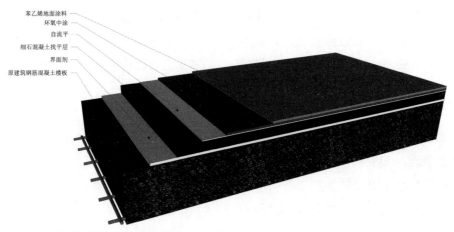

图8.10 苯乙烯地面涂料饰面装饰施工构造详解

3. 过氯乙烯地面涂料施工

过氯乙烯地面涂料是以过氯乙烯树脂为基料，掺入增塑剂、稳定剂、颜料和填料等，经混炼、切片后溶解于有机溶剂中的一种新型涂料。它具有耐老化、耐磨、无刺激味、干燥速度快、防水性能好等优点。此外，其生产工艺简单，施工方便，应用范围较广。

过氯乙烯地面涂料配合比（质量比）为涂料色片：溶剂：210号树脂溶液＝（20～30）：（70～80）：（5～10），其中涂料色片配合比（重量比）为过氯乙烯树脂：邻苯二甲酸二丁酯：滑石粉：氧化锑：氧化铁红：二盐基性亚磷酸铅：炭黑＝100：35：10：10：30：2：1。

（1）施工工具：过氯乙烯地面涂料施工工具与107胶彩色水泥浆涂料相同。

（2）基层处理：新水泥地面充分干燥（含水率小于6%）后，用钢丝刷刷去残留的砂浆、积灰等，且不能有油污。旧水泥地面要清洗干净，水泥地面含水率不得超过7%。

（3）施工方法：先涂刷过氯乙烯地面涂料底漆一度，隔天再按过氯乙烯地面涂料面漆：石英粉：水＝100：（80～100）：（12～20）的比例混合成填料，将水泥地面孔洞、凹凸不平地方填嵌，接着按面漆：石膏粉＝（100～80）：100的比例调配腻子进行满批两至三度。满批方法是第一遍顺地面残留的铁板印痕批刮，第二遍以相互垂直的方法批刮。干后用砂纸打磨平整，清扫干净，然后涂刷过氯乙烯地面涂料面漆。一般要涂二至三遍才能成活，养护一星期，打蜡后即可使用。过氯乙烯地面涂料饰面装饰施工构造详解见图8.11。

图8.11 过氯乙烯地面涂料饰面装饰施工构造详解

8.4 裱糊饰面工程施工

裱糊饰面主要是指各种墙面和顶棚面的壁纸饰面，装饰工程中壁纸的使用较为广泛，较常见的品种有纸基塑料壁纸、布基塑料壁纸、纺织物壁纸、天然材料面壁纸、金属面壁纸和锦缎等。塑料壁纸既可裱糊在木基面上，又可裱糊在石膏板和水泥面的墙、顶棚面上。而金属面壁纸和锦缎必须裱糊在木夹板基面上。

8.4.1 施工准备工作

1. 材料准备

在室内装饰工程中，壁纸的品种、花色、色泽等由设计而定，样板的式样由建设单位认定。在施工前应检查每卷壁纸的色泽是否一致，因为壁纸产品的批次不同，其色泽往往也有差别。如果不检查色泽，墙面上就会产生壁纸的色差，从而破坏装饰效果。

(1) 材料。

① 石膏、大白粉、滑石粉、聚醋酸乙烯乳液、羧甲基纤维素、界面剂或各种型号的壁纸黏结剂。

② 壁纸。

A. 塑料壁纸：以纸为底层，聚氯乙烯塑料为面层，经过复合、印花、压花等工序制成。

B. 玻璃纤维贴墙布：是中碱性玻璃布，表面涂有耐磨树脂，印有彩色图案，室内使用不变色、不老化，防火、防潮性能好。

C. 无纺贴墙布：采用棉、麻天然纤维或涂纶、晴纶等合成纤维，经过无纺成型上树脂印制彩色花纹而成的一种贴墙材料。

(2) 常用黏结剂。

根据基层需要提前备齐，若自配壁纸黏结剂，其配合比为聚醋酸乙烯乳液∶羧甲基纤维素（2.5%溶液）＝60∶40（黏玻璃纤维墙布）。即裱糊塑料壁纸的黏结剂可用107胶水加羧甲基纤维素（化学浆糊）来调配。其配合比通常为107胶∶羧甲基纤维素∶水＝100∶6∶60（质量比），在黏结剂中加入一定数量的羧甲基纤维素，可使胶液保水性好而滑润，涂刷时不黏刷子，便于施工操作。同时羧甲基纤维素可解决胶液过稀或过稠的弊病，能控制胶液流淌，增加壁纸与墙面的黏结力，减少翘角、起泡等质量通病。但羧甲基纤维素在调配107胶之前，应与水搅拌均匀，并放置隔夜后再与107胶拌和成胶液。羧甲基纤维素不可多用，掺多了会降低胶的黏结力。壁纸胶粉是专用于裱糊各种纸基塑料壁纸的黏结剂。通常是盒装，每盒可裱糊25m²左右。其主要优点是使用方便，干燥后无色，不污染墙纸，黏结力强，较上述黏结剂更能保证施工质量。

2. 裱糊用工具

(1) 活动裁纸刀：其刀片可伸缩，多节式刀片前部用钝后可截去。刀具有大、中、小几种，可以用来裁切厚度不同的墙纸。

(2) 塑料刮板：裱糊壁纸时，用来刮平、贴附壁纸。

(3) 钢板抹子：用于墙面批嵌腻子，其柔韧且弹性强，接触面大，通常用1mm的弹簧钢片制作。

(4) 不锈钢长钢尺：用于压裁墙纸，其长度为1000mm。

（5）毛胶辊：在顶面或墙面刷胶液用。通常是将短柄毛辊绑在长杆上使用。

（6）其他工具：裁纸案台、钢卷尺、普通剪刀、注射用针管及针头、粉线包、软毛巾、排笔、板刷大小的塑料桶等。

8.4.2 作业条件

（1）面抹灰完成，且经过干燥，含水率不高于8%。

（2）门窗油漆已完成。

（3）水电及设备、顶墙上预埋已完成。

（4）有磨石的房间，出光、打蜡已完成，面层已磨平并已做好保护措施。

（5）墙面已清扫干净，如有凹凸不平、缺棱掉角或局部面层损坏的地方，提前修补好且已干燥，预制混凝土表面应提前刮石膏腻子找平。

（6）如房间较高应提前准备好脚手架，如房间不高应提前钉设木凳。

（7）将突出墙面的设备部件等卸下收好，待粘贴完后将其重新装好。

（8）对于易透底的薄型壁纸，粘贴前应先涂刷乳胶漆一道，使其颜色一致。

（9）对施工人员进行技术交底时，应强调技术措施和质量要求。大面积施工前应先做样板间，经鉴定符合要求后方可组织施工。

8.4.3 基层处理

裱糊壁纸的基层，要求坚实牢固、表面平整光洁、不疏松起皮、不掉粉、无砂粒、孔洞、麻点和飞刺，否则壁纸就难以贴平整。此外，墙面应基本干燥，不潮湿发霉，含水率应低于5%。经防潮处理后的墙面，可减少壁纸发霉现象和受潮起泡脱落现象。因此基层处理质量好坏，直接关系到壁纸的裱糊质量。

1. 底灰腻子

底灰腻子用于修补填平基层表面的麻点、凹坑、接缝、钉孔等部位，调配腻子的配比（重量比）如下。

（1）乳胶腻子。

① 白乳胶（聚醋酸乙烯乳液）：滑石粉：甲基纤维素（2%溶液）＝1∶10∶2.5。

② 白乳胶：石膏粉：甲基纤维素（2%溶液）＝1∶6∶0.6。

（2）油性腻子。

①石膏粉∶熟桐油∶清漆(酚醛)＝10∶1∶2。

②老粉(富粉)∶熟桐油∶松节油＝10∶2∶1。

2. 混凝土及抹灰基层处理

裱糊壁纸的基层是混凝土面、抹灰面，要满刮腻子一遍并磨砂纸。但有的混凝土面、抹灰面有气孔、麻点且凸凹不平，为了保证质量，应增加满刮腻子和磨砂纸的遍数。

刮腻子时，将混凝土或抹灰面清扫干净，使用胶皮刮板满刮一遍。刮时要有规律，要一板排一板，两板中间顺一板。既要刮严，又不得有明显接槎和凸痕。做到凸处薄刮，凹处厚刮，大面积找平。待腻子干固后，打磨砂纸并扫净。需要增加满刮腻子遍数的基层表面，应先将表面裂缝及凹面部分刮平，然后打磨砂纸、扫净，满刮一遍后再打磨砂纸；处理好的底层应该平整光滑，阴阳角线通畅、顺直，无裂痕、崩角，无砂眼、麻点。特别是阴阳角、窗台下、暖气包、管道里侧与踢脚板连接处的处理，都要认真检查修整。

3. 石膏板基层处理

纸面石膏板较平整，批抹腻子主要是在对缝处和螺钉孔位处。对缝批抹腻子后，还需用棉纸带贴缝，以防止对缝处开裂。在无纸面石膏板上，应用腻子满刮一遍，找平大面，然后刮第二遍腻子进行修整。

4. 木质基层处理

木基层要求接缝不显接槎，接缝、钉眼

应用腻子补平并满刮油性腻子一遍，用砂纸磨平。木夹板的不平整主要是由钉接造成的，木夹板在钉接处往往下凹，在非钉接处往往向外凸。故第一遍满刮腻子主要是找平大面。第二遍可用石膏腻子找平，腻子的厚度应减薄，可在该腻子五六成干时，用塑料刮板有规律地压光，最后用干净的抹布轻轻将表面灰粒擦净。

对要贴金属壁纸的木基面进行处理，应在第二遍刮腻子时采用石膏粉调配猪血料的腻子，其配合比为10∶3（质量比）。金属壁纸对基面的平整度要求很高，稍有不平处或粉尘，都会在金属壁纸裱贴后显现出来。故贴金属壁纸的木基面处理，应与木家具油漆打底方法基本相同，批抹腻子的遍数要求在三遍以上。批抹最后一遍腻子并打平后，应用软布擦净。

5．旧墙基层处理

先对旧墙表面脱灰、孔洞等较大的缺陷处用相同砂浆修补平，再对麻点、凹坑、接缝、裂缝等较小缺陷，用腻子修补两次，直到填平。然后，进行大面满刮腻子的找平工作。如果墙面有油污等污染部分，应先将这些部分彻底铲除或刷洗干净，再用水泥砂浆或石膏灰浆补平。修补的砂浆应与原基层砂浆同料、同色，一定要防止因基层颜色不一致而影响壁纸粘贴后的装饰效果。

6．不同基层对接处的处理

不同基体材料的相接处，如石膏板与木夹板，水泥或抹灰基层与木夹板，水泥基面与石膏板之间的对缝，应用棉纸带或穿孔纸带粘贴封口，以防止裱糊后的壁纸面层被拉裂撕开。

7．涂刷防潮底漆和底胶

为了防止壁纸受潮脱胶，一般对要裱糊塑料壁纸、壁布、纸基塑料壁纸、金属壁纸的墙面，涂刷防潮底漆。防潮底漆用酚醛清漆与汽油或松节油来调配，其配合比为酚醛清漆∶汽油（或松节油）＝1∶3。该底漆可涂刷也可喷刷，漆液不宜厚，涂刷要均匀。

涂刷底胶是为了增加粘结力，防止处理好的基层受潮或被污染。底胶一般用107胶配少许乳胶加水调成，其配合比为107胶∶水∶乳胶＝10∶10∶1。底胶可涂刷也可喷刷。在涂刷防潮底漆和底胶时，室内应无灰尘，且应防止灰尘和杂物混入该底漆或底胶中。底胶一般是一遍成活，但不能漏刷、漏喷。

8.4.4 主要操作工序

壁纸裱糊的主要操作工序为：基层处理→防潮处理→壁纸浸水→壁面弹线→壁面刷胶→纸面刷胶→对花裱糊→清理修整等。但对不同的墙面和壁纸材料，裱糊的操作工艺又有所区别。壁纸裱糊的主要操作工序见表8-5。

表8-5　壁纸裱糊的主要操作工序

项次	工序名称	抹灰墙面		石膏板面		木材面	
		普通壁纸	塑料壁纸	普通壁纸	塑料壁纸	普通壁纸	塑料壁纸
1	清扫基层、填补缝隙	＋	＋	＋	＋	＋	＋
2	接缝处糊棉纸条			＋	＋		
3	找补腻子、磨砂纸			＋	＋	＋	＋
4	满刮腻子磨平	＋	＋				
5	涂刷防潮剂	＋	＋	＋	＋	＋	＋

续表

项次	工序名称	抹灰墙面		石膏板面		木材面	
		普通壁纸	塑料壁纸	普通壁纸	塑料壁纸	普通壁纸	塑料壁纸
6	涂刷107胶打底	+	+				
7	壁纸浸水	+	+	+	+	+	+
8	基层涂刷黏结剂	+	+	+	+	+	+
9	壁纸涂刷黏结剂	+	+	+	+	+	+
10	裱糊	+	+	+	+	+	+
11	擦净挤出胶水	+	+	+	+	+	+
12	清理修复	+	+	+	+	+	+

8.4.5 各种壁纸的裱糊方法

1. 弹线

墙面弹水平线及垂直线，其目的是使壁纸粘贴后的花纹、图案、线条纵横连贯，故有必要在底油、底胶干燥后弹划出水平、垂直线，作为操作时的依据。遇到门窗等大洞口时，一般以立边分划为宜，便于摺角贴立边。具体操作方法如下。

（1）按壁纸的标准宽度找规矩，每个墙面的第一条纸都要弹线找直，作为裱糊时的基准线。且应将调整用的裁切边安排在墙的阴角处或不显眼的地方。

（2）在第一条纸位置的墙顶处敲进一枚墙钉，将铅锤线系上，铅锤下吊到踢脚上边缘处，锤线静止不动后，一只手握紧锤头，按垂线的位置用铅笔在墙面画一条短线，再松开铅锤头查看锤线是否与铅笔短线重合。如果重合就用一只手将锤线按在铅笔短线上，另一只手把锤线往外拉，放手后使其弹回，便可得到墙面的基准垂线。弹出的基准垂线越细越好。每个墙面的第一条垂线，都应该定在距墙角距离小于壁纸幅宽50～80mm处。

2. 测量与裁剪

量出墙顶到墙脚的高度，两端各留出50mm以内备修剪，然后剪出第一段壁纸。有图案的材料，特别是图案中图形较大的，应将图形自墙的上部开始对花，且需根据弹线找规矩的实际尺寸来统筹规划裁纸，并编上号，以便按顺序粘贴。裁纸下刀前还要复核尺寸有无出入，尺寸压紧壁纸后不得再移动。刀刃应贴紧尺边，一气呵成，中间不得停顿或变换持刀角度。

3. 润纸

塑料壁纸遇水或胶水，开始自由膨胀，约5～10min后胀足，干后会自行收缩。自由胀缩的壁纸，其幅宽方向的膨胀率为0.5%～1.2%，收缩率为0.2%～0.8%。例如，幅宽为500mm的壁纸，幅宽方向膨胀值为2～6mm，收缩率为0.1%～0.4%。掌握这个特性可保证塑料壁纸的裱糊质量，准备上墙的壁纸，要先刷清水一遍，再均匀刷粘结剂一遍，使壁纸充分吸湿伸张后再用上墙润纸的方法刷水，也可将壁纸浸入水中浸泡3～5min，把多余的水抖掉，再静置约15min，然后刷胶裱糊。这样纸能充分胀开，粘贴到基层表面后，纸基壁纸随着水分的蒸发而收缩、绷紧。如果在干纸上刷胶后立即上墙裱糊，纸虽被胶固定，但会继续吸湿膨胀，使得贴上的壁纸出现大量气泡、空鼓。

4. 刷胶

塑料纸基背面和墙面都应涂刷黏结剂，即刷胶。刷胶应厚薄均匀。调制黏结剂后，通过 400 孔 /cm² 的筛子过滤，除去胶中的疙瘩及杂物，调制出的胶液应在当日用完。

刷胶时，基层表面刷胶的宽度要比壁纸宽约 3cm。涂刷要均匀、不裹边、不起堆，以防溢出，弄脏壁纸。但也不能刷得过少，甚至刷不到位，以防壁纸粘结不牢。一般抹灰墙面的用胶量为 0.15kg/m² 左右，纸面为 0.12kg/m² 左右。壁纸背面刷胶后，胶面与胶面之间应反复对叠，以免胶干得太快，也便于上墙，并使裱糊的墙面整洁平整。

5. 裱糊

（1）裱糊壁纸时，先要垂直，后对花拼缝，再用刮板用力抹压平整。原则是先垂直面后水平面，先细部后大面。贴垂直面时应先上后下，贴水平面时应先高后低。

（2）裱糊时剪刀和长刷可放在围裙袋中或手边。先将上过胶的壁纸下半截向上折一半，握住顶端的两角，在四脚梯或凳上站稳后，展开上半截，凑近墙壁，使边缘靠着垂线成一直线，轻轻压平，由中间向外用刷子将上半截敷平，在壁纸顶端做记号，然后用剪刀修齐或用纸刀将多余的壁纸割去。再按此方法处理下半截，修齐踢脚板与墙壁间的角落。用海绵擦掉沾在踢脚板上的胶糊。壁纸基本贴平后，再用胶皮刮板或有机玻璃自上而下、由中间向两边抹刮，使壁纸平整贴实。

（3）一般无花纹的壁纸，纸幅间可拼缝重叠 20mm。可用直钢尺在接缝处自上而下用锋利的壁纸刀将壁纸重叠的部分的中间切断，在切割时用力要适中，以能将两层壁纸切断为准，而且用力要均匀，要避免重割。对于有花纹的壁纸，则将两幅壁纸花纹重叠，对好花，用钢尺在重叠处拍实，从壁纸搭口中间自上而下切割，除去切下的余纸后用橡胶刮板刮平。切纸拼缝应在壁纸裱糊半小时后进行。

（4）花纹的壁纸。

① 纸的拼缝处花形要对接拼搭好。

② 铺贴时花形用纸的颜色应尽量一致。

③ 墙与壁纸的搭接应根据设计要求而定。一般有挂镜线的房间以挂镜线为界，无挂镜线的房间以弹线为准。

④ 花形拼接如出现困难，错槎应尽量甩到不显眼的阴角处，大面不应出现错槎和花形混乱的现象。

（5）裱糊壁纸时，在阳角处千万不可拼缝，壁纸绕过墙角的宽度不可超过 12mm，否则会形成一个不雅观的折痕。阴角壁纸搭缝时，应先裱糊压在里面的转角壁纸，再粘贴非转角的正常壁纸。搭接面应根据阴角垂直度而定，搭接宽度一般不小于 2～3mm，并且要保持垂直无毛边。

（6）裱糊前应尽可能卸下墙上的物件，在卸下墙上电灯等开关时，首先要切断电源，用火柴棒或细木棒插入螺丝孔内，以便在裱糊时识别，以及在裱糊后切割留位。对于不易拆下来的配件，只能在壁纸上剪个口再裱上去。操作时将壁纸轻轻糊于电灯开关上面，并找到中心点，从中心开始切割十字，一直切到墙体边。然后用手按出开关体的轮廓位置，慢慢拉起多余的壁纸，剪去不需要的部分，再用橡胶刮子刮平，并擦去刮出的胶液。

（7）吊顶面裱糊：在吊顶面上裱贴壁纸，第一段通常要贴近主窗，与墙壁平行。长度过短（小于 2m）则可跟窗户成直角贴。在裱糊第一段前，须先弹出一条直线。其方法为，在距吊顶面两端的主窗墙角 10mm 处用铅笔做两个记号。在其中的一个记录处敲一枚钉子，在吊顶上弹出一道与主窗墙面平行的粉线。裁纸、浸水、刷胶后，将整条壁纸反复折叠。然后用一卷未开封的壁纸卷或长刷撑起折叠好的一段壁纸，展开顶折的端头部分，并将边缘靠齐弹线，用排笔敷平一段，再展开下折，沿着弹线敷平，直到整截贴好为止。剪齐两端多余的部分，如有必要，应沿着墙顶线和墙角修剪整齐。

（8）斜式裱糊：斜式裱糊壁纸需要弹出一条斜线作导线，先在一面墙两个墙角间的中心墙顶处标明一点，由这点往下墙面上弹上一条垂直的粉笔灰线。从这条线的底部沿着墙底测出与墙高相等的距离，再将这一点和墙顶中心点连接，弹出另一条粉笔灰线。斜式裱糊壁纸比较浪费材料。在估计数量时，应预先考虑到这一点。

（9）壁纸粘贴后，若发现空鼓、气泡时，可用针刺进放气，然后再用注射针注进粘结剂。也可用壁纸刀切开壁纸面，加涂粘结剂后，用刮板压平、压密实，并把纸面上的污点、胶迹清除干净。

（10）保护好贴完壁纸的墙壁、天棚吊顶面是非常重要的。在交叉流水施工作业中，人为的破损、污染，施工期间与完工后的空气湿度与湿度变化较大等因素，都会严重影响墙纸的质量。故完工后，应尽量设保护覆盖物。一般应注意以下几点。

① 裱糊墙纸时空气相对湿度不应过高，一般应低于85%，温度不应剧烈变化。

② 为避免损坏、污染，裱糊墙纸尽量放在施工作业的最后一道工序，特别应放在塑料或木踢脚板铺贴之后。

③ 基层抹灰层宜具有一定吸水性，因此底面防潮底漆使用与否一定要根据具体气候条件和使用条件来定。

④ 对于在潮湿季节裱糊好的壁纸工程，竣工后应在白天打开门窗，加强通风（阴雨天除外）；夜晚关闭门窗，防止潮湿气体侵袭。壁纸裱糊饰面装饰施工构造详解见图8.12。

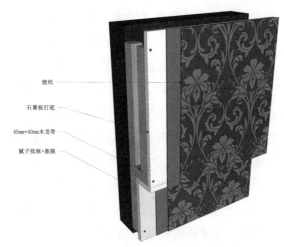

图8.12 壁纸裱糊饰面装饰施工构造详解

8.4.6 金属壁纸与锦缎的裱糊

1. 金属壁纸的裱糊

金属壁纸是在纸基上压合了一层极薄的有色、有图案的金属箔。金属箔本身很薄，贴面时，基层面一定要平坦洁净，移动金属箔时一定要小心，防止折伤金属箔。

（1）金属壁纸在裱糊前也要浸水，但浸水时间要短一些，1～2min即可。将浸水的金属壁纸抖去水，静置5～8min，在其背面刷胶。

（2）金属壁纸刷胶的胶液应是专用的壁纸粉胶。刷胶时准备一卷未开封的发泡壁纸或长度大于壁纸宽的圆筒，一边在裁剪好并浸过水的金属壁纸背面刷胶，一边将刷过胶的部分向上卷到发泡壁纸卷上。

（3）裱糊前用干净布再擦抹一下基层面，若有不平处可再次刮平。金属壁纸的收缩量很小，在裱糊时可采用对缝裱，也可采用搭缝裱，金属壁纸对缝时，都有对花纹拼缝的要求，裱糊时先从顶面开始对花纹拼缝，操作需两个人同时配合，一个人负责对花纹拼缝，另一个人负责手托金属壁纸卷逐渐放开。操作时应一边对缝一边用橡胶刮板刮平金属壁纸，刮时由纸的中部往两边压刮，使胶液向两边滑动而粘贴均匀，刮平时用力要均匀适中，刮板面要放平，不可用刮板的尖端来刮金属壁纸。若两幅间有小缝则应用刮板在刚粘的这幅壁纸面上，向先粘好的壁纸这边刮，直到无缝为止。裱糊操作的其他要求与普通壁纸相同。金属壁纸裱糊饰面装饰施工构造详解见图 8.13。

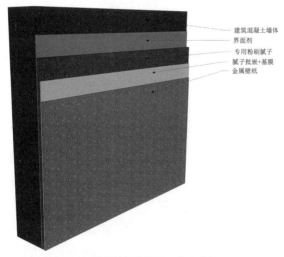

图 8.13　金属壁纸裱糊饰面装饰施工构造详解

2. 锦缎的裱糊

锦缎裱糊工序：锦缎上浆 → 托纸 → 裁剪 → 裱糊及防虫处理。

（1）锦缎柔软光滑、极易变形，难以直接裱糊在木质基层面上。裱糊时，应先在锦缎背后上浆，并裱糊一层宣纸，使锦缎挺括，以便于裁剪和裱贴上墙。上浆用的浆液是由面粉、防虫溶料和水调配而成，其配合比（质量比）为面粉∶防虫溶料∶水＝5∶40∶20。调配出稀而薄的浆液，上浆时把锦缎正面平铺在大而平的桌面上或平滑的大木夹板上，并在两边压紧锦缎。用排刷蘸上浆液从中间开始向两边刷，将浆液均匀地涂刷在锦缎背面，浆液不要过多，以打湿背面为准。在另一张大平面桌上（桌面一定要光滑），平铺一张幅宽大于锦缎幅宽的宣纸，并用水将宣纸打湿，使其平贴于桌面上。用水量要适当，以刚好打湿为宜。把上好浆液的锦缎，从桌面上抬起来，将有浆液的一面向下，把锦缎粘贴在打湿的宣纸上，并用塑料刮片，从锦缎的中间开始向四边刮压，使锦缎与宣纸粘贴均匀。待打湿的宣纸干后，便可从桌面取下，这时锦缎与宣纸就贴合在一起了。

（2）锦缎裱贴前要根据其幅宽和花纹认真裁剪，并将每个裁剪好的开片编号，裱贴时对号进行。裱贴的方法同金属壁纸。

（3）由于锦缎是丝制品，容易被虫蚀，因此在裱糊锦缎后要涂刷一遍防虫涂料。目前的防虫涂料可用 WS-Ⅱ型。锦缎壁纸裱糊饰面装饰施工构造详解见图 8.14。

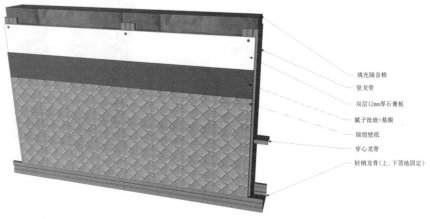

图 8.14　锦缎壁纸裱糊饰面装饰施工构造详解

3. 修整

金属壁纸和锦缎裱糊后，应进行全面检查修补。表面的胶水、斑污应及时擦干净，各处翘角、翘边应进行补胶，并用木棍或橡胶辊压实；有气泡处可先用注射针头排气，同时注入胶液，再用辊子压实；如表面有褶皱，可趁胶液未干时轻刮。最后将各处的多余部分用壁纸刀小心裁去。

8.4.7 金箔镶贴工艺

1. 清洁

首先必须用砂纸抛磨用木、木胶、胶合板制成的框，以清除所有薄木条或突出部分。然后用涂木灰泥填充所有孔或缺陷。

2. 准备

（1）准备好灰泥胶并用一把刷子将其涂到框上。几个小时后，待灰泥表面干燥，用砂纸再次抛磨并用彩色清漆涂盖。第一层清漆的颜色可以根据自己想要的效果而定：黄色用于贴较亮的金箔，土色用于展现古典效果，白色和灰色用于贴银箔。

（2）在后续阶段，涂在产品上作为底子的清漆层可以替代灰泥层。催化的聚酯清漆（用40%~50%的催化剂和10%~20%的聚氨酯稀释的稀释剂），可以用喷枪来喷涂。涂层施工结束后，应让木器干燥约2h。

3. 抛磨

当准备工序完成后，应抛光灰泥或清漆的所有瑕疵及灰泥滴液。

4. 上胶

用一把刷子将白色水溶性贴金胶水均匀地涂在或喷在要贴金的部分，注意不要有滴液。涂胶后胶的粘性可保持0.5~12h（贴金箔最好在1h以后进行）。为了使胶保持粘性，不要在多灰尘的环境里工作，并且不要用手碰触已处理好的表面。

5. 贴金

胶一干就可开始贴金。根据要覆盖的面积，轻轻拿起金箔，小心地将它放在框上，并用一个专用棉垫将其压下。确保金箔的覆盖面比框表面稍大。角、曲线、扭曲和其他部分用后续附加金箔来完成贴面。

6. 固定

对于多余的材料，可用一块较软的羊毛刷擦除，这样可以将金箔适当地固定到木器和它的装饰物上。

7. 涂古色漆

古色漆可以涂在贴金箔物体上，以增强装饰效果。所使用的仿古漆的类型不同，可以获得不同的效果。古色漆干燥所要求的时间根据古色漆的类型、温度和大气湿度而变化。木器干燥所需的时间越长，处理就越安全。木器一经这些古色漆处理，就无须进一步保护，事实上，古色漆可以防止刮痕和喷出物。金箔镶贴饰面装饰施工构造详解见图8.15。

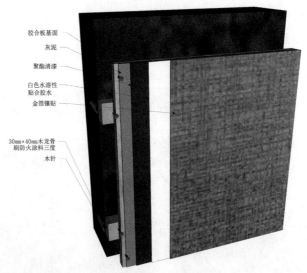

图8.15 金箔镶贴饰面装饰施工构造详解

思考题

1. 试述油漆施工材料、施工机具及施工工序。
2. 试述涂料施工材料分类和施工工艺。
3. 试述裱糊饰面工程施工准备工作、操作工序和施工工艺。
4. 试述涂料与裱糊饰面工程施工质量验收标准。

【涂料与裱糊饰面工程施工质量验收】

引用标准名录

《建筑设计防火规范》（GB 50016—2014）
《民用建筑隔声设计规范》（GB 50118—2010）
《建筑内部装修设计防火规范》（GB 50222—2017）
《建筑工程施工质量验收统一标准》（GB 50300—2013）
《建筑幕墙用硅酮结构密封胶》（JG/T 475—2015）
《建筑装饰装修工程质量验收标准》（GB 50210—2018）
《建筑用塑料门窗》（GB/T 28886—2023）
《玻璃幕墙工程技术规范》（JGJ 102—2023）
《建筑工程饰面砖粘结强度检验标准》（JGJ/T 110—2017）
《建筑玻璃应用技术规程》（JGJ 113—2015）
《外墙饰面砖工程施工及验收规程》（JGJ 126—2015）
《金属与石材幕墙工程技术规范》（JGJ 133—2001）
《人造板材幕墙工程技术规范》（JGJ 336—2016）
《建筑室内用腻子》（JG/T 298—2010）

参考文献

高祥生. 室内装饰装修构造图集 [M]. 北京：中国建筑工业出版社，2011.
陆军，叶远航，杨一夫，等. 建筑装饰工程施工手册 [M]. 北京：中国建筑工业出版社，2020.
高海涛. 室内装饰工程施工工艺详解 [M]. 北京：中国建筑工业出版社，2017.
韩力炜，郭瑞勇. 室内设计师必知的 100 个节点 [M]. 南京：江苏凤凰科学技术出版社，2017.
吴飞. 装饰装修工程细部节点做法与施工工艺图解 [M]. 北京：中国建筑工业出版社，2019.
郭志强. 装饰工程节点构造设计图集 [M]. 南京：江苏凤凰科学技术出版社，2018.
谢复兴，周耀. 装饰施工工艺与构造 [M]. 北京：中国建筑工业出版社，2007.
杨博，孙荣芳. 建筑装饰工程施工 [M]. 合肥：安徽科学技术出版社，1996.